现代农产品精深加工与副产物综合利用丛书

Principle and Technology
of Mango Preservation
and Processing

芒果贮藏保鲜加工
原理与技术

李　丽　孙　健　等著

中国轻工业出版社

图书在版编目（CIP）数据

芒果贮藏保鲜加工原理与技术/李丽等著．—北京：中国轻工业出版社，2023.12

ISBN 978－7－5184－3910－2

Ⅰ.①芒…　Ⅱ.①李…　Ⅲ.①芒果—贮藏②芒果—保鲜③芒果—水果加工　Ⅳ.①S667.79

中国版本图书馆CIP数据核字（2022）第044831号

责任编辑：罗晓航　　责任终审：劳国强　　整体设计：锋尚设计
策划编辑：罗晓航　　责任校对：晋　洁　　责任监印：张　可

出版发行：中国轻工业出版社（北京鲁谷东街5号，邮编：100040）
印　　刷：三河市国英印务有限公司
经　　销：各地新华书店
版　　次：2023年12月第1版第1次印刷
开　　本：710×1000　1/16　印张：24
字　　数：420千字　插页：6
书　　号：ISBN 978－7－5184－3910－2　　定价：98.00元
邮购电话：010－85119873
发行电话：010－85119832　010－85119912
网　　址：http://www.chlip.com.cn
Email：club@chlip.com.cn
如发现图书残缺请与我社邮购联系调换
210572K1X101ZBW

本书作者

李　丽（广西壮族自治区农业科学院）
孙　健（广西壮族自治区农业科学院）
毕金峰（中国农业科学院农产品加工研究所）
易　萍（广西壮族自治区农业科学院）
刘国明（广西壮族自治区农业科学院）
盛金凤（广西壮族自治区农业科学院）
何雪梅（广西壮族自治区农业科学院）
郑凤锦（广西壮族自治区农业科学院）
叶冬青（广西壮族自治区农业科学院）
唐雅园（广西壮族自治区农业科学院）
唐　杰（广西壮族自治区农业科学院）
胡美姣（中国热带农业科学院环境与植物保护研究所）
李昌宝（广西壮族自治区农业科学院）
辛　明（广西壮族自治区农业科学院）
易建勇（中国农业科学院农产品加工研究所）
任　惠（广西壮族自治区农业科学院）
黄　方（广西壮族自治区农业科学院）
隆宇涵（广西壮族自治区农业科学院）
杨　莹（广西壮族自治区农业科学院）

序

芒果，被誉为“热带果王”，是世界第二大热带水果，香味独特，风味浓郁，富含碳水化合物、蛋白质、维生素、β－胡萝卜素、矿质元素和酚类等营养物质。我国是世界第二大芒果生产国，品种资源丰富，主要产区集中在广西、云南、海南、广东、福建、四川和贵州的部分地区以及台湾地区等。

近年来，随着国家对热带地区扶持力度的加大和热带地区产业结构的调整，我国芒果产业得以迅猛发展，百色芒果、三亚芒果、华坪芒果、攀枝花芒果等获得国家地理标志产品认证，打造了一批具备一定市场知名度和影响力的芒果品牌。芒果的保鲜加工技术不断创新，新产品不断涌现，已形成了包括品种选育、种苗繁育、种植生产、技术服务、市场流通、产品粗深加工、休闲旅游等各环节的产业链条，提升了产业附加值。芒果已成为热带地区的重要水果和支柱产业之一，在推进热带地区农业结构调整、加快老区及贫困地区人民脱贫致富、带动热带地区乡村振兴等方面发挥着重要的作用。

该书作者李丽研究员、孙健研究员、毕金峰研究员、胡美姣研究员等均是我国长期从事芒果贮运保鲜、加工与综合利用等相关研究的科研工作者，多年来他们紧密围绕芒果保鲜和加工的基础理论与技术前沿动态潜心研究，先后承担了国家自然科学基金项目、国家重点研发计划项目、国家公益性行业（农业）科研专项、农业农村部农业技术试验示范项目等芒果领域的重大科学研究任务，取得了系列原创性的成果。在此基础上，该书作者结合国内外芒果产业发展的最新进展，系统阐述了芒果贮藏保鲜、加工及副产物综合利用研究等方面的创新成果。该书既有最新理论和技术，又涉及贮藏保鲜加工中最具体的生产实际问题，理论与实践有机结合；同时该书内容丰富、图文并茂、系统全面，是一部具有理论深度的专著，也是一部适用于科研院所、农业推广人员及企业技术人员的参考书。

值此著作完成之际，我很高兴看到这部书稿并为之作序。衷心希望该书的出版能对我国芒果保鲜加工领域的理论研究和先进技术推广起到积极的作用，助力我国芒果产业的发展。

中国工程院院士

2023 年 8 月

前　言

芒果是著名的热带水果，与柑橘、香蕉、葡萄、苹果并称世界五大水果，其果肉细腻，风味独特，营养丰富，被誉为“热带果王”。世界上种植芒果的国家达100多个，我国是第二大生产国，目前已培育和引进100多个品种，在广西、海南、广东、云南、福建、四川、贵州和台湾等地有大面积分布且发展迅猛，其中广西为全国最大的芒果产区。随着我国果品种植产业结构的调整，芒果已发展成为南方农民增收的重要作物，也是热带地区农业主导产业之一，对推动乡村振兴和满足人民对美好生活需求意义重大。同时，因芒果主要分布在热带老、少、边、穷山区，产业的发展对带动民族地区农民增收、农业增效，促进民族团结，巩固国家南部边陲社会稳定等发挥了重要作用。

芒果为呼吸跃变型水果，采后生理代谢旺盛，在常温下迅速成熟，发生果肉软化、果实失重和腐烂等品质劣变，而低温冷藏易使芒果遭受冷害。芒果成熟具有季节性，旺季易造成囤积，在贮运、销售过程中损失可达20%以上。为延长保质期并提高附加值，芒果常被加工成果汁、果干、罐头等产品，以降低鲜果损耗率，但加工过程中如果技术方法不当，易发生褐变、营养风味损失等严重问题。因此，芒果采后保鲜与加工已成为产业发展的重要课题和研究热点。作者所在单位广西壮族自治区农业科学院农产品加工研究所被农业农村部认定为“国家芒果保鲜加工技术研发专业中心”，长期从事芒果保鲜和加工理论与技术研究，在归纳总结团队十余年来的相关研究与产业化成果的基础上，参考借鉴国内外芒果研究新理论、新技术、新成果，撰写了《芒果贮藏保鲜加工原理与技术》，力求理论联系实际、学以致用，以满足高等院校相关专业师生的需要，也可为科研、生产部门的研究人员和工程技术人员提供理论和技术参考。

本书共十二章，内容主要涉及芒果采后物流保鲜、加工技术与装备、副产物综合利用、品质分析及质量安全等产业链环节。本书内容翔实，理论与实践相结合，是一部兼具科学性和实用性的著作。本书由广西壮族自治区农业科学院李丽研究员、孙健研究员负责编制大纲、修改和统稿，中国热带农业科学院环境与植物保护研究所胡美姣研究员、广西壮族自治区农业科学院李昌宝研究员进行校稿。参加本著作撰写的人员有（以章节前后为序）：广西壮族自治区农业科学院郑凤锦、何雪梅撰写第一章，广西壮族自治区农业科学院李丽撰写第二章，中国热带农业科学院环境与植物保护研究所胡美姣、广西壮族自治区农业科学院李昌宝和辛明撰写第三章，广西壮族自治区农业科学院易萍撰写第四章，广西壮族自治区农业科学院刘国明撰写第五章，广西壮族自治区农业科学院叶冬青撰写第六章，中国农业科学院农产品加工研究所毕金峰、易建勇撰写第七章，广西壮族自治区农业科学院盛金凤撰写第八章和第九章，广西壮族自治区农业科学院唐雅园撰写第十章，广西壮族自治区农业科学院唐杰、任惠撰写第十一章，广西壮族自治区农业科学院黄方、隆宇涵、杨莹撰写第十二章。感谢参与撰稿工作的李杰民、零东宁、李志春、陈茜、胡瑶、覃翠钠、黄敏等，他们参与了书稿中图片、数据整理及文字校对等工作。本书撰写过程中参考了一些文献资料，书中未能详尽罗列，在此，向所引用参考文献的作者表示深深的谢意。

本书相关研究工作和出版得到了国家重点研发计划项目“特色粮油果蔬作物特征品质分析与特征标准研究”、国家重点研发计划项目“南方大宗果蔬冷链物流技术及其装备研发示范”、农业农村部农业技术试验示范项目“芒果加工成熟技术推广”、国家星火计划项目“芒果加工关键技术应用及示范推广”、国家级引进国外技术、管理人才项目“马来西亚热带水果加工新技术的引进”、广西科技重大专项“广西特色水果采后商品化处理与精深加工关键技术研究及应用”、中央引导地方科技发展专项资金项目“广西果蔬发酵精深加工研发创新平台”、广西科技基地和人才专项“广西大宗特色农产品物流保鲜与加工新技术高层次人才培养示范”、广西自然科学基金（创新研究团队项目）“园艺作物采后生物学”、广西自然科学基金“芒果成熟衰老过程中乙烯受体 *ETR*1 基因表达与调控研究”、广西自然科学基金“*HMGR* 和 *DXR* 在芒果萜类香气物质合成中的作用研究”、广西自然科学基金面上项目（粤桂联合基金项目）“基于核磁共振成像技术研究粤桂地区芒果微波真空干燥机制”等一批国家级、省部级科研项目的资助，在此表示感谢。

由于本书撰写时间紧、任务重，也限于作者的水平，书中难免有疏漏和不足之处，恳请广大师生、专家、读者批评指正，我们将在后续工作中不断完善。

作者
2023 年 6 月于广西壮族自治区农业科学院

目　录

第一章

芒果概述

芒果（*Mangifera indica* L.）又名杧果、漭果、檬果、闷果、蜜望、望果、面果、庵波罗果；英文为mango；素有“热带果王”之美称，与香蕉、葡萄、柑橘、苹果齐名世界五大水果，在全球水果贸易中占有重要位置，世界芒果的栽培面积不断扩大，产量也逐年上升。目前，全世界有100多个国家和地区栽培芒果，南北纬30°以内均有栽培（黄国弟等，2010）。芒果用途很广，鲜食、加工均可，可加工糖水片（丁）、果酱、蜜饯、脱水果片、速冻果块、话芒、盐渍或者酸辣芒果、凉果、果汁、果冻、果粉、糖水罐头、果酒、果醋等几十种食品；叶可作药用和清凉饮料；种子可提取蛋白质、淀粉、脂肪。此外，芒果树的树形美观，可作行道树，尤其是广西的桃叶芒（扁桃芒），为著名绿化树种之一，在广州、深圳、厦门等地常用桃叶芒作行道树。

第一节　芒果产业发展及现状

一、芒果的起源

芒果最早诞生于印度，自然分布区仅限于印度至马来西亚一带，并从印度向东扩展到菲律宾与新几内亚岛。而把芒果传出印度的正是闻名全球的唐朝高僧——玄奘法师，他在《大唐西域记》中给芒果取的佛名叫“庵波罗果”，有“神圣”的含义，并留下了“庵波罗果，见珍于世”的记载（杨宝霖，1987）。

芒果是漆树科（Anacardiaceae）芒果属（*Mangifera*）常绿果树，芒果属下有多少种尚未确定，Mukherjee报道有39种（许树培，1991），而Kositermans报道有58种及11个未确定种（包括中国的冬芒、桃叶芒和云南野芒）（黄国弟等，2013）。其中，可食用种至少有20个，但最重要的是*Mangifera indica* L.。全世界的芒果品种超过1000个，绝大多数属于*M. indica*。据国内资料介绍，我国芒果有7个种，即芒果（*M. indica* L.）、冬芒（*M. hiemalis* J. Y. Liang）、桃叶芒（*M. persiciformis* C. Y. Wu et T. L. Ming）、暹罗芒（*M. siamensis* Warbg. ex Craib）、长梗芒（*M. longipes* Griff.）、林生芒（*M. sylvalica* Roxb.）和云南野芒（*M. austroyunanensis* HU.）。

二、 芒果的发展及产业现状

（一） 世界栽培历史与分布

芒果原产于亚洲南部热带地区——印度至东南亚一带（印度、缅甸、中国南部、马来群岛、印度尼西亚、菲律宾一带）。据历史记载，第一个传播芒果的人是中国唐朝的高僧玄奘，先后传到泰国、马来西亚、菲律宾和印度尼西亚等东南亚国家，再传到地中海沿岸国家，直到18世纪后才陆续传到巴西、西印度群岛和美国佛罗里达州等地。

据联合国粮食及农业组织（FAO）统计，现有103个国家生产芒果，为世界第二大热带水果，分布于南北纬30°以内的热带、亚热带国家和地区，以亚洲芒果栽培面积最大、产量最高，分别约占全世界面积和产量的78.34%和77.17%，美洲面积和产量分别约占全世界的9.11%和12.22%，非洲面积和产量分别约占全世界的12.38%和10.5%。2019年世界芒果产区分布情况见图1－1。

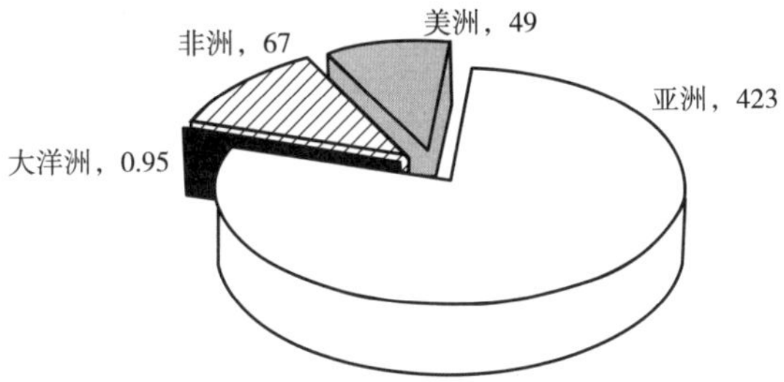

图1－1 2019年世界芒果产区分布情况（万 $hm^2$①）

近年来世界芒果生产量总体呈逐年递增趋势，但仅占世界水果总产量的5%左右。印度是芒果栽培历史最久、栽培面积最大的国家（2010年，栽培面积已超100万 hm^2，产量占世界的63%左右），为世界上最大芒果生产国。2019年，印度芒果产量占世界总产量的39.4%（图1－2）。印度主要芒果产区是北方邦、安得拉邦、卡纳塔克邦、比哈尔邦、古吉拉特邦、西孟加拉邦、旁遮普邦和泰米尔纳德邦。印度向许多国家/地区出口芒果，包括澳大利亚和韩国。

---

① $1hm^2=10000m^2$。

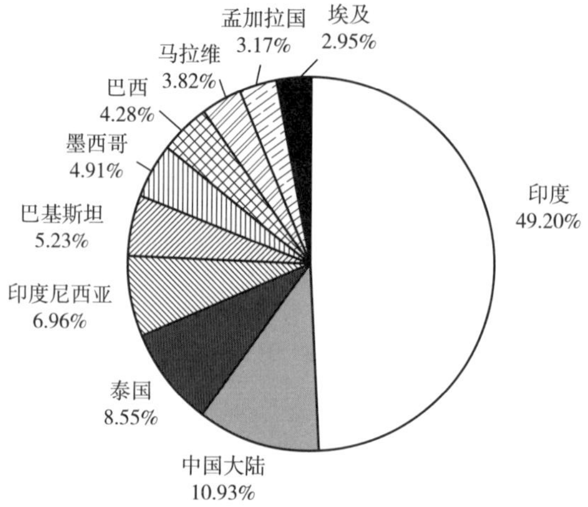

图 1-2　2019 年世界芒果主产国产量占世界总产量的百分比

资料来源：摘自联合国粮食及农业组织（FAO）网站。

芒果栽培种植主要在亚洲的印度、中国、菲律宾、泰国、印度尼西亚、巴基斯坦、孟加拉国、缅甸、马来西亚等国；非洲的埃及、尼日利亚、科特迪瓦、坦桑尼亚、刚果（金）、马拉维；美洲的巴西、墨西哥、美国（佛罗里达州和夏威夷州）、中南美洲国家、加勒比海各国；澳大利亚西部至新南威尔士等地区均有栽培，这些国家的年产量都超过 10 万 t。主要进口国家和地区有美国、加拿大、沙特阿拉伯、阿拉伯联合酋长国、科威特、中国香港、日本、新加坡、英国、法国、俄罗斯、荷兰、比利时、德国等。

（二）我国栽培史与分布

我国栽培芒果有 1300 多年的历史，相传唐代玄奘赴印度取经时引进芒果，他在《大唐西域记》一书中提到芒果。陈藏器的《本草拾遗》（739）也记载了芒果。在云南省西双版纳的热带雨林中可见到高 20m 或更高、径围 2～3m、主干高且直的野生冬芒资源，云南省也有多个种和众多的品种（或类型）。所以，有人认为我国华南地区也是芒果原产地之一。

2020 年，中国芒果种植面积 33.12 万 hm^2，总产量 326.8 万 t，产值达 205.2 亿元，其中云南芒果产量（96.2 万 t）居全国首位，广西（94.7 万 t）位居第二。我国稳产优质芒果的生态适宜区集中在干热地区，主要分布于广西、广东、海南、福建、云南、四川、贵州、台湾八省（区）约 100 多个县，形成了早、中、晚三大优势产业带和海南南部 - 西南部、广西右江河谷、四川 - 云南金沙江干热河谷流域、云南怒江 - 澜沧江流域、云南红河流域、广东雷州半岛、贵州西南部、福建闽南八大优势区（胡袆等，2015；陈业渊等，2020）。这些产区中，广西壮族自治区的百色市（田东县、田阳区）、南宁市、崇左市（扶绥县、龙州县）、钦州市（浦北县）、北海市（合浦县）、玉林市（博白县），海南省的三亚市、乐东黎族自治县、陵水黎族自治县、东方市、昌江黎族自治县，福建省的泉州市（安溪县）、漳州市（云霄县），广东省的湛江市（徐闻县、雷州市、吴川市）、茂名市（高州市），云南省的临沧市、丽江市、普洱市（思茅区）、西双版纳傣族自治州、玉溪市（元江哈尼族彝族傣族自治县）、红河哈尼族彝族自治州（红河县）、德宏傣族景颇族自治州、保山市，四川省的攀枝花市、凉山彝族自治州（会理市、会东县、安宁镇），贵州省的黔西南布依族苗族自治州（兴义市、望谟县、册亨县、贞丰县、安龙县、罗甸县）、安顺市（关岭布依族苗族自治县）等地区栽培较多（表1－1）。

表1－1　2004—2020 年我国芒果主产区栽培面积和产量

年份	面积和产量	云南	四川	福建	海南	广东	广西	合计
2004	面积/万 hm^2	1. 5	0. 65	0. 15	4. 17	2. 73	4. 18	13. 38
	产量/万 t	11. 34	0. 86	0. 82	22	20. 01	18	73. 03
2008	面积/万 hm^2	1. 32	0. 75	0. 1	4. 66	1. 95	3. 19	11. 97
	产量/万 t	10. 16	2. 5	1. 1	30. 5	18. 92	17. 69	80. 87
2014	面积/万 hm^2	3. 28	2. 11	0. 1	4. 67	1. 83	5. 2	17. 19
	产量/万 t	27. 94	6. 5	0. 88	45. 2	21. 18	40. 84	142. 54
2017	面积/万 hm^2	4. 52	3. 5	0. 15	5. 36	1. 95	5. 2	20. 68
	产量/万 t	45	20	1. 3	48	23. 21	41. 65	179. 16
2020	面积/万 hm^2	10. 16	5. 02	0. 04	5. 81	1. 73	10. 36	33. 12
	产量/万 t	96. 2	35	0. 9	76. 5	23. 5	94. 7	326. 8

资料来源：农业农村部发展南亚热带作物办公室。

第二节　芒果的种类、分布及生物学特性

一、芒果的类型

Makherjee（1985）报道芒果属（*Mangifera*）有 39 个种，商业栽培种均属 *Mangifera indica* 这一种。由于芒果栽培历史悠久，分布范围广，且过去多采用实生繁殖，因而变异较多，形成的品种、品系也很多，估计全世界有 1000 多个品种，目前

我国有 100 ~ 200 个。不同品种的芒果形态如图 1 - 3 所示（见书后插页）。

目前，芒果一直都没有一个完整的品种分类系统，常见的国内外分类方式如表 1 - 2 所示。

表 1 - 2　芒果的分类方式

胚性特征分类	果形分类	收获期分类
单胚类型：种子单胚。例如，Neelum、椰香芒、海顿芒、吉禄芒、台农 1 号芒、金煌芒、汤米·阿京斯芒（Tommy Atkins）、凯特芒、紫花芒、桂香芒、粤西 1 号芒、红芒系列等	长果形	早熟品种
	圆果形	中熟品种
多胚类型：种子多胚，其中一个为合子胚，其余为株心胚，但合子胚多不发育，实生苗多由珠心胚发育而成，因而后代多能保持母本性状。例如，吕宋芒、白象牙芒、白玉芒、青皮芒、南逗迈芒（Nomdormai）等。菲律宾、泰国、印度、斯里兰卡等国的芒果品种多属多胚类型	不定果形	晚熟品种
	心果形	

二、 芒果的主要商业栽培品种

我国芒果产业种植区域产区的气候各有不同，存在差异，所以各地根据自身情况种植的芒果品种不同。我国各芒果产区的主栽品种见表 1 - 3。

表 1 - 3　我国各产区的芒果主栽品种

省（区）	主栽品种	成熟期
海南	贵妃（红金龙）芒、台农 1 号芒、白象牙芒、红玉芒、金煌芒、白玉芒、吕宋芒、爱文芒、椰香芒、青皮芒、秋芒、紫花芒、粤西 1 号芒、桂香芒、澳芒、红象牙芒、玉文芒、台芽芒等	2 月中旬至 6 月中旬
广东	金煌芒、夏茅芒、紫花芒、桂香芒、白象牙芒、东镇红芒、粤西 1 号芒、红芒 6 号芒、台农 1 号芒、吕宋芒、秋芒、无核芒、红象牙芒、吉禄芒、Hadew 等	6 月下旬至 8 月中旬
广西	台农 1 号芒、桂热芒 82 号（桂七芒）、金煌芒、紫花芒、桂香芒、斯里兰卡芒 811 号、串芒、秋芒、象牙 22 芒、桂热芒 10 号、金穗芒等	7 月上旬至 9 月中旬

续表

省（区）	主栽品种	成熟期
云南	三年芒、凯特芒、圣心芒、红象牙芒、台农1号芒、爱文芒、青皮芒、白象牙芒、大白玉芒、吕宋芒、椰香芒（鸡蛋芒）、缅甸芒、红芒6号、林生芒等	6月中旬至8月下旬（或9月上旬）
四川	凯特芒、新世纪芒、爱文芒、圣心芒、台农1号芒、红芒6号芒、肯特芒、金白花芒、海顿芒、白玉芒、吕宋芒等	成熟期在7月下旬至9月下旬；攀枝花芒果比其他产区晚2~3个月上市，上市时间为7月至10月
贵州	黔芒、台农1号芒、红象牙芒、红玉芒、贵妃芒、桂热芒10号芒、桂热芒82号、桂热芒12号等	7月至9月
福建	紫花芒、红花芒、金煌芒、秋芒、桂香芒等	7月至9月
台湾	爱文芒、凯特芒、海顿芒、圣沙森芒、玉文芒、金煌芒、台农1（2）号芒、吉禄芒、肯特芒等	6月至7月

资料来源：胡祎，2015；梁伟红等，2008。

三、 主要品种及生物学特性

（一） 台农1号芒 （Tainong No. 1）

为我国台湾凤山热带园艺分所用海顿芒与爱文芒杂交选育的矮生新品种，树矮，节间短，叶窄小，抗风抗病力强，坐果率高。早熟种，树冠粗壮，生势壮旺，直立，开花早，花期长。较抗炭疽病，适应性广，耐贮运、保质期长。现为我国芒果产区的主要品种之一。嫁接苗植后3年开花结果，单株产量可达5~10kg或更高。4月底至5月上旬成熟，果实呈尖宽卵形，稍扁，单果重150~200g。完熟的果实黄色，近果肩半部常带胭脂红色，外观美丽。果肉深黄色，组织较细密，味甜，纤维少，质地较细滑，品质良好。果汁多，味清甜爽口，品质佳，商品性好，可溶性固形物16.8%（质量分数）、总糖16.76%（质量分数）、有机酸0.12%（质量分数）、维生素C 4.5mg/100g、可食部分60.6%（质量分数）。

（二） 金煌芒 （Chiin Hwang）

为我国台湾地方选种，该品种是白象牙芒和凯特芒的自然杂交后代，以品质优良享誉台湾岛。主要分布在广东、广西、海南、四川、云南、福建、台湾等地。植后3年开花结果，树势强，树冠高大，花朵大而稀疏。果实硕大，长卵形或直象牙形，果长为果宽的2倍或更大。果实成熟期6月至7月，完熟的果实橙红色，果肉深黄色至橙黄色，向阳面淡红色，品质上等。果肉味甜，果汁多，组织细密，纤维极少，肉质细滑。平均单果重915～1200g，最大可达2400g，含可溶性固形物15%～16%、总糖13.44%、有机酸0.07%、维生素C 7.2mg/100g、可食部分占70%以上，较耐贮运。种子特别扁薄，一般仅占果重的6%～7%，种子多胚。

（三）贵妃芒

又名“红金龙”，为我国台湾选育品种，1997年台商廖健雄到三亚创立鼎立公司，将贵妃芒引入海南。廖健雄介绍，“贵妃”的真实名称叫“红金龙”。专家在“红金龙”研制成功后，发现其外表美艳无比，表皮青里透红，无任何斑点，核小无纤维，水分充足，品味俱佳。因芒果在我国历史上作为宫廷贡品深受喜爱，因此戏称其为“贵妃芒”，这个美称从此广为流传。该品种长势强壮，早产、丰产，4～5年生嫁接树单株产量为20～30kg或更高，年年结果，结果性能不亚于台农1号芒，但比之更早熟。果实长椭圆形，果顶较尖小，果形近似吕宋芒，单果重300～500g。未熟果紫红色，成熟后底色深黄，黄色带彩色，无任何斑点，艳丽吸引人。成熟时核小无纤维，水分充足。在收获期干旱而光照充足时，果实较耐贮运，味甜芳香，一般无芒香味，可溶性固形物14%～19%，种子单胚。是我国芒果产区的主栽品种之一。另有大小之分，“小贵妃芒”约150g/个，大的重500～600g/个。

（四）桂热芒82号

桂热芒82号俗称“桂七芒”，是广西壮族自治区亚热带作物研究所于1994年从印度芒901实生后代中选出的优良变异单株，开花期3月中下旬至4月中下旬，两性花比例20.6%。在梯田旱地栽植，3年生嫁接树株亩①产达到1150kg，5～6年进入丰产期。果实发育期106～120d，7月下旬至8月上旬成熟。果形为S形，平均单果重212g，果皮深绿色，果粉明显，后熟时果皮淡绿色，细滑、光亮。果肉黄色，细滑多汁，纤维极少，味甜、芳香。鲜食品质好，可食部分占73%，可溶性固形物20.1%、可溶性总糖17%、可滴定酸0.51%、维生素C 6.95mg/100g果肉，耐贮运。核扁薄，

---

① 1亩≈666.7m^2。

长椭圆形，单胚。

（五）红象牙芒

20 世纪 80 年代初广西农学院[①]从象山 26 号芒的实生后代中选出的优良品种，因嫩叶、花和果实均为红色而得名。长势强，枝多叶茂。果实呈长椭圆形，弯曲似象牙，皮色浅绿，果皮向阳面鲜红色，外形美观。果大，单果重约 500g，可溶性固形物 14% ~16%，可食部分占 78%，果肉细嫩坚实，纤维极少或无，味香甜，品质好，果实成熟期在 7 月中下旬，丰产又较稳产，晚熟，因树势旺可在较瘠薄、干旱之地种植。

（六）吕宋芒（Carabao）

原产菲律宾，是该国主要商业栽培品种和出口品种。20 世纪上半叶引入我国，广东、海南、广西、福建、四川等地均有少量种植。墨西哥的“Manila”，美国的“Cecil”，我国广西的田阳香芒、金钱芒，海南的高农芒，广东的蜜芒、粤西 1 号芒、关刀芒等均属吕宋芒类型或其实生后代。该品种果实卵状长椭圆形、果形指数 1. 72 ~ 1. 85，平均单果重约 200 ~350g（吴仕良，1990）。腹肩常有浅短的沟，果喙明显而尖小。未熟果浅绿色，成熟后金黄色，常披果粉，鲜艳美观。果肉深黄色，肉质细密。质地腻滑，味甜微酸，无纤维感，鲜食品质优，可食部分高达 72% ~77%。种子薄，约占果重的 1/10，多胚。在干旱地区较高产、稳产，4 ~6 龄芽接树亩产可达 350 ~500kg，13 龄树平均株产达 57 ~63kg。在中国大陆一般 7 月至 8 月成熟，其中海南省稍早，为 5 月至 7 月熟。果实较耐贮运，保质期也较长。

（七）粤西 1 号芒

由华南热带作物科学研究院[②]粤西试验站[③]于 1977 年从吕宋芒大量的实生后代中选育而成。1985 年开始推广，现华南各生产区有少量种植。树势略弱于原吕宋芒，树冠形状、叶片、花、果实形态、色泽基本与吕宋芒一致，唯开花结果习性发生了极大的变化。该品种对低温阴雨的抗性比其他品种强，果实外观和品质也较好，在广东省

---

① 广西农学院于 1992 年更名为“广西农业大学”，并于 1997 年与广西大学合并，组建新的广西大学农学院。

② 华南热带作物学科学研究院于 1994 年更名为“中国热带农业科学院”。

③ 粤西试验站于 1987 年更名为“南亚热带作物研究所”，全称现已更名为“中国热带农业科学院南亚热带作物研究所”。

有一定的市场。嫁接树植后2~3年可结果，树冠达4m时单株产量可达40~50kg。花序再生力极强，1月至4月均可不断抽生花序，直至外界条件转好，花序能正常结果为止。较高产、稳产，在湛江市，4月至5龄树亩产可达600~2000kg。成熟期与吕宋芒相近。在海南省5月至7月成熟，在广东省7月中下旬成熟。果偏小，单果重120~130g。果实呈长卵形，果顶尖小，果实横切面几乎呈圆形。成熟时果皮金黄色至深黄色，果肉深黄至橙黄色，肉质较腻滑，纤维中等偏小，味甜带酸，但偏淡。一般含糖量11%~16%。种壳较厚，种仁几乎充满种壳，品质比吕宋芒差，但在广东的市场反应较好。果实浅绿色，后熟后呈鲜黄色，光滑美观。果肉细嫩、香甜，可食部分占60%~73%，含可溶性固形物11%~16.6%，比吕宋芒风味偏淡，品质中等至中上。该品种较早熟，是目前较好的早熟商业品种，坐果率高，较稳产、丰产，种子饱满，较耐贮运。

（八）白象牙芒（Nang Klangwan）

原产泰国，是该国主要出口品种之一。1930年传入我国海南，1986年被广东省评为优质品种，现为海南省和云南省的主要商业栽培种之一。该品种嫁接苗植后3~4年结果，5~6龄树平均亩产146~488kg。果基圆，果顶呈钩状，未成熟的果实灰绿色或浅绿色，成熟时浅黄至金黄色，向阳的果实有时有红晕，外观吸引人。果肉浅黄色，肉质致密，腻滑，味清甜，无纤维感，品质上乘。可食部分占72%~73%，种子薄，略呈弯刀形，种子占果重的1/10左右，多胚，在海南省5月至6月成熟，在云南省7月成熟。果实长，似象牙，果形指数2.65~2.71（何业华等，2006）。此外，白象牙芒的实生变异株系——海豹芒，品质和产量也不逊于白象牙芒。

（九）凯特芒（Kiett）

凯特芒又名“凯蒂芒”，原产美国佛罗里达州，以高产优质著称，是美国主栽品种之一，也是我国台湾的主要栽培品种。1991年自美国引入华南热带作物科学研究院，高接树两年即结果，单株产量达10kg，丰产性好，在海南省儋州地区7月至8月成熟。果实硕大，星卵圆形，有明显的“果鼻”。果皮淡绿色，向阳面及果肩呈淡红色，单果平均重600g，大者可达2000g以上。未成熟的果实底色灰绿，蓝色紫红，成熟后底色黄或橙黄，盖色暗红，并有淡紫色的果粉。果肉厚，果皮薄，果肉橙黄，肉质腻滑，纤维少，味甜芳香，含糖量11%~17%。迟熟种，成熟期8月至9月中旬。种子特小，仅占果重的7.5%~8%，种子肋明显突出。该品种食用品质良好，耐贮运、保质期长。

（十）白玉芒

原产马来西亚，20 世纪 30 年代自马来西亚引入海南文昌，故又名“文昌白玉芒”。1964 年华南热带作物学院①收集试种，产量与品质均好。1986 年被广东省评为优质品种。该品种较早结果，丰产稳产。嫁接树植后 3 年结果，5～6 龄芽接树亩产可达 300～500kg，10 龄树单树产量 40～50kg。成熟期与白象牙芒相近。果实长椭圆形，果形指数 2.1，平均单果重 200～250g，表皮光滑，有花纹及白点，青果灰绿色或浅绿色，有果粉。成熟后果皮呈乳黄至浅黄色。果肉浅黄色。品质和风味与白象牙芒相近，但甜味更浓，白玉芒嫩滑、味清甜、纤维少、品质上乘。我国主要分布在广东、广西、云南、福建和台湾等地。

（十一）黄象牙芒

又名“云南象牙芒”，海南三亚名“大头象牙芒”，原产泰国，1914 年引入云南省景谷县，在云南栽培较多。与白象牙芒比较，其果实较宽较短，果肩较大，果顶较尖小，果皮较粗糙。果肉颜色较黄，有椰乳香气，植株形态也有差异。过去认为产量较低，裂果较多，但有些年份产量与白象牙芒相仿，外观稍差，然而品质稍好，坐果率较低。

（十二）椰香芒（Dashehari）

又名“鸡蛋芒”“印度 9 号”“印度 909”，台湾名“大益利”，原产印度，是印度半岛三国的主栽品种之一。1955 年印度尼赫鲁总理将其送给我国周恩来总理，保存于广州市。1963—1964 年引入海南岛，现在是海南省西南干旱地区的主栽品种之一。在海南岛、广东雷州半岛、广西南宁、四川攀枝花等地有少量栽培，但产量低。椰香芒树势健壮，嫁接苗植后 3～4 年可结果，6 龄芽接树亩产可达 600kg。5 月至 7 月收获。平均果重 120～150g，在水肥充足的环境下单果重也可达 200g。果卵形或长卵形，果皮较厚，成熟时暗绿带黄色或深黄色，表皮光滑、美观。果肉橙黄或橙红色，组织细密，纤维少，质腻滑，味浓甜，具椰乳芳香，含维生素 A、B 族维生素、维生素 C 及矿质元素，含有丰富的糖及多种人体必需氨基酸等，品质上乘。除作鲜果

---

① 华南热带作物学院于 1996 年更名为“华南热大农业大学”，并于 2007 年与海南大学合并。

外，还可用于加工果汁、果酱、罐头、腌渍、酸辣泡菜及芒果乳粉、蜜饯等。

（十三）紫花芒

紫花芒又称“园林3号”，是20世纪70年代广西农学院从泰国芒的实生后代中选育出的优良品种。植株生势健壮，枝条直而较开展。较早结果，丰产、稳产性较强。嫁接苗植后3～4年结果，6龄嫁接树亩产可达1000kg或更高。在光照充足的情况下能年年结果，外观较好。在海南6月至7月成熟；在广东和广西8月成熟。平均果重200～250g，果实外形美观，呈长椭圆形，两端尖，果皮灰绿色，向阳面浅红黄色，成熟后皮色鲜黄。但在果实发育期多雨或光照不足时，果实外观较差。果肉橙黄色，酸甜适中，品质中上，较耐贮运，也适宜于加工果汁或蜜饯，可食部分占68%～75%。对低温反应敏感，不抗寒，抽花序整齐，因而易受寒害。

（十四）爱文芒（Irwin）

又译为“爱尔文”“欧文芒”，原产美国佛罗里达州，为该州第三代红芒。1954年引入我国台湾成为主要栽培品种，当地称“苹果芒”。1984年，自澳大利亚引入华南热带作物科学研究院粤西试验站（广东省湛江市），编为“红芒1号”。该品种在湛江和海南试种结果都较好，在海南年年结果。5月至7月成熟，果实倒卵形，基部较宽，果腹突起，果顶较小。平均果重200～250g。成熟时果皮深黄色，盖色鲜红色。果肉黄色，肉质腻滑，纤维少，味甜芳香，品质好，产量较高。含糖量14%～16%、可溶性固形物15%～24%，并含有丰富的维生素A、B族维生素、维生素C及多种人体必需的矿物质和氨基酸，味道香甜，口感极佳，具有美容保健之功效，真可称色、香、味俱全的水果。

（十五）海顿芒（Haden）

属红芒类，又译作“黑登芒”，原产美国佛罗里达州，从印度的穆尔古巴芒（Mulgoba）的实生后代中选育而成。1963年和1972年两次从古巴引入华南热带作物科学研究院，1972年同时引入国营大岭农场。该品种适宜在高温干旱而阳光充足的地方栽培。在海南省东方市和三亚市结果早，非生产期短，产量较高，外观华美，色彩鲜艳，极富吸引力。在云南元江地区产量和外观也很好，但在多雨地区栽培则产量和颜色均不稳定，花期低温易出现无籽的小果。2018年台湾种植较多，广东、广西有栽培。其主要特点为果实近圆球形，平均单果重250g，嫁接苗植后3年结果，4～6

龄单株可结果10~15kg，高者达20kg以上。能年年结果，果实近圆球形，平均果重约250g，有明显的“果鼻”。青果底色青绿或深绿色，盖色紫红色；熟果底色深黄或橙黄色，盖色鲜红色。表皮光滑，富光泽，布满白点，果粉厚，颜色艳美夺目。果肉橙黄色，汁多，肉结纤维较少。味甜芳香，但未充分成熟的果实近果蒂有芒香味，成熟后芒香味极淡薄，品质较好。该品种较耐干旱，但若在水肥充足的情况下果实更大。

（十六）大白玉芒

海南品种，1964年引入华南热带作物学院，果形、外观、品质都比较好。1980年引种至云南省，现已成为云南的主栽品种之一。在海南省年年结果，5~6龄芽接树亩产可达300~500kg或更高，产量与白玉芒相当。5月至7月成熟，果实较大，单果重300~400g，果实呈卵肾形或长椭圆形，果皮浅黄至黄色，果肉浅黄色。品质和风味与白玉芒相似，是有发展前途的品种。

（十七）黄玉芒

为广西壮族自治区亚热带作物研究所培育的芒果新品种。1938年引入海南省农业科学研究所，原名为“泰国芒”，1967年海南芒果鉴定小组将其编号为“503”，命名为“黄玉”。但后来从福建省厦门市引入的缅甸芒结出同样的果实，树形、叶形也极其相似，故原产地不详。该品种在海南省南部分布颇广，但都零星栽培，颇丰产。嫁接苗植后3年结果，5月至6月收获，果实宽椭圆形，深黄色，组织细密，风味、质量与吕宋芒近似，但味稍淡，香味也不如吕宋芒。品质良好，果实含可溶性固形物16.7%、总糖15.8%、总酸0.223%、维生素C 36.5mg/100g、可食部分占76%。在干热地区高产稳产。

（十八）秋芒（Neclum）

又名“印度芒901”“印度1号”，原产印度。1957年印度中国友好协会（简称印中友协）送给我国农业部，保存于原华南热带作物科学研究院。该品种植株矮小，树型紧凑，非生产期短，丰产稳产，风害较轻，适应性较强。在密植的情况下，植后第3年亩产可达700kg、第4年为1000kg、第5年为1500kg。该品种较迟熟，在海南6月初至7月下旬收获，在广西8月下旬至9月初成熟。果实斜卵形，平均果重200~250g。成熟时果实金黄色至深黄色，果肉橙黄色。肉质较细滑，味浓甜而带椰乳芳香，纤维较少，鲜食品质较好。果实较耐贮运。在开花结果期干旱而阳光充足的地方（或年份）果实外观较好。由于在果实发青期雨水多、湿度大时，果实易得炭疽病、煤污病和细菌性角斑病，果皮粗，外观差。因其迟熟也易遭受台风灾害。此外，该品种在水肥不足，尤其缺水的情况下果实变小，产量不高。在杂交育种方面，由于具高产、优质、早结、矮生的特性，常被选作杂交亲本。

（十九）桂香芒

桂香芒是20世纪70年代末至80年代初由广西农学院从秋芒与鹰嘴芒的杂交后代选育而成的新品种。较丰产，在海南6月至7月成熟，广东和广西8月成熟。果实近卵形，果顶尖，偏向果腹侧，果较大，平均果重350~400g，成熟时果皮深绿色，果肉深黄色。肉厚、汁多，纤维较长，肉质稀烂，味淡甜，食用品质一般。

（二十）串芒

串芒是广西农学院由象牙22号的芽变单株中选出，因结果成串而得名，广东和广西栽培较多。在海南6月下旬至7月可收获，在广东和广西8月才可收获。该品种长势强，花期较迟，早结、高产、坐果率高，且有自然二次开花结果现象。在广西南宁常常于8月至9月第二次开花，冬季有第二次收获。成串结果，成熟时果皮和果肉黄色，味淡甜，品质一般。果实呈象牙形，平均单果重280g，果桃红色，背阳面为暗绿色，后熟后的果皮转为黄绿或黄色。果肉橙黄色，纤维中等或偏少，略粗，果汁偏少，甜酸适度，可溶性固形物14.5%~19%，糖含量12%~15%，总酸0.678%~0.99%。核较小，多胚。果实7月中旬至8月中下旬成熟。“串芒”外观美，内质中等，是鲜食和加工的兼用种，在贫瘠坡地或干旱之地表现丰产，可适量种植。广西田东有一定的种植面积和产量。

（二十一）桂芒一号

桂芒一号是以紫花芒和金煌芒为亲本杂交育成的中晚熟优质芒果新品种。果实长椭圆形，平均单果质量425g。果肉浅橙色，纤维少，味清甜，有乳香；可溶性固形物22.3%，总糖19.1%，总酸0.21%，维生素C 9.08mg/100g，可食部分占78.5%，品质优。该品种生长势较强，两性花比例和坐果率高，4年生树平均株产21.0kg，丰产、稳产性好。在广西南宁和桂南地区成熟期为7月下旬至8月中旬，果实生育期110~130d。采收后熟后常温贮藏期3~5d（董龙等，2021）。

（二十二）玉文芒

2002 年从我国台湾引进的平均单果重达 1000 ~ 1500g 的大芒果。果实大，果色呈紫红色，种核薄，可食率高，果肉细腻，口感佳，可溶性固形物达 17% ~ 19%，丰产性能较好。在广西、广东、海南有一定的面积和产量。

（二十三）金穗芒

该品种 1993 年引进种植，具有早结、丰产稳产特性。果实卵圆形，果皮青绿色，后熟后转黄色。果皮薄、光滑、纤维极少，汁多、味香甜，肉质细嫩，单果重约 200g，可溶性固形物含量 14% ~ 16%，可食部分占 70% ~ 75%。成熟期 7 月中下旬。品质中上，是鲜食、加工俱佳的品种。

（二十四）桂热芒 10 号

广西壮族自治区亚热带作物研究所选育的黄象牙芒实生后代（黄国弟，1995），该品种于 1994 年 8 月通过农业部委托广西壮族自治区农垦局组织由广东、云南、广西三省（区）有关专家进行技术鉴定。一年有多次开花习性，一年可收两造果，正造果成熟期在 7 月下旬至 8 月。树势强壮，果实长椭圆形，果嘴有明显指状物突出。单果重 350 ~ 800g，可食部分占 73%，可溶性固形物 19% ~ 22.9%，总糖 14.2%，总酸 0.25%，果肉橙黄色，质地细嫩，纤维少，汁液丰富，鲜食品质优良。种子扁薄，长椭圆形，多胚。高产稳产，盛产期亩产量达 1500kg 以上。

（二十五）桂热芒 3 号

为黄象牙芒实生变异后代，广西壮族自治区亚热带作物研究所选育品种（曾建生，2001）。品质中上，果实成熟时呈黄色，甜度高，纤维少，品质优，结果性能不稳。开花期 3 月中下旬至 4 月中下旬。果实成熟期为 8 月下旬至 9 月上旬。果肉橙黄色、质地细滑、坚实，纤维少，汁液中等，可食部分占 72%，可溶性固形物 19% ~ 25%，味甜、芳香，品质极好。嫁接苗植后第 2 年可结果，第 5 年株产 22.75kg。成龄树高接换种第 3 年 ~ 第 6 年连续 4 年平均株产 68.93kg，折合亩产 3101.85kg。无隔年结果现象。广西田东早期引进种植。

（二十六）桂热芒 71 号

桂热芒 71 号为白象牙芒的实生变异单株，广西壮族自治区亚热带作物研究所选育品种（莫永龙等，2016）。开花期3月中下旬至4月中下旬。果实发育期约120d，在南宁成熟期为7月下旬至8月上旬。果肉浅黄色、质地细滑，纤维少，汁液丰富，可食部分占76.5%，可溶性固形物14%~16.2%，味清甜，品质好。在南宁市，嫁接苗植后第2年可结果，株产7.2kg，第3年株产9.6kg，第4年株产16.7kg。植后第12年~第14年连续3年平均株产36.8kg，折合亩产2024kg。在百色市，嫁接苗定植第4年株产达45.5kg，折合亩产3958.5kg。无隔年结果现象。

（二十七）桂热芒120号

桂热芒120号为黄象牙芒实生变异株，系广西壮族自治区亚热带作物研究所选育品种（黄国弟等，2008）。品质较优，香味好，结果性能稳定。广西田东近期引种。在广西开花期3月中旬至4月中旬，成熟期7月中下旬至8月初。果肉黄色，纤维极少，肉质坚实细腻，味清甜，果汁中等，含可溶性固形物17.8%，可食部分占73.3%，品质好，较耐贮运，宜鲜食和加工。核占果实质量的11.1%，种子长椭圆形，胚为单胚。嫁接苗种植3年生树株产12.5kg，8年生树株产50kg以上。

（二十八）桂热芒60号

桂热芒60号为印度芒901的实生变异株，系广西壮族自治区亚热带作物研究所选育品种。树冠卵圆形，树势健旺，树姿开张，主干黄褐色，枝梢较长（印度芒901较短）。叶片椭圆披针形，叶基楔形，先端渐尖。开花期3月中下旬至4月中下旬。果实发育期约130d，成熟期为8月中下旬。果肉橙黄色，质地细滑，纤维少，汁液丰富，含可溶性固形物17%~21%，可食部分占71.8%，总酸0.52%，味甜、芳香，品质优。核长椭圆形，稍扁薄，种胚发育饱满，多胚。早结、较高产，嫁接苗定植后第2至第3年结果，株产6.2kg，第4年株产达16.2kg，第6年以后株产可达20kg以上，无隔年结果现象。

（二十九）桂热芒284号

桂热芒284号是广西壮族自治区亚热带作物研究所于1994年选出的实生变异单株（黄国弟等，2007）。该单株于1988年播种，1994年开始开花结果。经观察，该单株有花期迟，两性花比例高，结果性状好，果实外观美，品质优等特点。1995年开始对其产量、品质及植物学特征、生物学特性进行观察记录。该单株于2004年通过广西芒果优良单株评选初选，2005年通过复选，2006年通过决选。开花期3月中旬至4

月中下旬。果实发育期约 110d，在南宁成熟期为 7 月下旬。果肉橙黄色，肉质细滑、多汁、纤维少，可食部分占73.8%，可溶性固形物含量15.3%～18.2%，味香甜，品质好。嫁接苗定植后第 2 年可结果，株产 5.6kg，第 3 年株产 10.4kg，第 4 年株产 21.2kg。参评的 16 年生单株连续 3 年平均株产 38.4kg，折合亩产 2112kg，无隔年结果及大小年结果现象。

（三十） 桂热芒 80－17 号

广西壮族自治区亚热带作物研究所从印度芒 901 与斯里兰卡芒 811 号杂交中选育出来的品种。开花期 3 月下旬至 4 月下旬。果实发育期 130～140d，在南宁成熟期 8 月下旬至 9 月上旬。果肉黄色，质地细滑，纤维少，汁液丰富。可食部分占 70.6%，可溶性固形物含量 18%～24%，味清甜、芳香，鲜食品质极好。贮藏性中等。嫁接苗定植第 2 年可结果，第 3 年株产 6.2kg，第 4 年株产 15.2kg，第 8 年后株产可达 35kg 以上，折合亩产 3080kg，无隔年结果现象。

（三十一） 金桂香芒

金桂香芒由广西壮族自治区农业科学院园艺研究所从芒果实生繁育群体中选育而成（广西壮族自治区农业科学院网，2014），树冠圆头形，树势健壮，主干灰白色，枝梢较粗、稍直立。叶片阔椭圆披针形，叶面平展，叶缘微波浪，较厚，叶较大，长 25.25cm，宽 7.45cm。花序长圆锥形，长 27.6cm，宽 15.8cm，主花轴黄绿色，副花轴基部紫红色。果实肾状长椭圆形、果形姿态优美，成熟果表皮深绿色、有少许蜡粉，后熟果皮橙黄色，着色均匀。果皮较厚，果皮与果肉不黏着，果肉橙黄色，质地较细致、细滑坚实、味清甜、香浓郁味，含纯芒果和松香混合香型，可食部分占 74.8%，可溶性固形物含量 17%～20.3%，品质优。

（三十二） 红苹芒

广西职业技术学院从芒果实生后代中选育出的晚熟良种（姚明谨等，2006）。红苹芒果皮光滑，果点明显，纹理清晰。在阳光充足的地方，果皮淡红色披蜡质，呈粉红色，外形酷似苹果，故得名为“红苹芒”。果实成熟期在 9 月中下旬至 10 月初，果实可溶性固形物平均含量高达 27.2%，可食部分占 76.1%。果实大小适中，除具有芒果香味外，还有香蕉、菠萝蜜香味，清甜可口，肉质坚实、细嫩、润滑、果核小，纤维极少。抗病虫能力强，稳产、丰产。

（三十三） 水英达芒

原产于缅甸，属地方品种资源，广西田东新引进试种品种。果实中等大，果形美观，成熟后果色呈金黄色（李日旺等，2012）。花期较迟，8 月中上旬成熟，果实 S 形，单果重 433g，可溶性固形物 18% ~20%，可食部分占 82%。该品种高产、优质、抗病，主要用途是供食用、药用。

（三十四） 龙井芒

原产于海南，属地方品种资源。树冠圆头形，枝条开展，花序圆锥形，花期较迟，8 月至 9 月成熟，果斜卵形，单果重 2100g，可溶性固形物 15% ~16%，可食部分占 76%，原产于海南，属地方品种资源，主要用途是供食用、药用。

（三十五） 田阳香芒

系广西田阳县地方自选品种（黄照明，2008），已有 60 多年的栽培历史。该品种出于吕宋芒而异于吕宋芒，花期较早。果椭圆形，单果重 210 ~290g。果皮光滑，成熟时黄色。果肉橙黄色，纤维极少而短，果汁多，肉质细嫩，香甜。可溶性固形物 18% ~22%，果肉率 70%，不耐贮放。地区性丰产，在右江河谷产量较高。

（三十六） 四季蜜芒

四季蜜芒是从引自泰国的四季芒中选育而来。四季芒由广西农学院杨一雪教授于 1990 年从泰国引进接穗，高接在原广西农学院芒果课题组的 3 株芒果树上保存（方中斌等，2015）。四季蜜芒为多次开花结果品种，果长椭圆形，果洼浅，微具果喙，果顶长，属中果型偏小，单果重 200 ~250g。果肉纤维中等，品质中上，可溶性固形物 22%，果肉率 80%。含糖量 14% ~16%，味道甜。种子中含蛋白质 5. 6%、脂肪 15. 1%、碳水化合物 67. 3%。秋冬季节产量最多，是重要的反季节芒果，填补“台农”和“桂七”等芒果退市后的空窗期。不过由于此果畸形比例过高，影响其商业价值，特别是礼品果业，所以知名度不够高。

（三十七） 吉禄芒 （Zill）

又译作“吉尔芒”，广东名“红芒 6 号”。1984 年引入华南热带作物科学研究院粤西试验站。该品种在湛江表现较高产稳产，嫁接苗植后第 3 年结果，4 龄树平均株产可达 29kg，年年结果；在海南省试种产量也较高。6 月至 7 月成熟，果实宽椭圆形，稍扁，平均果重约 200g，有明显的果喙。青果青绿或蟹青色，盖色紫红色，成熟后底色黄色，盖色鲜红色。果肉橙黄色，肉质较腻滑，纤维少，味甜芳香，品质好。但果实发育后期多雨会导致烂果或采前落果。

（三十八）泰国芒（泰国白花芒）

又名“青皮芒”“小青皮”“泰国白花芒”，原产泰国，为该国主要栽培品种之一。果实肾状长椭圆形，其主要特征是果实自腹肩至果腹有一条明显的沟槽（称腹沟）。该品种在海南 5 月至 6 月成熟，广东和云南 7 月成熟，广西南宁地区 8 月成熟。成熟时果实暗绿色至暗黄色。果肉淡黄色或乳黄色，质地柔滑、多汁，味甜清香，纤维极少，单果重 200 ~ 300g，可溶性固形物 17% ~ 24%，可食部分高达 75%，品质优良。种子薄，种仁占种壳的 1/3，多胚，整个种子占果重的 10% 左右，是理想的鲜食品种。

（三十九）海豹芒

原产于印尼，属地方品种资源。在广西田东少量种植。树冠扁圆头形，枝条长，花序长，花枝疏而长，常下垂，呈柔荑花序，花期较早，8 月初成熟，果卵状长椭圆形，果重 1 ~ 1.5kg，果形似海豹而得名（平少华，2015），可溶性固形物 15%，可食部分占 70%，品质中等，主要用途是供食用、药用。

（四十）斯里兰卡芒 811 号

原产于斯里兰卡，从斯里兰卡引进，属地方品种资源。花期较迟，两性花占 39.7%，7 月至 8 月成熟，果宽卵形，单果重 405g，可溶性固形物 11% ~ 15%，可食部分占 72%，该品种高产、抗病，主要用途是供食用、药用。早结丰产稳产，品质中下，属加工品种。广西田东种植渐少。

（四十一）象牙芒

果肾状长卵圆形，果弯明显，果嘴痕迹。果形似初生象牙，故名“象牙芒”。属大果品种，单果重 400 ~ 1500g，果皮薄而光滑，金黄色，外观美观。果肉淡黄色，肉质细腻，纤维极少，汁多味甜，具蜜香味，品质佳。可溶性固形物 18% ~ 21%，总糖 12.5% ~ 14.3%，果肉率达 80%。中熟品种。

（四十二）关刀芒

原产于广西百色，属地方品种资源，适合于红壤。品质中等，果形似把刀而得名，低产（平少华，2015）。树冠圆头形，中等高，花序圆锥形，花轴紫红色，花期较早，两性花占 35.6%，7 月中旬成熟，果关刀形，单果重 265g，可溶性固形物 18%，可食部分占 70%，该品种优质、抗病，主要用途是供食用、药用。

（四十三）象牙 22 号芒

20 世纪 60 年代，广西农学院从海南岛引入象牙芒接穗嫁接繁殖后获得。经过试种，在南宁表现尚可。20 世纪 70 年代推广至百色，在该地表现优异，已成当地主栽品种之一。在干旱和早春低温阴雨不甚严重的地区丰产又较稳产，可适量栽培。树势强壮，花序坐果率较高，开花期较晚，耐低温能力较强。果实象牙形，外观较好。果皮翠绿色，向阳面有红晕，后熟后转浅黄色。单果重 150～300g，但大小不整齐，果肉橙黄色，纤维中等或偏少，品质中等。可食部分占 63%，可溶性固形物 18% 左右。核小而厚，多胚。成熟期 6 月下旬至 7 月中旬，耐贮运。

（四十四）杉林一号芒

2002 年从我国台湾引进，有一定的面积和产量。果形色泽艳丽，呈水蜜桃色，甜度在 19°左右，口感与风味特佳，单果重约 500g。由海顿芒与圣心芒杂交培育成的新品种，具有产量稳定、果形美观、色泽鲜艳、品质上乘等特点。杉林一号花期为 1 月上旬至 3 月下旬，果熟期为 6 月中旬至 7 月中旬；两性花占比较高，达 80% 左右，坐果率也较高，每穗花坐果数可达 30～50 个；果卵圆形，成熟时下端一侧常有突起，果形特异，皮光滑、呈紫红色，熟后为鲜红色，果肉橙黄、少纤维，肉质细腻、酸甜适中，具较强的芒果香味。单果重一般 520g 左右，可食部分占 69.9%，含糖量 16.0%，可溶性固形物 23.2%。

（四十五）百优 -1 号芒

百色市发展水果生产办公室于 2001 年 5 月从中缅边境引进水英达芒到右江河谷地区进行高接换种试种实验，选育出芒果新品种百优 -1 号（黄战威等，2010）。树冠卵圆形，树势中等，主干灰白色，裂纹纵裂，下粗上细，枝条较直立，梢长 15～20cm，叶为单叶、革质、长椭圆形，叶缘全缘，呈小波浪向上卷。花梗粉红带绿色，花小，果实长椭圆形，果喙突出，单果重280～500g。3月开始盛花，成花率95%，7月底至8月初成熟，外形美观。未熟果果皮绿色，成熟时金黄色，果肉黄色，肉质嫩且味清甜，纤维少，果肉率达80.5%，可溶性固形物19.5%，抗病性好，皮厚光滑，耐贮运，品质优。

（四十六）台芽芒

台芽又称“黄金煌”，广西壮族自治区百色市田东县新引进品种，丰产稳产，品质上等，果实成熟时果皮淡红，单果重500～750g。广西田东有一定的面积和产量。

（四十七）因特芒

该品种树势强壮。果形呈扁圆形，比凯特芒略小，果皮呈淡红色，果实肉质细腻，纤维极少，耐贮运，果核小，可食部分占95%，气味芳香，含糖分20%。

（四十八）金兴芒

2002年从我国台湾引进。呈红黄色，显示透明状有一种透视果肉的感觉，如琥珀色般，肉质与品质属极品，糖度较高（约19°Bx），果实特大为1000g以上（许杨彪等，2016）。

（四十九）文心芒

2002年从我国台湾引进。该品种树势强壮，果实为圆形，平均单果重1000g，果实颜色艳丽，呈紫红色，挂于树上呈葡萄般，套袋后呈红黄色，果核小，可食部分占95%，气味芳香，口感佳，含糖量16%～17%，丰产、稳产。

（五十）景东晚芒

从象牙芒变异株选育出的芒果晚熟新品种。平均单果重450g。果实象牙形，平均长17cm，果弯明显，果肩稍瘦。果皮光滑，成熟后呈黄色。果肉金黄色，肉厚，肉质细腻而多汁，纤维少，味美香甜，可溶性固形物22.74%，可溶性糖19.98%，维生素C 331mg/kg，可食部分占77.57%。果实9月中旬至10月中旬成熟，属晚熟品种。丰产，盛果期667m^{2}产量可达1158kg。适宜在云南省海拔1300m以下的低热河谷区种植。

（五十一）鹰嘴芒

从印度尼西亚传入。花序特长，梗软，部分花序在开花时已下垂，单果重 400 ~ 800g。最长的果达 23cm，每个花序挂果 2 ~ 5 个。果实外形美观，皮色浅绿。果肉橙红色，纤维极少或无，味甜，有香味，品质上等。核小，多胚。7 ~ 8 年生芽接树单株产量 65 ~ 70kg。为理想的生食品种，易在花果期干旱的地区发展。

四、部分芒果品种品质分析

部分芒果品种品质分析结果见表 1 – 4。

表 1 – 4　部分主要芒果品种品质分析

品种	可溶性固形物/%（质量分数）	含糖量/%（质量分数）	有机酸/%（质量分数）	维生素 C/（mg/100g）	可食部分占比/%（质量分数）
台农 1 号芒	16.8	16.76	0.12	4.5	60.6
贵妃芒	14 ~ 19	14.12	8.39	32.48	80.69
金煌芒	15 ~ 16	13.44	0.07	7.2	>70
桂热芒 82 号	20.1	17	0.51	6.95	73
粤西 1 号芒	11 ~ 16.6	11 ~ 16	0.24 ~ 0.28	37 ~ 50	60 ~ 73
凯特芒	13.5	11 ~ 17	0.31	11.6	75.3
椰香芒	17 ~ 19	16.4 ~ 17.2	0.08 ~ 0.19	16 ~ 29	65 ~ 72
爱文芒	15 ~ 24	14 ~ 16	0.55	24.9	70
白花芒	21 ~ 22	17.6 ~ 20.2	0.17 ~ 0.29	16 ~ 23	70 ~ 75
吕宋芒	17 ~ 20	16.8 ~ 18.2	0.24 ~ 0.44	39 ~ 45	72 ~ 77
白象牙芒	18 ~ 20	15 ~ 18	0.106 ~ 0.181	21 ~ 23	72 ~ 73
白玉芒	18 ~ 20.3	15.1 ~ 18.7	0.115 ~ 0.135	21.1 ~ 23.7	70 ~ 74
秋芒	16 ~ 22	15 ~ 21	0.12 ~ 0.42	70 ~ 106.7	63 ~ 73
海顿芒	15 ~ 17	14 ~ 15	0.215 ~ 0.33	22 ~ 27	77
紫花芒	12 ~ 15	10.2 ~ 10.9	0.29 ~ 0.54	8.2 ~ 17.1	68 ~ 75
桂香芒	11 ~ 14.9	10.9	0.25	11	72
串芒	14.5 ~ 19	12 ~ 15	0.678 ~ 0.99	17.78	88
桂芒一号	22.3	19.1	0.21	9.08	78.5

资料来源：刘德兵，2017。

不同品种芒果果实品质性状比较结果见表1－5。

表1－5 不同品种芒果果实品质性状比较

品种	单果质量/g	果实纵径/cm	果实横径/cm	果型指数	可食率/%	可溶性固形物/%	可滴定酸/%	类胡萝卜素/(mg/g)	固酸比	果糖/(mg/g)	葡萄糖/(mg/g)	蔗糖/(mg/g)	总糖/(mg/g)	单糖/总糖
吉禄芒	302	9.7	8.2	1.18	68.72	14.3	0.84	0.008	17.02	11.24	15.8	11.48	38.52	0.7
台农1号芒	250	9.9	7.5	1.32	73.73	14.99	0.27	0.037	55.52	12.43	12.64	34.67	59.74	0.42
KRS	466	9.7	8.9	1.09	75.44	10.83	0.52	0.007	20.83	15.72	15.26	13.57	44.54	0.7
西贡芒	263	9.58	7.43	1.29	78.6	14.5	0.35	0.005	41.43	11.61	13.21	14.44	39.26	0.63
桂香芒	440	14.3	8.4	1.7	73.91	13.01	0.42	0.021	30.98	12.4	12.18	19.68	44.25	0.56
爱文芒	320	11.1	8.31	1.34	78.93	10.83	0.56	0.021	19.34	14.25	13.75	17.09	45.09	0.62
兴热1号芒	610	11.15	9.76	1.14	81.35	13.2	0.6	0.012	22	20.53	15.3	14.95	50.78	0.71
紫花芒	270	11.5	6.9	1.67	70.01	13.52	0.73	0.018	18.52	14.91	10.34	17.18	42.42	0.6
红瓦城芒	391	12.65	7.66	1.65	78.41	11.5	0.31	0.037	37.1	16.23	8.44	22.47	47.13	0.52
Edward芒	558	11.5	9.6	1.2	78.3	12.1	0.45	0.008	26.89	16.99	17.02	29.9	63.92	0.53
小菲芒	288	9.3	7.82	1.2	72.82	19.37	0.43	0.003	45.05	6.59	9	12.79	28.37	0.55
凯特芒	787	14.11	11.2	1.26	80.51	14.55	0.61	0.01	23.85	15.96	16.06	19.11	51.13	0.63
Lippens芒	558	10.7	9.7	1.1	78.62	15.43	0.23	0.013	67.09	11.91	12.84	20.45	45.2	0.55
Vandeky芒	312	8.9	8	1.11	73.3	17.94	0.42	0.035	42.71	16.27	13.9	15.82	45.99	0.66
Ono芒	202	9.5	6.7	1.42	73.1	17.53	0.49	0.017	35.7	7.07	7.06	22.59	36.72	0.38

资料来源：马小卫等，2011。

五、 芒果的栽培和利用

芒果树为漆树科常绿大乔木，实生树的寿命可长达数百年至上千年。其树高因品种及繁殖方法不同而异，实生树树高及冠幅均可达到 15 ~ 20m 或更大；嫁接树较矮小，一般只有 8 ~ 10m 高或更矮小；金煌芒、象牙芒、白玉芒、吕宋芒等品种较高大；秋芒、贵妃芒、台农 1 号芒等较矮小，一般仅 4 ~ 6m。

（一） 芒果栽培主要的气象要素

发展芒果生产的理想地区是年均温度 21 ~ 27℃，最冷月均温度 12℃以上，无霜；年降水量不低于 1300mm（或虽干旱而有灌溉条件），花期有 3 个月的干旱、无低温阴雨天气，阳光充足（表 1 - 6）；土层深厚、肥沃、微酸性或中性，排水良好，地下水位低和较静风的地区。

表 1 - 6　芒果栽培主要的气象要素

国家	地区	年平均温度/℃	最冷月均温度/℃	绝对最低温度/℃	年降水量/mm	花期降水量/mm	年日照时数/h	备注
印度	德里市	27.5	≥16	0	699.3	20.8	—	没有连续阴雨阵雨即停
印度	孟买市	26.8	≥20	13.3	1825.8	6.9	—	没有连续阴雨阵雨即停
菲律宾	马尼拉市	27.3	24.4	14.5	1791	13	—	没有连续阴雨阵雨即停
泰国	曼谷市	28	26.1	11.1	1492	63	—	没有连续阴雨阵雨即停
印度尼西亚	雅加达市	26.6	25.9	18.9	1779	107	—	以阵雨为主雨后天晴
中国	东方市（海南省）	24.5	18.3	1.4	998.9	30.5	—	冬春无连续低温阴雨
中国	三亚市（海南省）	25.4	20.7	5.1	1270.9	27.7	2586.1	冬春无连续低温阴雨
中国	百色市（广西壮族自治区）	22.3	13.7	-2.1	1061.1	59.3	1868 ~ 1912	冬春无连续低温阴雨

续表

国家	地区	年平均温度/℃	最冷月均温度/℃	绝对最低温度/℃	年降水量/mm	花期降水量/mm	年日照时数/h	备注
中国	元江哈尼族彝族傣族自治县（云南省）	23.9	16.6	3.8	781.4	44.9	2223	冬春无连续低温阴雨
	怒江坝（云南省）	21.3	14.1	1.2	715.4	36.8	2228.6	冬春无连续低温阴雨

资料来源：从国内有关台站了解及从国外有关文献中摘录（刘德兵，2017）。

1. 温度

芒果树为热带果树，在高温条件下生长结果良好。在高温的夏季（平均温度28.3℃）枝梢生长快，从抽芽至叶片稳定老熟仅需10～15d，且枝条和叶片生长量都较大；但在冬季（平均温度15～17℃），从抽梢至叶片稳定老熟历时35d，且新梢生长量比夏季降低了70%～90%。但气温过高对芒果也有害，当气温高于37℃并伴随干热风时，果实和幼苗易受灼伤。

芒果最适生长温度为25～30℃，低于20℃生长缓慢，低于10℃停止生长，低于3℃幼苗受害，低至0℃会严重受害。当气温降至-2℃以下时，花序、叶片、结果母枝甚至直径2～3cm的木栓化枝条都会冻死；至-5℃时，幼龄结果树的主干也会冻死。芒果的耐寒力比腰果、香蕉、菠萝、番木瓜强，与荔枝及龙眼相当。

一般学者认为，年平均温度21℃以上，最冷月均温度不低于15℃，终年无霜的地方比较适宜发展芒果生产。世界上芒果主产国的年平均温度多在25℃以上，最冷月平均温度超过18℃，绝对最低温度大于0℃。

我国芒果产区年平均温度在19.5～25℃，最冷月平均温度11～20.7℃，绝对最低温度-2.4℃，但通常在0℃以上，多无霜。实践证明，如果当年绝对最低温度降至0℃以下，会出现严重寒害而减产。

2. 水分和湿度

芒果需水，但又忌湿度太大。枝梢生长、开花和果实发育期土壤都需要充足的水分，尤其开花结果期土壤水分不足会影响花的质量、影响受精过程的顺利进行，果实发育期缺水则果小、单果重下降，甚至导致大量落果。国内外经验都证明：果实发育期干旱的地区，灌水能大幅度提高产量；但在抽梢期如果连续降雨、大雾、空气湿度大会导致炭疽病盛发而落叶枯梢；花期遇连续阴雨或大雾会枯花落果而导致减产或失收；果实发育期多雨会诱发炭疽病和煤污病，影响果实外观；多雨也会延迟成熟期，降低品质，并易发生贮藏性病害。

在我国，冬春低温阴雨是发展芒果产业的一大障碍，国内外资料都认为花期不少于3个月的干旱，一年中雨季不超过7个月是芒果生长的理想气候条件。印度、菲律宾、泰国、墨西哥、巴基斯坦等芒果主产国每年11月至次年4月都很干旱，虽有降雨也是阵雨即停，雨后又阳光灿烂，没有连续低温阴雨现象。我国一些地区，如海南北部和广东湛江虽然冬春雨量少，但雨天多，阴雨时间长，空气湿度大，且阴雨伴随低温，妨碍昆虫活动，影响花粉散发和传粉受精，并诱发炭疽病和白粉病导致芒果落花落果。近年来一些单位培育出粤西1号芒、紫花芒、桂香芒、串芒以及原有的秋芒都有多次开花结果的特性，能在一定程度上避过低温阴雨天气，扩大芒果种植范围。使用多效唑改变花期和促进开花结果等新技术，也使芒果生产能在不利地区得到发展。但一般而论，还是以冬春干旱地区（如海南省的西南部）发展芒果生产效益更好。

3. 光照

芒果树为阳性树种，充足的光照下芒果树结果多、含糖量高、外观美、耐贮性强。特别是红芒，只有在充足的阳光下红色才显现，如果光照不足红色不显露、味淡、品质也下降。光照是芒果高产优质的条件之一。

4. 风

芒果树比较抗风，但叶大、树冠浓密、枝繁叶茂的品种也不耐强风侵袭。6级以上的大风会导致大量落果和折枝，9级以上的大风会导致大量落叶和扭伤枝条而严重影响当年和次年产量。常风大和台风多的地区种芒果必须营造防风林。

5. 海拔和土壤

从海平面至海拔1200m地区都能栽培芒果，但商业性栽培多在600m以下的地区。云南省的元江和滇川边界的攀枝花市产区，海拔却超过1000m。

芒果对土壤要求不严，但以土层深厚、地下水位低、排水良好、微酸性至中性的壤土和沙壤土为好。国外资料认为，土层厚2～2.5m、地下水位低于3m、pH为5.5～7.5、土壤含氮不低于0.04%、P_2O_3不低于0.06%、K_2O不低于0.08%的地方都可种植芒果。土壤黏重、底盘硬、易板结，碱性太重，排水不良或地下水位高的地方均不宜种芒果。海南岛土壤pH一般在5.6～6.2，多数土壤适宜发展芒果生产。

（二）芒果栽培生长表现

1. 根

实生树主根粗大、深长，在肥沃疏松而地下水位低的沙壤土上，主根可深达5～6m或更深。但侧根较细长而稀疏，多数侧根于60cm土层分布较多、较密。根系的水平分布较广，常常超出树冠的1/4～1/3。地上枝条生长壮旺的一侧水平根较发达。深翻压青或施有机肥能促进水平根的生长。芒果根与真菌共生，形成菌根，增强了芒果吸收养分的能力。

2. 茎

实生树主干明显、直立。树皮较厚，单胚类型树皮较粗糙，有许多纵向裂纹；多胚类型树皮比较光滑。枝条生势因品种不同而有很大差异，有些品种主枝较直立、树冠呈椭圆形（如青皮芒和白象芽芒）；有些品种枝条较开展或下垂，树冠呈扁球形或伞形，株高小于冠幅（如秋芒）；大多数品种树冠呈圆头形，株高与冠幅大致相等（如椰香芒和吕宋芒）。

3. 叶片

单叶互生，革质，全缘，叶缘或多或少呈波浪状。长12～45cm、宽3～13cm，因品种、水肥条件和抽梢时的气候不同而异。在一次梢中，中部的叶片较大，基部和顶部的叶片较小。中下部的叶片互生，顶部的叶片呈假轮状排列。叶多呈椭圆披针形，但不同品种间叶的长短、宽窄和形态都有差异，大致可分为椭圆披针形、卵状椭圆披针形和宽椭圆披针形。

嫩叶的颜色有淡绿色、浅黄褐色、古铜色、浅紫色、紫红色、紫色和红色；老叶有黄绿色、青绿色、深绿色、墨绿色和蟹青色等，均因品种不同而不同。叶柄的长短、粗细，叶枕的大小、形态及与枝条夹角的大小，不同品种也有差异，这些都是区别品种的重要标志。

4. 花

圆锥花序顶生或腋生，长15～45cm不等，但多数在20～30cm，通常有2～3次分枝。从花序轴上长出一分枝，一分枝分生二分枝，二分枝上长出三分枝。在最后一次分枝上着生的花朵呈聚伞状排列。花梗有浅绿色、黄绿色、粉红色、红色和玫瑰红色等多种颜色。

每个花序有500～3000朵花，多数是1000～2000朵。花小，直径0.5～0.7cm，但初开的花由于水分和养分较足，花朵会更大些。花萼和花瓣5枚（个别6枚）。花萼绿色或浅绿色，约为花瓣长度的1/2。花瓣浅黄色，中间有3条黄色或橙红色的彩腺。雄蕊5枚，多数只有1枚发育，除突出花瓣外，其余退化。花药玫瑰红色或紫红色。雌蕊1枚，斜升于蜜盘上，子房上位，无柄，一室，胚珠倒悬，花柱斜生于子房上，柱头二裂。

芒果花有两种：

①雄花仅有雄蕊无子房。

②两性花既有发育的雄蕊，也有发育的子房和柱头，能受精稔实。

两种花共存于一个花序上，两性花比例的高低对产量影响极大，高产品种两性花占比在15%～16%，低于5%的品种其产量也低。同一品种，同一株树在不同年份（气候）两性花比例也有差异。花芽分化期的气温状况，植株的营养水平都直接影响两性花的比例。一般两性花比例高的品种（或年份）其产量较高，两性花比例低者产量也较低。

5. 果

为浆质核果，由外果皮、中果皮、内果皮和种仁4部分组成。中果皮厚、肉质、多汁，是食用部分。有些品种纤维多而明显，有些纤维少而软，或食时无纤维感。种子1枚，内果皮木质化，较硬或韧，还有革质的膜，褐色的种皮紧贴白色的种仁。单胚品种的种仁由两片子叶和一个胚组成。多胚品种的种仁由多个胚及子叶组成，但其中只有1个合子胚，其余为珠心胚，后者不会变异。

果实形状多种多样，有苹果形、圆球形、斜卵形、椭圆形、纺锤形或梭状椭圆形、梭状长椭圆形、长卵形、卵肾形、长椭圆形，还有象牙形或长圆形；大多数商业品种单果重在100～1000g，特别以200～400g居多，但也有小至20～50g和大至2000～3000g或更大的；果皮有黄色、暗绿色、黄绿色、乳黄或浅黄色、金黄色、深黄色、橙黄色至红色；果皮上还有不同的花纹、白点和其他特征。这些特征是区别芒果品种的主要标志。

六、芒果生物学特性

（一）枝梢生长习性

芒果枝梢呈蓬次式生长，各次梢之间界线分明。叶芽被苞片包裹着。当新梢生长时苞片绽开，新梢伸长，其后苞片脱落，留下蛾眉状的痕迹。其上叶片互生，叶柄较长，叶片间距离较大，靠近顶部距离缩小，顶端几片叶密集，呈假轮状排列，故一年所抽各次梢明显可辨。在海南省，幼苗和幼树一年可抽 4 ~ 7 次梢或更多。壮年结果树仅抽 2 ~ 4 次梢，分别于 1 月至 4 月、7 月和 8 月至 9 月（有时 10 月至 12 月）各抽 1 次。成年或老年结果树在收果后往往仅抽次梢。有时其他时间也有零星抽梢。每次梢从萌动至叶片稳定老熟需 15 ~ 35d。夏季气温高，枝梢生长速度快，完成一次梢所需的时间短，枝梢生长量大；冬季气温低，枝梢生长缓慢，完成一次梢所需的时间长，枝梢生长量小。水肥充足或挂果少也会缩短枝梢生长时间。每次梢的长度 12 ~ 40cm 不等，条件不良时梢长仅 3 ~ 5cm 或更短。品种和树龄不同抽梢长度也有差异。

（二）开花结果习性

1. 结果枝

芒果树多在末级枝梢的顶芽及其附近的腋芽抽生花序，开花结果。但如当年收果后不抽梢，则春梢、夏梢或已开花结果的枝条下位的侧芽也能抽花序和结果。在结果大年（丰年），成龄树粗大的骨干枝的潜伏芽也能萌发花序。一般认为 9 月以后抽生的枝条很少抽花序，但有些地方（或年份）10 月甚至 12 月抽生的枝条也能开花结果。秋芒等能多次开花结果的品种，在 1 月至 2 月抽发的嫩枝上会同时形成花芽。

芒果的花序有纯花序与混合花序（带叶片）两种，后者是在抽枝时遇低温而形成花芽。两种花序同样能成果，但通常以纯花序占的比例大。

2. 花芽分化

通常开花前 1 个月花芽分化。在正常的情况下，海南省芒果花芽分化期自 11 月至 12 月开始。早熟品种 11 月中下旬开始花芽分化，12 月上旬达到高峰；迟熟品种秋芒自 12 月开始花芽分化，1 月至 2 月达到高峰。海南省自然生长的芒果有时 10 月中旬即开始分化花芽。

从花芽分化、花序形成、抽花序、花蕾发育至开花是一个连续过程，中间没有休眠期。自花芽分化开始至第一朵花开放历时 20 ~ 39d，但在第一朵花开放后花序仍在继续伸长。适当的低温干旱有利于花芽分化，但在花芽分化后气温低会导致花蕾发育缓慢，并有利于雄花形成；气温高则能缩短花序发育时间，并有利于两性花的形成，提高两性花比例。光照充足，树体健壮也能增加花芽分化的数量。施用乙烯利、硝酸钾、海藻素和多效唑都能促进花芽分化或控制开花结果期。

芒果花芽分化的过程如下：

①分化前期生长点变平、变圆（近半圆形）。

②花序分化期生长点两端突起，此为花原基。

③花序第一分枝分化期花序中轴鳞片腋间突起、伸长。

④第二分枝分化期第一分枝腋间产生突起并伸长。

⑤花器分化期先分化花萼、花瓣，继而形成雄蕊、雌蕊及蜜盘。

3. 开花

芒果自然开花在 12 月至次年 3 月至 4 月，有时也会早至 11 月或晚至 5 月。个别品种也会有返秋开花。品种、纬度、气温变化以及植株的营养状况都会直接影响开花期。一般早熟品种开花较早，晚熟品种开花较迟。同一品种在不同纬度开花期是不一样的，如秋芒在海南春节前后开花，但在广西南宁 3 月至 4 月才开花，并可延迟至 5 月。紫花芒、桂香芒等晚熟品种在海南省东方市 1 月中旬已达盛花期，与早熟的泰国白花芒和吕宋芒等花期相近，5 月下旬至 6 月初便有收获。纵然在海南省，同一品种在南端的三亚市开花期比琼西北部的儋州市早。秋冬干旱会提早开花，前年结果少或不结果的植株开花也比较早，而丰产树则开花较迟。一般东面和东南面的枝条先开花，西面和西北面的枝条开花较迟。一个花序自第一朵花开放至整个花序开花完毕需要 20d 左右。花序中下部的花先开放，其后依次向上开花，花轴顶部的花最迟开放。每株树一次花的花期约需 50d。

在一朵花中，从花瓣展开至柱头干枯约需 1.5d。天气晴朗时，全天都有花开放，但以黎明时分开花较多；花药多在晴天 9：00 开裂，散发花粉。雌蕊在 9：00 ~ 12：00 成熟，散发香气。为虫媒花，通常靠家蝇传粉，蜂类也参与授粉活动。开花后子房稍有增大，并由淡黄色变为绿色。未受精或发育不良的子房在开花后 3 ~ 5d 凋谢、枯萎。一般能受精的两性花在 35% 以下，而成果率很少超过 1%。

4. 果实发育

开花受精后果实开始膨大，初时生长缓慢，约经 1 个月后迅速增长，采果前 10 ~ 15d 又缓慢增长。这时主要是增厚、充实、增重。整个果实发育期呈 S 形曲线增长。

从开花稔实至果实青熟，早熟种需 85 ~ 110d、中熟种需 100 ~ 120d、晚熟种需 120 ~ 150d。在这期间内高温干旱、光照充足则果实成熟快，低温或多雨则成熟迟。在果实发育期中有两个落果高峰：第一次在开花后 2 周左右，当果实发育至黄豆大小时大量落果，主要因受精不良造成；第二次在开花后 4 ~ 7 周，小果横径达 2 ~ 3.5cm，这期间的落果小部分是发育不良的畸形果和败育果，但更多是因养分和水分不足所造成。第二次落果高峰时，一方面每个花序有数十个乃至上百个小果在迅速生长；另一方面此时正是春梢盛发期，当新梢发育至叶片迅速增大、变色、充实和转绿期要消耗大量水分和养分，果实和果实之间、果实发育与枝梢生长之间发生争夺养分与水分情况，导致部分幼果脱落。如果此时干旱或吹干热风会加重落果。两个半月后很少发生生理落果。到后期，只有风害、裂果和病虫害才会招致落果。

果实成熟期（收获期）在每年5月至8月，低纬度地区较早熟、高纬度地区较晚熟，不同品种成熟期也不同。在海南，象牙芒、泰国白花芒等早熟品种5月上、中旬至6月上、中旬可以收获，晚熟品种7月收获。在纬度相近的同一地区，相同的品种在不同的气候类型区成熟时间也不同（如海南省南端的三亚市比西北部的昌江黎族自治县和儋州市早熟10～20d）；沿海地区比内陆或山区早熟；果实发育期高温干旱时成熟期也会提前，而气温低或多雨则成熟期推迟。通过催花处理，可使芒果提前到春节后上市。

第三节　芒果的营养成分与品质特性

一、芒果的主要营养成分

芒果果实椭圆滑润，肉质细腻，气味香甜，具有“热带水果之王”的美称，营养价值高。辛明等（2014）共收集到广西主栽的21个芒果品种，分别为热农1号芒、热农2号芒、台农1号芒、西贡芒、文迪克芒、斯本纳芒、马里卡芒、KRS芒、班巴鲁芒、爱德华芒、澳芒、金煌芒、吉禄芒、文心芒、凯特芒、象牙芒、金兴芒、桂七芒、玉文芒、苹果芒、绿皮香芒，并对这21个广西芒果品种的营养成分和加工特性进行了分析，结果见表1－7、表1－8。

继续对21个芒果品种的17项品质指标的变异情况分析，发现品种间各品质指标变异系数有较大差异（表1－9）。其中，可食率和出汁率的变异系数较小，分别为10.43%、14.86%。而可滴定酸、草酸、右旋奎尼酸、柠檬酸、没食子酸和维生素C的变异系数较大，均在70%以上，尤其以没食子酸最大，达到了107.25%。以上结果表明不同品质指标中，可食率、出汁率对品种间差异的影响较小，而可滴定酸、草酸、右旋奎尼酸、柠檬酸、没食子酸和维生素C对品种间差异有较关键的影响。

表 1-7　不同品种芒果营养成分

编号	品种	可滴定酸/%	草酸/(mg/g)	右旋奎尼酸/(mg/g)	柠檬酸/(mg/g)	没食子酸/(mg/g)	总糖/%	蔗糖/(mg/g)	葡萄糖/(mg/g)	果糖/(mg/g)	蛋白质/(mg/g)	维生素 C/(mg/100g)	胡萝卜素/(μg/g)	可溶性固形物/%
1	热农 1 号芒	0.72	1.106	3.452	2.489	0.026	8.26	50.613	12.11	19.489	0.7	4.62	27.43	13.05
2	热农 2 号芒	0.48	0.421	3.257	1.484	0.011	9.69	13.189	21.361	44.889	0.76	16.1	45.17	13.6
3	台农 1 号芒	0.57	0.272	2.525	1.098	0.126	11.69	34.914	26.48	54.41	1.05	4.55	36.13	18.1
4	西贡芒	1.15	0.972	3.667	1.021	0.045	9.07	22.576	13.425	21.946	0.7	9.24	58.97	14.05
5	文迪克芒	0.22	0.843	2.064	0.698	0.037	9.8	33.169	23.75	41.101	1.11	6.84	51.87	14.14
6	斯本纳芒	1.14	0.297	2.105	1.428	0.064	9.16	25.772	12.951	23.293	1.04	5.55	72.97	15.12
7	马里卡芒	2.18	0.256	9.665	0.607	0.006	7.84	47.936	34.498	47.349	1.13	14.97	45.13	15.1
8	KRS 芒	1.08	0.222	1.224	1.432	0.033	9.48	44.679	17.815	42.787	1.07	5.32	72.52	15.82
9	班巴鲁芒	0.88	0.455	0.623	0.253	0.037	7.8	18.435	13.559	25.577	1.04	4.65	85.93	14.2
10	爱德华芒	1.16	0.214	8.786	0.807	0.195	10.64	23.319	15.391	30.11	0.74	20.33	25.97	15.41
11	澳芒	0.33	0.629	1.58	0.51	0.005	10.35	26.888	18.483	35.151	1.63	3.26	37.74	15.23
12	金煌芒	0.43	1.463	2.035	2.156	0.09	7.22	28.483	15.064	27.982	1.01	3.58	47.23	13.88
13	吉禄芒	0.43	0.179	4.193	4.928	0.018	6.66	52.715	19.554	32.88	1.15	11.5	35.3	13.82
14	文心芒	0.46	0.274	5.693	1.611	0.211	7.68	13.787	19.69	49.818	1.22	4.16	45.41	10.11
15	凯特芒	0.54	0.125	4.234	1.31	0.105	11.85	50.216	17.868	42.812	1.38	2.35	42.43	16.12

16	象牙芒	0. 15	0. 083	1. 724	1. 522	0. 116	10. 45	25. 344	19. 478	42. 05	0. 4	3. 78	50. 51	14. 8
17	金兴芒	0. 05	0. 263	1. 494	6. 819	0. 303	15. 97	28. 417	15. 622	13. 072	3. 86	3. 29	55. 67	21. 04
18	桂七芒	0. 26	0. 517	0. 272	1. 911	0. 011	13. 03	12. 231	30. 037	60. 055	0. 98	2. 93	36. 03	17. 22
19	玉文芒	0. 13	0. 937	0. 824	2. 775	0. 039	11. 83	8. 757	12. 728	49. 06	1. 3	5. 57	41. 97	15. 11
20	苹果芒	0. 13	0. 141	1. 357	1. 658	0. 064	8. 73	43. 586	11. 535	21. 631	1. 15	12. 19	77. 07	12. 52
21	绿皮香芒	0. 21	0. 214	8. 686	0. 834	0. 008	17. 12	30. 713	43. 785	56. 341	1. 01	1. 35	41. 17	23. 1

表1-8　不同品种芒果加工特性

编号	品种	可食率/%	出汁率/%	总酚/（mg/g）	DPPH 清除率/%
1	热农 1 号芒	78.45	64.79	0.243	60.66
2	热农 2 号芒	75.26	60.86	0.324	95.79
3	台农 1 号芒	59.18	62.24	0.426	55.65
4	西贡芒	64.44	74.91	0.293	74.19
5	文迪克芒	72.38	58.37	0.287	59.75
6	斯本纳芒	74.24	54.68	0.249	68.14
7	马里卡芒	74.9	62.72	0.352	88.04
8	KRS 芒	69.71	53.99	0.205	51.13
9	班巴鲁芒	69.46	62.34	0.164	52.75
10	爱德华芒	71.61	66.28	0.296	90.67
11	澳芒	75.35	55.28	0.196	47.97
12	金煌芒	73.89	56.33	0.205	48.66
13	吉禄芒	58.69	63.93	0.249	89.19
14	文心芒	81.29	55.61	0.254	73.22
15	凯特芒	75.19	84.58	0.166	36.7
16	象牙芒	69.71	56.56	0.373	88.06
17	金兴芒	72.87	83.43	0.209	47.22
18	桂七芒	54.45	58.99	0.372	88.76
19	玉文芒	77.14	62.42	0.339	40.18
20	苹果芒	60.48	76.42	0.311	62.97
21	绿皮香芒	62.71	79.35	0.734	94.9

注：DPPH：二苯基苦基苯肼。

表1-9　不同芒果品种间品质指标的变异情况

品质指标	变幅	平均值	标准差	变异系数/%
可滴定酸/%	0.046～2.18	0.6	0.51	84.82
草酸/（mg/g）	0.083～1.463	0.47	0.38	80.64
右旋奎尼酸/（mg/g）	0.272～9.665	3.31	2.75	83.23
柠檬酸/（mg/g）	0.253～6.819	1.78	1.53	86.18
没食子酸/（mg/g）	0.005～0.303	0.07	0.08	107.25

续表

品质指标	变幅	平均值	标准差	变异系数/%
总糖/%	6.66 ~ 17.12	10.21	2.7	26.42
蔗糖/（mg/g）	8.757 ~ 52.715	30.27	13.61	44.96
葡萄糖/（mg/g）	11.533 ~ 43.785	19.77	8.16	41.27
果糖/（mg/g）	13.072 ~ 60.055	37.32	13.51	36.2
蛋白质/（mg/g）	0.4 ~ 3.857	1.16	0.67	57.78
维生素 C/（mg/100g）	1.35 ~ 20.33	6.96	5.14	73.88
胡萝卜素/（μg/g）	25.97 ~ 85.93	49.17	16.24	33.03
可溶性固形物/%	10.11 ~ 23.1	15.31	2.81	18.33
可食率/%	54.45 ~ 81.29	70.07	7.31	10.43
出汁率/%	53.99 ~ 84.58	64.48	9.58	14.86
总酚/（mg/g）	0.164 ~ 0.734	0.3	0.12	41.44
DPPH 清除率/%	36.7 ~ 95.79	67.36	19.4	28.8

二、 芒果与其他水果营养成分的对比

我国地域广阔，各种水果种类繁多、营养丰富，是人体需要的各种营养成分的主要来源，特别是蛋白质、碳水化合物、维生素 C 及微量元素等，对满足人体的营养需求起到非常重要的作用。李军祥等（2010）针对芒果等亚热带水果、苹果等温带水果中营养成分进行测定和营养价值评价，指导人们合理膳食，为消费者选择水果及水果深加工产品提供科学依据。表 1 - 10 列出了 14 种水果的营养成分含量，不同地域水果的营养成分有显著差别。亚热带水果中碳水化合物的含量明显高于温带水果，如香蕉中碳水化合物含量为 20.8%，远高于苹果中碳水化合物含量 12.5%，其他亚热带水果中碳水化合物的平均含量高于北方水果。亚热带水果中钙的含量普遍高于北方水果，且相差很大，如龙眼中钙含量高达 296mg/100g，芒果、红提和蛇果中钙含量也达到 140mg/100g、140mg/100g 和 112mg/100g，而温带水果中钙含量最高的草莓仅为 32mg/100g。龙眼中钙含量是草莓的 9.3 倍，芒果、红提和蛇果中钙含量分别是草莓的 4.4 倍、4.4 倍和 3.5 倍。温带水果中草莓的维生素 C 含量很高，达到 90mg/100g，高于亚热带水果中橙子的维生素 C 含量（49mg/100g），其他温带水果中维生素 C 含量与亚热带水果没有大的差别。亚热带水果和温带水果中可溶性固形物含量及有机酸含量基本上没有什么差别。

表1-10 14种水果的营养成分含量

分类	水果名称	有机酸/(mg/g)	总糖/%	糖酸比	蛋白质/%	维生素C/(mg/100g)	可溶性固形物/%	钙/(mg/100g)
亚热带水果	芒果	8	18	23:1	1.2	15.1	9	140
	龙眼	15	16.6	11:1	1.2	38.3	17	296
	枇杷	9.4	6.6	7:1	0.4	3.6	6	44
	人参果	9.4	18	19:1	0.6	28.2	5	8
	蛇果	8	15	19:1	0.2	1	13	112
	红毛丹	44	17.5	4:1	1	21.5	18	77
	红提	5.3	17	32:1	0.2	3.8	16	140
	柑橘	46.6	8.9	2:1	0.8	19	9	19
	橙子	36.8	9	2.5:1	0.6	49	14	26
	香蕉	15.7	20.8	13:1	1.4	8	10	7
温带水果	草莓	65.6	5.7	1:1.1	1	90	9	32
	西瓜	10	5.5	11:2	0.6	6	8	8
	香梨	4.8	7.3	15:1	0.4	1	9	11
	苹果	19	12.5	7:1	0.3	4	13	15

三、 芒果的色泽与香气成分

色泽是果实外观品质中的核心指标，对果实及其加工产品的商品价值有重要影响。芒果果实颜色丰富多样，类胡萝卜素是其色素的主要组成。张金云（2010）对芒果果实色素与色泽变化规律进行了研究，随着果实的发育和成熟，果肉叶绿素含量降低，总类胡萝卜素含量至完熟时达最高。果肉由绿白色变为黄色，不同品种类胡萝卜素各组分除玉米黄质素随果实的发育而降低，β-隐黄质、β-胡萝卜素、α-胡萝卜素、番茄红素均随果实的发育而增加，至完熟时含量达最大，不同品种均以β-胡萝卜素含量最高。余炼等（2008）采用蒸馏萃取法提取广西百色8个品种芒果的香气成分，进行气相色谱-质谱分析鉴定。8个样品共鉴定出43种香气成分，主要以无环、单环、双环单萜类及倍半萜类物质为主。芒果香气主要成分为萜烯类物质，如异松油烯、罗勒烯、α-蒎烯、β-月桂烯、α-侧柏烯、柠檬烯、石竹烯、蒈烯等。这些成分共同构成芒果香味，但其含量在各个品种间存在差异。根据主要香气的种类把8个品种的芒果分为两个不同大类。第一大类富含异松油烯，异松油烯具有芳香松木气味，略微带有甜味的柑橘风味。据报道，异松油烯是斯里兰卡的品种“Willard”和“Parrot”、澳大利亚的品种“Bowen”、美国佛罗里达的品种“Kensington”及巴西一些品种香气的主要成分。第二大类富含罗勒烯，罗勒烯具有清新柠檬香气，并带有花香的底香。罗勒烯是印度和斯里兰卡所产的“Alphonso”和“Jaffa”品种芒果香气的主要成分。

四、芒果的功能成分

芒果除食用外还有巨大的药用价值，芒果的叶、果皮、果核、树皮均可作为一些医药研究的重要原材料，富含多种活性成分，具有抗病毒、抗肿瘤、抗菌、抗炎、抗脂质过氧化、调节免疫、祛痰、保肝利胆等作用，可用于治疗胀气、小儿疳积、热滞腹痛、消渴等症。其中芒果的叶常用作中药使用。研究表明，芒果中主要含有多酚类、黄酮类、二苯甲酮类、萜类和挥发性化学成分。

（一）黄酮类化合物

黄酮类化合物是芒果的主要活性成分之一，目前从芒果中分离得到的黄酮母核有双苯吡酮类、黄酮醇类等。

1. 双苯吡酮类

芒果中已报道的双苯吡酮类化合物如表1－11所示，其化学结构如图1－4所示。芒果中最重要的活性成分芒果苷及其衍生物属于双苯吡酮类黄酮。

表1－11　芒果中的双苯吡酮类化合物

编号	名称	来源	文献
1	芒果苷（mangiferin）	叶、果皮、果核、树皮	Barreto等，2008
2	高芒果苷（homomangiferin）	果皮、树皮	Barreto等，2008
3	6－*O*－对羟基苯甲酰芒果苷 [6－*O*－(*p*－hydroxybenzoyl)－mangiferin]	叶、树皮	Barreto等，2008
4	6－*O*－没食子酰基芒果苷 （6－*O*－galloyl－mangiferin）	果皮、树皮	Barreto等，2008
5	芒果苷酸酯 （mangiferin gallate）	果肉、果皮、树皮	Ramirez等，2013

续表

编号	名称	来源	文献
6	二甲基芒果苷 （dimethylmangiferin）	果肉	Ramirez 等，2013
7	异芒果苷（isomangiferin）	树皮	Mohan 等，2013

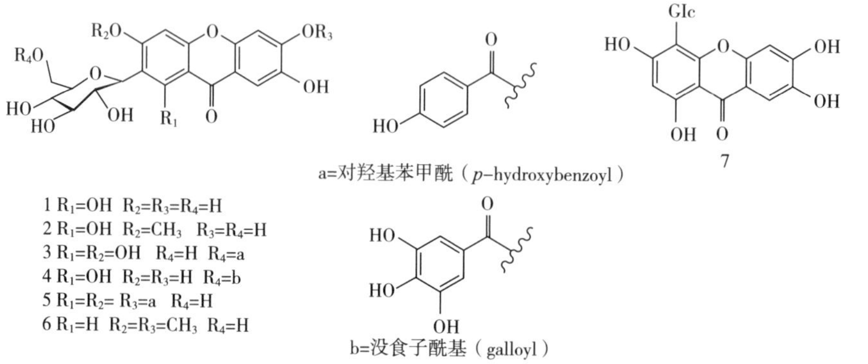

图 1-4　芒果中的双苯吡酮类化合物的化学结构

2. 黄酮醇类

芒果中已报道的黄酮醇类化合物如表 1-12 所示。

表 1-12　芒果中的黄酮醇类化合物

编号	名称	来源	文献
1	槲皮素（quercetin）	叶	葛丹丹等，2011
2	槲皮素-3-*O*-*β*-D-葡萄糖苷 （quercetin-3-*O*-*β*-D-glucoside）	叶、果皮、果肉	葛丹丹等，2011； Ramirez 等，2013
3	7-*O*-甲基槲皮素-3-*O*-*β*-L-鼠李糖苷 （7-*O*-methyquercetin-3-*O*-*β*-L-rhamnoside）	叶	葛丹丹等，2011
4	鼠李素-3-*O*-*β*-D-葡萄糖吡喃糖苷 （rhamnetin-3-*O*-*β*-D-glucopyranoside）	叶	葛丹丹等，2011
5	槲皮素-3-*O*-*β*-D-鼠李糖苷 （quercetin-3-*O*-*β*-D-rhamnoside）	叶、果肉	葛丹丹等，2011； Ramirez，2013
6	鼠李素-3-*O*-*β*-D-葡萄糖苷 （rhamnetin-3-*O*-*β*-D-glucoside）	叶	葛丹丹等，2011

续表

编号	名称	来源	文献
7	金丝桃苷 （hyperoside）	叶	葛丹丹等，2011
8	异鼠李素 -3 -*O* -*β*-D -葡萄糖苷 （isorhamnetin -3 -*O* -*β*-D -glucoside）	果皮、果肉	Ramirez，2013
9	扁蓄苷（avicularin）	果皮	Ramirez，2013
10	山柰酚（kaempferol）	叶	胡彦君等，2010
11	杨梅素（myricetin）	叶	胡彦君等，2010

3. 其他黄酮类

芒果中的其他黄酮类化合物如表 1 -13 所示。

表 1 -13　芒果中的其他黄酮类化合物

编号	名称	来源	文献
1	没食子酰*A* 型原花青素二聚体 （galloyl -*A* -type procyanidin dimer）	叶、果皮、果核、树皮	Ramirez，2013
2	*A* 型原花青素二聚体 （*A* -type -procyanidin dimer）	果皮、果肉	Ramirez，2013
3	表阿夫儿茶精 -表儿茶素二聚体 （epiafzelechin -epicatechin dimer）	果皮、果肉	Ramirez，2013
4	穗花衫双黄酮（amentoflavone）	叶	葛丹丹等，2011
5	圣草酚二己糖苷（eriodictyol -*O* -dihexoside）	叶	Krenek 等，2014
6	圣草酚己糖苷（eriodictyol -*O* -hexoside）	叶	Krenek 等，2014
7	表儿茶素 -3 -*O* -*β*-吡喃葡萄糖苷 [(-) -epicatechin -3 -*O* -*β*-glucopyranoside]	叶	Krenek 等，2014
8	5 -羟基 -3 -（4 -羟基苯甲酰）吡喃糖苷 [3,2 -g] 苯并吡喃 -4(8H) -酮 {5 -hydroxy -3 -(4 -hydroxylphenyl) pyrano [3,2 -g] chromene -4(8H) -one}	叶	Krenek 等，2014
9	6 -对羟基苯甲酰花旗松素 -7 -*O* -*β*-D -葡萄糖苷 （6 -*p* -hydroxybenzyl taxifolin -7 -*O* -*β*-D -glucoside）	叶	Krenek 等，2014

续表

编号	名称	来源	文献
10	表儿茶素-2-(3,4-二羟苯基)-3,4-二氢-苯并吡喃-3,5,7-三酚 [(-)-epicatechin-2-(3,4-dihydroxyphenyl)-3,4-dihydro-2H-chromene-3,5,7-triol]	叶	Krenek 等, 2014
11	儿茶素(catechin)	叶	Rodríguez 等, 2006
12	淫羊藿次苷 B_2 (icariside B_2)	叶	张祎等, 2014

(二) 二苯甲酮类化合物

二苯甲酮类化合物是芒果的活性成分之一。芒果中已报道的二苯甲酮类化合物如表1-14所示，它们的化学结构如图1-5所示。

表1-14　芒果中的二苯甲酮类化合物

编号	名称	来源	文献
1	鸢尾酚酮-3-*C*-*β*-D-葡萄糖苷 [iriflophenone-3-*C*-*β*-D-glucoside]	叶、果皮、树皮	Barreto 等, 2008
2	桑橙素-3-*C*-*β*-D-葡萄糖苷 [maclurin-3-*C*-*β*-D-glucoside]	叶、果皮、树皮	Barreto 等, 2008
3	桑橙素-3-*C*-(2-*O*-没食子酰基)-*β*-D-葡萄糖苷 [maclurin-3-*C*-(2-*O*-galloyl)-*β*-D-glucoside]	果皮、树皮	Barreto 等, 2008
4	桑橙素-3-*C*-(2,3-二-*O*-没食子酰基)-*β*-D-葡萄糖苷 [maclurin-3-*C*-(2,3-di-*O*-galloyl)-*β*-D-glucoside]	果皮	Barreto 等, 2008
5	鸢尾酚酮-3-*C*-(6-*O*-对羟基苯甲酰基)-*β*-D-葡萄糖苷 [iriflophenone-3-*C*-(2-*O*-*p*-droxybenzoyl)-*β*-D-glucoside]	叶、果皮、树皮	Barreto 等, 2008

续表

编号	名称	来源	文献
6	鸢尾酚酮 −3 −*C* −（2 −*O* −没食子酰基）−*β* −D −葡萄糖苷 [iriflophenone 3 −*C* −（2 −*O* −galloyl）−*β* −D −glucoside]	叶、果皮、树皮	Barreto 等，2008
7	鸢尾酚酮 −3 −*C* −（2,6 −二 −*O* −没食子酰基）−*β* −D −葡萄糖苷 [iriflophenone 3 −*C* −（2,6 −di −*O* −galloyl）−*β* −D −glucoside]	叶、果皮、树皮	Barreto 等，2008
8	叶芒果苷 A（foliamangiferoside A）	叶	Zhang 等，2011
9	叶芒果苷 B（foliamangiferoside B）	叶	Zhang 等，2011
10	叶芒果苷 A_1（foliamangiferoside A_1）	叶	Zhang 等，2011
11	叶芒果苷 A_2（foliamangiferoside A_2）	叶	Zhang 等，2011
12	叶芒果苷 C_2（foliamangiferoside C_2）	叶	Zhang 等，2011
13	叶芒果苷 C_3（foliamangiferoside C_3）	叶	Zhang 等，2011
14	2′,4′,6 −三羟基 −4 −甲氧基二苯甲酮 −2 −*O* −*β* −D −葡萄糖苷（2′,4′,6 −trihydroxy −4 −methoxybenzophenone −2 −*O* −*β* −D −glucoside）	叶	葛丹丹等，2011

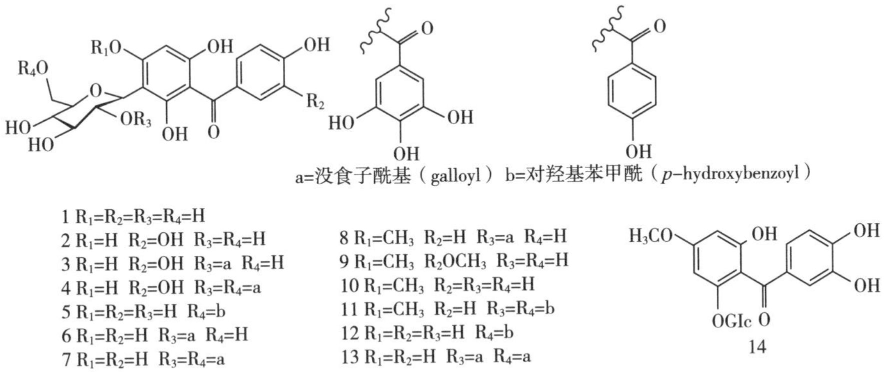

图 1 −5　芒果中的二苯甲酮类化合物的化学结构

（三）三萜类化合物

芒果中已报道的三萜类化合物如表 1－15 所示。

表 1－15 芒果中的三萜类化合物

编号	名称	来源	文献
1	环木菠萝烷－3β,25－二醇（cycloartane－3β,25－diol）	树皮	Anjaneyulu 等，1989
2	3α,22(*R* or *S*)－二羟基环木菠萝－24*E*－烯－26－酸[3α,22(*R* or *S*)－dihydroxycycloart－24*E*－en－26－oic acid]	树皮	Anjaneyulu 等，1989
3	3α,27－二羟基环木菠萝－24*E*－烯－26－酸（3α,27－dihydroxycycloart－24*E*－en－26－oic acid）	树皮	Anjaneyulu 等，1989
4	epi－ψ－蒲公英烷－3β,20－二醇（epi－ψ－taraxastane－3β,20－diol）	树皮	Anjaneyulu 等，1989
5	何帕烷－1β,3β,22－三醇（hopane－1β,3β,22－triol）	树皮	Anjaneyulu 等，1989
6	25－环木菠萝烯－3β,24－二醇（cycloart－25－ene－3β,24－diol）	树皮	Anjaneyulu 等，1989
7	24－环木菠萝烯－3β,26－二醇（cycloart－24－ene－3β,26－diol）	树皮	Anjaneyulu 等，1985
8	25－环木菠萝烯－3β,24,27－三醇（cycloart－25－ene－3β,24,27－triol）	树皮	Anjaneyulu 等，1985
9	环木菠萝烷－3β,24,25－三醇（cycloartane－3β,24,25－triol）	树皮	Anjaneyulu 等，1985
10	3－酮基达玛－24*E*－烯－20*S*,26－二醇（3－ketodammar－24*E*－ene－20*S*,26－diol）	树皮	Anjaneyulu 等，1985
11	环木菠萝醇（cycloartenol）	树皮	Anjaneyulu 等，1985
12	α－香树素（α－amyrin）	树皮	Anjaneyulu 等，1985

续表

编号	名称	来源	文献
13	β－香树素(β－amyrin)	树皮	Anjaneyulu 等，1985
14	3β－羟基环木菠萝－25－烯－26－醛 (3β－hydroxycycloart－25－en－26－al)	树皮	Anjaneyulu 等，1985
15	达玛烯二醇Ⅱ(dammarenediol Ⅱ)	树皮	Anjaneyulu 等，1985
16	25－环木菠萝烯－3β,24－二醇 (cycloart－25－ene－3β,24－diol)	树皮	Anjaneyulu 等，1985
17	24－亚甲基环木菠萝烷－3β,26－二醇 (24－methylenecycloartane－3β,26－diol)	树皮	Anjaneyulu 等，1985
18	ψ－蒲公英烷－3β,20－二醇 (ψ－taraxastane－3β,20－diol)	树皮	Anjaneyulu 等，1985
19	拟人参皂苷元Ⅱ(ocotillol Ⅱ)	树皮	Anjaneyulu 等，1985

（四）多酚类化合物

芒果中已报道的多酚类化合物如表1－16所示。

表1－16 芒果中的多酚类化合物

编号	名称	来源	文献
1	鞣花酸(ellagicacid)	果皮	Barreto 等，2008
2	甲基鞣花酸(methyl－ellagicacid)	果肉	Krenek 等，2014
3	四－*O*－没食子酰基葡糖苷 (tetra－*O*－galloyl－glucoside)	叶、果皮、果核	Barreto 等，2008
4	五－*O*－没食子酰基葡糖苷 (penta－*O*－galloyl－glucoside)	叶、果皮、果核、树皮	Barreto 等，2008
5	六－*O*－没食子酰基葡糖苷 (hexa－*O*－galloyl－glucoside)	树皮	Barreto 等，2008
6	没食子酸(gallicacid)	叶、果皮、果肉、 果核、树皮	Krenek 等，2014； Barreto 等，2008
7	没食子酸乙酯(ethylgallate)	叶	张祎，2014
8	没食子酸甲酯(methylgallate)	叶、果皮、果核、树皮	Barreto 等，2008

续表

编号	名称	来源	文献
9	没食子酰二葡糖苷（galloyldiglucoside）	果肉	Krenek 等，2014
10	醚基单没食子酰基葡糖苷（etherc－mono galloyl glucoside）	果肉	Krenek 等，2014
11	对羟基苯甲酸糖苷（*p*－hydroxybenzoic acid glycoside）	果肉	Krenek 等，2014
12	香豆苷（coumaric glycoside）	果肉	Krenek 等，2014
13	阿魏酸己糖苷（ferulic acidhexoside）	果肉	Krenek 等，2014
14	芥子酸己糖苷五糖苷（sinapic acid hexoside－pentoside）	果肉	Krenek 等，2014
15	芥子酸己糖苷（sinapic acidhexoside）	果肉	Krenek 等，2014
16	二氢菜豆酸糖苷（dihydrophaseic acid glucoside）	果肉	Krenek 等，2014
17	奎尼酸（quinicacid）	果肉	Krenek 等，2014
18	二没食子酸甲酯（methyl－di－gallate ester）	果肉	Krenek 等，2014
19	5－（β－D－吡喃葡萄糖基氧基）－2－羟基苯甲酸甲酯[5－（β－D－glucopyranosyloxy）－2－hydroxybenzoic acid methyl ester]	叶	张祎，2014
20	水杨酸甲酯苷（methyl salicylateglucoside）	叶	张祎，2014
21	羟基苯甲酸（hydroxybenzoic acid）	叶	张祎，2014
22	尼可糖苷（nikoenoside）	叶	张祎，2014
23	原儿茶酸（protocatechuicacid）	叶	张祎，2014

（五）挥发性成分

芒果叶挥发油化合物主要为具有生物活性的烯类，且含油量较丰富。综合参考文献（蒙丽丽等，2009；冯旭等，2011）确定芒果叶中共鉴定出23种挥发性成分，分别为β－芹子烯、α－古芸烯、α－芹子烯、石竹烯、β－榄香烯、α－葎草烯、α－依兰油烯、匙叶桉油烯醇、绿叶烯、α－布藜烯、1R－α－蒎烯、2－蒈烯、α－萜烯、2－亚甲基－4,8,8－三甲基－4－乙烯基－二环壬烷、β－愈创烯、别香橙烯、ι－古芸烯、吉马烯－D、雅槛蓝烯、ι－榄香烯、δ－杜松烯、喇叭烯、棕榈酸。芒果叶中倍半萜烯类占挥发油总质量的89.38%以上，以ι－榄香烯、α－古芸烯、α－葎草烯、2－亚甲基－4,8,8－三甲基－4－乙烯基－二环壬烷、β－芹子烯、α－芹子烯为主。

（六）芒果活性成分的药理活性

芒果不同部位含有不同的功能活性成分，其中芒果苷含量较高，各部位均含有芒果苷，尤其是芒果的叶和树皮。芒果不同部位活性成分的药理作用也很广泛，涉及抗炎、降血糖、抗氧化、调节免疫力、抗肿瘤和止咳祛痰等多种药理作用。

1. 抗炎作用

通过建立卵白蛋白（OVA）诱导BALB/c小鼠哮喘模型，明确芒果苷可通过减少中嗜酸性粒细胞（EOS）浸润、小鼠体内OVA特异性IgE（OVA－sIgE）和前列腺素D_2（PGD_2）含量，抑制哮喘小鼠的气道炎症，从而发挥其抗炎作用（郭宏伟等，2012）。卫智权等（2013，2014）认为，芒果苷能显著抑制单核细胞核因子κB（NF－κB）（P65）的信使核糖核酸（mRNA）与蛋白质表达，上调抑制因子κBα（IκBα）的mRNA与蛋白质表达，降低血清超敏C－反应蛋白（hs－CRP）、肿瘤坏死因子α（TNF－α）水平，从而减轻细支气管慢性炎症损伤。此外，芒果苷还可以通过调控白细胞丝裂原活化蛋白激酸（MAPK）通路细胞外信号调节激酶（ERK）、应激活化蛋白激酶（JNK）基因表达以及ERK蛋白磷酸化，降低血清趋化细胞因子水平，从而发挥其抗脂多糖诱导的慢性炎症作用。

2. 降血糖作用

芒果叶片乙酸乙酯提取物及3β－蒲公英萜醇能激活脂肪细胞3T3－L1中葡萄糖载体GLUT－4，并刺激糖原合成，降低血糖含量（Sangeetha等，2010）。芒果叶片提取物能显著降低高脂诱导的高血糖C57BL/6小鼠的血糖水平，抑制11β－经化类固醇脱氢酶的活性，提高其口服糖耐量（Ramirez等，2013）。芒果苷可通过促进糖尿病小鼠肌、肝糖原的合成和胰岛素的分泌，降低血清甘油三酯和总胆固醇含量来调节糖尿病小鼠的糖脂代谢（林华等，2012）。

3. 抗氧化作用

芒果树含有黄酮和多酚类成分，芒果叶醇提物、乙酸乙酯提取物、芒果果皮水提取物、95%乙醇提取物和石油醚提取物对DPPH自由基、超氧阴离子自由基和羟自由基均有良好的清除作用，与浓度呈正相关性，浓度越高，清除能力越强（Rodeiro等，2014；文良娟等，2013）。芒果茎皮的水提取物与芒果苷均能减轻由γ辐射诱导的淋巴细胞脱氧核糖核酸（DNA）损伤（周荣光等，2012）。

4. 免疫调节作用

邓家刚等（2007）以环磷酰胺复制免疫抑制小鼠模型，发现以刀豆蛋白A（ConA）刺激时，芒果苷可显著提高免疫抑制小鼠的T淋巴细胞增殖能力，拮抗环磷酰胺对ConA诱导的T淋巴细胞增殖反应的抑制作用。Guo等（2014）的研究显示，芒果苷能对抗氢化可的松引起的小鼠脾、胸腺萎缩，显著增加氢化可的松免疫抑制小鼠的碳粒廓清率，增加小鼠血清溶血素IgG、IgM的生成，显著增强小鼠脾细胞和腹腔巨噬细胞的增殖。

5. 抗肿瘤作用

芒果苷（80μmol/L）能显著抑制白血病HL－60细胞的生长，阻滞细胞周期于G2/M期，显著上调细胞周期素B1和细胞周期分裂基因2的核糖核酸（RNA）的表达水平，机制可能与下调*Blc*－2及*Survivin*基因的表达有关（姚奕斌等，2010）。同时，芒果苷对肺癌A549细胞、淋巴瘤Raji细胞具有抑制增殖及促进凋亡的作用（Suhuan等，2021；刘军红等，2012；丁丁等，2010）。

6. 止咳祛痰作用

用芒果的叶和果皮提取物分别对小鼠进行了止咳和祛痰实验，发现芒果叶中含有的芒果苷具有显著的镇咳、祛痰作用，主要是延长小鼠SO_2和氨水气雾所引起的咳潜伏期、增加气管酚红的排泌量和减少咳嗽的频率（韦应芳等，2008；韦国锋等，2006；黄敏琪等，2007）。

参考文献

[1] Anjaneyulu V, Prasad K H, Ravi K, et al. Triterpenoids from *Mangifera indica* [J]. Phytochemistry, 1985, 24 (10): 2359－2367.

[2] Anjaneyulu V, Ravi K, Prasad K H, et al. Triterpenoids from *Mangifera indica* [J]. Phytochemistry, 1989, 28 (5): 1471－1477.

[3] Barreto J C, Trevisan M T S, Hull W E, et al. Characterization and quantitation of polyphenolic compounds in bark, kernel, leaves, and peel of mango (*Mangifera indica*

L.) [J]. Journal of agricultural and food chemistry, 2008, 56 (14): 5599-5610.

[4] Guo H W, Yun C X, Hou G H, et al. Mangiferinattenuates Th1/Th2 cytokine imbalance in an ovalbumin-Induced asthmatic mouse model [J]. Plos One, 2014, 9 (6): e100394.

[5] Krenek K A, Barnes R C, Talcott S T. Phytochemical composition and effects of commercial enzymes on the hydrolysis of gallic acid glycosides in mango (*Mangifera indica* L. cv. 'Keitt') pulp [J]. Journal of agricultural and food chemistry, 2014, 62 (39): 9515-9521.

[6] Mohan C G, Viswanatha G L, Savinay G, et al. 1, 2, 3, 4, 6 Penta-*O*-galloyl-β-d-glucose, a bioactivity guided isolated compound from *Mangifera indica* inhibits 11β-HSD-1 and ameliorates high fat diet-induced diabetes in C57BL/6 mice [J]. Phytomedicine, 2013, 20 (5): 417-426.

[7] Ramirez J, Zambrano R, Sepúlveda B, et al. Antioxidant properties and hyphenated HPLC-PDA-MS profiling of chilean pica mango fruits (*Mangifera indica* L. Cv. piqueño) [J]. Molecules, 2013, 19 (1): 438-458.

[8] Rodeiro I, Dekgado R, Garrido G. Effects of a *Mangifera indica* L. stem bark extract and mangiferin on radiation-induced DNA damage in human lymphocytes and lymphoblastoid cells [J]. Cell Proliferation, 2014, 47 (1): 48-55.

[9] Rodríguez J, Pierro D D, Gioia M, et al. Effects of a natural extract from *Mangifera indica* L, and its active compound, mangiferin, on energy state and lipid peroxidation of red blood cells [J]. Biochimica et Biophysica Acta, 2006, 1760 (9): 1333-1342.

[10] Sangeetha K N, Sujatha S, Muthusamy V S, et al. 3beta-taraxerol of *Mangifera indica*, a PI3K dependent dual activator of glucose transport and glycogen synthesis in 3T3-L1 adipocytes [J]. Biochimica Et Biophysica Acta, 2010, 1800 (3): 359-366.

[11] Zhang Y, Qian Q, Ge D D, et al. Identification of benzophenone C-glucosides from mango tree leaves and their inhibitory effect on triglyceride accumulation in 3T3-L1 adipocytes [J]. Journal of agricultural and food chemistry, 2011, 59 (21): 11526-11533.

[12] 陈业渊，党志国，林电，等．中国杧果科学研究70年［J］．热带作物学报，2020，41（10）：2034-2044.

[13] 邓家刚，杨柯，阎莉，等．芒果苷对免疫抑制小鼠T淋巴细胞增殖的影响［J］．中药药理与临床，2007，23（5）：64-65.

［14］丁丁，彭志刚，刘振芳，等．芒果苷对淋巴瘤 Raji 细胞增殖、侵袭及相关基因 Tiam1 表达的影响［J］．广西医科大学学报，2010，27（6）：852－855.
［15］董龙，任惠，王小媚，等．优质杧果新品种桂芒一号的选育［J］．果树学报，2021，38（8）：1410－1412.
［16］方中斌，黄台明，黄荣春，等．四季蜜芒的选育及其反季节配套栽培技术［J］．南方农业学报，2015，46（12）：2159－2162.
［17］冯旭，邓家刚，覃洁萍，等．芒果叶挥发油化学成分研究［J］．时珍国医国药，2011，22（1）：83－84.
［18］葛丹丹，张祎，刘二伟，等．芒果叶化学成分研究（Ⅰ）［J］．中草药，2011，42（3）：428－431.
［19］广西农科院选育芒果新品种：金桂香芒［J］．世界热带农业信息，2014（5）：27.
［20］郭宏伟，邓家刚，运晨霞，等．芒果苷抑制哮喘小鼠气道炎症的机制［J］．中国实验方剂学杂志，2012，18（9）：187－190.
［21］何业华，高爱平，余小玲．无公害芒果标准化生产［M］．北京：中国农业出版社，2006.
［22］胡彦君，刘燊，王定勇．芒果叶的化学成分研究［J］．亚太传统医药，2010，6（2）：18－19.
［23］胡祎，张德生，刘康德．中国芒果产业发展变迁及影响因素研究［J］．中国农业资源与区划，2015，36（6）：53－59.
［24］黄国弟，陈豪军，李日旺，等．芒果优良单株桂热芒 284 号选育［J］．广西热带农业，2007，109（2）：7－8.
［25］黄国弟，陈豪军．晚熟芒果——桂热芒 10 号选育［J］．广西热作科技，1995，53（3）：1－8.
［26］黄国弟，莫永龙，李日旺，等．桂热芒 120 号花序“截顶去脚”疏花试验［J］．广西热带农业，2008，114（1）：10.
［27］黄国弟，苏美花，王春田．我国芒果标准化生产现状及发展对策［J］．中国热带农业，2010，33（2）：19－22.
［28］黄国弟，苏美花，王春田．我国芒果标准化生产现状及发展对策［J］．中国热带农业，2010，33（2）：19－22.
［29］黄国弟，赵英，李日旺，等．广西芒果种质资源与品种选育研究现状及策略探

讨［J］. 中国热带农业，2013，53（4）：47－49.
［30］黄敏琪，林忠文，曾宪彪，等. 芒果皮提取物止咳化痰和抗炎作用研究［J］. 中草药，2007，38（8）：1233－1234.
［31］黄战威，巫燕，梁侠，等. 杧果新品种“百优－1号”［J］. 热带农业科学，2010，30（10）：41－42＋46.
［32］黄照明. 地方芒果良种——田阳香芒［J］. 农村百事通，2008（7）：31.
［33］李军祥，李元亭，黄永红. 亚热带水果与北方水果营养物质含量的比较研究［J］. 中国园艺文摘，2010，26（9）：24－25.
［34］李日旺，黄国弟，周俊岸，等. 芒果新品种比较试验［J］. 南方农业学报，2012，43（7）：1010－1012.
［35］梁伟红，李玉萍，董定超，等. 中国芒果产业发展现状及对策［J］. 中国热带农业，2008（3）：18－21.
［36］林华，牛艳芬，王芳，等. 芒果苷对糖尿病小鼠糖脂代谢的影响［J］. 中药药理与临床，2012，28（6）：41－44.
［37］刘德兵. 杧果精准栽培技术［M］. 北京：中国农业科学技术出版社，2018.
［38］刘军红，张毅，何平. 芒果苷对肺癌A549细胞增殖与凋亡的影响［J］. 新乡医学院学报，2012，29（12）：900－903.
［39］马小卫，李丽，武红霞，等. 不同品种芒果果实品质、糖组分及抗氧化性的分析［J］. 广东农业科学，2011，38（20）：38－39＋49.
［40］蒙丽丽，刘红星. 气相色谱质谱法分析芒果叶挥发油成分［J］. 安徽农业科学，2009，37（27）：12906－12907.
［41］莫永龙，黄国弟，李日旺，等. 桂热芒71号区域试种及中试与示范［J］. 农业研究与应用，2016，166（5）：5－7.
［42］平少华. 芒果的前世与今生［J］. 中国果菜，2015，34（5）：26－33.
［43］韦国锋，黄祖良，何有成. 芒果叶提取物的镇咳祛痰作用研究［J］. 时珍国医国药，2006，17（10）：1954－1955.
［44］韦应芳，廖兰艳，林洁，等. 芒果叶中芒果苷的提取及其镇痛作用的研究［J］. 右江民族医学院学报，2008，30（1）：15－16.
［45］卫智权，阎莉，邓家刚，等. 芒果苷调控单核细胞NF－κB（P65）与IκBα表达对慢性支气管炎大鼠的保护作用［J］. 药学学报，2014，49（5）：596－601.
［46］卫智权，阎莉，邓家刚，等. 芒果苷对脂多糖诱导的慢性炎症大鼠MAPK通路

及血清细胞因子的影响［J］. 中草药，2013，44（1）：52－58.
［47］文良娟，王维，王斌，等. 芒果叶中黄酮和多酚含量及抗氧化性研究［J］. 食品工业，2013，34（1）：144－147.
［48］吴仕良. 芒果良种——吕宋芒［J］. 云南农业科技，1990（5）：31.
［49］辛明，张娥珍，何全光，等. 芒果果实品质评价因子的选择［J］. 南方农业学报，2014，45（10）：1818－1824.
［50］许树培. 海南芒果种质资源［M］. 北京：中国农业出版社，1991.
［51］许杨彪，王海波. 广西主栽芒果感官品质的模糊综合评价［J］. 轻工科技，2016，32（9）：1－2.
［52］杨宝霖. 芒果来华年代考辨［J］. 华南农业大学学报，1987，8（1）：62－69.
［53］姚明谨，赖炽昌. 红苹芒的品种特性及种植前景［J］. 广西热带农业，2006，106（5）：19.
［54］姚奕斌，彭志刚，刘振芳，等. 芒果苷对白血病 HL－60 细胞周期及 CDC2/CyclinB1 表达的影响［J］. 中药材，2010，33（1）：81－85.
［55］余炼，滕建文，左俊，等. 广西百色地区不同品种芒果香气成分分析［J］. 现代食品科技，2008，24（3）：276－280.
［56］曾建生. 推荐一种晚熟芒果品种——桂热三号［J］. 云南热作科技，2001，24（3）：45－46.
［57］张金云. 芒果果实色素与色泽变化规律及调控的研究［D］. 海口：海南大学，2010.
［58］张祎，张玉，刘丽丽，等. 芒果叶化学成分研究Ⅲ［J］. 热带亚热带植物学报，2014，22（2）：185－189.
［59］周荣光，杨兆祥，王金，等. 芒果皮提取物的体外清除自由基作用研究［J］. 云南中医中药杂志，2012，33（2）：50－52＋1.

第二章

芒果采后保鲜基础理论

第一节　芒果采后生物学特性

一、采后生理代谢

（一）呼吸生理

1. 呼吸作用

水果采前主要通过光合作用合成必要有机物，采摘后果实在酶催化作用下，与氧气等物质发生反应，将积累的有机物氧化，同时释放能量供生物体利用，该过程被称为呼吸作用。呼吸作用是果实采后最基本的生理代谢活动，它与果实的成熟衰老、品质变化和耐贮藏性有密切的关系。芒果采收后仍然具有生物活性，虽然没有了水和其他无机物的供应，但持续进行着一系列的生理生化代谢活动，其中最主要的新陈代谢活动是呼吸作用，随着呼吸作用的进行，芒果的失重率不断增加，水分、糖分等物质损失。呼吸作用将复杂的有机物（碳水化合物、脂肪、蛋白质、有机酸）分解成二氧化碳和水，同时释放出能量供生命活动所需。

果实的呼吸作用有两种类型，即有氧呼吸和无氧呼吸。有氧呼吸指果实在氧气供应下，经过一系列复杂的过程，把有机物分解成二氧化碳和水的过程。这是果实的主要呼吸形式。无氧呼吸是果实不从空气中吸收氧气，呼吸底物不能被彻底氧化，从而产生乙醛、乙醇等物质。果实通过无氧呼吸获得的能量明显少于有氧呼吸。

在无氧条件下，果实维持正常的生理活动要消耗更多的有机物，并且无氧呼吸的中间产物是乙醛，最终产物是乙醇，这些产物在果实体内积累过多会导致生理失调使果实变色、变味甚至腐烂。因此，在果实贮藏过程中应尽可能地避免无氧呼吸。

呼吸速率是衡量果蔬呼吸作用强弱的重要指标，表示组织内含物消耗的快慢，是采后生理研究中重要的指标之一，呼吸作用越强，其自身消耗越大，衰老进程越快，越不利于果蔬的保鲜。呼吸速率有两大影响因素，一是物种、品种、成熟度等；二是温度、湿度、气体组分等。其中，温度与呼吸作用密切相关，对于芒果等呼吸跃变型水果，在采后贮藏阶段会有呼吸高峰出现（Kamthai 等，2019），及时采用低温处理方法可抑制呼吸，延缓乙烯的产生，从而延长果实贮藏时间。

Ravindra 和 Goswami（2008）研究表明，绿熟芒果果实在 5℃ 时的初始呼吸速率为 16.5mL CO_2/(kg·h)，当温度上升到 30℃ 时为 55mL CO_2/(kg·h)（表 2-1）。芒果的呼吸速率越大，说明呼吸作用越旺盛，各种生理生化过程进行得越快，营养物质消耗得越快，加速果实衰老，缩短贮藏寿命。

表 2-1 芒果在不同温度范围内呼吸速率测定值和预测值

贮藏温度/℃	呼吸速率预测值 R_{O_2}/[mL/(kg·h)]	相关系数	呼吸速率实验值 R_{O_2}/[mL/(kg·h)]	呼吸速率预测值 R_{CO_2}/[mL/(kg·h)]	相关系数	呼吸速率实验值 R_{CO_2}/[mL/(kg·h)]
5	6.33	0.888	6.28	6.95	0.809	6.88
10	10.52	0.903	9.20	10.66	0.885	9.00
15	13.15	0.863	11.22	13.34	0.821	11.26
20	19.73	0.863	17.15	17.22	0.927	17.31
25	23.81	0.880	22.04	23.04	0.844	21.07
30	31.68	0.849	31.11	28.77	0.852	28.22

资料来源：Ravindra 等，2008。

2. 呼吸跃变

有些果实的呼吸速率在生长发育过程中逐渐下降，在成熟末期显著上升（呼吸高峰）而后下降，这种现象称为呼吸跃变（respiration climacteric）。这是果实发育进程中的一个关键时期，呼吸高峰一旦出现，果实进入完全成熟阶段，品质达到最佳可食状态。成熟过程中有呼吸跃变现象的果实为呼吸跃变型果实，如苹果、香蕉、番茄等。芒果属呼吸跃变型果实，即果实在接近成熟时呼吸速率逐渐减低，但是当果实进入完熟时呼吸速率骤然升高，果实的衰老速率随之下降。某些果实在成熟过程中没有呼吸跃变现象的发生，其采后的呼吸速率表现为缓慢的下降，无呼吸高峰的出现，这类果实被称为非呼吸跃变型果实，如草莓、柠檬、柑橘等。

3. 呼吸作用与采后贮藏

收获后的芒果所进行的生命活动，主要方向是降解高分子化合物，形成简单分子并释放出能量。其中部分中间产物和能量合成新的物质，部分能量以呼吸的形式消耗。如果呼吸过于旺盛，营养成分消耗加快，衰老加速，贮藏寿命也相应缩短。呼吸作用为细胞中代谢关键酶提供动力，过度抑制呼吸作用同样也会缩短贮藏寿命，这是因为过度抑制呼吸作用会破坏正常的生理活动，造成生理伤害。因此，在不妨碍果实正常生理活动和不出现生理伤害的前提下，应尽可能地降低果实的呼吸速率，以减少物质的消耗，延缓果实的成熟衰老。

（二） 乙烯代谢

乙烯是一种典型的植物激素，对植物的生长发育、成熟衰老的各个阶段具有明显的生理效应。乙烯能诱导芒果成熟，加速果实软化、失绿变黄、脱落、风味劣变，从而降低芒果品质。因此，人们通常将乙烯称为“成熟激素”。芒果是典型的呼吸跃变型果实，其在发育和成熟过程中的内源乙烯含量差别很大。未成熟时乙烯含量非常低。在进入成熟和呼吸峰值之前乙烯含量开始增加，并且发生与呼吸类似的峰值。同时内部化学成分发生一系列变化，淀粉含量下降，有色物质增加，可溶性糖含量增加，硬度快速下降，特有的香味出现。乙烯能加速芒果的后熟、衰老和降低耐藏性。大量实验证明乙烯可促进与成熟有关的水解酶、果胶酶、纤维素酶、过氧化物酶等的活性，诱导苯丙氨酸解氨酶（PLA）活性降低，增加细胞膜的透性，诱导呼吸跃变、果实软化及果色转变，导致核糖体和新的 mRNA 出现，直接或间接地在翻译和特定信息表达两个水平上调控成熟基因的表达。在商业上调控果实成熟的进程大多是通过乙烯调控来实现的（Deveau，1993；Li 等，2020）。

乙烯对果实成熟和衰老的作用机制，首先表现在对乙烯生物合成的调节上（图 2 - 1）。Yang 等（1984）认为植物体内乙烯的合成有两个系统，所有植物组织在生长发育过程中都能释放微量的乙烯，这种乙烯的合成系统称为系统Ⅰ，由其合成的乙烯称为系统Ⅰ乙烯，非跃变型果实或未成熟的跃变型果实内产生的乙烯，就是系统Ⅰ乙烯。而跃变型果实成熟前大量释放的乙烯是由不同于系统Ⅰ的另外一个系统合成的，称为系统Ⅱ乙烯，它既可以随果实的自然成熟而产生，也可以被外源乙烯所诱导。无论是系统Ⅰ还是系统Ⅱ乙烯的生物合成均遵循着蛋氨酸（Met）—S - 腺苷蛋氨酸（SAM）—1 - 氨基环丙烷羧酸（ACC）乙烯途径（Suttle 等，1980），这一途径受两个关键酶的控制，即 ACC 合成酶和乙烯合成酶。跃变型果实系统Ⅱ乙烯的产生就是被系统Ⅰ乙烯或外源乙烯通过上述两个关键酶启动的，一旦这两个关键酶被激活，就可以产生足够的内源乙烯来促进果实的成熟（Amihud 等，1982）。乙烯信号转导途径起始于乙烯受体，当存在乙烯时，乙烯与乙烯受体结合，抑制负调控因子 CTR1，进而解除对下游元件的抑制作用，乙烯信号再经 EIN2、EIN3/EIL 和 ERF 等正调控因子传递至下游基因，最终调控乙烯响应基因的表达，从而调控果实成熟衰老（王露露等，2021）。

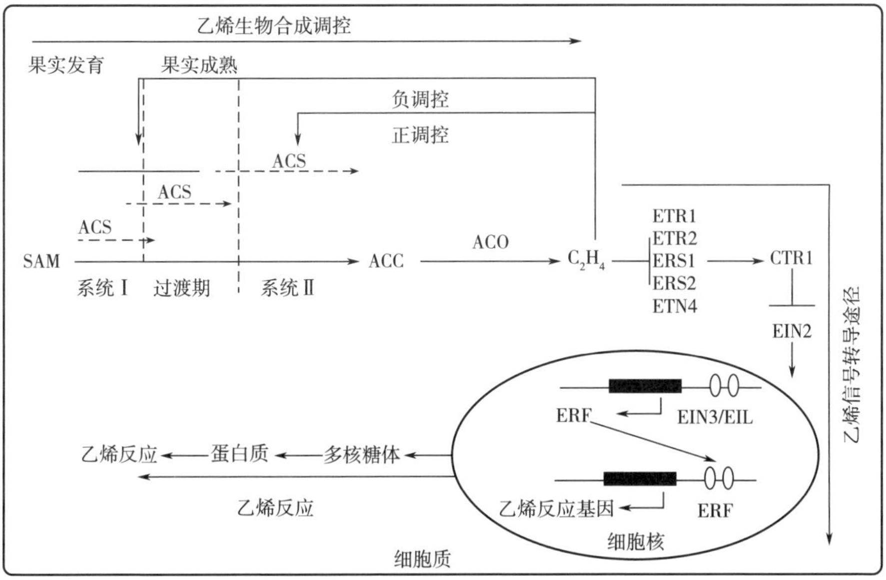

图2-1　乙烯生物合成及信号转导途径

注：ACS：1-氨基环丙烷羧酸合成酶；ACO：1-氨基环丙烷羧酸氧化酶。

资料来源：孙炳新等，2014。

（三）蒸腾作用

蒸腾作用是水分从果实表面以水蒸气状态向大气中散失的过程，是果实采后的一个生理过程。一般芒果的含水量在85%～96%，由于组织中含有丰富的水分，使其呈现新鲜饱满和脆嫩状态，并具有一定的弹性和硬度。芒果采收后失去了水分来源，但蒸腾作用仍在继续，随着贮藏过程芒果水分不断流失，流失到一定程度后，芒果呈现萎蔫、失重、鲜度下降，大幅降低商品价值。蒸腾作用对芒果的品质有如下影响。

1. 造成失水并降低果实品质

水分是影响芒果新鲜度和口感的重要成分，还是维持细胞内各种生理代谢活动的重要介质。因此，失水过多会严重影响芒果正常生理代谢活动，引起生理失调、呼吸上升、衰老加快，最终导致产品腐败或失去商品价值。另外，蒸腾作用过强，会导致果实表面光泽消失，形态萎蔫，失去外观饱满、脆嫩的质地，甚至失去商品价值。不过适度的水分蒸发，可降低芒果对外界机械伤力的敏感程度。

2. 导致代谢紊乱，降低耐贮性和抗病性

水分蒸发使组织发生萎蔫，从而使正常的呼吸受到干扰，破坏正常的生理代谢活动，促使水解酶活性提高，营养物质流失；严重脱水还会造成机械结构特性改变，影响果实的耐贮性和抗病性。水分的过度蒸发还会使叶绿素酶、果胶酶等水解酶的活性增强，造成果实皱缩、变软；同时还会刺激乙烯和脱落酸的合成，从而加速芒果的成熟与衰老过程。

（四） 成熟与衰老

成熟与衰老是果实生命周期的重要阶段，果实成熟与衰老是一个复杂有序的生理过程，果实在成熟过程中，色泽、质地、风味、香气等均发生一系列的变化。

1. 成熟与衰老的概念

果实经过一系列发育过程且已完成生长历程，达到最适食用阶段，称为成熟（maturation）。果实达到成熟阶段逐渐具备良好的色泽、风味、香气、质地和营养，食用品质达到最佳，成熟过程是果实停止生长后发生的一系列生物化学变化。后熟（post－maturation）是指果实采后呈现特有的色泽、香气、风味的过程。在后熟过程中，果实发生一系列变化，如呼吸增强、乙烯产生、物质消耗等。果实在采收后可继续完成成熟过程，可对这一过程进行适当的人为控制，这为果实保鲜藏提供了极为有利的条件。衰老（senescence）是果实发育的最后阶段，果肉组织开始分解，生理上发生一系列不可逆的变化，最后导致细胞凋亡及器官坏死。

2. 成熟与衰老机制

成熟和衰老是新鲜果蔬的重要生物学过程，是一个极其复杂而又高度有序的调控过程，伴随着多种新陈代谢和外观的快速变化，通常与果实的软化、叶绿素的降解、新色素（如类胡萝卜素、叶黄素）的合成、挥发性有机物的积累和释放等密切联系。

机体衰老的主要原因是自由基对细胞内的生物大分子（核酸、蛋白质和脂类等）产生氧化损伤，导致细胞功能衰退或丧失，最终造成机体衰老。活性氧自由基（ROS）是植物衰老过程中参与氧化损伤的主要介质，活性氧自由基主要有过氧化氢（H_2O_2）、羟自由基（—OH）和超氧阴离子自由基（$\cdot O_2^-$）等。活性氧自由基的积累可引发和加剧膜脂过氧化，进而造成细胞膜脂系统的损伤，其是导致果实衰老的主要诱因。活性氧自由基不能及时被清除，在机体内大量积累，不仅可以氧化膜脂，还可以氧化脱氧核糖核酸（DNA）、蛋白质等生物大分子，使其丧失生物活性，引起细胞正常生理代谢功能丧失，诱导细胞死亡，最终促使果实成熟衰老。

与果实成熟衰老相关的代谢则与其体内许多重要的酶促和非酶促抗氧化系统有关。如超氧化物歧化酶（SOD）、过氧化氢酶（CAT）、过氧化物酶（POD）和谷胱甘肽过氧化物酶（GSH - Px）等属于酶促保护系统，而非酶促保护系统包括抗坏血酸（AsA）、维生素 E、类胡萝卜素等。活性氧自由基的积累和清除受到植物体内抗氧化酶，如超氧化物歧化酶、过氧化物酶、过氧化氢酶、抗坏血酸过氧化物酶（APX）的调控。芒果贮藏过程中，果实中超氧阴离子自由基产生速率加快，H_2O_2和丙二醛含量整体呈增加趋势（任艳芳等，2021）。在果实衰老初期，超氧化物歧化酶在其内部能及时有效地清除活性氧自由基；而在衰老后期，由于活性氧自由基增多，超氧化物歧化酶的活性受到激活而参与活性氧自由基的清除；随着果实的后熟衰老，超氧化物歧化酶的活性逐渐上升，果实衰老程度越大，其活性上升越快（施瑞城等，2000）。过氧化物酶作为一种重要的氧化还原酶类，其活性的变化常作为果实后熟衰老的重要指标，过氧化物酶具有清除植物体内过氧化物的作用，从而使机体免受过氧化物的毒害，芒果贮藏期间果实的过氧化物酶活性呈上升趋势（孙炳新等，2014）。

二、 采后品质

果实品质是指果实食用时的综合性状，包括外观品质、食用品质、贮藏品质、加工品质及安全性等。外观品质包括大小、色泽、形状、整齐度和光洁度。食用品质主要是指果实风味，包括糖含量、酸度、糖酸比，以及芳香物质、矿质元素、类胡萝卜素和维生素的含量等。贮藏品质包括耐贮性、耐运性，以及贮藏期间生理病害的发生程度等。

（一） 风味变化

芒果果实风味是许多营养物质综合影响的结果，糖分是芒果果实风味品质的重要组成成分，其与果实的有机酸含量之比（糖酸比）是决定果实风味的重要因素之一。

1. 芒果果实中的糖

根据果实成熟时所积累的主要糖的含量，可将果实分为淀粉转化型、蔗糖积累型和己糖型三大类。芒果属于淀粉转化型果实，所积累的糖部分用于果实生长发育与呼吸消耗外，其他主要以淀粉形式积累于果实中直至果实成熟，采后再经后熟将淀粉转化为可溶性糖（魏长宾，2006）。芒果果实含有 3 种糖，即果糖、葡萄糖和蔗糖。芒果果实各糖及总糖含量均随成熟过程呈现先增加后下降的变化趋势，果实发育过程中以积累果糖为主，后熟过程中以积累蔗糖为主。金煌芒的果糖、葡萄糖及总糖含量高于其他品种（赵家桔，2010）。

2. 芒果果实中的有机酸

果实中有机酸是决定果实风味品质的重要因素之一。芒果果实中的有机酸类主要为柠檬酸和苹果酸。有机酸在果实中参与呼吸作用以及合成酚类、氨基酸、酯类和芳香物质的代谢过程。有机酸在果实生长发育过程中含量逐渐上升，到完熟时达到最高，随着果实成熟，总酸及各种有机酸含量均逐渐下降。在贮藏过程中有机酸作为呼吸底物被消耗，酸味逐渐变淡。

3. 芒果果实中的维生素、氨基酸、酚类物质

芒果还富含多种维生素、游离氨基酸、矿质元素、多酚类物质等。维生素 C 在果实成熟期间逐渐积累，但其在中性和碱性条件下易被氧化，导致维生素 C 在采后贮藏过程中极易遭到破坏而减少，含量呈现逐渐下降趋势。

（二）色泽变化

果实色泽是重要的感官品质，在一定程度上反映了果实的新鲜程度、成熟度和内部品质。色泽变化是判断果实成熟衰老以及外观品质的主要指标之一，色泽变化是由叶绿素、类胡萝卜素、类黄酮和花色苷等色素的种类、含量及果实的生理状态共同决定。芒果在成熟过程中，叶绿素逐渐降解减少，类胡萝卜素、花色苷等色素逐渐合成，表皮颜色也由鲜绿色向黄色、橙黄色转变。紫花芒果刚采收时，果肉的总类胡萝卜素和叶黄质含量都很低，果实呈浅白色，在果实后熟时，各种类胡萝卜素的含量逐渐增高，而β-胡萝卜素的含量远高于其他色素，果实颜色转黄，最终呈现橙黄色。

（三）质地变化

果实质地与品质密切相关，是评价芒果品质的重要指标，也是判断芒果成熟度、确定采收期的重要参考依据。随着果实不断发育和成熟，果实质地逐渐变软，其软化程度主要由果实的硬度来反映。软化不仅使果实硬度降低，同时导致抗病性减弱、耐贮性降低，严重影响果实的品质和商品价值，果实的质地变化与表面组织结构和细胞结构息息相关。

1. 细胞壁

果实软化是一系列与细胞壁降解相关的酶共同作用的结果。细胞壁是包围在原生质体外的一层结构，具有一定的硬度和弹性，主要由果胶、半纤维素、纤维素和少量糖蛋白等大分子组成。果实采后成熟过程中，细胞壁代谢非常旺盛，造成细胞壁空间结构和化学成分发生变化，完整性受到破坏，从而引起果实硬度下降，成熟软化。果实的软化由其内部先开始，逐渐向外发展。成熟早期细胞膨大可导致中胶层区域的机械分离。

2. 表皮结构

幼嫩的果蔬表皮组织不发达，进入成熟阶段后表皮细胞外的角质层、蜡质层不断加厚，成熟外表组织变得致密完整，而气孔、皮孔则由于角质、蜡质等沉积而逐渐被堵塞，生理活性下降（李日太，1994）。

（四） 香气成分变化

果实芳香物质是一类有大量挥发性香气组分的复杂混合物，为果实感官品质的重要组成部分。成熟芒果中富含酯类、酮类、萜烯类等香气物质270多种，主要以萜烯类化合物为主，还有部分醛、醇和酸等，而3－蒈烯是芒果果实中的主要特征香气成分。上述香气物质在果实生长发育过程中以脂肪酸、氨基酸、碳水化合物为前体物质，经一系列酶修饰而形成，涉及多个生物代谢通路，如呼吸代谢途径、脂肪酸代谢途径、氨基酸代谢途径、异戊二烯类化合物生物合成途径等（梁敏华等，2020）。

1. 果实种类和品种

芒果品种不同，其果实中香气成分也不同。金煌芒主要香气成分为3－蒈烯、芥酸、软脂酸等，凯特芒主要香气成分为δ－3－蒈烯（66.38%）、反－丁子香烯（10.33%）、1R－α－蒎烯（5.35%）等（魏长宾，2006）。刘传和等（2016）分析了不同芒果品种果实中香气成分的差异，发现凯特芒有5种香气成分，均为烯萜类物质，包括单萜类3种及倍半萜2种；象牙芒有13种香气成分，其中烯萜类10种、脂类3种；台农1号芒有17种香气成分，包括烯类15种、酯类2种；四季芒有15种香气成分，其中烯萜类14种、酯类1种；桂七芒中有17种香气成分，其中α－蒎烯、β－罗勒烯含量最高（刘华南等，2021）。红玉芒检测出香气组分16种，其中萜烯类化合物的含量达64.16%（康专苗等，2020）。王贵一等（2021）比较了大黄芒、大青芒、鹰嘴芒、台芒4种芒果的挥发性香气成分，萜烯类化合物占比由高到低分别为大黄芒、台芒、鹰嘴芒、大青芒。

2. 果实成熟度和香气成分的关系

芒果香气物质随着果实的成熟而产生，绝大多数香气物质是在呼吸跃变开始之后产生。呼吸跃变的果实随着呼吸速率增加和乙烯生成，成熟启动，芳香物质随之合成。芒果果实在生长阶段基本没有香气，在成熟过程中香气物质经过一系列的酶促反应逐渐形成，而在完熟后会发出浓郁的香味，赋予果实独特的芳香气味，完熟前后芳香物质变化比较大。凯特芒完熟前后主要都是萜烯类，完熟前主要是α－萜品油烯

(61.89%)，完熟后主要有 δ - 3 - 蒈烯（66.38%）等（魏长宾，2006）。唐会周等（2010）研究不同成熟度对海南小芒果果实挥发物种类及其相对含量的影响，共检出56种香气成分，分属于萜烯类、烃类、醛类、酮类、醇类、酯类6类，其中萜烯类是主要成分，其随成熟度增加而在果皮与果肉中相对含量降低，在半熟时最低，其中单萜相对含量大于倍半萜。果皮与果肉中酯类在绿熟时已经形成，并且在半熟时相对含量最高；随着成熟度的增加，果皮中醇类相对含量增大，但果肉中醇类则是在半熟时高度积累；果皮中醛类在成熟时高度积累，果肉中的醛类在半熟时积累成熟度高；烃在果肉中逐渐降低，却在半熟果皮中含量最高。大多数芒果挥发物在半熟时形成，在此时对果实进行调控，对提高芒果香气品质具有重要意义。

3. 生物代谢的影响

芒果中酯类、酮类、萜烯类等香气物质在果实生长发育过程中以脂肪酸、氨基酸、碳水化合物为前体物质，经过一系列酶修饰而形成，涉及多个生物代谢通路，如呼吸代谢途径、脂肪酸代谢途径、氨基酸代谢途径、萜类化合物生物合成途径等（梁敏华等，2020）。

（1）呼吸代谢　芒果在采后成熟衰老过程中，呼吸代谢对香气物质的合成代谢起到了重要的调控作用。芒果等呼吸跃变型果实营养活性物质的合成与代谢是由果实内在因素和外部环境共同诱导而引发的生理过程，其中内在因素包括呼吸底物的利用与转化、呼吸途径的转变、中间产物的形成与转化、次生物质合成与调控等方面（Gonzalez - Aguilar 等，2010）。中间产物如乙酰辅酶 A、α - 酮戊二酸、丙酮酸、延胡索酸、草酰乙酸等，次生物质如磷酸果糖、已糖和戊糖等可能参与了果实香气物质的合成代谢（Morkunas 等，2010）。果实呼吸速率及中间产物的形成、转化与果实中可溶性糖的含量密切相关（Rodríguez - Villalón 等，2010）。芒果等呼吸跃变型果实在采后成熟衰老过程中，磷酸戊糖途径、莽草酸途径协同影响，促进了酮类、萜烯类等次生代谢物质的积累，从而为香气物质的合成提供了充足的原料（Payyavula 等，2009）。

（2）脂肪酸代谢与香气物质合成　果实香气成分中直链脂肪族醇、醛、酮和酯类物质主要来源于脂肪酸氧化。芒果中不饱和脂肪酸如油酸、亚油酸、亚麻酸等是果实香气物质合成代谢的主要前体物质。脂氧合酶（LOX）是脂肪酸代谢途径中的起始关键酶，不饱和脂肪酸在脂氧合酶的催化作用下生成多烯脂肪酸氢过氧基衍生物（Vick 等，1987）。多烯脂肪酸氢过氧基衍生物经氧化烯合酶（AOS）、环氧丙烷环化酶（AOC）、12 - 氧 - 植物二烯酸还原酶（OPR）的催化作用生成茉莉酮酸，茉莉酮酸在茉莉酸甲基转移酶（JMT）作用下可生成茉莉酮和茉莉酮酸甲酯。同时，多烯脂肪酸氢过氧基衍生物也可经氢过氧化物裂解酶（HPL）作用生成3，6－壬二醛和3－己烯醛，后两者可在醇脱氢酶（ADH）、醇酰辅酶A转移酶（AAT）、3*Z*，2*E*－烯醇异构酶（3*Z*，2*E*－EI）、氢过氧化物裂解酶作用下生成2，6－壬二烯醇、顺－3－乙酸乙酯、2－己烯醇、己醛等香气物质（Song等，2002）。Deshpande等（2017）研究表明，芒果脂氧合酶基因表达能够促进果实中的δ－戊内酯和δ－十聚内酯含量显著增加。

（3）氨基酸代谢与香气物质合成　果实香气成分中支链脂肪族醇、醛、酮和酯类物质主要来源于氨基酸代谢，氨基酸通过转氨作用形成支链酮酸，经脱羧或脱氢形成支链醇和酰基辅酶A，进而形成支链酯类物质。参与香气合成的氨基酸主要有缬氨酸、亮氨酸、异亮氨酸、丙氨酸、半胱氨酸和苯丙氨酸等。其中缬氨酸、亮氨酸、异亮氨酸和丙氨酸为甲基支链酯合成的前体物质，可通过氨基酸代谢途径经脱羧、还原、氧化或酯化反应，生成带有明显风味特征的醇类、羰基化合物类、酸类和酯类等活性物质（Baldwin等，2002），其中，酮酸和酰基辅酶A是代谢途径重要中间产物，酮酸可在脱氢酶或脱羧酶的继续作用下分别转化为酰基辅酶A和醛，后者在乙醇脱氢酶（ADH）的作用下转化成醇，酰基辅酶A和醇酰基转移酶（AAT）的催化作用下形成酯类物质，对果实的怡人香气具有重要贡献。研究表明，芒果果实*MiADH*1和*MiADH*2基因在果实成熟初期表达明显，*MiADH*3在果实整个发育成熟期间表达明显，脱落酸（ABA）处理可以上调*MiADH*1表达，下调*MiADH*2表达，而对*MiADH*3表达无显著影响（Singh等，2010）。

（4）萜类化合物代谢与香气物质合成　萜类化合物是果实香气物质中的代表性组分，主要由以异戊二烯结构（C_5H_8）$_n$为基本单元的烃类及其含氧衍生物组成。根据含有异戊二烯结构单元的数目进行分类，萜类化合物可分为单萜（C10）、倍半萜（C15）、二萜（C20）、三萜（C30）、四萜（C40）、多萜（*n*个C5，*n*＞10）等。上述所有萜类化合物均由C5结构单元异戊烯焦磷酸（IPP）及其烯丙基异构体二甲稀丙基二磷酸（DMAPP）缩合而成。IPP和DMAPP在植物体中可通过细胞质中的甲羟戊酸（MVA）途径或质体中的2－*C*－甲基－D－赤藓糖醇－4－磷酸（MEP）途径合成。初步研究表明，MVA途径和MEP途径并不是独立存在的，萜烯类化合物的生物合成过程中，中间产物IPP的相互交换、补充现象使上述两种代谢途径有着密切的联系（Dudareva等，2005）。Kulkarni等（2013）研究发现适宜的外源处理能切实有效地提高萜类化合物生物合成途径中关键酶的活性。

第二节 芒果采后损伤与病害

一、机械损伤

芒果作为热带和亚热带水果，其销售过程往往需要经过长距离的运送，运输过程势必会造成芒果之间的碰撞、摩擦和挤压，造成果实的物理损伤，轻者会降低其外观品质，加速衰老，重者会出现明显伤口，加速腐败，严重影响果实的商品价值，进而影响运输后芒果的保质期。

（一）采收损伤

芒果属漆树科植物，果实富含乳汁，尤其在没有达到完全自然成熟的果实中，含有大量的生理活性物质及多种酶，采收时一旦乳汁流到果皮上，乳汁中的蛋白酶就会水解果皮细胞壁上的蛋白质，受伤部位为胶孢炭疽菌（*Colletotrichum gloeosporioides*）等病菌提供了寄生环境，之后形成带状褐斑，直至腐烂。

芒果采收宜在晴天果实表面无露水时采收，雨天不宜采收，连续几天大雨后也不宜采收，采前7~10d应停止灌水。应进行无伤采果，一果两剪，第一剪留果柄长3~5cm，第二剪留果柄长1~2cm。整个采收过程中严防机械损伤，戴棉手套操作，轻采轻放，采下后放入内有软垫的果框内。采后应避免日晒雨淋，迅速装箱，尽快运到冷库进行预冷，去除果实的田间热。

（二）采后损伤

采后损伤是指果实在采收、采后处理、分级、包装、运输、贮藏和销售的各个环节中受到跌落、挤压、碰撞、摩擦和刺伤等作用而引起果实变形、果皮和果肉受损的现象。机械损伤能导致芒果生理代谢紊乱，引发一系列不利于贮藏的生理生化反应。同时，机械损伤会降低芒果外观质量和食用品质，破坏芒果组织细胞膜系统和细胞结构的完整性，导致有关代谢物质改变，发生酶促褐变等一系列异常生理生化变化，加速芒果采后衰老进程。同时损伤部位给微生物侵染提供了机会，使芒果腐烂速率加快，造成品质下降，贮藏期变短。

1. 静压损伤

静压损伤多发生在芒果贮藏过程中的自然状态下，芒果相互接触的区域承受上层质量压力及下层挤压力，导致塑性形变而产生损伤，承受压力时间越长芒果的损伤越严重。静压损伤发生在贮藏过程中，多表现为果实受到挤压而产生的形变。成堆的果实处于自然静止状态，随着时间的延长而发生静止破坏，其损伤部位多发生在接触区域。果实在贮运过程中长时间的静压损伤导致细胞壁破坏、细胞液流失及细胞间的结合力散失，使芒果的抗压能力逐渐减弱，堆叠过高也会使压力过大导致受损严重，因此，应对堆叠高度加以限制，避免单个果实受到载荷高于其失效载荷。

2. 振动损伤

振动损伤是运输过程对芒果造成损伤的原因，主要是动载作用引起的碰撞损伤和振动低应力疲劳损伤，使果实组织细胞破碎，产生愈伤组织，加速果实失水腐败。同时振动使果实产生应激反应，能显著增强果实的呼吸作用，使其在贮藏期间品质下降更快。

3. 冲击损伤

芒果的冲击损伤主要是碰撞和跌落冲击，冲击对芒果造成的损伤是由于作用在果实上的冲击力超过了果实自身所能承受的强度，一般是由从高处跌落或果实间相互碰撞、受外界敲击作用等产生的冲击。碰撞和跌落损伤程度依果实跌落高度、碰撞能量、碰撞次数、碰撞或跌落时其表面特性和芒果的成熟度及大小的不同而异。

二、 侵染性病害

芒果属于典型的呼吸跃变型水果且多成熟于高温高湿季节，导致采后的生理代谢异常旺盛，果实容易后熟而变黄、变软，同时极易受到各种病原菌侵染，发生腐败变质，这些不利因素造成芒果在贮藏和运输中产生巨大损失，是制约芒果产业发展的瓶颈。

（一） 病害种类

1. 炭疽病 （Anthracnose）

芒果炭疽病（图2－2，见书后插页）是危害芒果最普遍、危害性最强的病害之一，可引起叶斑、茎斑、花疫、果实腐烂等症状，遍及芒果种植及采后整个阶段，其致病性和危害性都较强。引起芒果炭疽病的病原菌十分复杂，已报道的有10余种，其中，有性世代为围小丛壳菌（*Glomerella cingulata*），无性世代为胶孢炭疽菌，胶孢炭疽菌是芒果炭疽病的主要病原菌。自然条件下胶孢炭疽菌侵染芒果最主要为潜伏侵染，芒果炭疽病菌常在未成熟果实侵入，幼果极易被病原菌侵染，感染初期表面会有黑褐色的类似针孔的斑点出现，随时间会变成黑褐色的病斑；成熟的果实感染病菌后，果实的表面会变黑且凹陷，果肉由硬变软。在天气潮湿时，果实的感病部位会产生橘红色的孢子团（王万东等，2008；黄建新，2014）。

2. 蒂腐病 （Stem end rot）

芒果蒂腐病主要由可可毛色二孢菌（*Lasiodiplodia theobromae*）引起，（图 2－3，见书后插页），是仅次于炭疽病的芒果采后病害，导致果实在贮藏期间严重腐烂。芒果在成熟期易引起蒂腐病，发病初期果蒂形成多处褐点，在湿热条件下，病部向果身扩展，果皮由暗褐色变为深褐色或紫黑色，同时果肉组织软化、流汁，有蜜甜味，病害扩展极快，常温条件下 3～5d 全果腐烂变黑，不利于芒果采后贮运与加工。

3. 曲霉病 （Aspergillus disease）

芒果曲霉病（图 2－4，见书后插页）从果蒂侵入，感病初期果皮出现大片浅褐色至褐色的不规则病斑，病斑无明显的边缘，变色果皮下的果肉发褐、软化，最终腐烂淌水；感病后期病部密布黑色或黄色的霉状物（病原菌的子实体）。芒果曲霉病病原菌为黑曲霉（*Aspergillus niger*）和黄曲霉（*Aspergillus flavus*），其中黑曲霉最为常见。这两种病菌引起的症状基本相似，但前者的霉状物为黑色，后者为黄色。病原菌广泛分布在土壤及某些腐烂物上，初侵染源来自受污染的包装材料或工具，在高温条件下或果实抗性下降的情况下从伤口侵入果实。在贮藏期间，病菌侵入寄主后在潮湿条件下产生大量分生孢子，通过接触、振动、昆虫活动将其散布到其他果实上，通过不断侵染而迅速使全部果实腐烂。冷害是芒果曲霉病发病的主要诱因，贮运过程中的各种振动是其扩大危害的重要条件（李国鹏等，2008）。

（二） 影响发病的因素

1. 品种抗病性

不同芒果品种抗病性有明显差异，紫花芒、黄象牙芒、白玉芒、粤西 1 号芒果实对炭疽病表现病情较轻，桂香芒、鸡蛋芒、吕宋芒等芒果感病较重。单一品种种植的果园的发病率比多个品种混合栽培的果园发病率高。

2. 环境因素

（1）温度　温度对芒果采后病害的影响主要表现在两个方面，一方面是对病原菌孢子萌发、菌丝生长及侵入速度的直接影响；另一方面是通过影响芒果的生理代谢而间接影响果实的抗病性。较高温度不仅有利于病原菌菌丝生长，也有利于病斑扩展；在适宜的温度条件下，病原菌一旦成功侵染，菌丝能迅速生长并逐渐侵染健康组织，从而使病原菌迅速扩展；若温度不适宜，则病原菌生长受抑制，侵染健康组织的速度也较慢，从而导致病斑显症晚、病斑小。因此，温度也成为影响芒果病害病斑扩展的主要因素之一。

（2）湿度　高湿的环境可以有效抑制芒果果实贮藏过程中的蒸腾作用，但在一定温度下，随着相对湿度增大，有利于病原菌孢子萌发、菌丝生长和侵染，促进病害的发生，病斑扩展速度加快。

（3）气体成分　果实和病原菌的正常呼吸都需要 O_2，当空气中的 O_2 浓度降到5%或以下时，能有效抑制果实呼吸，维持果实品质和抗性。低 O_2、高 CO_2 对芒果病原菌的生长有明显的抑制作用，高 CO_2 浓度对许多采后病原菌的抑制作用非常明显，当 CO_2 浓度大于25%时，病原菌生长完全被抑制，但长期贮藏在高 CO_2 浓度下也会对果实产生毒害作用，因此一般采用高 CO_2 浓度短期处理以减少病害发生。

（4）光照和通风　光照不足、通风透光条件差、空气湿度大的芒果园易感病。

三、冷害

芒果果实采后常用常温和低温贮藏两种方式。低温贮藏不仅抑制了果实的呼吸作用和乙烯产生，而且也抑制了病原菌的生长繁殖。因此，低温贮运成为芒果采后保鲜的主要措施。但芒果是典型的冷敏型水果，贮藏温度低于13℃就会发生冷害现象，主要表现为出现凹陷斑、果皮和果肉褐变、果肉硬度较高、不能正常软化后熟等（图2－5，见书后插页）。冷害的发生会大幅降低芒果食用价值和商品价值，芒果发生冷害后，削弱了抗病能力，易遭受到病原菌侵染，迅速腐烂，并产生异味，造成严重的经济损失（张丹丹等，2020）。

芒果冷害发生程度存在贮藏温度与贮藏时间的累积效应，即温度越低、贮藏时间越长则冷害越严重。芒果贮藏时应进行预冷，可降低果实表面温度和代谢速率以及乙烯的生物合成，防止果实冷害发生，达到延长低温贮藏寿命并保持果实良好品质的目的。贮藏环境湿度同样影响芒果冷害的发生。在贮藏期间增加相对湿度能减轻冷害发生；而低湿度则加速了芒果表面水分的蒸发，影响一系列生理代谢过程，降低了对低温胁迫的适应能力，从而促进了冷害症状的发生。贮藏环境中气体成分影响果蔬采后生理代谢活动，从而也影响冷害症状，应用低 O_2 和高 CO_2 气调环境能有效减轻芒果冷害症状。因此，气调贮藏可以应用于防控芒果采后冷害出现。

第三节 芒果贮运影响因素

芒果的耐贮性、抗病性和采后品质主要由芒果品种自身因素决定，同时也受环境因素的影响。

一、 自身因素

（一） 芒果品种

芒果的耐贮藏性主要是由品种所持有的遗传特性决定。不同品种芒果的商品性状与贮藏特性差异很大，一般耐贮藏品种首先应是抗病性良好的品种。同一品种的芒果，由于组织结构、生理生化特性、成熟收获时期不同，品种间的贮藏性也有很大差异。曹洪麟等（2003）比较了九个品种的耐贮性，发现爱文芒的耐贮性最差，红金煌芒、金煌芒、蜜桃芒等次之，凯特芒、红凯特芒和杉林芒具有较高的耐贮性。贾文君等（2013）的研究表明红贵妃芒的耐贮性优于台农1号芒和金煌芒两个品种。

（二） 采收成熟度

芒果有其适宜的成熟收获期，收获过早或过晚，对果实的品质及贮藏特性都会产生不利影响。收获期越早，可溶性固形物含量越低，维生素C含量越高，果实糖酸比一直维持在较低水平，风味较淡，果实品质低下。收获期越晚，果实在贮藏中发病越快，病果率越高，贮藏性越差，收获期过晚加快芒果后熟和品质劣变的进程，不利于运输。适熟果实已具备完熟果实的品质和产量，在低温条件下贮藏具有较长的贮藏时间和保质期，且在贮藏过程中经过后熟，品质向完熟果实发展，适宜作为鲜果销售。生产中应根据芒果不同品种的生物学特性、采后用途、市场距离、贮运条件等因素综合考虑，确定适宜的采收成熟度。高豪杰等（2013）研究发现，低成熟度的果实相比于高成熟度的果实，具有较低的病情指数和色度 a^*，较高的果实硬度，以及较高的超氧化物歧化酶、过氧化物酶和脂氧合酶活性，而细胞膜透性差异不显著，金煌芒和红贵妃芒可以适当晚采，而台农1号芒则可以适当早采。李雯等（2011）研究发现在同一种后熟条件下［自然成熟、催熟（促进成熟）和抑制成熟的任何一种］，60%成熟度的芒果果实其品质变化慢于80%成熟度的果实，但其风味品质却差于80%成熟度的果实。

二、环境因素

贮藏环境的温度、湿度及气体成分是影响芒果贮藏的重要条件。

（一）贮藏温度

贮藏温度是采后果实维持新鲜度最主要的环境因素。温度对贮藏的影响表现在对呼吸作用、蒸腾作用、成熟衰老等多种生理作用的影响上。温度升高使果实呼吸作用加快，导致果实中水分迁移快、水分蒸发快以及有机物大量消耗。低温能够延缓果实呼吸作用和蒸腾作用，延缓生理代谢和营养成分的消耗，从而延长贮藏寿命。低温有利于延缓芒果果实贮藏过程中品质劣变和衰老进程，可有效推迟呼吸跃变出现的时间，降低呼吸峰值；降低果胶甲酯酶和多聚半乳糖醛酸酶活性，从而延缓果实软化进程；还可有效抑制果皮转黄，延缓果皮病斑的出现。

（二）相对湿度

湿度是芒果贮藏过程中的一个决定性因素。用低温贮藏芒果时，应保持较高湿度，一般为90%～95%；在常温贮藏时，为了降低贮藏中的腐烂损失，湿度保持在85%～90%较为适宜。提高贮藏环境湿度、减少蒸腾失水是芒果贮藏中必不可少的措施。生产中应根据芒果的生理特性、贮藏温度、包装方式等来确定适宜的贮藏湿度。

（三）气体成分

气调贮藏是指对所有生物学气体，包括O_2、CO_2、乙烯及果实释放的香气的调控。在芒果贮藏中，通过改变贮藏环境中的气体成分，适当降低O_2和增高CO_2，都可以抑制果实呼吸速率，延缓后熟衰老进程，抑制微生物活动，可以获得比单纯降低温度和调节湿度更佳的贮藏保鲜效果。对芒果进行气调贮藏，一是降低了果实的呼吸速率和乙烯的产生；二是降低了果实对于乙烯的敏感性；三是降低了果实中叶绿素的损失，延缓了叶绿素的分解作用（Ntsoane等，2019）。表2-2总结了成熟度、贮藏时间、温度等对不同品种芒果果实品质与保质期的影响。

表 2-2　贮藏时间、温度和成熟度对不同品种芒果品质与货架期的影响

品种	成熟度	O_2/CO_2含量	温度/℃	贮藏时间/d	结果
海顿芒（Haden）	绿熟期	3/25	12～15	14～21	保持品质，减少成熟
汤米·阿京斯芒（Tommy Atkins）	树上成熟	（3～4）/25	8	21	减少果实冷害
肯辛顿芒（Kensington Pride）	绿熟期	（2～4）/（4～6）	13	30～35	保持品质和香气
爱文芒（Irwin）	树上成熟	5/10	5	30	抑制呼吸频率
圣心芒（Shengxin）	绿熟期	2/6	14	40	延长了保质期（延迟成熟和软化）和减少腐烂发生率
凯特芒（Keitt）	绿熟期	10/5	12	21	减少果实冷害
肯特芒（Kent）	绿熟期	3/10	10	14	延缓成熟，降低多酚浓度
水仙芒（Nam Dok Mai）	绿熟期	3/5	13	28	延缓果实成熟和重量下降
印度品种（Banganapalli）	绿熟期	5/3	13	30～35	保质期长，熟化正常，品质好
阿方索芒（Alphonso）	绿熟期	5/5	13	30～35	改善硬度、可溶性固形物含量、总胡萝卜素含量、糖含量、色泽和感官品质
乔萨芒（Chaunsa）	树上成熟	3/6	10	14	保持抗坏血酸含量、新鲜、颜色、硬度、可溶性固形物含量和风味

资料来源：苏小军等，2001。

（四）植物激素

植物激素虽然在植物体内的含量非常少，但在植物生长发育过程中起重要的调节

作用。乙烯是一种导致果实成熟与衰老的重要植物激素。乙烯调节果实成熟是通过协同成熟过程相关基因的表达实现，诸如提高呼吸速率与乙烯催化产量，加快叶绿素分解，促进类胡萝卜素合成与淀粉到糖的转化，增强细胞壁降解酶活性等。芒果呼吸速率与乙烯释放量、贮藏温度的对应关系见表2－3。

表2－3 芒果呼吸速率、乙烯释放量与贮藏温度的关系

类别	贮藏温度/℃			
	10	13	15	20
呼吸速率/［mg CO_2/（kg·h）］	12～16	15～22	19～28	35～80
乙烯释放量/［μL C_2H_4/（kg·h）］	0.1～0.5	0.2～1	0.3～4	0.5～8

资料来源：李奥峰等，2009。

参考文献

［1］Amihud B，Halevy A H，Meir S. Senescence and the fluidity of rose petal membranes 1［J］. Plant Physiology，1982，69（2）：2.

［2］Baldwin I T，Kessler A，Halitschke R. Volatile signaling in plant－plant－herbivore interactions：What is real［J］. Current Opinion in Plant Biology，2002，5（4）：351－354.

［3］Deveau E. Degradation and solubilization of pectin by β－galactosidase purified from avocado mesocarp［J］. Physiol Plant，1993，87（3）：279－285.

［4］Dudareva N，Andersson S，ORLOVA I，et al. The nonmevalonate pathway supports both monoterpene and sesquiterpene formation in snapdragon flowers［J］. Proceedings of the National Academy of Sciences of the United States of America，2005，102（3）：933－938.

［5］Gonzalez－Aguilar G A，Villa－Rodriguez J A，Ayala－Zavala J F，et al. Improvement of the antioxidant status of tropical fruits as a secondary response to some postharvest treatments［J］. Trends in Food Science & Technology，2010，21（10）：475－482.

［6］Kamthai S，Magaraphan R. Development of an active polylactic acid（PLA）packaging film by adding bleached bagasse carboxymethyl cellulose（CMCB）for mango storage life extension［J］. Packaging Technology and Science，2019，32（2）：103－116.

［7］Kulkarni R，Pandit S，Chidley H，et al. Characterization of three novel isoprenyl diphosphate synthases from the terpenoid rich mango fruit［J］. Plant Physiology &

Biochemistry, 2013, 71: 121 – 131.

[8] Li L, Shuai L, Sun J, et al. The role of 1cmethylcyclopropene in the regulation of ethylene biosynthesis and ethylene receptor gene expression in *Mangifera indica* L. (Mango Fruit) [J]. Food Science & Nutrition, 2020, 8 (1): 1 – 8.

[9] Morkunas I, Stobiecki M, Marczak U, et al. Changes in carbohydrate and isoflavonoid metabolism in yellow lupine in response to infection by *Fusarium oxysporum* during the stages of seed germination and early seedling growth [J]. Physiological & Molecular Plant Pathology, 2010, 75 (1 – 2): 46 – 55.

[10] Ntsoane M L, Zude – Sasse M, Mahajan P, et al. Quality assesment and postharvest technology of mango: A review of its current status and future perspectives [J]. Scientia Horticulturae, 2019, 249: 77 – 85.

[11] Payyavula R S, Babst B A, Nelsen M P, et al. Glycosylation – mediated phenylpropanoid partitioning in *Populus* tremuloides cell cultures [J]. Bmc Plant Biology, 2009, 9 (1): 151.

[12] Ravindra M R, Goswami T K. Modelling the respiration rate of green mature mango under aerobic conditions [J]. Biosystems Engineering, 2008, 99 (2): 239 – 248.

[13] Rodríguez – Villalón A, Gas E, Rodríguez – Concepción M. Phytoene synthase activity controls the biosynthesis of carotenoids and the supply of their metabolic precursors in dark – grown *Arabidopsis* seedlings. [J]. Plant Journal, 2010, 60 (3): 424 – 435.

[14] Singh R K, Sane V A, Misra A, et al. Differential expression of the mango alcohol dehydrogenase gene family during ripening [J]. Phytochemistry, 2010, 71 (13): 1485 – 1494.

[15] Song M S, Kim D G, Lee S H. Isolation and characterization of a jasmonic acid carboxyl methyltrans – ferase gene from hot pepper (*Capsicum annuum* L.) [J]. Journal of Plant Biology, 2005, 48 (3): 292 – 297.

[16] Suttle J C, Kende H. Ethylene action and loss of membrane integrity during petal senescence in *Tradescantia* [J]. Plant Physiology, 1980, 65 (6): 1067 – 1072.

[17] Vick B A, Zimmerman D C. The lipoxygenase pathway [M]. The Metabolism, Structure, and Function of Plant Lipids, 1987.

[18] Yang S F, Hoffman N E. Ethylene biosynthesis and its regulation in higher plants [J]. Annual Review of Plant Physiology, 1984, 35: 155 – 189.

[19] 曹洪麟，蔡楚雄，刘世平，等．芒果新品种比较试验［J］．广东农业科学，2003（2）：20－24.
[20] 高豪杰，贾志伟，李雯，等．不同采收成熟度、不同品种的芒果果实对1－MCP处理的反应［J］．食品科学，2013，34（2）：293－297.
[21] 黄建新．芒果采后病害生物防治研究进展［J］．南方农业，2014，8（3）：3－4.
[22] 贾文君，李文文，李巧玲，等．不同品种芒果贮藏性状的比较及对热处理的反应［J］．中国农学通报，2013，29（28）：119－123.
[23] 康专苗，何凤平，黄海，等．贵州主栽杧果品种果实品质及香气成分分析［J］．热带作物学报，2020，41（11）：2305－2313.
[24] 李奥峰，周翔，米顺利，等．芒果贮藏保鲜技术研究进展［J］．广西轻工业，2009，25（9）：1－3.
[25] 李国鹏，何红艳，尼章光，等．芒果贮藏期的主要病害及防治方法［J］．广东农业科学，2008（9）：89－90.
[26] 李日太．果实的采后生理［J］．淄博师专学报，1994（4）：42－45.
[27] 李雯，邵远志，李庚虎，等．采收成熟度对台农芒果贮藏品质的影响［J］．食品科技，2011，36（3）：30－33.
[28] 梁敏华，苏新国，梁瑞进，等．芒果果实采后香气物质合成代谢调控研究进展［J］．农产品加工，2020，512（18）：61－64.
[29] 刘传和，刘岩．4种芒果香气品质分析［J］．广东农业科学，2016，43（10）：123－127.
[30] 刘华南，江虹锐，陆雄伟，等．顶空固相微萃取－气质联用分析不同芒果品种香气成分差异［J］．食品工业科技，2021，42（11）：211－217.
[31] 欧阳秋飞，杨建波，马博，等．一株芒果蒂腐病病原菌的鉴定及中草药对其抑制作用分析［J］．江西农业学报，2019，31（12）：54－59.
[32] 任艳芳，宋雅萍，肖桂云，等．一氧化氮介导水杨酸诱导的采后杧果果实炭疽病抗性反应［J］．植物生理学报，2021，57（3）：632－642.
[33] 施瑞城，张熙新，蔡汉海，等．柠檬酸处理对芒果采后生理活动的影响［J］．植物生理学报，2000，26（2）：130－132.
[34] 苏小军，蒋跃明，于新，等．芒果采后生物学及贮运保鲜技术研究进展［J］．仲恺农业技术学院学报，2001，14（1）：60－66＋70.
[35] 孙炳新，何晓慧，冯叙桥，等．1－OCP处理对芒果常温贮藏采后生理的影响

[J]. 中国食品学报，2014，14（10）：101－107.
［36］孙炳新，徐方旭，冯叙桥，等. 环丙烯类乙烯效应抑制剂在果实保鲜应用的研究进展［J]. 食品科学，2014，35（11）：303－313.
［37］唐会周，明建，程月皎，等. 成熟度对芒果果实挥发物的影响［J]. 食品科学，2010，31（16）：247－252.
［38］王贵一，孟嘉珺，许文静，等. 不同品种芒果的营养成分及风味物质分析［J]. 食品工业科技，2022，43（1）：71－79.
［39］王露露，耿兴敏，许世达，等. 乙烯受体在果实成熟及花衰老中的研究进展［J]. 生物技术通报，2021，37（3）：144－152.
［40］王万东，刘光华，尼章光，等. 芒果炭疽病的发生规律及综合防治［J]. 广东农业科学，2008（6）：67－69.
［41］魏长宾. 芒果成熟过程中糖分积累及其芳香物质组成研究［D]. 儋州：华南热带农业大学，2006.
［42］张丹丹，屈红霞，段学武，等. 热带果蔬采后冷害研究进展［J]. 热带作物学报，2020，41（10）：2062－2079.
［43］赵家桔. 芒果品质构成及其发育规律的研究［D]. 海口：海南大学，2010.

第三章

芒果采后物流保鲜与贮藏技术

第一节 产地预处理技术

一、 产地采收

芒果采收承接采后加工环节，与采后贮运保鲜效果密切相关。机械损伤是导致果蔬采后损失的主要原因之一，在芒果采摘过程中，受采摘成熟度、采摘时间、采摘方式、盛装容器等因素影响，造成不同程度的机械损伤，刺激果实的呼吸和乙烯的大量产生，加速果实的成熟与衰老。另一方面，病原菌易从伤口侵入，进而导致芒果腐烂。因此，芒果产地采收技术既要关注果实成熟度，在合适的时间段进行采摘，还要应用适宜的采摘方式及果实包装，以最大程度减少采后机械损伤带来的损失。

（一） 采收成熟度的确定

芒果为呼吸跃变型果实，青时采摘，常温下迅速后熟，一般 3 ~ 5d 即达到黄熟期（初熟期），6 ~ 13d 达到完熟。芒果过早采收，风味较淡，易失水，果皮易发生皱缩。过迟采收则易发生果实自然脱落，后熟加快，不耐贮运。因此，从运输及贮藏等多角度考虑，芒果采摘需要把握适宜的成熟度。根据相关研究，芒果采收成熟度可根据果实的颜色和外观、果实的密度、果龄等进行判断（Ullah 等，2012）（图 3 - 1，见书后插页）。

1. 果实颜色和外观

表面色泽是判断果实成熟度的重要依据之一。随着芒果果实的发育和成熟，果实叶绿素含量降低，总类胡萝卜素含量升高，至完熟时达到峰值。芒果成熟过程，果皮转为暗色，果肉转为淡黄色，近核处为黄色，果实不再长大，果形饱满，果肩浑圆。芒果果肉较果皮更易损坏（姬伟等，2015）。实际生产中，根据不同的目的选择不同的成熟度，如用于贮藏或远距离运输的芒果可选八成熟，果皮绿色或橄榄绿，果肉白色，硬度较高。用于周边市场销售以及电商销售，3 ~ 4d 能到达消费者手上的鲜食果，果汁、果浆加工用果，应选择外表橄榄绿或浅绿色、果肉浅黄色的果，果蒂基部凹或平，果柄流出乳汁较稠，流速较慢，部分果肩部位出现隐黄（或鲜红）。芒果主要品种用于贮藏的最适采收期及采收期特征如表 3 - 1 所示。

表3-1 芒果主要品种最适采收期及采收期特征

品种	可溶性固形物含量/%	果皮	果肉	果肩	果龄/d	时期
台农1号芒	>6.7	光滑，浅绿色	浅黄色	果肩饱满，果肩与果蒂平或略高于果蒂，少部分果实果肩出现隐黄	95~103	6月中旬
桂热芒10号	>6.2	光滑，橄榄绿	米黄色，柔细	约1/3果实的果蒂基部发育至平，少部分果实果肩部位出现隐黄	109~132	8月中旬
桂热芒82号	>7.6	光滑，橄榄绿	浅黄色	约1/3果实的果蒂基部发育至平	115~130	7月下旬
贵妃芒	>7.2	光滑，紫红色	浅黄色	果肩浑圆，果肩平或略高于果蒂，少部分果实果肩出现鲜红色	110~115	7月中旬
金煌芒	>9.5	光滑，绿色，具白色蜡粉	浅黄色	果肩浑圆，果肩平或略高于果蒂，少部分果实果肩出现隐黄	115~120	7月中旬
凯特芒	>6.5	光滑，黄绿色	浅黄色	果肩浑圆，果肩平或略高于果蒂，少部分果实果肩出现隐黄	115~140	8月下旬
紫花芒	>7	光滑，浅绿色，具白色蜡粉	浅黄色	果肩饱满，果肩与果蒂平或略高于果蒂，少部分果肩退绿出现隐黄	95~106	6月中旬
吕宋芒	6.5	光滑，浅绿色	浅黄色	果肩浑圆，果肩平或略高于果蒂，少部分果实果肩出现隐黄	90~100	6月中旬
白象牙芒	7.2	光滑，浅绿色	白色	果肩浑圆，果肩平或略高于果蒂，少部分果实果肩出现隐黄	108~115	7月中旬
椰香芒	7.8	光滑，绿色	黄色	果肩浑圆，果肩平或略高于果蒂，少部分果实果肩出现隐黄	112~120	7月中旬

资料来源：《芒果　贮藏导则》（GB/T 15034—2009）和《芒果采收与采后商品化处理技术规程》（DB 45/T 1525—2017）。

2. 密度

密度是判断芒果成熟度的另一种方法。根据芒果果实成熟时密度大于 1（约 1.02）的原理，把果实投入水中，下沉或半沉的果实即达到了采收成熟度。因此，可把芒果置于水中的下沉程度作为确定成熟度的指标。根据需要，用于立即催熟就近销售的，以在水中下沉的果实为好；如用于长期贮藏和外销的芒果，在水中半下沉为好。

3. 果龄

果龄是表征果实成长阶段的重要参数之一。根据果龄判断芒果成熟度时，不同品种之间的差别很大。从谢花到果实成熟，早中熟品种需 100 ~ 120d，晚熟品种需 120 ~ 150d。实际生产中，可根据不同的用途，在合适的果龄采收。

4. 主要营养成分

芒果果实营养丰富，糖含量高达 12% ~20%，含蛋白质 5.56%、脂肪 16.1%、碳水化合物 67.29%，还含有丰富的维生素 A、B 族维生素、维生素 C，且以维生素 A 含量远高于其他水果（苏小军等，2001）。随着果实成熟，其营养物质含量发生变化，这些营养成分可作为衡量果实成熟度的重要因素。在果实生长发育过程中可溶性糖含量逐渐升高，在着色过程可溶性糖含量则在果皮较黄时达峰值，黄色时稍低（杨明等，2014）。

（二） 采收时间

芒果盛产于热带地区，成熟期为 5 ~8 月。芒果采摘以晴天为宜，如天气预报台风，应在台风之前采收。雨天和雨后两天内不适宜采摘，一方面果实流汁严重，容易污染果面，使果实不耐贮藏；另一方面，高温高湿天气，病原菌活跃，极易侵入果实表皮进而造成果实腐烂损失。

（三） 采收方法

芒果采收方法有人工采收与机械采收两种。人工采收机械损伤少，但效率低、成本高。机械采收效率高，但机械损伤比人工采收大。

1. 人工采收

用于贮藏和远途销售的芒果宜采用人工采收。人工采收灵活性大，机械损伤小，可以针对不同品种、不同成熟度、不同形状进行及时采收、分类，同时将畸形果、裂果、受伤果、病虫害果及已成熟的果实选出，有利于芒果进一步贮藏加工。

人工采收时注意事项：

（1）采收人员戴手套，采收时“一果两剪”，即第一剪留果柄长约5cm；第二剪留果柄长0.5～1cm。手摘不到的可用带袋的竹竿采果（王璧生等，1997）（图3－2）。

（1）第一剪

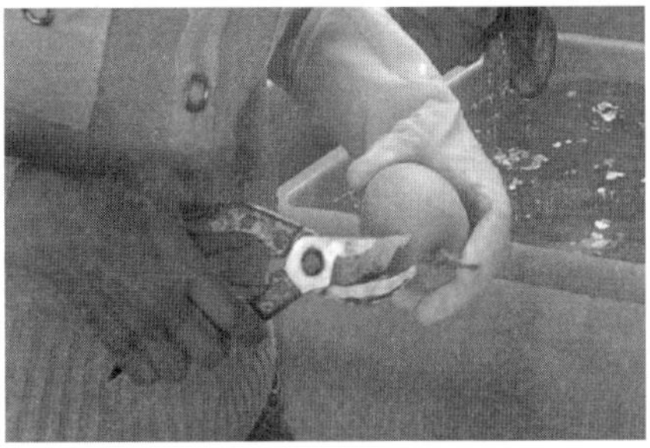

（2）第二剪

图3－2　芒果采收“一果两剪”法

（2）在果园装果用的容器应用软物衬垫，以防损伤果实（图3－3）。

图3－3　软物衬垫

（3）果实放置时果柄向下，每放一层果实垫一层卫生纸，避免乳汁污染果面。

（4）采收时应尽量避免机械损伤，剔除裂果实、受伤果实、病虫害果实、已成熟果实及畸形果实，以减少后熟期果实腐烂。

2. 机械采收

机械采收效率高，可进行大面积作业。随着技术的发展，芒果产业未来的发展趋势是机械化与智能化。同时受果期影响，人工采收必将限制芒果的后续加工与销售，发展机械采收才符合芒果产业的发展趋势。另一方面，机械采收要大面积推广，首要解决的问题是降低采收机械损伤（图3－4）。

（1）澳大利亚芒果采收机

（2）印度芒果采收机

图3－4　芒果采收机

因为地形地势、植物生长特点及果品的形态等，开发的芒果采收机械需机型不一、功能不一和智能化程度不一。机械采收普遍的过程是通过电动机、液压泵等作用将剪刀抬升至合适的高度，再通过曲轴连杆式径向柱塞液压马达慢慢地把剪刀旋转到合适的角度，再使剪刀靠近果梗，最后使剪刀切断果梗，果实掉入收获网中或通过柔性输果管和滑槽后落入缓冲盘，完成采收动作。更智能的采收机械则包括近红外和图像自动识别系统、智能控制系统、检测系统和分级系统等（王涛等，2012）。

二、清洗技术

芒果采收后应及时进行清洗处理，一方面以洗净胶乳，避免其污染果面，致使病原菌侵入；另一方面，清洗可以有效去除芒果表面农药残留、附着病原菌及污垢，以提高芒果质量。粉尘、污垢、病原菌等的清洗，主要是用清水冲洗或超声波清洗（庄代康，2018），清水冲洗时注意勿用静水重复多次冲洗，因该操作极易使病原菌集中于池中，进而污染健康果实。芒果胶乳一般选用1%（质量分数）石灰水或2%（体积分数）乙酸溶液清洗。

三、防腐杀菌处理

芒果防腐杀菌是采后处理的重要一环。防腐杀菌处理可杀灭果实表层大部分潜伏性病原菌、表皮附着和伤口侵入不久的微生物，以延长果实保质期。防腐杀菌处理分为常温药物浸果处理和热药物浸果处理。

（一）常温药物浸果处理

常温下将芒果浸泡于药物中1～2min后，捞出沥干水分即可进行下一步加工。关于浸泡药物，选用时注意其用法用量，并检测其残留量是否符合相关规定，剂量既要保证安全性又要起到杀菌效果。常用的药物有咪鲜胺锰盐和咪鲜胺乳油以及各种研制的保鲜剂等。经研究，咪鲜胺锰盐、咪鲜胺浸泡芒果后贮藏，其残留量集中在果皮上，在果肉中的残留量极少。安全用量分别为25%（质量分数）咪鲜胺乳油稀释125~250倍浸果和50%（质量分数）咪鲜胺锰盐可湿性粉剂稀释250~500倍浸果1min，芒果贮藏10d以上，其全果中的残留量均低于联合国粮农组织/世界卫生组织（FAO/WHO）规定的最高允许残留量（卢植新等，2005；卢植新等，2007）。常温药物浸果适用于炭疽病、煤污病和机械损伤较多的果实。

（二）热药物浸果处理

热药物浸果处理是将药物加入恒温热水［(52±1)℃］中制成药液，浸入芒果6~8min，捞出沥干再进行下一步处理。热药物浸果处理杀菌效果较好，可杀灭果实表层大部分潜伏性的病原菌［胶孢炭疽菌、交链孢霉（Alternaria alternata）等］以及伤口侵入不久的腐生菌［曲霉（Aspergillus）、白地霉（Geotrichum candidum）、酵母菌（Saccharomyces）等］，适合解决贮运期大量烂果的问题（王璧生等，1997）。但是，使用热药处理时应注意掌握好药温和处理时间，否则极易烫伤果实，使果肉软化，影响口感。

四、产地分级与包装技术

采后分级与包装是芒果产地加工的一个重要环节，也是芒果商品化、标准化的重要手段。芒果经过分拣与包装，其品质基本一致，同时剔除坏果，便于运输和市场销售规范化管理。

（一）产地分级

1. 分级方式

芒果分级的方式有手工分级和机械分级两种。

（1）手工分级　手工分级效率低、误差大、劳动成本高，但机械损伤较少且比较灵活，能有效剔除坏果、烂果和畸形果。手工分级时应注意预先培训操作人员，熟悉掌握分级标准。

（2）机械分级　目前，芒果的机械分级主要依据果实的质量、外表颜色等进行分级。芒果形状不规则，目前主要按质量分级，基于质量的分级机械利用杠杆秤对芒果进行分级，果实通过对应的质量阈值时托盘倾倒，进入相应的分级筐内，完成分级工作（图3－5）。基于机器视觉的分级系统利用图像采集装置采集正反两面图像，并综合正、反两面的成熟度及缺陷信息，获得芒果分级信息进行分级操作（向阳等，2019）。反向传导（*BP*）神经网络利用超声波分级检测方法对芒果样本进行扫描，将得到的回波信号通过小波变换分析法提取特征向量，林瑜等（2016）构建了一个3层*BP*神经网络对回波特征向量进行识别和分类，完成芒果分级工作，且分级精度较高。

图3－5　芒果分级

2. 分级指标

所有级别芒果应满足果实发育正常、新鲜，无病虫害、冷害、冻害，无生理病害等。参照芒果分级标准《芒果等级标准》（*NY/T* 3011—2016）的要求划分芒果等级如表3－2所示。

表3－2　芒果等级指标

指标	一级	二级	三级
果形	具有该品种特征，无畸形，大小均匀	具有该品种特征，无明显变形	具有该品种特征，允许有不影响产品品质的果形变化
色泽	果实色泽正常，着色均匀	果实色泽正常，75%以上果面着色均匀	果实色泽正常，35%以上果面着色均匀
缺陷	果皮光滑，基本无缺陷，单果斑点不超过2个，每个斑点直径≤2mm	果皮光滑，单果斑点不超过4个，每个斑点直径≤3mm	果皮较光滑，单果斑点不超过6个，每个斑点直径≤3mm

资料来源：《芒果等级标准》（NY/T 3011—2016）。

不同的芒果品种按照单果质量划分等级如表 3－3 所示。

表 3－3　几个典型芒果品种划分

品种	单果质量/g		
	一级	二级	三级
台农 1 号芒	>300	200～300	<200
金煌芒	>900	600～900	<600
贵妃芒	>410	320～410	<320
桂热芒 82 号	>360	270～360	<270
凯特芒	>760	550～760	<550
圣心芒	>340	240～340	<240
吉禄芒	>410	300～410	<300
红象牙芒	>640	420～640	<420
白象牙芒	>390	270～390	<270

（二）产地包装技术

芒果生产过程中，选用适宜的包装材料和容器对保护果实、方便贮运、促进销售具有重要作用。同时，采用合理的包装技术方法、设置正确的包装工艺路线、选择合适的机械设备、确定一系列必要的包装技术措施，也同样是现代规模化芒果生产过程中保证包装品质、提高商品价值和市场竞争力的关键。

1. 包装容器的要求

参照《农产品物流包装容器通用技术要求》（GB/T 34343—2017），芒果的包装容器应具有美观、清洁、卫生、无异味、无毒性、内壁光滑、质量轻，不与芒果发生化学反应释放有毒物质等特点，且还应满足以下要求：

（1）具有较好的机械强度及防震、防冲击功能，以避免产品在运输、装卸等过程中造成机械损伤。

（2）具有良好的透气性，有利于产品在贮藏和运输过程中散热，防止内部过热使芒果果实受到热伤害（图 3－6，见书后插页）。

（3）具有良好的防潮性，防止包装容器吸潮变形造成机械强度降低，导致运输过程芒果果实受损。

2. 包装方法

芒果包装后进入运输阶段，需要考虑运输过程各种情况，来选择合适的包装方法。运输、装卸过程会使盛装芒果的容器相互之间发生摩擦碰撞，造成果实机械损伤。因此，芒果需要单果包装，包装材料可为薄绵软纸、硫酸纸、泡沫网、乙烯薄膜袋等，并规律排布，且果箱内果实不宜堆积过高，以 1 ~3 层为宜。

（1）包装设计的考虑因素　芒果从采后到销售再到消费者，中间经历贮藏、运输等诸多环节。不同的环节进行不同的操作，对芒果的包装有不同的要求。此外，不同用途的芒果对包装也有不同的要求。因此，芒果包装设计需要综合考虑运输、贮藏、销售及经济效益等因素。

①当地市场鲜销的芒果：需要进行单果包装，包装材料宜采用薄绵软纸、硫酸纸、泡沫网、乙烯薄膜袋等，或箱内使用隔板将果实隔开，隔板材料多为纸质。果实整齐紧密排放，不松动、不挤压。箱内装果高度以 1 ~3 层为宜（图 3 –7）。外包装采用机械强度较高的纸箱，同时纸箱明确注明芒果品种及设置防伪标识，确保产品质量可追溯。此外，芒果外包装应考虑商品市场化，选择合适的颜色，设计图案，美化产品。

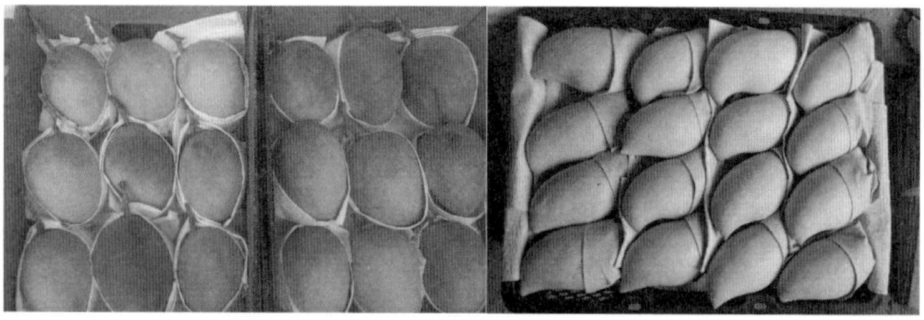

图 3 –7　芒果包装

②需物流运输销售的芒果：需要物流运输销售的芒果外包装应选用机械强度较高的、防震能力较好的包装，如硬纸箱、塑料筐等，以防止在运输和装卸过程中发生机械损伤。箱内芒果紧密排布，果高以 1 ~3 层为宜，同时在箱子底部、顶部和果实表面垫上柔软缓冲物，以防止运输过程由碰撞引起的机械损伤（图 3 –8）。此外，芒果运输过程注意散热，过热的环境使芒果呼吸速率增加，加快芒果后熟速率，不利于芒果的远途运输。

（2）包装方式　芒果预处理的包装方式主要有气调包装和自发气调包装等。

①气调包装：采用具有气体阻隔性能的包装材料如高压低密度聚乙烯（LDPE）薄膜、复合膜等包装，并且充入一定量的 CO_2、N_2 以改变包装内部空间的 O_2 含量，降低果蔬的新陈代谢速率和微生物活跃度，防止果蔬在物理、化学、生物等方面发生质

图 3－8　芒果运输过程的包装

量下降或减缓质量下降的速度，从而延长果蔬保质期，提升果蔬价值。吴岚芳等（2008）研究发现，随气调处理中 O_2 浓度的减小和 CO_2 浓度的增大，乙烯生成量减少，乙烯峰的出现推迟，因此可以延缓芒果的成熟期。

②自发气调包装：低氧对果蔬保鲜有利，但每种果蔬对于 O_2 和 CO_2 含量的要求有差异性。自发气调包装采用透气性保鲜膜将果蔬包装起来，果蔬的呼吸作用消耗掉包装盒内 O_2，同时产生 CO_2，破坏了盒内原本的气体组成成分含量，使包装盒内 O_2 含量减少，CO_2 含量增加。当盒内 O_2 含量低到一定程度，空气中 O_2 通过保鲜膜进入盒内，同时盒内 CO_2 气体向外扩散。经过一定时间，盒内 O_2 和 CO_2 达到平衡，可维持一个低 O_2 和一定含量 CO_2 的稳定环境。

五、预冷技术

预冷是新鲜果品采收后至物流运输前迅速去除田间热和呼吸热，使果实温度降低到适宜范围内的操作。预冷能有效抑制果蔬乙烯的产生，降低高峰期乙烯生成量，能保持果品的良好品质，延长保质期。果蔬采后入库预冷间隔时间越短越有利于其品质的保持。芒果预冷处理必须在产地采收后立即进行，以保证果实品质。若芒果采后不能及时进行预冷处理，不去除田间热和呼吸热，在贮运过程中很快就会达到成熟状态，不利于长途运输销售，减短芒果保质期。

（一）预冷的作用和意义

1. 迅速除去田间热和呼吸热

芒果成熟采收期为 5 月至 8 月，气温较高，且果实呼吸速率大、代谢快，田间热和呼吸热是芒果在采后最主要的两个热源。这两种热源使芒果果实在贮藏过程中温度迅速上升，促进呼吸作用，同时环境温度高，果实与环境的热交换变小，芒果热能积蓄变大，进而使呼吸速率变大。因此，芒果采收后需要及时通过预冷技术除去部分热量，使果实自身热量与环境热量平衡，从而减缓芒果的呼吸作用，延缓果实后熟，以达到延长芒果保质期的效果。

2. 减少果实水分损失

芒果采收后由于温度高，果实表面蒸发加快，水分流失。一般情况下，水分损失5%水果就会失鲜。因此，如果水分损失严重，芒果会出现萎蔫与皱缩，严重影响商品价值。预冷技术使芒果温度降低，从而使表面蒸发作用变小，减小水分蒸发损失。

3. 抑制乙烯产生，降低呼吸速率

温度对芒果采后呼吸作用的影响遵循范特霍夫规则（Vant Hoff Rule），即温度每升高10℃，呼吸速率增加2~4倍（Venugopal等，2017）。适宜的低温预冷可显著降低芒果呼吸速率，推迟呼吸高峰的出现，同时使相关酶维持较低的活性，减缓芒果后熟及衰老过程。例如，芒果采收后经10℃预冷1d后用聚乙烯（PE）袋包装，7.5℃环境温度下芒果果胶降解速率变小，抑制了果实在贮藏期间的呼吸速率和乙烯释放速率，推迟了呼吸高峰出现的时间（谢雯君等，2005）。

4. 控制包装袋内结露，抑制微生物生长

芒果从田间采后携带热量，若不经预冷而直接包装码垛存在冷库，此时由于芒果包装盒内部温度较大，呼吸作用和蒸发作用剧烈，产生了较多水分。包装盒内部与冷库环境存在较大温差，包装盒内部水汽在壁面上冷凝，产生冷凝水。较高湿度和温度条件下，容易滋生微生物，使芒果受微生物污染。若芒果入冷库保存前经预冷处理，果实温度降低，呼吸与蒸发作用减弱，盒内水分含量相对较低，同时盒内温度与冷库环境温度相差较小，不会出现结露现象，在一定程度上抑制微生物产生。

5. 降低制冷负荷

由于芒果收获时间在5月至8月，田间温度很高，因此采摘的芒果也携带了较多热量。若不经预冷处理直接置于冷库贮藏，根据能量守恒定律，冷库制冷功率包括将芒果温度降低的能量和维持芒果低温的能量。若经过预冷处理，芒果入库前已经处于低温，入库后制冷系统只需提供维持芒果低温所需的能量。因此，预冷可以降低制冷负荷。

（二）预冷方法

目前，主要的预冷方法有压差预冷、真空预冷、强制通风预冷和冷水预冷等。

1. 压差预冷

压差预冷是根据热对流传热方式进行设计。其原理是利用包装箱一侧的抽风机进行抽风，使两侧形成压差，进而引起对流，冷空气从高压一侧穿过箱子流向低压一侧，这个过程冷空气与芒果进行强烈换热，带走果实热量，达到使芒果温度降低的目的。影响压差预冷效果的因素包括冷空气流速、包装箱设计及芒果码堆方式等。压差预冷的缺点是若芒果不经涂膜处理，压差预冷会使果实表面水分蒸发速度加快，水分损失大。

2. 真空预冷

真空预冷的本质是汽化吸热原理的应用。将芒果置于密封箱内，利用真空泵将箱内空气迅速抽至一定真空度，果实内或表面水分在真空负压下蒸发，水分汽化吸热转化成蒸发潜热带走果实热量，从而使芒果温度降低，达到降温效果。影响真空预冷的因素包括芒果比表面积、箱内真空度以及芒果组织失水难易程度等。

3. 强制通风预冷

强制通风预冷与压差预冷的本质一致，都是利用对流换热使目标物热量降低。芒果强制通风预冷是将果实放置于冷库中，利用通风机产生的空气对流将芒果的热量带走。强制通风预冷操作简单，是国内较早使用的预冷方式。但强制通风预冷降温时间长，不适用于包装复杂的果品。

4. 冷水预冷

冷水预冷的本质是利用热传导进行传热。将采收后的果实直接浸入冷水中或用冷水对果实进行喷淋，以水为传热介质，果实通过与冷水接触，热量从果实传递到冷水中以达到降低果实热量的目的。由于水的传热系数比空气大，所以冷水预冷速率比空气预冷速率高，且冷水预冷不会引起果实水分损失。冷水预冷能延缓芒果贮藏期间果实硬度的下降，抑制果实失水率的增加和后熟转黄，对果实可溶性固形物含量的保持也有一定作用。但冷水预冷增加了芒果贮藏期间病害的发生（李健等，2012）。几种预冷方法特点见表3－4。

表3－4　几种预冷方法特点对比

预冷方式	预冷时间	适用范围	方法特点
压差预冷	4～6h	几乎所有果蔬	预冷速度快，投资低
真空预冷	15～20min	比表面积大的果蔬	预冷速度快，初期投资略高，适用范围小
强制通风预冷	1～3d	几乎所有果蔬	预冷速度慢，受冷不均匀
冷水预冷	30～60min	不怕进水的果蔬	预冷速度快，适用范围小

第二节　贮藏保鲜技术

一、物理保鲜

物理保鲜技术主要是通过调节产品所处的环境温度、湿度、压力和气体组成等方法来延长其保质期。物理保鲜技术符合绿色环保的发展方向，虽然在果蔬保鲜领域研究及应用均有很长的历史，但仍然不断有新的改良的物理保鲜技术在开发和应用。芒果保鲜中常用的物理保鲜技术主要有低温保鲜、辐照保鲜、热处理、低温等离子体保鲜、气调保鲜等，具有简单高效率、安全无污染、绿色且环保等优点。

（一）低温

低温贮藏是目前芒果贮藏保鲜中应用较为广泛的保鲜技术。低温延缓芒果呼吸作用、生理代谢及抑制乙烯产生，推迟乙烯峰出现，从而有效减缓芒果衰老过程。此外，低温可以抑制微生物生长，减缓芒果微生物污染。芒果是呼吸跃变型水果，低温贮藏时注意冷害。目前，芒果低温贮藏方式有冷库贮藏技术、蓄冷与冷链贮藏技术。

1. 冷库贮藏技术

冷库贮藏技术依赖于机械冷藏，冷库是一种永久性的、隔热性能良好的建筑。冷库内的冷却系统可分为直接蒸发冷却、盐水冷却和鼓风冷却 3 种。

（1）直接蒸发冷却　直接冷却系统是把制冷剂通过蒸发器回接装置于冷库中，通过制冷剂的蒸发冷却库内空气。直接蒸发冷却根据向蒸发器的供液的动力不同，直接冷却系统可分为直接膨胀供液、重力供液、氨泵供液和气泵供液 4 种。直接冷却系统设备少，冷却速度快，对于提高制冷压缩机的制冷量，降低制冷功耗是有利的。

（2）盐水冷却　盐水冷却是将蒸发器盘旋装置在盐水池内，将盐水冷却后压入安装在冷库内的冷却管组，盐水吸热降低库内温度后再被压回盐水池内重新冷却，循环不断构成连续的制冷系统。盐水冷却可避免有毒及有臭味的制冷剂在库内泄漏而损害果实和入库人员身体健康。

（3）鼓风冷却　鼓风冷却利用鼓风机将冷库内的空气抽出送入冷却器冷却，再把冷却的空气通过送风管送回冷库内，如此循环，以达到降低库内温度的目的。鼓风冷却速度快，且循环冷空气使库内温湿度均匀。

2. 蓄冷与冷链贮藏技术

蓄冷技术是将冷源以特定蓄冷材料预先储备以供后续使用，协调各种冷负荷的提供与使用（赵晓晓等，2020）。蓄冷技术非常适合应用于果蔬冷藏和冷链物流，将含有蓄冷剂的蓄冷材料置于冷冻环境下储存大量冷量，之后在高温运输过程中放出冷能，在一定时间内保持箱内环境的低温状态，以保证果蔬运输过程的低温环境需求。芒果是典型的后熟型果实，温度是影响其后熟速率的关键因素之一，因此控制好采后环境温度有利于准确把握芒果的后熟速率以确保其长途运输送到消费者手上时的品质。芒果最佳贮藏温度为11～15℃，蓄冷与冷链贮藏技术能保证其运输过程处于相对稳定的低温环境，延缓果实后熟。

（二）辐照

食品辐射保鲜技术是利用^{60}Co或^{137}Cs等放射性元素的γ射线以及高速电子流和X射线来辐照果品，使果蔬内部的水和其他物质发生电离，产生游离基团，杀灭有害物质，最大限度地保持果品品质，减少果品采后损失，达到保鲜贮藏果蔬的方法。辐射保鲜技术作为非热杀菌技术具有无残留、杀菌杀虫效果好，可以抑制果蔬发芽、成熟，延长果蔬保藏期的优点。果品辐照保鲜的成功取决于品种和成熟度、辐照剂量、半透性包装材料、辐照前化学药剂处理和贮藏温度等因素。

辐照处理的常用方式：

常应用于食品的放射线有高速电子流、γ射线、X射线及紫外线4种方式。

（1）高速电子流　利用电子加速器产生的高速电子流辐照食品，通过直接或间接的作用使微生物细胞的DNA、蛋白质、脂类等化学键断裂，导致微生物死亡，进而达到食品保鲜的作用。电子束辐照加工技术无化学残留，更安全，且电子束产生和消失通过电子加速器的开关控制，不存在放射性污染、核泄漏等问题（Park等，2010）。

（2）γ射线　γ射线辐照利用放射性元素^{60}Co或^{137}Cs的γ射线对果蔬进行处理，抑制食源性病原菌，减少微生物和虫害，以达到果蔬保鲜的目的。γ射线穿透力强，杀菌效果好，但γ射线辐照处理食品过程中易引起氧化效应，尤其在辐照高脂高蛋白食品时会产生较明显的辐照异味。赵菊鹏等（2011）采用不同剂量^{60}Co对芒果进行辐照处理，结果表明，芒果果实的最高耐受剂量是839Gy，在此剂量下不但不会影响芒果的保质期，还有一定的贮藏保鲜作用。

（3）X射线　X射线是利用电子加速器产生的高速电子轰击重金属靶产生，具有较强的穿透力，应用于食品保鲜可起到有效杀菌作用。目前食品领域允许使用的辐照源有 γ 射线、X 射线和电子束，但我国 X 射线辐照的应用也还处于实验阶段，相关研究报道还较少（段鑫等，2010）。

（4）紫外线　波长处在 200～280nm 范围内的是短波紫外线（UV－C），是引起生物效应最主要的紫外线，具有易于使用、杀菌广泛其不产生化学残留物等特点。UV－C 能穿透大多数微生物的细胞膜，引发核酸分子突变产生嘧啶二聚体，最终导致微生物因丧失遗传物质活性而失去繁殖能力或死亡。适宜强度的紫外线照射果蔬可以诱发一系列变化，产生抑菌物质，使果蔬延缓成熟、衰老等（Ketsa 等，1998；González－Aguilar 等，2007；Robles－Sánchez 等，2011）。赵静（2013）发现 UV－C 照射芒果后，果实腐烂率降低，有效抑制芒果呼吸速率，减缓乙烯合成速率，延缓果实衰老。荣瑞芬（2001）利用低剂量 UV－C 照射紫花芒，发现最佳 UV－C 剂量为 $4.8 \sim 6.4 kJ/m^2$，13℃下可延缓果实后熟 5～10d，贮藏 35d 发病率较对照降低 44.5%，抗病性增加。

（三）热处理

热处理是国内外广泛研究的一种物理保鲜技术，其主要优点是无化学残留、安全性高、简便有效，近年来在果蔬采后方面正逐渐受到重视（王挥等，2012）。热处理主要有强力热风、热蒸汽、热水、热灰掩埋、远红外和微波处理等（Wang 等，2017）。芒果采后可用热水（45～55℃）浸泡一段时间（5～20min），防治采后病害、杀灭果实中的检疫性害虫、保持品质（李敏等，2020；高兆银等，2010；梁广勤等，1993）。热处理因对果实风味改变较小、处理方便而得到广泛研究（Dea 等，2010；Djioua 等，2009）。Seid 等（2017）采用不同温度热水处理采后芒果，得到较好保鲜效果，显著保持了果实品质，并减少炭疽病造成的果实腐烂。

目前研究较多的是将热处理同其他保鲜处理相结合应用于芒果，以提高保鲜效果（Vega－Alvarez 等，2020；Singh 等，2014；杨芝霓等，2020）。热处理显著抑制了芒果果实淀粉酶和多聚半乳糖醛酸酶的活性，同时维持果实较高的硬度，热处理还诱导了芒果体内热激蛋白的合成，热激蛋白的增加促进了芒果体内防御能力的提升，抑制了呼吸作用和多种酶促反应，延缓了果实的衰老（王挥，2012）。朱世江（2001）报道热处理可以有效提高芒果的抗冷性和商品性，热激蛋白对诱导芒果产生抗冷性有重要作用，55℃热水处理 3～5min 可以作为减轻芒果冷害和腐烂的有效措施在生产上推广应用（图 3－9）。

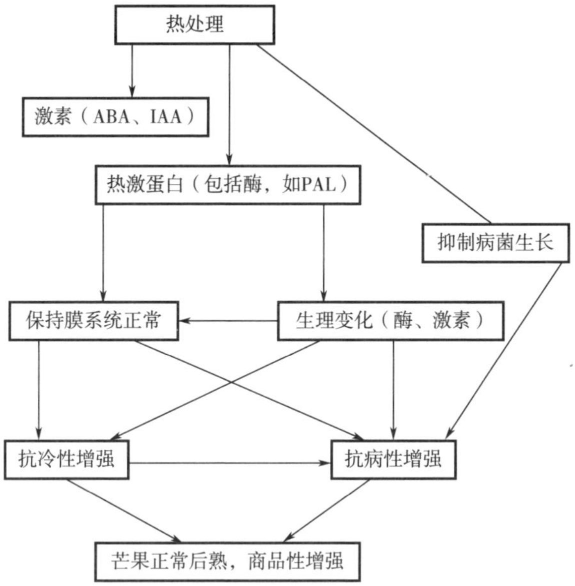

图3－9　热处理诱导芒果抗冷性的机制示意图

注：ABA：脱落酸；IAA：吲哚乙酸；PAL：苯丙氨酸解氨酶。

资料来源：朱世江，2001。

（四）气调贮藏

气调贮藏是指通过调整和控制水果贮藏环境的气体成分和组成比例以及环境的温度和湿度来延长水果的贮藏寿命和保质期的一种技术。气调贮藏最早的理论研究始于1821年（Beaudry，1999），Berdard发现水果在贮藏过程中吸收O_2放出CO_2，降低贮藏环境中的O_2能延长水果的贮藏期。经典的研究论文发表于1927年，Kidd和West（1927）研究了气体成分对苹果贮藏效果的影响，并将其称为气体贮藏。20世纪40年代，加拿大人Phillips将气体贮藏改为气调贮藏（CA），以后又出现了自发气调贮藏（MA）。国内的气调贮藏技术始于20世纪70年代后期，经过40多年的探索与发展，已经具备自主研发、建设各种气调库的能力。

1. 气调贮藏的原理

气调保鲜技术的基本原理是调节气体中O_2和CO_2的含量，形成特定配比（采用2～4种气体按食品特性进行配比混合，如$O_2+CO_2+N_2$、N_2+CO_2、O_2+CO_2），使得食品保存环境发生改变，降低其呼吸速率，减缓新陈代谢，推迟成熟衰老，减少营养物质降解，从而保持食品品质，延长保质期。此外，在适当低温下，气调贮藏的效果更显著，因此气调贮藏均基于低温贮藏。低浓度 O_2 和 CO_2 能抑制芒果贮藏期间乙烯生成，推迟乙烯活性高峰出现，有利于延长芒果贮藏期。同时，低浓度 O_2 和 CO_2 能抑制芒果贮藏期间病原菌的活性，减少芒果生理病害，有利于减少芒果贮藏期间的腐烂损失（Lalel 等，2003）。

2. 气调贮藏的分类

气调贮藏大致分为两类，即自发气调贮藏（MA）和气调贮藏（CA）。

（1）自发气调贮藏（MA）

自发气调贮藏是一种自发过程。利用透气薄膜将芒果包装，通过芒果自身的呼吸作用消耗包装盒内部的 O_2，降低盒内 O_2 浓度，同时产生 CO_2，使盒内 CO_2 浓度增大。此外，盒外空气与盒内气体通过透气薄膜进行交换，使盒内气体达到一定的平衡，维持芒果贮藏最佳气体组合。Ullah 等（2012）将采收后芒果用聚乙烯（PE）袋进行单果包装，置于 30 ~ 37℃、相对湿度为 50% ~ 70%、通风良好的房间内，观察贮藏期间芒果品质的变化。结果表明，PE 袋包装的芒果果实表皮颜色、质地较好，并且淀粉转化为糖的过程较慢，延缓了成熟速度。

（2）气调贮藏（CA）

气调贮藏是根据水果的特性，通过人工控制的方法严格调节贮藏过程环境气体成分及浓度，并维持稳定的气体环境。Lalel 等（2003）使用 CO_2（3%、6% 或 9%）和 O_2（2%）3 种组合以及正常大气（对照）对芒果果实进行气调贮藏，贮藏温度为 13℃，分析不同气调贮藏条件对芒果品质的影响。结果表明，2% O_2 和 6% CO_2 的气调贮藏条件对延长芒果的保质期和保持果实质量有利。

气调贮藏根据调节指标的多少分为单指标、双指标和多指标三种。单指标仅对贮藏环境中单一气体进行调节，其他气体不做任何处理。单指标气调对被控气体的浓度要求较高，应防止过高或过低的浓度对果实造成伤害。例如，白大娟（2009）利用浓度为 13.8% ~ 56.2% 和 11.7% ~ 68.3% 的 CO_2 分别对小象牙芒和紫花芒进行处理，分别于 15℃ 和 20℃ 贮藏，通过贮藏中后熟衰老、贮藏品质等指标的测定，探讨了高 CO_2 短时处理对果实采后贮藏品质的影响。结果显示，高浓度 CO_2 延缓了小象牙芒的成熟衰老进程，从而使果皮颜色保持较好、转黄指数较低、硬度下降缓慢、病害发生也较少。但对紫花芒而言，大部分处理都为负面效果，对紫花芒果实产生了不同程度的气体伤害，轻者果皮转黄加速，褐斑增多，硬度降低，细胞膜透性增加；重者整个果实变褐，不能正常转黄。双指标是对贮藏环境中 O_2 和 CO_2 或其他两种气体浓度进行调控。龚国强等（1991）研究发现，在 13℃ 环境条件下，2% ~ 5% O_2 + 1% ~ 5% CO_2，且气体在这一指标范围内有规律地波动，是芒果气调贮藏的适宜条件，对保持芒果的绿色、风味品质，控制病害的发生和减少损耗有明显的作用。多指标是新鲜果蔬贮藏使用较多的方式，不仅对贮藏环境的 O_2 和 CO_2 进行调控，同时还对影响贮藏效果的乙烯等进行调控。

3. 减压贮藏

减压贮藏又称负压贮藏或低压贮藏，是继冷藏和气调贮藏技术之后发展起来的一种贮藏方法。减压贮藏通过降低大气压力减少贮藏环境中 O_2 浓度的方法来达到水果、蔬菜、花卉、肉类、水产和其他鲜活产品保鲜的新技术。减压贮藏可将果蔬置于密闭容器中，使用真空泵将容器内空气抽出，使容器内压力降低，减压贮藏换气快，容器内温度、湿度均匀，容器内不利于果蔬贮藏的气体通过换气排出，减少果蔬之间相互促进衰老。减压贮藏只改变容器内气体总含量和密度，不改变气体组成和占比。谢建华等（2017）研究表明，减压冷藏技术可有效减缓芒果果实中可滴定酸、维生素 C 及可溶性固形物含量的降低，且保持芒果的硬度，对其黄化以及膜透性的增加具有良好的抑制作用。此外，10kPa 和 20kPa 下芒果的贮藏品质明显优于 30kPa。减压贮藏期比冷藏、气调贮藏期延长，同时快速降压可及时排除有害气体，抑制芒果呼吸作用、内源乙烯生成和微生物生长，有利于减缓果实衰老。

（五）其他物理保鲜技术

1. 电磁保鲜

高压静电场保鲜是电磁微能技术的应用，是一种无污染的物理保鲜方法，其保鲜机制是利用高电压静电电离空气，使之产生离子流和一定量的臭氧，其中的负离子具有抑制果蔬新陈代谢、降低其呼吸速率、减慢酶的活性等作用；而臭氧是一种强氧化剂，除具有杀菌能力外，还能与乙烯、乙醇和乙醛等发生反应，间接对果蔬起到保鲜作用。邓泽官（1997）以芒果为对象，研究了几种不同电磁环境以及由电磁现象而派生的放电环境对芒果采后生理的影响。结果表明，利用一定的电场和放电环境可以延缓芒果在贮藏中的衰老过程，有利于保鲜。姚宏霖等（2000）研究了采后芒果在静电场、磁场、放电生成气环境下的生理变化，发现采后芒果在呼吸速率达到高峰之前电磁环境对其有明显的抑制作用，而在呼吸高峰之后无明显影响，在设置的电磁环境参数中正电场、正离子、臭氧正离子对延缓芒果腐烂效果明显。

2. 低温等离子体保鲜

低温等离子体主要以带电粒子为主，受外加电场、磁场和电磁场的影响，具有独特的光、热、电等物理性质，可以产生多种物理过程和化学反应，主要产生高能电子辐射、臭氧氧化、紫外光解三方面的协同作用。等离子体保鲜技术是利用等离子体发生装置，通过正负离子在空气中瞬间产生巨大的能量释放，对果蔬起到杀菌消毒、降解代谢产物和农药残留等保鲜作用。低温等离子体技术消毒灭菌效果好，而且不会影响生鲜果蔬的过氧化值和酸价，不会对营养物质产生负面影响。

3. 超声波保鲜 （US）

超声波是由机械振动在媒质中的传播而产生的机械波，频率一般在 20kHz 以上，在液体介质中传播时的显著特点是会产生空化现象，空化作用能在细胞壁与细胞液等非均相间产生微射流和局部高热、高压，使物体表面产生冲击和腐蚀，这对细菌、真菌等微生物有强烈的杀灭作用。同时，超声波还可以钝化多酚氧化酶及过氧化物酶等，从而达到保鲜效果。超声波杀菌速度快，对人体和物品没有危害，但杀菌效果不显著、消毒不彻底。因此，超声波需要复合其他杀菌技术，其效果更加显著。如超声波－紫外杀菌技术、超声波－巴氏杀菌技术等。杨冬平等（2014）研究了水杨酸结合超声波处理对芒果采后炭疽病的抗病性及其相关防御酶活性的影响，表明水杨酸结合超声波处理明显提高水杨酸单独处理的作用效果，显著增强了果实抗病性，是芒果采后炭疽病防控的新技术。

二、 化学保鲜

化学保鲜法主要运用化学药剂处理果蔬，以达到杀菌、防腐和保鲜的目的。根据化学保鲜剂的种类、保鲜原理分为不同的种类。化学保鲜常用的药剂有植物生长调节剂和化学保鲜剂。

（一） 植物生长调节剂

1. 环丙烯类 （CPs） 乙烯效应抑制剂

环丙烯类乙烯效应抑制剂作为一种安全、经济的新型乙烯效应抑制剂，通过与植物体内的乙烯受体蛋白的不可逆竞争结合，有效地抑制植物对内源或外源乙烯的敏感性，从而延长贮藏期，在商业上具有巨大的潜在应用价值（孙炳新等，2014）。1－甲基环丙烯（1－MCP）是一种新型的乙烯受体抑制剂，它能与乙烯受体发生不可逆的结合，进而阻断乙烯诱导的与果蔬后熟相关的一系列生化反应（王焕宇，2015；Li

等，2020），从而延缓果蔬的衰老和软化（图 3－10，见书后插页）。1－MCP 处理可以抑制超氧化物歧化酶、过氧化氢酶活性，延缓后熟可能的酶活性（Lin 等，2018；Yihui 等，2017；张明明等，2018）。1－MCP 浓度也会影响保鲜效果，利用 1－MCP 对芒果进行熏蒸保鲜需要从效果、成本角度考虑来选择适宜的浓度（邱松山等，2010）。邵志远等（2009）研究了不同浓度 1－MCP 对芒果果实贮藏品质和采后生理的影响，结果表明，1－MCP 处理果实的硬度较高，延缓果实含糖量的上升和维生素 C 含量的变化，同时 1－MCP 维持了果实较高的超氧化物歧化酶活性和较低的丙二醛含量，从而延缓芒果成熟与衰老进程，延长贮藏时间，其中以 25mg/kg 和 10mg/kg 处理的效果较好。高豪杰（2012）研究表明，不同浓度的 1－MCP 处理（0.1、0.5、1、2μL/L）均能延缓果实病害发生，抑制维生素 C、可滴定酸、可溶性固形物含量的变化，1－MCP 处理还能延缓果实硬度下降及色度 a^* 升高，提高超氧化物歧化酶和过氧化物酶活性，延缓芒果品质变化和成熟衰老，尤以 1μL/L 1－MCP 效果最显著。葛霞等（2010）研究表明，果蜡涂膜与 1－MCP 熏蒸复合处理能显著抑制芒果中水分的散失，降低腐烂率，延缓果皮转黄速度，抑制呼吸，并能很好地保持果实风味和营养品质，对芒果的保鲜效果最佳（葛霞等，2010）。此外，冯叙桥等（2013）研究表明，50μL/L 1－辛基环丙烯（1－OCP）和 5μL/L 1－MCP 处理均能有效延缓芒果果实呼吸高峰的出现，较好抑制果实硬度和可滴定酸含量的下降，延缓果实失重率和可溶性固形物含量的上升，同时也有效推迟了果实多酚氧化酶和过氧化物酶活性高峰的出现以及丙二醛含量的积累。孙炳新等（2013）比较了两种不同长度支链的环丙烯类乙烯效应抑制剂对芒果的采后保鲜效果，发现 5μL/L 1－MCP 处理在抑制过氧化物酶活性、减少果实质量损失方面的效果较好，而 50μL/L 1－戊基环丙烯（1－PentCP）处理在抑制呼吸速率，延缓果实软化速度和丙二醛、可溶性固形物含量上升方面的效果均好于 5μL/L 1－MCP 处理，说明 1－PentCP 作为一种新型乙烯效应抑制剂，有望应用于芒果及其他呼吸跃变型果实的贮藏保鲜中。

2. 水杨酸处理

水杨酸（SA）是一种小分子酚类物质，化学名称为邻羟基苯甲酸。其广泛存在于植物中，但含量很低，在受病原菌侵染的组织中含量较高。SA 对果蔬采后成熟也有调节作用，能抑制果实后熟中乙烯的产生，降低呼吸速率、细胞膜透性和过氧化物酶活性，提高保鲜效果（Prasad 等，2018；何俊瑜等，2016；Kumari 等，2021）。SA 可以提高采后芒果果实品质和抗病性，增强防御酶活性，降低膜脂过氧化程度，推迟后熟衰老进程（弓德强等，2021；任艳芳等，2021）。采前 SA 处理能显著抑制采后芒果果实内源乙烯的产生、果实硬度的降低和维生素 C 的降解，延缓可溶性固形物含量的升高，保持较高的可滴定酸含量，从而抑制固酸比①的升高，有效延缓采后芒果的后熟衰老进程。同时，采前 SA 处理，芒果中 ACC 氧化酶基因（*MiACO*）和内切 - β - 1，4 - 葡聚糖酶基因（*MiEG*）的表达受到显著抑制，而 β - 1，3 - 葡聚糖酶基因（*MiGLU*）和几丁质酶基因（*MiCHI*）的表达显著增强。综上，采前 SA 处理提高采后芒果品质和抗病性与芒果乙烯合成、软化相关基因表达抑制和防御相关基因表达增强密切相关（弓德强等，2021）。曾凯芳等（2004）以紫花芒为对象，研究发现 SA 处理能延缓芒果果实在常温和低温贮藏期间色泽的转变、硬度的下降、固酸比的增高以及维生素 C 含量的下降，说明 SA 处理能延缓芒果果实的后熟衰老，较好保持芒果的贮藏品质。此外，研究发现 1mmol/L SA 延缓芒果衰老的效果比 5mmol/L SA 明显，说明 SA 浓度过高，不仅不能延缓衰老，反而会对果实造成损伤（曾凯芳等，2005）。

3. 褪黑素处理

褪黑素（*N* - 乙酰 - 5 - 甲氧基色胺）是一种普遍存在于生物体内具有多种调节功能的生物活性分子（Jemima 等，2011）。在植物界，褪黑素早期被鉴定为自由基、ROS 强效淬灭剂和抗氧化系统活化剂，随后被证实是一种类似植物激素的信号分子，能参与多种生理过程调节，涉及种子萌发、开花、昼夜节律、光合生产率、成熟和衰老以及应对环境胁迫等（Arnao 等，2018）。褪黑素作为一种天然提取物，不仅可用作具有保健功能的营养补充剂，也可对果蔬采后生理产生一定积极影响（Arnao 等，2014）。最近研究发现，褪黑素处理芒果在 15℃ 条件下冷藏 4 周，提高了果实中酚类物质含量和抗氧化酶活性，证明应用褪黑素可以保持芒果一定的采后品质（Rastegar 等，2020）。刘帅民（2020）采用 0. 5mmol/L 褪黑素浸泡贵妃芒 1h，可有效推迟成熟相关参数变化，包括果实硬度、色泽，以及可溶性固形物、总可滴定酸、β - 胡萝卜素、抗坏血酸、总酚、类黄酮等含量，这表明褪黑素能有效延缓芒果采后成熟，维持果实贮藏品质。另外，褪黑素处理能显著抑制芒果果胶水解酶的活性变化，包括多聚半乳糖醛酸酶（PG）、β - 半乳糖苷酶（β - Gal）、果胶甲酯酶（PME）和纤维素酶（EGase）；褪黑素处理抑制了水溶性果胶（WSP）和环己烷二胺四乙酸（CDTA）溶性果胶（CSP）含量升高，从而维持较低的果胶溶解度；凝胶色谱分析结果显示，褪黑素处理抑制了多聚糖醛酸及半纤维素分子解聚过程；以上这些结果表明褪黑素能延缓果

---

① 固酸比：指果实的可溶性固形物含量与其可滴定酸含量之比。

实细胞壁水解过程。褪黑素处理还可以延缓果实成熟软化过程中乙烯释放及相关代谢造成的自催化反应，延缓重要衰老相关植物调节剂脱落酸（ABA）积累，抑制其合成关键限速酶 9－顺式－环氧类胡萝卜素双加氧酶（NCED）活性提升。

4. 氯吡苯脲处理

氯吡苯脲（CPPU）是一种具有细胞分裂素功能的植物生长调节剂，能够与玉米素竞争性结合细胞分裂素氧化酶，在维持内源细胞分裂素水平中发挥重要作用（Guo，2017）。CPPU 生理活性高于一般嘌呤型细胞分裂素，具有促进植物细胞分裂与增大、抑制衰老等生物学功效。张鲁斌等（2016）研究表明，外源 CPPU 处理芒果可以有效降低果实在贮藏期间的病情指数。张业歆等（2021）使用 10mg/L CPPU 溶液浸泡芒果果实 10min，能有效延缓采后芒果的成熟与软化，延长了果实保质期。

5. 乙烯吸收剂处理

我国在果蔬贮藏中应用乙烯吸收剂取得了较好的保鲜效果。该处理主要依据乙烯易氧化的特性，利用强氧化剂高锰酸钾与乙烯发生化学反应，除去贮藏环境中的乙烯气体。常用载体有硅藻土、珍珠岩、沸石及膨润土等。宋康华等（2016）比较了不同浓度乙烯抑制剂对芒果后期产生乙烯的抑制效果，结果发现磺甲比林、精胺、亚精胺处理均可有效降低乙烯的浓度，延缓芒果后熟进程，延长果实贮藏保鲜期。劳彩娴（2019）将 TiO_2/ACF（纳米二氧化钛/活性炭纤维）复合光催化材料应用于果蔬包装中的乙烯脱除，不仅可以利用吸附－光催化协同作用高效脱除乙烯，更重要的是借助 TiO_2 只在特定光照条件下反应的特性，可实现乙烯脱除的光触控制，合理调控包装中的乙烯含量，实现较长的果蔬保鲜保质期。

6. 臭氧处理

臭氧是一种活性高、残留少、渗透性高的强氧化剂，因此具有很强的杀菌、消毒功能。同时，臭氧气体能快速氧化分解果蔬呼吸释放的乙烯，进而减慢生理衰老过程，延缓成熟（施瑞城等，2000）。滕建文等（2008）用超氧水短期处理芒果发现，臭氧处理可显著降低芒果烂果率、损耗率、提高贮藏品质，且随着处理所用臭氧浓度的增加，其保鲜效果也随之增加。使用臭氧结合冷藏、气调和包装等方法，可达到互作增效影响（Zainuri 等，2018）。

（二）化学保鲜剂

1. 过氧乙酸处理

过氧乙酸具有杀菌性，可以杀灭芒果表皮的真菌、细菌、芽孢和病毒。同时，过氧乙酸具有强氧化性，可以氧化菌体蛋白质使其失去活性。此外，过氧乙酸显酸性，可以降低细胞内 pH，使微生物死亡。侯志强等（2011）将采收后芒果用 5mL 浓度分别为 1%、2%（体积分数）的过氧乙酸熏蒸 5h，干燥后用保鲜袋包装，20℃保存。结果表明，第 5d 时两个浓度过氧乙酸处理的果实腐败率仅为 30% 和 35%，而未经过氧乙酸处理的果实腐败率高达 75%。李济权等（2004）利用过氧乙酸和自制中草药提取液进行芒果杀菌实验，过氧乙酸浓度为 0.2～0.3mg/L，熏蒸时间为 50min。将处理后的芒果单个包装，置于温度为 22～37℃、相对湿度为 60%～84% 的环境中保存。结果表明，过氧乙酸处理能有效抑制微生物侵袭，防止芒果病害。

2. 草酸和草酸盐处理

草酸是生物体天然代谢产物，广泛存在于植物、动物、真菌体中。草酸和草酸盐是天然的抗氧化剂，常应用于果蔬贮藏保鲜。草酸或草酸盐处理对延缓芒果衰老、减轻病害等具有显著效果（Zheng 等，2005；Zheng 等，2007）。

草酸延缓芒果衰老主要机制：

（1）草酸能降低活性氧水平，降低膜脂过氧化产物丙二醛含量，抑制脂氧合酶活性和提升超氧化物歧化酶、过氧化物酶、多酚氧化酶、过氧化氢酶等氧化还原反应酶活性，从而提高果实抗氧化性，维持膜结构稳定性，有效延缓果实的成熟进程。

（2）草酸处理减少芒果采后果实的乙烯释放量，推迟乙烯高峰的出现时间。

草酸和草酸盐处理能有效延缓芒果采后衰老、病害和腐烂等的发生。郑小林等（2007）以圣心芒为对象，采用 5mmol/L 草酸溶液浸果 10min 后于 25℃下贮藏，研究草酸溶液处理对芒果采后贮藏衰老和相关生理生化指标的影响。结果表明（图 3－11，见书后插页），草酸处理可使芒果的软化增加、可溶性固形物含量升高、可滴定酸含量降低、超氧化物歧化酶活性提高、乙烯释放量显著降低、烂果率降低。因此，5mmol/L 草酸溶液能有效减缓芒果采后衰老，延长贮藏期，保证果实贮藏品质。张佳佳（2011）以吉禄芒为对象，采用 20mmol/L 草酸钾溶液浸果 10min，以浸水为对照组，套薄膜袋于 25℃贮藏，研究其贮藏品质和腐烂率。结果表明，草酸钾处理有效延迟了果肉软化和果皮转色，延缓可溶性糖和可滴定酸在贮藏期间的变化，改善了芒果在贮藏期间的糖酸比变化。李佩艳等（2020）研究表明，草酸处理能维持桂七芒采后果实细胞壁降解酶较高活性和水溶性果胶含量，减轻果实冷害。

3. 柠檬酸处理

柠檬酸是一种重要的有机酸，广泛存在于植物果实（如柠檬、柑橘、菠萝等）和动物骨骼、肌肉、血液中。柠檬酸是天然的防腐剂和食品添加剂。相关研究表明，外源柠檬酸能够延缓翠冠梨的后熟（颜志梅等，2008），保持采后白梨的品质并且增加其耐贮性（曹建康等，2005）。郑小林等（2010）研究表明，柠檬酸处理可减缓芒果果实软化、果肉可溶性固形物含量增加及可滴定酸含量降低的速率，果实的转黄指数和病情指数降低，说明适当水平的柠檬酸处理能有效延缓芒果采后果实的成熟进程，并且抑制果实腐烂发生。施瑞城等（2000）以秋芒为研究对象，采用0%～0.6%（质量分数）的柠檬酸溶液浸泡果实30min，发现0.5%（质量分数）柠檬酸处理可减缓果实中过氧化物酶、淀粉酶、多酚氧化酶等酶活性上升速率，降低呼吸速率，推迟呼吸高峰出现，说明适当浓度的柠檬酸处理可延缓芒果采后衰老速度。

4. 山梨酸及其盐处理

山梨酸及其盐溶液浸泡是芒果防腐保鲜的常用方式之一。王雪玲（2012）采用山梨酸及其盐溶液对芒果进行浸果处理，研究山梨酸及其盐溶液对芒果衰老腐烂的影响规律，明确采用山梨酸及其盐溶液浸泡芒果具有一定的保鲜效果，可以延缓果实转黄，控制果实发病。此外，芒果用保鲜剂浸泡还可结合其他保鲜技术（如涂膜等）以达到更好的效果。谌素华等（2007）利用山梨酸钾、苯甲酸钠、大蒜汁、防腐剂等浸泡大台农芒，经涂膜处理后于常温下（26～30℃）保藏20d，确定1.5%（质量分数）壳聚糖、0.1%（质量分数）防腐剂、pH 5.45是芒果保鲜剂的最佳配方。

5. 螯合钙处理

钙离子是植物体内生理代谢的重要因子，与果蔬体内酶活性密切相关。适当增加钙含量可延缓果实呼吸速率、乙烯释放速率，推迟跃变峰出现，延缓果实衰老。姚智等（2017）探索叶面增钙对芒果果实乙烯释放速率、呼吸速率及矿质元素的影响，发现叶面增钙降低了芒果果实采后呼吸、乙烯释放速率，推迟跃变峰的出现，影响果实部分矿质元素的含量，提高了果实采后贮藏性。芒果采后浸钙处理，能保持果实硬度、降低呼吸速率、减少乙烯释放、抑制后熟、减轻生理病害，达到提升芒果果实贮藏品质的效果。蒋依辉等（2009）研究贮藏前浸钙处理对桂热芒82号贮藏品质的影响，发现1% $CaCl_2$ +1%壳聚糖（质量分数）涂膜和3% $CaCl_2$ +1%壳聚糖（质量分数）涂膜在贮藏期间能有效抑制可溶性固形物含量升高、可滴定酸含量降低、维生素C含量下降、果肉颜色褐变和硬度下降、果皮转黄指数①上升，果实腐烂与失重也得到较好的控制，芒果果实品质均维持良好且稳定。$CaCl_2$浓度与延迟芒果后熟程度呈正相关，但浓度不宜过高，高浓度$CaCl_2$会使果皮受伤进而发生次生感染（段丹

① 转黄指数 = $\sum$（转黄级别×该级别果数）/（最高转黄级别×调查总果数）×100%。

萍等，2009）。

（三）化学诱导剂

1. 苯并噻重氮处理

苯并噻重氮（BTH）是第一个成功开发的人工合成植物激活剂，本身对病原菌无直接的杀菌活性，但能够通过诱导作用使植物自身产生对病原菌广谱和持久的抗性（潘永贵等，2012；弓德强等，2012）。刘新华（2010）以象牙芒和台农芒为实验材料，以诱导剂 BTH 为诱导抗病性激发子，通过损伤接种和贮藏实验，表明 BTH 处理显著降低了采后象牙芒和台农芒果实炭疽病的发病率（杨冬平，2014）。杨公正等（2004）研究了采前低聚糖素对芒果炭疽病抗病力的诱导作用，发现低聚糖素平均防治效果为 65.6%，较农药多菌灵高。

2. β－氨基丁酸处理

β－氨基丁酸（BABA）是一种由番茄根系分泌的非蛋白氨基酸，具有广谱的诱抗活性，可诱导植物组织对由病毒、细菌、卵菌、真菌、线虫以及其他非生物胁迫引起的伤害产生抗性，从而保护植物的叶部、根部和果实免受危害。BABA 虽然不能直接作用于病原菌，但可以诱导植物防御酶活性的升高、木质素合成的增强，以防止病原菌的侵入、菌丝的生长和孢子的形成，从而达到防病作用（杨冬平，2014；Li 等，2019）。BABA 具有对环境安全、高效诱抗作用等特点，被认为是一种应用前景极为广泛的植物化学诱导剂。BABA 处理采后芒果可有效抑制菌斑扩增，其中 100mmol/L BABA 处理可增强防御诱导相关酶活性，降低 H_2O_2 积累和 $\cdot O_2^-$ 产生（Zhang 等，2013）。弓德强等（2015）研究表明 BABA 处理显著降低了采后芒果果实的病情指数和病果率，从而提高了芒果的商品果率，对芒果采后抗病性具有明显的诱导作用，其中 100mg/L 的 BABA 处理效果最好。在贮藏过程中，100mg/L BABA 处理不仅显著提高了芒果防御酶苯丙氨酸解氨酶、过氧化物酶和多酚氧化酶的活性，同时也提高了芒果抗性物质总酚和木质素的含量以及贮藏早期过氧化氢的水平。

3. 一氧化氮（NO）处理

NO 广泛分布于动物体内各组织中，是一种重要的信息分子，具有生理调节功能。NO 根据来源可分为外源和内源 NO。外源 NO 可通过抑制乙烯合成及活性氧自由基积累，从而提高果蔬贮藏过程抵御逆境的能力。外源 NO 处理对采后果实内源乙烯释放量和超氧化物歧化酶、过氧化氢酶、多酚氧化酶、丙二醛等活性氧代谢指标有显著影响。因此，利用 NO 对植物生理特征的调控作用，可以通过 NO 熏蒸来延缓植物组织的成熟和衰老，延长果蔬保质期（Li 等，2004）。硝普钠（SNP）是一种外源 NO 供体，尹国胜等（2011）研究表明 10μmol/L SNP 处理能有效推迟芒果硬度下降、抑制果实转黄、控制质量损失、提高好果率、降低病害指数、控制可溶性固形物的变化，其保质期延长 3～4d。此外，640μmol/L 和 1280μmol/L SNP 处理对芒果产生明显的毒害作用，且表现出随浓度的升高毒害加重的趋势。以上说明 SNP 处理能够控制芒果果实各种内外品质的劣变，但 SNP 的应用有一定的浓度范围，超过一定范围反而起毒害作用。杨杨等（2014）研究 SNP 对低温胁迫下芒果果皮乙烯合成及受体蛋白的调节效应，发现低温胁迫可以诱导芒果内源乙烯合成及受体蛋白的表达，SNP 处理则抑制了这一效应，NO 降低芒果冷害发生可能与抑制乙烯合成及受体表达有关。

三、生物保鲜

生物保鲜技术利用生物天然提取物、微生物菌体及其代谢产物，或者利用基因技术，来抑制果蔬的乙烯合成和呼吸速率，抑制有害微生物生长，延缓果蔬成熟衰老，减少采后病害，降低采后腐烂损失，达到贮藏保鲜的目的。作为近年发展起来的具有广阔前景的贮藏保鲜方法，生物保鲜具有天然、安全、无有害物质残留等优点。

（一）植物精油保鲜

植物精油是将植物各组织中具有芳香气味的分子萃取后所得到的一类挥发的芳香物质，它不仅能够矫正食品的异味，赋予香气，还有着色、抗菌、抗病毒、抗氧化等多方面的生物活性，可作为天然防腐剂，在水果保鲜中具有较好的应用前景。植物精油多为萜类与酚类化合物组成的具有广谱抑菌性的次生代谢产物。其中酚类起主要的抗菌作用，能够通过改变细胞膜的通透性而释放出遗传物质等细胞内容物，干扰其正常生理功能，使菌体细胞死亡。但植物体中化学成分的复杂性以及一些活性成分对光和热的不稳定性，环境因素对植物中活性成分的影响较大。植物精油作为植物次生代谢产物，具有抗氧化性、杀菌性，以植物精油作为抑菌剂，对芒果采后抗虫病害具显著效果，常用的精油有芥末、香茅、桉树精油等。植物源精油抑菌机制如图 3－12 所示。

1. 精油熏蒸处理

精油熏蒸保鲜是指使用熏蒸气体来抑制果皮上细菌的生长，减少果实腐烂，达到保鲜目的。张娜等（2011）以小腰芒为实验材料，用芥末精油熏蒸处理，研究其对芒

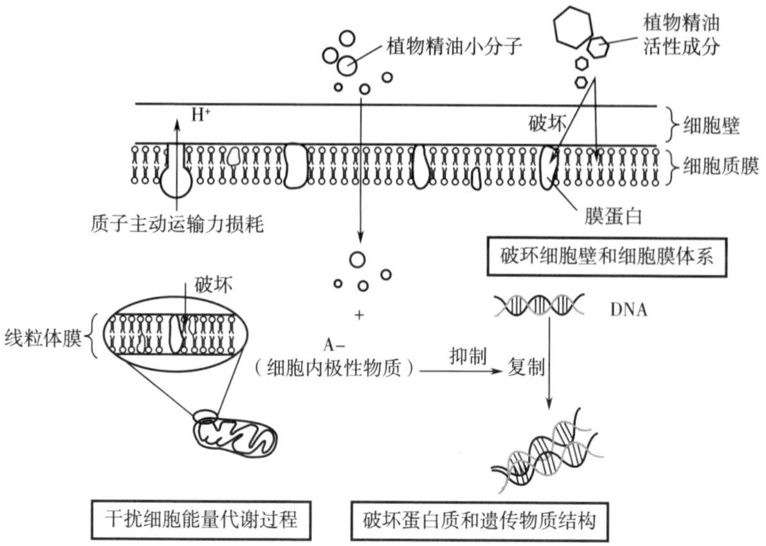

图3－12　植物源精油抑菌机制示意图

资料来源：王梦如等，2021。

果采后病原菌抑制及保鲜效果，结果表明经0.005～0.01mL/L熏蒸处理，能明显抑制芒果炭疽病相关病菌和蒂腐病相关病菌在果实上的生长，经芥末精油熏蒸24h，浓度在0.05mL/L以下的芒果常温贮藏12d，对其食用品质没有明显影响（弓德强等，2020）。不同的精油对芒果采后抑菌具有不同的效果。杨波等（2016）报道针对芒果采后贮藏期间发生的最普遍、最严重的炭疽病、蒂腐病，百里香精油、肉桂精油、丁香精油和花椒精油对其抑制作用优于其他防腐剂。精油处理能够有效抑制芒果采后病原菌的侵染，同时抑制果实水分的流失，控制了果实硬度变化和维生素C含量下降及总糖含量的变化，可延缓芒果后熟衰老进程，延长其贮藏寿命。米嘉琦等（2020）发现肉桂醛对胶孢炭疽病（*Colletotrichum gloeosporioides*）有较强的抑制效果，其抑制机制是通过影响细胞膜的通透性和完整性，导致细胞死亡，肉桂醛与果蜡结合可以明显延长芒果保质期一倍以上。丁香酚之所以能够防腐保鲜，是因为其抑制了病原菌体内三羧酸循环（TCA）途径中酶的活性，导致病原菌体内腺嘌呤核苷三磷酸（ATP）和烟酰胺腺嘌呤二核苷酸磷酸（NADP）的不足，致使病原菌的呼吸作用与合成代谢受阻，细胞不再生长繁殖，从而达到抑菌的目的。Perunal 等（2017）报道百里香精油对胶孢炭疽病有较强的抑菌活性，可以显著降低炭疽病发病率和果实腐烂程度，同时提高果实体内相关防御酶活性。Klangmuang 等（2018）将泰式精油（EOS）与羟丙基甲基纤维素（HPMC）复合涂层，芒果发病率大幅减少，13℃下贮藏时间延长至18d。

2. 精油缓释处理

缓释技术是指将活性物质和缓释基材相互结合，活性物质通过缓释基材的破裂而扩散、缓释基材的降解而溶出、缓释基材的内外压差而渗透等方式以一定的速率缓慢释放到外界环境中，能够在预定的时间内使活性物质在体系内维持一定有效浓度的技术。精油缓释保鲜具有作用时间长、效果稳定、利用率高等优点。蔡晨晨等（2021）研究了百里香精油微胶囊复合涂膜对芒果保鲜效果的影响，以阿拉伯胶为乳化剂、百里香精油为微胶囊芯材、β－环糊精为微胶囊壁材，采用共沉淀法制备百里香精油微胶囊，该复合保鲜剂减缓了芒果中可滴定酸、可溶性固形物和维生素 C 等营养成分的流失，延长了芒果的贮藏期，说明百里香精油微胶囊复合涂膜对芒果有较好的保鲜作用。杨波等（2016）发现用β－环糊精包埋丁香、肉桂精油制成的抗菌小袋能有效控制芒果果实硬度的下降及总糖含量的变化，延缓果实后熟衰老进程。薛琼等（2016）采用复凝聚法制备壳聚糖/海藻酸钠包覆肉桂精油并将其应用于芒果保鲜，微胶囊在壳聚糖溶液中的添加质量分数为4%时，芒果保鲜效果最佳，肉桂精油经囊化后有效减少了气味、延缓了挥发。

3. 存在的问题与展望

不同种类、不同浓度的植物源精油呈现的抑菌机制不尽相同。植物精油对细胞结构和功能（如 DNA、能量代谢等）的影响尚处于初步研究阶段，其明确靶位点和作用方式还不能确定，需要进行植物精油对生物分子水平（如氨基酸、碱基和基因水平等）作用机制的深入研究，以明确精油的作用方式。除此之外，精油的成分非常复杂，目前多将精油作为一个整体或选择精油中某一主要成分来进行研究，而忽略了植物精油中不同成分共同作用或多种精油协同作用的机制探讨。制约植物精油在食品防腐保鲜中广泛应用的因素仍有很多，研究天然植物精油在食品的抑菌保鲜过程中作用机制，应首先分析目标食品中标志性腐败菌，科学地筛选具有良好抑菌活性的天然植物源精油，以期实现高效抑菌。同时，还应选择合适的保鲜形式，构建稳定的植物精油活性包装，综合评价其保鲜效果，以期提高植物精油的抗菌效率。最后在基础研究领域，应进一步对植物源精油在稳定性、安全性、缓释规律及抗菌抗氧化机制等方面有更为深入全面的研究，扩展其在抗菌包装方面的应用前景。

（二）中草药提取物保鲜

1. 中草药提取物保鲜作用

从中草药中提取的许多生物活性成分具有明显的杀菌效果，已经成为果蔬采后保鲜剂的重要来源，具有对人体无危害、天然、成本低廉的优点，且符合人们对食品保鲜的绿色、环保要求。中草药提取物含有的化学成分复杂多样，按化学结构可分为芳香族化合物（包括酚类等）、脂肪类化合物、含氮含硫化合物（如生物碱等）、萜类化合物及其衍生物等四类（欧阳秋飞等，2019）。这些化合物具有一定的抑菌杀菌功能，对微生物细胞膜组织具有强力的干扰破坏作用，可抑制果品表面的微生物活动，致使其细胞代谢紊乱而降低代谢酶的活性，进而减弱微生物活动对果皮表面的影响，延缓果品的生理活动，起到果品保鲜的效果。

梁清志等（2015）研究表明，利用百部、虎杖和高良姜 3 种中草药熬制的混合提取物对爱文芒和台农 1 号芒两个芒果品种均表现出良好的防腐保鲜效果，不仅降低了果实失重率和病果率，而且能够显著延缓果实硬度、维生素 C 含量和可滴定酸含量的降低以及可溶性固形物含量的升高，从而较好地保持了果实品质，有效地延长了芒果的保质期。高兆银等（2008）报道白芷、砂仁、桂皮、蛇床子、益智 5 种中草药提取物对芒果炭疽病的防治效果较好，砂仁、大茴香、香附子、蛇床子 4 种中草药提取物处理能抑制芒果蒂腐病的发生。高兆银等（2011）在离体抑菌实验的基础上，继续测定了中草药抑菌活性提取物对芒果采后病害的防治效果，表明八角、荜茇丙酮提取物（20mg/mL）及荜茇的 3 种化学成分四氢胡椒酸、谷固醇和荜茇碱在 0.1mg/mL 浓度下，均能降低芒果炭疽病和蒂腐病的发病率，其中以荜茇碱的平均防效最好，防效率高达 91.13%，其余防效率在 71.38% 以上，皆高于商业保鲜剂咪鲜胺处理；砂仁、蛇床子乙醇提取物既能降低炭疽病的发病率和发病指数，又能有效抑制蒂腐病的发生，防效皆高于扑海因（高兆银等，2009）。植物萃取物姜黄素和阿魏酸对芒果采后两种病害的防治效果也较好，高于咪鲜胺处理；厚朴酚对蒂腐病的防治效果高达 83.3%，但对炭疽病的防效仅有 6.25%（高兆银等，2011）。

张爱玉等（2011）利用韭菜水提取液处理芒果，在 20℃下能有效抑制和延缓芒果采后病害的发生，使果实贮藏期延长 5d 左右。侯晓东（2007）研究对芒果炭疽病菌有更强抑制效果的中草药复合配方，发现金银忍冬、黄芩、高良姜能完全抑制芒果炭疽病菌的生长，丁香和黄芩能有效提高芒果果实品质，延长其贮藏寿命。经天然多糖海藻酸钠处理后，芒果果实表面会形成一层保护膜，能有效抵抗病原菌的侵染，同时也能减缓果实的气体交换，减少营养物质的消耗。何炜静等（2011）利用黄芩水提取物与虫胶、马来松香改性树脂配伍制成果蜡，研究其对芒果的保鲜作用，确定 3% 中药提取物 +20% 虫胶 +2% 马来松香改性树脂（质量分数）的配方对芒果的保鲜效果最好。

中草药提取液除了对芒果采后病害的发生具有抑制作用，还能在一定程度上调节芒果采后的生理代谢，保持良好品质。已有研究表明，丁香、石菖蒲丙酮提取物（弓德强等，2010），黄芩水提取物（霍峰岩等，2009），肉桂、花椒精油固体保鲜剂（杨波等，2016）在有效降低芒果果实失重率和发病率的同时，也能抑制芒果水分的流失，延缓果实维生素 C 含量下降与可溶性固形物含量积累，保持较高的果实硬度，既延长了芒果的贮藏寿命，也提高了芒果的品质和风味。

2. 存在的问题与展望

中草药提取物应用于水果保鲜具有来源广、活性高、安全性好、实用性广泛、绿色环保、保证人体健康、丰富产品价值等特征。中草药提取物中低浓度或少量活性物质便可对水果具有显著的保护作用，但大多数中草药提取物特殊的药性味道难以迎合消费者对产品感官和风味的要求，限制其应用。需要进行多品种多组分之间的联合研究，互补优势使单一活性成分缺陷最小化。为发挥更好的贮藏保鲜效果，根据不同品种芒果的特征，应加强中草药成分在气调贮藏保鲜、辐射保鲜、减压贮藏保鲜等多种技术手段上的使用，以形成良好的栅栏保鲜效应。

（三）微生物拮抗保鲜

微生物保鲜技术是微生物菌体或其代谢产物与果蔬致腐微生物进行拮抗、竞争而达到保鲜效果，具有生产工艺简单、天然无害等优点。果蔬微生物保鲜技术的作用机制是利用菌体及其代谢产物隔离果蔬与空气的直接接触，从而延缓氧化；或者通过诱导寄主抗性及重寄生作用抑制病原菌，达到保鲜效果。抑菌机制主要分为以下几种：

第一，水果表面形成生物膜。微生物可以分泌胞外多糖、抗生素、细菌素、溶菌酶和有机酸等成膜物质，在果实表面形成致密的薄膜，进而隔绝氧气，防止水分蒸发以延缓果实衰老。

第二，竞争作用。拮抗微生物可以通过与致病菌竞争糖类等营养物质和生存空间而抑制有害微生物的生长。例如，酵母菌在柑橘表面能够依靠强大的繁殖能力迅速占据伤口处的空间和消耗伤口处的营养，排斥病原菌的生长。

第三，拮抗作用。微生物拮抗抑制或杀灭水果中的有害微生物是其最主要的作用。

1. 拮抗菌保鲜作用

在果蔬采后病害控制过程中，拮抗菌生物防治应用前景广阔。拮抗菌防御病原菌的主要作用机制涉及果蔬的寄生、营养竞争、诱导系统抗性，生产抗生素、水解酶、毒素、挥发性化合物，以及形成生物膜等，大致的作用机制有以下几种：

第一，竞争作用（酵母类拮抗菌的作用机制）。拮抗菌与病原菌竞争生存所需的氧气、水分、营养、空间，占据病原菌的入侵位点成为两者中的优势菌株，使病原菌因生存条件不足而无法继续生长。

第二，抗生作用。在生长过程中拮抗菌会产生具有抑菌活性的代谢产物，影响病原菌的生长，达到防治果实采后病害的目的。

第三，重寄生作用。利用重寄生菌的吸附、缠绕、侵入、消结等作用形式来抑制病原菌的生长。

第四，诱导抗性作用。利用生防菌株诱导果实产生抗病性来防治采后病害，之所以能够诱导抗病性，主要是因为拮抗菌能够激活果实的防御酶体系，促使果实次生代谢产物含量增加，细胞组织结构发生变化。

拮抗菌具有无危害、无污染、专一性等优势，拮抗菌的生物病害防治作用相较于化学防治更不易产生环境污染，同时也避免了长期大量使用化学药剂导致病原菌产生抗药性而达不到预期效果的情况。因此，拮抗菌保鲜相较化学保鲜更天然、更安全（叶子等，2020）。

（1）拮抗细菌保鲜　目前在果蔬上应用的拮抗细菌种类主要有芽孢杆菌（*Bacillus*）、假单胞杆菌（*Pseudomonas*）、放射土壤杆菌（*Agrobacterium radiobacter*）及其他细菌。芽孢杆菌属与假单胞杆菌属细菌是目前应用较多的拮抗细菌，该菌在自然界中广泛存在，且营养简单、生长快，其芽孢能忍受极端的外部环境而长期存活，所产生的拮抗物质除了多肽抗生素、脂肽抗生素、细胞壁降解酶、细菌素，还包括一些未鉴定的拮抗蛋白（陈海英等，2008）。Veloshinie 等（2005）用 45℃ 地衣芽孢杆菌悬浮液在高湿低温情况下处理芒果后，显著降低了芒果采后病害的发生率。李春玲等（2012）发现枯草芽孢杆菌发酵液的非挥发性代谢产物对芒果炭疽病菌丝生长的抑制率达到了 99.86%，抑菌效果显著。井敏敏等从芒果果园土壤中分离出的一株对芽枝状枝孢菌（*Cladosporium cladosporioides*）有较强的拮抗作用的菌株伯克霍尔德氏菌属（*Burkholderia* sp.），研究表明 1×10^7 CFU/mL 伯克霍尔德氏菌属（*Burkholderia* sp.）拮抗菌 JS－8 处理可以较好地维持芒果果实色泽，延缓果实硬度的下降以及可溶性固形物含量的升高，并且抑制果实可滴定酸以及抗坏血酸含量的下降，有利于维持果实品质，延长贮藏时间，且对果实的多酚氧化酶、过氧化物酶、丙氨酸解氨酶、几丁质酶、$\beta-1$，3 葡聚糖酶均具有一定的诱导作用，病原菌芽枝状枝孢菌（*Cladosporium cladosporioides*）与伯克霍尔德氏菌属（*Burkholderia* sp.）拮抗菌 JS－8 在对多酚氧化酶、过氧化物酶、几丁质酶、$\beta-1$，3 葡聚糖酶的诱导作用中具有协同作用。

（2）拮抗酵母保鲜　拮抗酵母以其遗传稳定、抑菌效果明显、安全性高以及能够与多种物理和化学方法相结合等优点成为果蔬采后病害防治的主要生防菌，拮抗酵母作为一种有效的生物防治剂其原理是拮抗菌在水果表面繁殖，导致致腐微生物缺乏扩张所需的营养与空间，使水果贮藏期间取得较好的防腐效果。此外，由于酵母拮抗抑菌作用的实现主要靠竞争机制，而竞争优势又往往会受到外界环境因素的影响，因此拮抗酵母的抑菌效果往往在环境条件多变的实际应用中不如化学保鲜剂稳定，为此研究人员正尝试借助复合保鲜技术（拮抗酵母的混合使用、构建基因重组酵母改善拮抗酵母的效力、与物理或化学方式配合提高生防效力等）提升拮抗酵母的保鲜能力，以期降低病害发生率，延长贮藏期。田亚琴等（2018）研究表明美极梅奇酵母对芒果炭疽病有较明显的抑制作用，能抑制胶孢炭疽菌的生长，美极梅奇酵母具有形成生物膜的能力，能够在芒果表面形成保护膜，防止病原菌的入侵。高云慨（2014）发现季也蒙毕赤酵母在活体接种实验中对芒果炭疽菌有显著的生防效果，在接种第4天时抑菌率达到了80%。陈敏等（2016）研究表明，40g/L $CaCl_2$溶液可以直接通过抑制病原菌的生长和促进拮抗酵母的增殖，以及间接诱导果实抗病性来提升拮抗菌季也蒙毕赤酵母（*Meyerozyma guilliermondii*）对芒果果实采后炭疽病防治效果。根据现有研究可知，海洋红酵母（*Rhodotorularubra paludigenum*）可以在氯化钠溶质改善的培养基中快速生长，能够抑制水果采后病原菌的生长（林晓敏等，2015）。何秀娟（2006）筛选出有效抑制芒果炭疽病的拮抗酵母菌 X－1，通过实验发现浓度为 1×10^8CFU/mL 的酵母菌悬浮液与200mg/L 多菌灵药剂在防治效果上无明显差异。王润菡等（2016）从芒果叶片上分离出季也蒙毕赤酵母，对芒果炭疽病原菌的生长有明显抑制作用。植物的抗病性和抗逆境胁迫与这些物质的合成也有密切的关系。Patiño－Vera 等（2010）在芒果采收前用小红酵母悬液喷施芒果树，采收后与使用化学杀菌剂喷施的果树相比，芒果炭疽病的发病率相近，甚至喷施过小红酵母悬液的发病率更低。梁琪（2020）研究发现拮抗酵母菌 3－110 可以通过清除果实活性氧和保护细胞壁结构来抑制可可球二孢菌的入侵，从而防治芒果蒂腐病。葛念念等（2019）研究单独处理［汉逊德巴利酵母（*Debaryomyces hansenii*）、尼泊尔德巴利酵母（*Debaryomyces nepalensis*）、萎缩芽孢杆菌（*Bacillus atrophaeus*）］和复合处理（汉逊德巴利酵母＋萎缩芽孢杆菌、汉逊德巴利酵母＋尼泊尔德巴利酵母、尼泊尔德巴利酵母＋萎缩芽孢杆菌）对芒果贮藏品质和抗病性的影响，结果表明汉逊德巴利酵母和萎缩芽孢复合使用能显著提高采后芒果的贮藏品质，增强果实的抗病性。

（3）拮抗真菌保鲜　目前已从植物和土壤中分离出多种具有拮抗作用的真菌，

对芒果采后腐烂有明显抑制作用。张诒仙（2006）研究表明，对芒果病害有很强拮抗作用的青霉属（*Penicillium*）菌株中，瓦克青霉（*Penicillium waksmanii*）的拮抗作用最强。木霉菌（*Trichoderma*）是植物病害生物防治真菌，被认为是最有可能替代化学防腐剂的微生物，并且能促进植物生长。目前，木霉属（*Trichoderma*）中哈茨木霉（*Trichoderma harzianum*）、棘孢木霉（*Trichoderma asperellum*）、绿色木霉（*Trichoderma viride*）等应用于果蔬保鲜研究较多，其中对哈茨木霉的研究最为深入。除了通过浸泡、喷洒直接应用于果蔬表面，还可将木霉应用于包装材料上，如分别使用涂布过木霉菌发酵液的 PE 保鲜膜、瓦楞纸箱等对果蔬进行保鲜。冯卫华等（2012）发现水杨酸可以增强绿色木霉菌抑制炭疽菌的作用。Lakshmi 等（2004）将哈茨木霉接种在芒果果实上，分别在 4d 和 8d 测量计算，得到哈茨木霉对芒果炭疽菌的抑菌率分别为 60.73% 和 60.52%。

（4）拮抗放线菌保鲜　拮抗放线菌能产生丰富的活性代谢产物，机制多样、抗逆性强、方便保存，我国学者对放线菌生物防治进行了大量研究。史学群等（2008）分离了土壤中的 91 个放线菌菌株，进行了与病原菌的对峙培养，发现其中 3 种拮抗放线菌对芒果病原真菌有明显的拮抗作用，分别为菌株尖峰岭 11、38 和 39。将筛选出的拮抗放线菌菌株进行液体培养后发现，其发酵液对病原菌孢子萌发及芽管的生长具有强烈的抑制作用。张凯等（2017）从土壤中分离出对胶孢炭疽菌有强抑制效果的放线菌株 gz－8，发现该菌株 1000mg/L 的发酵液粗提物与同浓度百菌清对感染胶孢炭疽病芒果果实的防效相当。

（5）微生物代谢产物　纳他霉素（又名匹马霉素）是放线菌［如纳塔尔链霉菌（*Streptomyces natalensis*）、褐黄孢链霉菌（*Streptomyces gilvosporeus*）、龟裂链霉菌（*Streptomyces chattanoogensis*）］深层发酵过程中得到的一种天然产物。它属于多烯烃大环内酯类抗生素，对念珠菌（*Candida*）、曲霉（*Aspergillus*）、青霉（*Penicillium*）、木霉菌（*Trichoderma*）等多种病原真菌均有抑制作用，是公认广谱高效的抗真菌剂（Atta 等，2015）。纳他霉素可有效抑制胶孢炭疽菌生长，且抑菌效果随浓度增加而增强，纳他霉素浸泡处理后的芒果果实在常温贮藏过程中的硬度、可滴定酸含量和维生素 C 含量均高于未处理果实，可溶性固形物含量升高延缓，并一定程度上推迟了呼吸高峰的出现（刘佳怡，2019）。

（6）不同类型拮抗微生物混合使用　病原菌入侵芒果果实引发的病害大多是由几种病原菌同时侵染造成的，在这种情况下，使用单一的拮抗微生物由于抗菌谱较窄，不能全面地抑制病菌。可将拮抗微生物混合使用，结合各种微生物的防治优势拓宽防治范围，提高生物防治的效果。在拮抗微生物之间具有良好相容性的前提下进行混合，既能保证彼此之间不会相互竞争，而且能够在相同的环境下良好生长并发挥各自的生物防治效果（王红丽等，2020）。

（7）拮抗微生物与化学物质相结合　将拮抗微生物与化学杀菌剂、金属盐类以及植物激素相结合，不但可以减少化学杀菌剂的使用，而且能提高拮抗微生物的抑菌活性，加强拮抗微生物对病原菌的抑制作用，减轻果实采后病害的发生。Janisiewicz等（2008）将假单胞菌和枝顶孢霉的混合物注入芒果果实伤口，对灰霉病和青霉病的防治有很大提高。Wisniewski等（2007）对芒果果实采后进行钙处理，不但有利于果实的贮藏保鲜，而且可以通过加强拮抗酵母菌——嗜油假丝酵母（*Candida oleophila*）对病原菌的抑制作用而增强生物防治效果。Zhang等（2008）研究表明，酵母菌——黏红酵母（*Rhodotorulaglutinis*）与水杨酸结合可降低芒果采后病害的发生，进一步证实了水杨酸能够提高酵母菌——黏红酵母（*R. glutinis*）的生物防治效果。

2. 存在的问题与展望

微生物对果蔬防腐保鲜取得了一些成果，但仍存在许多问题：

（1）微生物菌体或其代谢产物容易受到环境的影响，导致保鲜效果不稳定。

（2）抗菌谱窄　单一拮抗微生物往往只能对某种或某几种病菌有抑制作用。

（3）安全性问题　批准使用的微生物保鲜剂较少，因为有些拮抗酵母菌为致病菌，会造成安全问题。

（4）研究较少，多数实验都是单因素研究，但由于微生物保鲜往往是多因素、多机制协同作用的结果，所以需要进一步深入研究。

（5）微生物对果蔬诱导抗性机制尚未明确。

为此，微生物源保鲜剂在使用时要严格遵守全面灭菌、合理选择、控制条件、严格控量及协同增效的原则，逐步提升其稳定性、广谱性、高效性和安全性，扩大其商业化应用前景。

（四）涂膜保鲜

涂膜保鲜技术就是在果实表面涂上一层高分子的液态膜，干燥后成为一层很均匀的膜，可以隔离果实与空气进行气体交换，从而降低果实的呼吸作用，减缓营养物质的消耗，改善果实的硬度和新鲜饱满程度，并减少病原菌的侵染而造成的腐烂（卫赛超等，2020）。

1. 单一涂膜

（1）壳聚糖　壳聚糖又称几丁聚糖，是甲壳素经过脱*N*－乙酰基所得到的天然高分子多糖，虾蟹、昆虫和植物细胞壁等都是其广泛来源（Aider，2010）。壳聚糖是天然多糖中唯一的碱性高分子多糖，其储量仅次于纤维素。主要存在于虾蟹、昆虫的甲壳中和一些藻类、菌类的细胞壁中，此外，通过一些微生物的培养发酵也可生产壳聚糖。壳聚糖是一类具有可生物降解性和生物相容性的天然无毒生物聚合物，因对植物病原菌具有抗性，且具有成膜性并影响植物防御机制的能力，因而适用于芒果的涂膜保鲜（朱莉等，2017）。近年来，壳聚糖已逐步应用于芒果采后贮藏保鲜中，其可以通过在水果表面形成半透膜而抑制水分蒸发、调节气体交换，可以通过影响 O_2 和 CO_2 的浓度而抑制采后呼吸作用。低分子质量的壳聚糖可与病原菌 DNA 作用，干扰 DNA 的复制和转录，达到抑菌和灭菌的作用。高分子质量的壳聚糖通过在病原菌外成膜而抑制其代谢，从而起到保鲜的作用。Panaitescu 等（2015）用壳聚糖、果胶等涂膜保鲜芒果，明确了涂膜保鲜有利于降低芒果的失重率和腐烂指数，延长保质期。王伟洲（2006）用不同浓度的壳聚糖对芒果进行涂膜处理，确定 2%（质量分数）的壳聚糖涂膜剂对芒果呼吸作用有最好的抑制效果，总酸度和酶活性变化最小，腐烂率最低，具有最好的保鲜效果。姚评佳等（2006）对壳聚糖的降解物壳寡糖使用 ^{60}Co γ 射线进行辐照聚合，得到壳寡糖聚合物（COBP），2%（质量分数）COBP 溶液对芒果的保鲜效果更佳，贮藏第 17 天时的好果率仍有 91%。何艾等（2015）以海南澳芒为材料，利用壳聚糖配合气调包装在 6℃下对芒果果肉进行保鲜实验，0.75%（质量分数）的壳聚糖能最大程度地保持芒果鲜度，维持较好果肉品质，其中气调包装 N_2、CO_2、O_2 体积分数分别为 90%、6%、4%。

（2）虫胶　蜂胶、漂白紫胶等天然成膜物质可减少芒果水分蒸发，抑制其呼吸速率，延缓果实衰老。葛霞等（2009）分别采用浓度为 6%、8%、10%、12%（质量分数）的天然虫胶与纳米 SiOx 共复合配制成果蜡，同时选取不加纳米 SiOx 浓度为 8%、12%（质量分数）的虫胶果蜡，对台农芒进行涂膜处理，在常温下（25℃）进行贮藏实验。结果表明 8%（质量分数）天然虫胶与纳米 SiOx 共复合配制成的果蜡对芒果果实的贮藏效果最佳。Al－Qurashi 等（2018）用质量分数 4.5% 的蜂胶对芒果进行涂膜处理，降低了贮藏期间质量损失率和腐烂率，较好地保持了芒果的品质。漂白紫胶（bleached shellac）是紫胶虫分泌物提取后的一种天然成膜剂，对水蒸气具有较好的阻隔性能（陈奇等，2013）。甘瑾等（2005）用漂白紫胶对芒果进行涂膜处理后保鲜效果较好，10%、12%（质量分数）的漂白紫胶在芒果表面所形成的膜可以明显降低芒果呼吸速率、减少水分散失，延缓果实衰老。

（3）魔芋葡甘聚糖　魔芋葡甘聚糖（KGM）因其出色的持水性、乳化性、增稠性、成膜性等，在环境保护、医疗保健、食品化工等领域应用广泛（聂娅娜，2016）。KGM 作为一种绿色包装材料，通过对其成膜性和力学性能的改善，在食品中的应用研究逐渐深入（Du 等，2019）。关玥彤等（2016）将 KGM 均匀涂布在纸板表面，并制成保鲜瓦楞纸箱，同时设定空白纸箱和无纸箱对照组，对鸡蛋芒进行贮藏实验，测定了实验期间的质量损失率、硬度和可溶性固形物含量，结果显示当 KGM 质量分数为 1.5%、涂布量在 0.1mL/m^2 时具有最好的保鲜效果。

（4）海藻酸钠　海藻酸钠是从海藻中提取加工所得的一种具有强亲水性的天然多糖高分子物质，绿色安全，溶于水后可形成黏稠均匀的溶液，可用于食品增稠剂、稳定剂、工业黏合剂、医用药物基质等（Parreidt 等，2019）。Rastegar 等（2019）研究表明 3%（质量分数）海藻酸钠涂膜组有更低的质量损失率，果实硬度、总酚和类黄酮含量分别是未处理组的 2 倍、1.3 倍和 1.7 倍，较好地保持了芒果的营养品质，提高了商品价值。刘嘉俊（2011）发现 2%（质量分数）海藻酸钠保鲜芒果，在 25℃ 和 13℃ 下贮藏 20d，腐败率分别降低 19% 和 28%。

（5）羧甲基纤维素　羧甲基纤维素（CMC）是由天然纤维素经过碱化和羧甲基化而制得的高分子化合物，具有良好的溶解性、吸湿性、稳定性和成膜性，在医药、化工等领域已有广泛应用（刘莹等，2015）。周文化等（2003）对 CMC 涂膜绿色象牙芒保鲜进行了研究，发现添加质量分数为 0.8% 的 CMC 具有较好涂布效果，CMC 膜能够有效降低芒果的呼吸速率，减少营养成分损失，维持其品质，延长保质期，具有明显的保鲜效果。

（6）膨润土　膨润土是一种以蒙脱石类矿物质为主要成分的细粒黏土。蒙脱石的晶体结构是由两层硅氧四面体片中间夹一层铝（镁）氧八面体片构成的 2∶1 型层状硅酸盐。由于蒙脱石的层间结构松散，水分子或其他有机分子可以进入空间，使得膨润土具有较强吸水性、高分散性、吸附膨胀性、黏结性、悬浮性、可塑性、触变性、润滑性和阳离子交换性等性能，应用十分广泛。刘琨等（2011）以红象牙芒为研究对象，用液固比为 15∶1 的膨润土溶液涂刷法进行涂膜，膨润土涂膜能够显著抑制芒果果皮转黄和果实腐烂，减少水分散失，保持较高的果实硬度和维生素 C 含量。此外，膨润土涂膜抑制了呼吸高峰的出现，阻止糖的积累和酸的降解，从而延缓了芒果的后熟进程。陈勇等（2017）发现经超声波改性后的膨润土保鲜液具有更好的保鲜效果，在贮藏第 12 天时，果皮转黄指数、腐烂指数及其失重率分别为 48.9%、15.36% 和 22.7%，效果良好；同时能明显降低芒果的呼吸速率，延缓呼吸高峰，使芒果的呼吸高峰出现在贮藏第 12 天；降低了可滴定酸和维生素 C 的降解速度以及可溶性糖的积累速度，保鲜后的果肉风味良好。

2. 复合涂膜

（1）壳聚糖复合涂膜保鲜　壳聚糖对芒果的致腐病菌具有良好的抑制效果，将其他物质与壳聚糖复合，增强其保鲜性能和力学性能已得到广泛验证。范方方等（2017）向壳聚糖中加入膨润土，制备膨润土/壳聚糖/PVC 复合保鲜膜，对桂七香芒的套袋保鲜效果显示，自制膜能有效降低水分和营养成分损失，显著提高芒果感官品质。刘荣等（2018）用不同浓度比例的壳聚糖复合赤霉素壳聚糖及 $CaCl_2$ 溶液对桂热芒 10 号进行了复合涂膜处理，发现 0.75%（质量分数）的壳聚糖复配 300mg/L 赤霉素、3%（质量分数）$CaCl_2$ 具有最好的保鲜效果。杨华等（2019）研究了壳聚糖添加纳米 TiO_2 对“凯特”芒果的保鲜作用，1%（质量分数）的壳聚糖与 0.03%（质量分数）TiO_2 复配后有最优的保鲜效果，在 13℃ 贮藏 20d，芒果的质量损失率为 6.72%。蒋小飞等（2018）利用鱼腥草和中药黄连为原料提取挥发油和生物碱，并结合壳聚糖、$CaCl_2$ 和吐温 - 80 配制复合涂膜保鲜液，复合保鲜液可有效减少芒果采后病情指数，减少营养流失，具有良好的保鲜效果。蒋依辉等（2009）以桂热芒 82 号为试材，在贮藏前进行浸钙处理和壳聚糖涂膜处理，确定 1% $CaCl_2$ + 1% 壳聚糖涂膜和 3% $CaCl_2$ + 1% 壳聚糖（质量分数）涂膜在贮藏期间均维持良好且稳定的品质，能有效地抑制可溶性固形物含量升高、可滴定酸含量降低、果肉颜色褐变、果肉硬度下降、维生素 C 含量下降、果皮转黄指数上升，其腐烂与失重也得到较好的控制。

（2）魔芋葡甘聚糖复合涂膜保鲜　魔芋葡甘聚糖（KGM）虽然具有良好的成膜性、抗菌性和安全性，能够在果蔬保鲜中发挥一定作用，但单一的 KGM 涂膜材料的力学性能稍显不足，其阻隔性也需要进一步加强，可通过改性或添加其他材料改善其理化特性，扩大 KGM 的应用范围，使其具有更好的发展前景（Zhu，2018）。Wang 等（2017）将玉米醇溶蛋白加入 KGM 中，研究了所得复合膜的结构及力学性能，明确复合膜比单一的 KGM 膜具有更好的溶解性、吸湿性，同时对水蒸气和氧气的阻隔性增强，力学性能更佳。魔芋葡甘聚糖与玉米醇溶蛋白的最优薄膜质量比为 9∶1。麦馨允等（2018）以无毒的纳米 SiO_2 为复合材料加入 KGM 中，发现复合涂膜组能有效延缓芒果后熟及色泽变化，可使营养成分保持在较高水平，芒果在贮藏 18d 后质量损失率小于 10%。张诚博（2010）探究了 KGM 复配卡拉胶及甘油的保鲜成膜工艺，发现复合膜能够很好地防止芒果褐变，减缓活性酶类及总酸、维生素 C 等含量的下降，保持较高的水果品质。李雪晖等（2012）向 KGM 中加入脂质、增塑剂、乳化剂、抗菌剂及生物抑制剂制成复配保鲜涂膜，在 25℃ 下对海顿芒 1 号进行贮藏实验，发现复合涂膜对芒果的保鲜效果优于聚乙烯薄膜，贮藏 15d 后果实腐烂率仅约 3%。

（3）海藻酸钠复合涂膜保鲜　以海藻酸钠为原料加入天然植物活性物质，利用其抗氧化性和抗菌作用保鲜水果逐渐得到关注。传统中草药、果实种子、植物活性提取物等都是保鲜物质的优质来源，安全性也很高（Chen 等，2016）。江敏等（2011）向海藻酸钠中加入高良姜提取物制备复合涂膜剂对象牙芒进行保鲜实验，在温度28～30℃、相对湿度85%～90%下复合涂膜剂的保鲜效果比空白组好。陈俊等（2015）利用益智仁提取物和海藻酸钠复合处理象牙芒，常温下芒果可以保鲜10d。此研究与江敏等（2011）得到的复合涂膜效果低于壳聚糖阳性对照组不同，其原因可能是由于益智仁提取物具有更强的抗氧化作用，与海藻酸钠可以达到协同保鲜效应，增强海藻酸钠的保鲜性能。

（4）羧甲基纤维素复合涂膜保鲜　羧甲基纤维素的成膜研究已有不少报道，但应用于果蔬保鲜中不仅要考虑到实际的保鲜效果，同时对复合膜的力学性能也有一定要求。为获得更加稳定有效的性能，通过将羧甲基纤维素复合其他材料进行成膜改善研究，使复合膜具有形态平整完好，透光性、吸潮性和力学性能更加优良的特性（Tavares 等，2019），同时绿色易降解也是目前的研究热点方向。Kamthai 等（2019）将漂白甘蔗渣羧甲基纤维素（CMCB）加入聚乳酸中制成复合膜，对泰国 Nam Dok Mai 芒进行保鲜实验，得出 CMCB 质量分数为4%时的保鲜效果最好，复合膜具有良好的防雾和抗菌效果，芒果的呼吸速率减弱，在温度13℃、相对湿度90%下，最长贮藏期可达42d。周文化等（2003）发现羧甲基纤维素、氯化钙、柠檬酸质量分数分别为0.8%、0.4%和0.4%时，芒果的综合保鲜效果更好。张大智等（2015）优化了芒果角斑病致病菌的细胞壁降解酶的反应条件，表明羧甲基纤维素酶的最佳诱导效果所需条件是质量分数为1%的羧甲基纤维素在60℃、pH 4.6 条件下处理60min，可据此对芒果的角斑病进行有效控制，延长果实保质期。

3. 存在的问题与展望

单一涂膜材料的力学性能较差、成膜稳定性也一般，现有研究中多通过添加其他材料制成复合涂膜剂来改善成膜后的综合性能，并进一步提升对芒果保鲜的效果。由于不同研究中使用的芒果种类有差异、实验环境不同、复合涂膜成分比例及保质期的确定也都不一样。生产应用中，需要根据现有条件和实际情况进行实验选定。虽然目前对芒果涂膜保鲜已有较多研究，但其保鲜机制及复配增效作用仍值得进一步探索。未来需要利用涂膜保鲜的优势，研制出更具广谱性的芒果贮藏保鲜工艺，为消费者提供更新鲜、更优质的芒果产品。

（五）基因工程技术保鲜

遗传基因编辑是目前可应用于果蔬贮藏保鲜领域新兴的一种生物保鲜技术。利用

DNA 的重组和操作技术来修饰遗传信息，或用反义 DNA 技术来抑制成熟基因，可以推迟果蔬成熟衰老，延长其保鲜期。芒果具有呼吸高峰期，其在成熟过程中会自动释放乙烯，因此可以采用生物工程技术来控制植物中乙烯的生成。该技术主要是通过降低芒果在生理成熟期内源乙烯的生成，并减缓果实在后期成熟过程中的软化来达到保鲜的要求。在桃果实中沉默乙烯生物合成途径中一个重要限速酶——1－氨基环丙烷羧酸合成酶（ACS），可以减缓内源乙烯产生，延缓果实成熟。在哈密瓜转入 1－氨基环丙烷羧酸氧化酶（ACO）反义基因，表达 ACO 反义基因的转基因甜瓜与未转基因相比仅产生正常乙烯水平的 1%，用外源乙烯处理才能缓解这些果实成熟抑制表型，调整果实成熟过程和保质期。使用农杆菌构建基因表达载体转入烟草的番茄红素 β－环化酶基因到番茄幼苗，随着果实成熟开始果实色泽、β－胡萝卜素含量、番茄红素含量都有所提高，番茄采后品质得到提升。因此，可以利用基因工程技术调节乙烯生物合成相关酶［1－氨基环丙烷基－1－羧酸（ACC）合成酶、氧化酶和脱氨酶，以及 *S*－腺苷甲硫氨酸水解酶（SAM）］的含量或活性，来阻断或者减少芒果中乙烯的产生，最终达到延缓果实衰老与成熟的目的。

第三节　物流保鲜技术

一、包装技术与材料

（一）物流包装技术

芒果运输过程中需要注意减少机械损伤、水分损失、温度变化及微生物侵染造成的果实腐烂损失。因此，芒果包装技术与包装材料显得尤为重要。目前，芒果的包装技术有充气包装、减压包装、活性包装、可食性膜及涂层等。包装不但有利于延长芒果的贮藏寿命，防止水分蒸发和机械损伤，还有利于提高芒果的商品档次，增加经济效益。合理的包装可减少或避免在运输、装卸中的机械伤、防止腐烂和水分损失，同时又有宣传和装潢的作用，大幅提高芒果的商品价值和市场竞争力。良好的包装对生产者、销售者和消费者都是十分有利的。

1. 包装膜技术

保鲜膜包装可以有效减缓果蔬的呼吸作用，延长果蔬保质期。不同果蔬采后的呼吸作用和贮藏要求不同，因而可针对其采后的生理特点和贮藏要求生产特定性能的保鲜膜，尽可能使保鲜膜包装的果蔬在袋内微环境维持其最低代谢水平，减少外界病原菌的侵害和运输过程带来的机械损伤，延长保质期。目前市售保鲜膜普遍存在透气差、透湿性差等问题，常通过添加一些无机矿物质来改善薄膜的透气透湿性。徐梓轩等（2019）制备了一种绿色环保的新型保鲜膜，采用溶液流延法制备了一系列柠檬酸改性淀粉/聚乙烯醇复合膜，柠檬酸与淀粉发生了酯化交联反应，柠檬酸改性淀粉能提高复合膜的力学性能，降低薄膜的雾度、亲水性和水蒸气透过率，改善薄膜对芒果的保鲜效果，当柠檬酸质量分数为3.3%时，力学性能达到最佳，拉伸强度和断裂伸长率分别提高42%和79%。范方方等（2017）制备了膨润土/壳聚糖/PVA保鲜膜套袋保鲜芒果，相比市售的保鲜膜可有效降低芒果的失重率和腐烂指数，抑制果实的呼吸作用，延长芒果的贮藏期。陈海霖（2011）以魔芋葡甘聚糖为生物高分子材料，并以壳聚糖为复配材料，研制魔芋葡甘聚糖/壳聚糖生物高分子复配膜，复配膜处理能有效地避免芒果的无氧呼吸，降低其在贮藏期间的生理生化活性及在贮藏末期的失重率和呼吸速率，烂果率、总酸、维生素C等营养物质的损失也能保持在较低的水平，具有良好的保鲜效果。

2. 功能性包装技术

曹甜甜（2018）制备了芒果保鲜功能纸，利用纳米氧化锌的独特性质将其加入涂料中以制备抗菌复合涂层，纳米氧化锌具有无毒、具光催化性能和良好抗菌性等优点，从而延缓芒果后熟作用，延长保鲜期。将复合涂层涂布在原纸上以获得功能纸，使用功能纸包装芒果，可以降低果实的软化速度、失重率和呼吸速率，保鲜纸对芒果具有良好的保鲜效果。刘辉等（2016）研制了功能型改性薄膜，通过自身的气体透过性能使袋内形成适于芒果贮藏的气调环境，保鲜时间为18d左右，效果较好。钟秋平等（2006）利用壳聚糖、木薯淀粉、明胶、甘油共混制成的复合膜或涂膜具有良好的机械、阻水、阻气以及抗菌性能，适用于芒果保鲜领域。

3. 气调包装技术

魏雯雯等（2018）研究了抑菌气调包装在芒果常温贮藏中的应用，气调实验组在第7天的果实质量损失率只有0.8%，反映芒果炭疽病发病程度的病情指数①也只有0.3%，较对照组（硬质塑料包装盒配合缓冲网袋）降低了16.4%。Nidhi等（2012）将阿方索芒（Alphonso）采后在40℃的水中浸泡40min，然后在（体积分数）50%的

① 病情指数：是全面考虑发病率与严重度的综合指标。病情指数 = $\sum$（各级病果数×各级代表值）/（调查总果数×最高级别代表值）×100%。

CO_2下用无孔薄膜制成的袋子包装，在此条件下，贮藏时间可达21d，延长果实保质期。

（二）物流保鲜材料

1. 包装材料

芒果常见的包装形式为箱式包装、塑料袋（盒）以及各种传统形式的篮和筐等，其中最常用的是箱式包装。目前市场上常见的芒果快递物流箱主要有泡沫箱、塑料箱、瓦楞纸箱以及布质箱和木箱等种类。

（1）泡沫箱

泡沫箱是主要的冷链物流用箱，其具有比重轻、易加工成型、缓冲性能好、耐潮湿、导热率低、造型美观及大部分品种材料价格低廉等优点。但同时存在一些缺陷，如不耐高温，有些品类的泡沫箱不易循环再生、自然状态下降解缓慢，随意丢弃会造成环境污染，聚苯乙烯泡沫塑料等材料箱体在燃烧时还会产生有毒有害气体。

（2）塑料箱

塑料箱在果蔬物流中应用广泛，主要优点包括强度高、耐冲击性和耐磨损性好、摩擦系数低，具有良好的自润滑性能、耐低温、耐化学腐蚀，并且相较于木箱等，塑料箱质量轻、清洗便捷、使用寿命长（图3－13）。但缺陷是不能对内装物给予良好的缓冲性，空箱体的运输占用空间较可折叠的瓦楞纸箱大。Link等（2004）对比不同包装形式的芒果运输过程中温度变化和损伤情况，确定在塑料箱中单层放置芒果时的热传导性和缓冲性较好。Chonhenchob等（2004）利用不同类型瓦楞纸板箱和塑料箱包装芒果后，研究在运输过程中的机械损伤和到达目的地后预冷过程中的热传导效果，发现不同种类包装箱以及内包装果实的机械损伤水平不同，放置单层芒果的塑料箱具有较好的热传导性，并能降低机械损伤；同时还指出不同成熟阶段的芒果对机械损伤的易感程度也不同，完熟的芒果最容易受到机械损伤。

图3－13　塑料筐包装

(3) 瓦楞纸箱

瓦楞纸箱箱体标准化、价格低廉、易于印刷、对环境友好，箱体具有可折叠性，能减少运输空间的使用，但不耐潮湿、纸板在使用过程中容易损坏，抗冲击性、摩擦性以及隔热性差，适用于本身缓冲性能好又能在常温下运输的果蔬品种（图3-14）。

图3-14　瓦楞纸箱包装

此外，还有布质、木质以及铁质的箱型，以及使用不同材料组合的生鲜果蔬快递物流箱。不同材料和结构有不同的使用特点，通过分析所要运输产品的性质，充分考虑产品在物流运输中可能遇到的损害和风险，再结合不同材料的优缺点选择合适的材料，才能更好地保持生鲜果蔬的新鲜和营养，保护产品的经济价值不受损害或降低损害。

2. 缓冲材料

缓冲衬垫能够减轻力对物体的作用效果，起到缓冲防震的作用，减少甚至消除压力、冲击、碰撞和振动对果实的损害。缓冲衬垫主要分为纸质缓冲衬垫、发泡缓冲材料和气垫缓冲材料，此外还有天然缓冲材料如棉花、稻草等。

(1) 纸质缓冲衬垫　纸质缓冲衬垫主要有瓦楞纸板、蜂窝纸板和纸浆模塑等类型，不仅本身具有一定的缓冲效果，而且在制成特定的结构造型之后，缓冲效果更加明显。纸质材料成本低、比重轻、透气性好，因具有一定的硬度和挺度而易于加工成型，并且对环境的污染小，可回收再利用，尤其是纸浆模塑可以直接利用旧纸浆根据不同果实的性状制作成不同的造型。但纸质材料较为粗糙，在接触果实时会与果实表面摩擦留下痕迹影响果实外观，同时纸制品不耐潮湿，容易受外力变形。

(2) 发泡缓冲材料　发泡缓冲材料具有良好的缓冲性能，减震效果明显，弹性大不易产生永久变形，且加工性能好，耐潮湿，对水果的保护性好，接触无明显摩擦痕迹。但有些材料的成本较高，循环使用性差，对环境也不友好。目前可降解的发泡材料已经研发出来，如珍珠棉等可循环再造，对环境友好，各项缓冲性能良好，是现阶段缓冲衬垫的主要材料。

（3）气垫缓冲材料　气垫缓冲材料是快递物流中经常使用的衬垫材料，主要有气泡膜、充气袋和充气柱等款式，价格低廉、操作简便、质量轻，缓冲性能良好，尤其是将水果等易损易碎的物品放入充气柱内后，基本可以避免振动和冲击带来的损伤，应用范围广，形状多变灵活，是普遍使用的衬垫材料。

二、减震技术

芒果的减震技术主要考虑减少果实运输过程装卸、搬运等造成的机械损伤。芒果的减震主要从果实的盛装容器和内包装技术两方面考虑。卫赛超等（2020）分析了模拟运输时间对芒果贮藏期间生理与品质的影响，结果表明运输振动使芒果产生了不同程度的瘀伤，对果肉水分分布产生影响并加速了贮藏阶段自由水的丧失，且振动时间越长自由水含量损失越严重，失重率也显著上升。振动也可提升芒果的呼吸峰值，增加芒果贮藏阶段的果胶甲酯酶与果胶含量，加快了芒果的软化腐败速率。振动还使芒果贮藏阶段的可滴定酸与维生素 C 含量显著降低，且振动时间越长对其含量的影响越大。模拟运输时间 24h 及以下的运输组对芒果的损伤在可接受范围，而 36h 运输组则对芒果产生了更多的不可逆伤害。为了减少运输过程芒果损伤，果实之间也会加入防震材料，如厚纸板、碎报纸及泡棉网套等。不同的防震材料防震效果不同。叶仲基等（2007）通过观察芒果呼吸率，发现以小保丽龙块、网袋或保丽龙垫（即承盘）作为芒果装箱内的衬垫材料，其减震效果比用传统方法如报纸垫或碎报纸填充于期间的效果好。宋海燕等（2021）研究表明振动时间相同时，使用网套防护的缓冲效果远好于未使用缓冲衬垫，厚度越大的网套对芒果的防震效果越好，在短途运输时可选用 6mm 厚网套，长时间运输且对果实硬度有较高要求时应选用 8mm 以上厚网套作防护衬垫。

三、保温与蓄冷技术

芒果是呼吸跃变型果实，青时采摘，在常温下迅速后熟。因此，远途运输销售的芒果需要低温贮藏保鲜。保温技术一般与蓄冷技术结合使用。

快递箱中蓄冷剂与水果的质量比越大，保温时间越长。箱内各位置的保温时间不尽相同，顶部的保温时间最短，侧面和底部的保温时间最长，中心点保温时长居中，芒果与蓄冷剂质量比为1∶2，可实现双温区24h的保温效果（宋海燕等，2021）。

四、 运输技术

目前，我国的水果运输渠道有公路、水路、铁路和航空运输。运输可以看作是动态贮藏，运输过程中产品的振动程度，环境中的温度、湿度和空气成分，都对运输效果产生重要影响。如前所述，芒果水分含量多，采后生理活动旺盛，易破损、易腐烂。因此，为了达到理想的运输效果，确保运输安全，要求做到快装快运、轻装轻卸、防热防冻。果实后熟程度高的芒果不宜长远途运输，如需长途运输采用冷藏车（如机械保温车）为好，装车前要提前制冷使果品尽快降至冷藏温度。短途运输可采用普通货车，但不宜选用气密性好的货柜车，否则果品过快后熟，无氧呼吸产生异味。

1. 运输方式

（1）公路运输　公路运输是我国最重要和最常用的短途运输方式。虽然存在成本高、运量小、耗能大等缺点，但其灵活性强、速度快、适应地区广。主要工具有各种大小车辆、汽车、拖拉机等。随着高速公路网的建成，高速冷藏集装箱运输将成为今后公路运输的主流。

（2）水路运输　利用各种轮船进行水路运输具有运输量大、成本低、行驶平稳等优点，尤其海运是最便宜的运输方式。在国外，海运价格只是铁路的1/8、公路的1/40。但其受自然条件限制较大，运输的连续性差、速度慢。因此，水路运输果蔬的种类受到限制，发展冷藏船运输果蔬是我国水路运输的发展方向。

（3）铁路运输　铁路运输具有运输量大、速度快、运费较低（运费高于水运但低于公路运输）、连续性强等优点，适合于大宗果蔬的长途运输。然而也存在耗时长、调度程序复杂、不易应对紧急运输、不能实现上门服务的缺点。

（4）航空运输　航空运输的优点为速度快，抢占市场灵活，水果机械损伤少、安全性高。其缺点为运费高、运输单位小，以毛重计费、包装物要既坚固又轻，上机、下机的时间往往较长，如果在夏季则要在包装内加入密封好的冰袋以控制温度。因此，空运主要适于鲜度下降快的高档果蔬，空运常用的工具是货运专用飞机以及人与货物联运机。各种运输方式所完成的从产地到消费地的运输过程是一个系统过程，一部分是由一种运输方式完成，大部分则是通过几种运输方式联合完成。因此，在实现运输现代化的过程中，如何发挥各种运输方式的优势，合理利用和综合发展各种运输方式就具有重要的意义。王云舒等（2016）研究表明快递空运结合 1 - MCP 处理降低了红玉芒果实腐烂率和转黄指数，维持了较高的可溶性固形物、可滴定酸及维生素 C 含量，延缓了果实硬度的下降，明显抑制了果皮相对电导率的上升，显著延长了芒果的保质期。另外，从红玉芒挥发性物质看，快递空运处理组醇类、醛类和烃类总含量高于快递陆运处理组，有效保持了主要挥发性物质的含量。以上结果说明快递空运结合 1 - MCP 处理是非常适合芒果采后电商销售的处理方式。

2. 运输工具

（1）敞篷货车　目前，承担芒果公路运输多为普通货车或厢式货车。车厢内的温度和湿度通过通风、草帘棉毯覆盖、炉温加热、夹冰等措施调节。敞篷货车与冷藏汽车比较具有费用低、装载量大的优点，但敞篷货车运输的果蔬产品质量很难保障，长途运输在冬季的北方和夏季的南方更是如此。敞篷货车运输要注意防超载、冻害、高温、雨淋、强烈颠簸，产品应采取降温措施。

（2）隔热车　隔热车是指不安装制冷设备，靠车体良好的隔热性能和气密性能以及货物本身积蓄的冷量来调控车内温度的保温车。近年来，隔热车在国外得到广泛采用。这种保温车没有任何冷源，主要依靠车体良好的隔热性能维持水果适宜的温度。水果经过预冷后装车运输，温度回升较慢，运输效果优于普通棚车。

（3）冷藏车　除了具有良好的隔热性和气密性，车厢内有制冷设备，不论在高温季节还是低温季节，都能维持适宜的运输温度，运输效果好。目前，我国的冷藏车主要有机械冷藏车、液氮冷藏车和平板冷藏拖车。

①机械冷藏车：以机械制冷装置为冷源的冷藏车，是铁路冷藏运输的主要工具。目前，我国铁路冷藏运输中的机械冷藏车均采用蒸汽压缩制冷，B_{23}型冷藏车组是我国主要的机械冷藏车。

②液氮冷藏车：在具有隔热车体的冷藏车上装设液氮贮罐，利用液氮从贮罐通过喷淋装置喷射出来，突变到常压状态，液态向气态转化要吸收大量的汽化热，从而实现对周围环境的降温。液氮冷藏车兼有制冷和气调的作用，能较好地保持易腐果品的品质，在国外得到较大发展。

③平板冷藏拖车：近年来，国外发展出一种平板冷藏拖车，这是一节单独的隔热拖车车厢，车轮在车厢底部一端，另一端挂在大功率拖车头上。这种拖车移动方便灵活，经济实用，既可用拖车牵引在公路上运输，又可停放在平板火车上作远程运输。平板冷藏拖车可以在产地包装场载满果品后用汽车牵引到铁路站台，安放在平板火车上，运到销售地火车站后再用汽车牵引到批发市场或销售点。这一系列过

程无需机械化的装卸设备，大幅节省了时间，减少了产品的搬运和装卸次数，能有效避免机械损伤，同时经历的温度变化小，对保持产品质量、提高销售价格十分有利。

（4）集装箱　是当今世界上发展非常迅速的一种运输工具，既省人力、时间，又保证产品质量。集装箱突出的特点是抗压强度大，可以长期反复使用；便于机械化装卸，货物周转迅速；能创造良好的贮运条件，保护果品不受伤害。集装箱规格很多，我国1000kg集装箱的规格为外部尺寸900mm × 1260mm × 1144mm、内容积1.3m^3、箱重186kg、载重814kg、总重1000kg。集装箱的种类很多，按材料分为铝合金集装箱、玻璃钢集装箱、钢制集装箱等，按结构分为折叠式集装箱、薄壳式集装箱、内柱式与外柱式集装箱等，按功能分为普通集装箱、冷藏集装箱、冷藏气调集装箱、冷藏减压集装箱等。在普通集装箱的基础上增加箱体隔热层和制冷设备，即成冷藏集装箱。冷藏集装箱是专为运输新鲜食品（如新鲜果蔬、鱼、肉等）而设计的，国际冷藏集装箱的规格为外部尺寸6058mm × 2438mm × 2438mm、内部尺寸5477mm × 2251mm × 2099mm、门2289mm × 2135mm、内容积25.9m^3、箱重2520kg、载重17800kg、总重20320kg。冷藏集装箱可利用大型拖车直接开到水果产地，产品收获后直接装入箱内降温，使其在短期内即处于最佳贮运条件下，保持新鲜状态，直接运往目的地，这种优越性是其他运输工具不可比拟的。

广西壮族自治区农业科学院农产品加工研究所研发出一种可移动式车载气调库（图3－15），该气调冷链运输装备由气密库体，气调系统，制冷系统，加湿系统，压力平衡系统以及温度、湿度、气体自动检测控制系统，臭氧杀菌系统，乙烯吸附系统构成，集控温、调湿、气调、冷藏、臭氧杀菌、乙烯吸附于一体，建立了数据采集系统、控制单元、触摸屏和执行机构，能安装在车辆上进行长距离和长时间运输，有效确保果蔬的保鲜效果。建立的气调保鲜智能控制系统，在全自动模式下可自动控制箱内温度及气体浓度。配置有液晶显示屏显示，触摸式控制，控制装置性能稳定可靠，操作简便安全，可实现全自动无人操作。建立了网上检测系统，随时掌握运行地点和运行状态。该设备移动方便，能够满足芒果采后及时储存，经该设备贮藏过的芒果很好地保持了果实原有的形、色、香味，果实硬度高于普通冷藏，果实腐烂率和自然损耗（失水率）低，延长了贮藏时间和保质期。

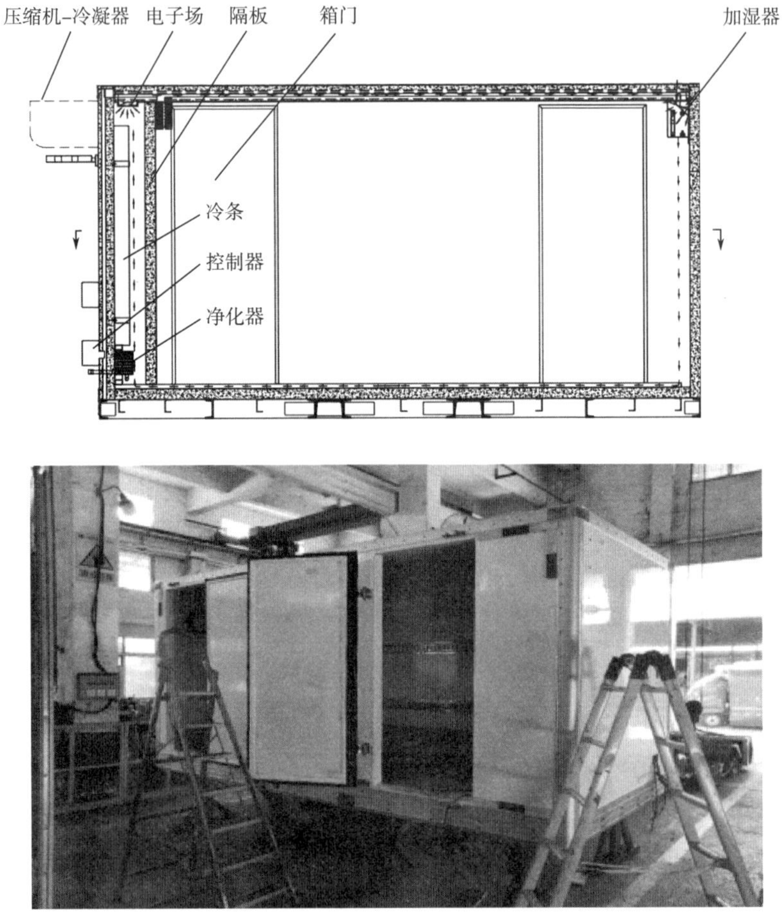

图 3－15　可移动式车载气调库结构图

第四节　生产实例

一、芒果贮藏保鲜标准、规程

（一）行业标准和规程

- 《芒果》（NY/T 492—2002）

（二） 地方标准和规程

- 《芒果采收、贮运及包装规程》（DB 46/T 173—2009）
- 《芒果采收与采后商品化处理技术规程》（DB 45/T 1525—2017）

二、 芒果保鲜技术

（一） 预冷技术

1. 预冷的作用

详见本章第一节“五、预冷技术”。

2. 预冷方法

详见本章第一节“五、预冷技术”。

3. 示例

冷水预冷：采后芒果经常温放置达恒温后，直接放入冷却水循环机箱体内进行预冷，冷却水温度为0、4、8、12℃，芒果贮藏温度和预冷终点温度为13℃。当芒果中心温度达到13℃时预冷结束。晾干后于13℃、相对湿度85%～95%条件下贮藏14d后测定各项品质指标。结果表明，预冷时间随预冷水温度的下降而减少，使用0℃冷却水对芒果进行预冷不会出现冷害情况，反而有助于芒果品质的保持（李健等，2013）。

（二） 包装技术

1. 包装技术

气调包装通过调节包装内的气体环境从而起到延长保质期和贮藏品质的目的，是一种有效、应用范围广、价格低廉的保鲜包装技术。其原理是利用果蔬自身呼吸作用和薄膜材料的渗透性来调整包装内气体比例，达到抑制果蔬呼吸作用，降低果蔬的新陈代谢速率和微生物活跃度，维持果实正常保质期内的品质效果。现阶段气调包装技术主要分为复合气体包装和自发气调包装。复合气体包装是根据果蔬的生理特性，人为控制向包装内充入不同比例的氧气、二氧化碳和氮气的混合气体，在包装袋内快速建立一个适宜的气调环境，尽可能降低产品的呼吸作用，达到贮藏保鲜目的。而自发气调包装是利用包装材料自身透气性、透湿性等性能调节包装袋内产品的呼吸速率，延缓品质衰败速率，从而延长商品的保质期。

2. 示例

壳聚糖结合气调包装：以海南澳芒为例，采用不同质量分数壳聚糖（0%、0.5%、0.75%、1%、1.25%）处理并于低温下（10℃）沥干，气调包装盒盛放（300g/盒），气调比例4% O_2 +6% CO_2 +90% N_2，置于6℃下贮藏15d。结果表明，壳聚糖结合气调包装处理能有效抑制在低温冷藏条件下最少加工芒果可溶性固形物、维生素C含量的下降，使其保留较高含量的营养物质；壳聚糖结合气调包装处理对保护和提高果实色泽亮度、延缓芒果后熟和抑制果实变软效果显著，产品保持相对较好的感官品质（何艾等，2015）。

（三）贮藏技术

1. 物理杀菌技术

常用于芒果的物理杀菌技术有短波紫外线、电子束辐照等。短波紫外线辐照处理可控制果蔬表面的微生物和病原菌生长繁殖，减轻果实腐烂，刺激防御机制相关酶（过氧化物酶、过氧化氢酶、苯丙氨酸解氨酶、超氧化物歧化酶等）活性，降低乙烯的生成，抑制果实中细胞壁降解酶活性，延长芒果的保鲜期。电子束辐射保鲜技术的原理是利用电子加速器产生的高能电子束（最大能量10MeV）射线辐照果蔬，通过高能脉冲直接作用，使果蔬表面微生物发生一系列理化反应，防止腐烂，并能延缓果蔬成熟。

2. 示例

UV－C照射：采收均已着色、八成熟、大小适中的芒果，清水清洗后使用UV－C照射，照射剂量为4.9kJ/m^2，UV－C照射过程中翻转芒果使之照射均匀。将照射后的芒果避光于23℃下贮藏。发现经4.9kJ/m^2短波紫外照射，芒果腐烂率显著降低，可保持良好的果实硬度，呼吸作用和乙烯产生被明显抑制，果实抗坏血酸、总酚等营养物质含量维持在较高水平（赵静，2013）。

参考文献

[1] Aider M. Chitosan application for active bio－based films production and potential in the food industry: Review [J]. LWT－Food Science and Technology, 2010, 43 (6): 837－842.

[2] Al－Qurashi A D, Awad M A. Postharvest ethanolic extract of propolis treatment affects quality and biochemical changes of ‘Hindi－Besennara’ mangos during shelf life [J].

Scientia Horticulturae, 2018, 233: 520 - 525.

[3] Arnao M B, Hernández - Ruiz J. Melatonin and its relationship to plant hormones [J]. Annals of Botany, 2018, 121 (2): 195 - 207.

[4] Arnao M B, Hernández - Ruiz J. Melatonin: Plant growth regulator and/or biostimulator during stress? [J]. Trends in Plant Science, 2014, 19 (12): 789 - 797.

[5] Atta H M, El - Sayed A S, El - Desoukey M A, et al. Biochemical studies on the natamycin antibiotic produced by *Streptomyces lydicus*: Fermentation, extraction and biological activities [J]. Journal of Saudi Chemical Society, 2015, 19 (4): 360 - 371.

[6] Beaudry R M. Effect of O_2 and CO_2 partial pressure on selected phenomena affecting fruit and vegetable quality [J]. Postharvest Biology and Technology, 1999, 15 (3): 293 - 303.

[7] Chen C, Peng X, Zeng R, et al. Ficus hirta fruits extract incorporated into an alginate - based edible coating for Nanfeng mandarin preservation [J]. Scientia Horticulturae, 2016, 202: 41 - 48.

[8] Chonhenchob V, Singh S P. A comparison of corrugated boxes and reusable plastic containers of mango distribution [J]. Packaging Technology and Science, 2003, 16: 231 - 237.

[9] Dea S, Brecht J K, Nunes M, et al. Quality of fresh - cut 'Kent' mango slices prepared from hot water or non - hot water - treated fruit [J]. Postharvest Biology & Technology, 2010, 56 (2): 171 - 180.

[10] Djioua T, Charles F, Lopez - Lauri F, et al. Improving the storage of minimally processed mangoes (*Mangifera indica* L.) by hot water treatments [J]. Postharvest Biology & Technology, 2009, 52 (2): 221 - 226.

[11] Du Y, Sun J, Wang L, et al. Development of antimicrobial packaging materials by incorporation of gallic acid into Ca^{2+} crosslinking konjac glucomannan/gellan gum films [J]. International Journal of Biological Macromolecules, 2019, 137: 1076 - 1085.

[12] González - Aguilar G A, Zavaleta - Gatica R, Tiznado - Hernández M E. Improving postharvest quality of mango 'Haden' by UV - C treatment [J]. Postharvest Biology and Technology, 2007, 45 (1): 108 - 116.

[13] Guo L. Effect of forchlorfenuron (CPPU) and ethychlozate on fruit development and quality of mango cultivar 'Tainong 1' [J]. Plant Diseases & Pests, 2017, 8 (1): 39 - 42.

[14] Janisiewicz W J, Saftner R A, Conway W S, et al. Control of blue mold decay of

apple during commercial controlled atmosphere storage with yeast antagonists and sodium bicarbonate [J]. Postharvest Biology & Technology, 2008, 49 (3): 374 – 378.

[15] Jemima J, Bhattacharjee P, Singhal R S. Melatonin – a review on the lesser known potential nutraceutical [J]. Metabolism – clinical & Experimental, 2011, 8 (2): 1975 – 1987.

[16] Kamthai S, Magaraphan R. Development of an active polylactic acid (PLA) packaging film by adding bleached bagasse carboxymethyl cellulose (CMCB) for mango storage life extension [J]. Packaging Technology and Science, 2019, 32 (2): 103 – 116.

[17] Ketsa S, Chidtragool S, Klein J D, et al. Effect of heat treatment on changes in softening, pectic substances and activities of polygalacturonase, pectinesterase and β – galactosidase of ripening mango [J]. Journal of Plant Physiology, 1998, 153 (3 – 4): 457 – 461.

[18] Klangmuang P, Sothornvit R. Active coating from hydroxypropyl methylcellulose – based nanocomposite incorporated with Thai essential oils on mango (cv. Namdokmai Sithong) [J]. Food Bioscience, 2018, 23: 9 – 15.

[19] Kumari S, Singh A K, Kumar A, et al. Evaluating the efficacy of chitosan and salicylic acid on photosynthetic pigments and antioxidant enzymes towards resistance of mango malformation [J]. Scientia Horticulturae, 2021, 285: 110160.

[20] Lakshmi K, Rao S, Babu K H. Efficacy of certain fungicides and bio – control agents in control of post – harvest decay of mango fruits due to *Colletotrichum gloeosporiodes in vitro* and *in vivo* [J]. 2004, 52 (1/6): 305 – 309.

[21] Lalel H J D, Singh Z, Tan S C. Elevated levels of CO_2 in controlled atmosphere storage affects shelf life, fruit quality and aroma volatiles of mango [J]. Acta Horticulturae, 2003, 553: 605 – 606.

[22] Li L, Li C, Sun J, et al. The Effects of 1 – Methylcyclopropene in the regulation of antioxidative system and softening of mango fruit during storage [J]. Journal of Food Quality, 2020, 2: 1 – 11.

[23] Link R E, Chonhenchob V, Singh S P. Testing and comparison of various packages for mango distribution [J]. Journal of Testing & Evaluation. 2004, 32 (1): 69 – 72.

[24] Lin Y, Lin Y, Lin H, et al. Effects of paper containing 1 – MCP postharvest

treatment on the disassembly of cell wall polysaccharides and softening in Younai plum fruit during storage [J]. Food Chemistry, 2018, 264 (30): 1 – 8.

[25] Li T, Fan P, Yun Z, et al. β – Aminobutyric acid priming acquisition and defense response of mango fruit to colletotrichum gloeosporioides infection based on quantitative proteomics [J]. Cell, 2019, 8: 1029.

[26] Nidhi R, Keshavan N, Eric D. Effects of modified atmosphere packaging on quality of 'Alphonso' mangoes [J]. Journal of Food Science and Technology, 2012, 49 (6): 721 – 728.

[27] Panaitescu D M, Frone A N, Ghiurea M, et al. Influence of storage conditions on starch/PVA films containing cellulose nanofibers [J]. Industrial Crops & Products, 2015, 70: 170 – 177.

[28] Park J G, Yoon Y, Park J N, et al. Effects of gamma irradiation and electron beam irradiation on quality, sensory, and bacterial populations in beef sausage patties [J]. Meat Science, 2010, 85 (2): 368 – 372.

[29] Parreidt T S, Lindner M, Rothkopf I, et al. The development of a uniform alginate – based coating for cantaloupe and strawberries and the characterization of water barrier properties [J]. Foods, 2019, 8 (6): 203.

[30] Patiño – Vera M, Jiménez B, Balderas K, et al. Pilot – scaleproduction and liquid formulation of *Rhodotorula minuta*, a potential biocontrol agent of mango anthracnose [J]. Journal of Applied Microbiology, 2010, 99 (3): 540 – 550.

[31] Perumal A B, Sellamuthu P S, Nambiar R B, et al. Effects of essential oil vapour treatmenton the postharvest disease control and different defence responses in two mango (*Mangifera indica* L.) cultivars [J]. Food and Bioprocess Technology, 2017, 10 (6): 1131 – 1141.

[32] Prasad K, Sharma R R. Salicylic acid influences lenticel discolouration and physiological and biochemical attributes of mango (*Mangifera indica* L.) fruits [J]. Journal of Plant Biochemistry & Biotechnology, 2018, 27 (5): 1 – 7.

[33] Rastegar S, Khankahdani H H, Rahimzadeh M. Effectiveness of alginate coating on antioxidant enzymes and biochemical changes during storage of mango fruit [J]. Journal of Food Biochemistry, 2019, 43 (11): 12990.

[34] Rastegar S, Khankahdani H H, Rahimzadeh M. Effects of melatonin treatment on the

biochemical changes and antioxidant enzyme activity of mango fruit during storage [J]. Scientia Horticulturae, 2020, 259: 108835.

[35] Robles – Sánchez M, Astiazarán – García H, Martín – Belloso O, et al. Influence of whole and fresh – cut mango intake on plasma lipids and antioxidant capacity of healthy adults [J]. Food Research International, 2011, 44 (5): 1386 – 1391.

[36] Seid A, Tasew D, Tsedaley B. Effect of hot water treatment on development of anthracnose (*Colletotrichum gloeosporioides*) and quality of mango fruit at Jimma southwest Ethiopia [J]. Archiv Fr Pflanzenschutz, 2017, 50 (7 – 8): 303 – 316.

[37] Singh S P, Saini M K. Postharvest vapour heat treatment as a phytosanitary measure influences the aroma volatiles profile of mango fruit [J]. Food Chemistry, 2014, 164: 387 – 395.

[38] Soegiarto L, Wills R B. Short term fumigation with nitric oxide gas in air to extend the postharvest life of broccoli, green bean, and bok choy [J]. Hort Technology, 2004, 14 (4): 538 – 540.

[39] Tavares K M, De Campos A, Mitsuyuki M C, et al. Corn and cassava starch with carboxymethyl cellulose films and its mechanical and hydrophobic properties [J]. Carbohydrate Polymers, 2019, 223: 115055.

[40] Ullah H, Ahmad S, Amjad M, et al. Response of mango cultivars to modified atmosphere storage at an ambient temperature cv. alphanso and Chounsa [J]. Pakistan Journal of Agricultural Sciences, 2012, 49 (3): 293 – 299.

[41] Vega – Alvarez M, Salazar – Salas N Y, López – Angulo G, et al. Metabolomic changes in mango fruit peel associated with chilling injury tolerance induced by quarantine hot water treatment [J]. Postharvest Biology and Technology, 2020, 169: 111299.

[42] Veloshinie G, Lise K, Dharini S. Semi – commercial evaluation of *Bacillus licheniformis* to control mango postharvest diseases in South Africa [J]. Postharvest Biology and Technology, 2005, 38 (1): 57 – 65.

[43] Venugopal A P, Viswanath A, Ganapathy S. A review on importance of on – farm precooling inhandling of fruits and vegetables [J]. Trends in Biosciences, 2017, 10 (3): 968 – 970.

[44] Wang H, Yang Z, Song F, et al. Effects of heat treatment on changes of respiration rate and enzyme activity of ivory mangoes during storage [J]. Journal of Food

Processing and Preservation, 2017, 41 (1): 1-8.

[45] Wang K, Wu K, Xiao M, et al. Structural characterization and properties of konjac glucomannan and zein blend films [J]. International Journal of Biological Macromolecules, 2017, 105: 1096-1104.

[46] Wisniewski M E, Droby S, Chalutz E, et al. Effects of Ca^{2+} and Mg^{2+} on *Botrytis cinerea* and *Penicillium expansum in vitro* and on the biocontrol activity of *Candida oleophila* [J]. Plant Pathology, 1995, 44 (6): 1016-1024.

[47] Yihui C, Junzheng S, Hetong L, et al. Paper-based 1-MCP treatment suppresses cell wall metabolism and delays softening of Huanghua pears during storage [J]. Journal of the science of food and agriculture, 2017, 97 (8): 2547-2552.

[48] Zainuri, Jayaputra, Sauqi A, et al. Combination of ozone and packaging treatments maintained the quality and improved the shelf life of tomato fruit [J]. IOP Conference Series: Earth and Environmental Science, 2018, 102 (1): 12-27.

[49] Zhang H, Ma L, Wang L, et al. Biocontrol of gray mold decay in peach fruit by integration of antagonistic yeast with salicylic acid and their effects on postharvest quality parameters [J]. Biological Control, 2008, 47 (1): 60-65.

[50] Zhang Z, Yang D, Bo Y, et al. β-Aminobutyric acid induces resistance of mango fruit to postharvest anthracnose caused by *Colletotrichum gloeosporioides* and enhances activity of fruit defense mechanisms [J]. Scientia Horticulturae, 2013, 160: 78-84.

[51] Zheng X L, Tian S P, Gidley M J, et al. Slowing the deterioration of mango fruit during cold storage by pre-storage application of oxalic acid [J]. Journal of Pomology & Horticultural Science, 2007, 82 (5): 707-714.

[52] Zheng X, Tian S, Gidley M J, et al. Effects of exogenous oxalic acid on ripening and decay incidence in mango fruit during storage at room temperature [J]. Journal of Fruit Science, 2005, 45 (2): 281-284.

[53] Zhu F. Modifications of konjac glucomannan for diverse applications [J]. Food Chemistry, 2018, 256: 419-426.

[54] 白大娟. 高 CO_2 短时处理对芒果和香蕉贮藏品质的影响及其条件优化 [D]. 广州: 华南农业大学, 2009.

[55] 蔡晨晨, 马瑞佳, 刘涛, 等. 百里香精油微胶囊复合涂膜在芒果保鲜中的应用 [J]. 食品工业科技, 2020, 42 (10): 275-280.

[56] 曹建康，姜微波．柠檬酸处理对鸭梨果实贮藏特性的影响［J］．食品科技，2005（10）：84－87.

[57] 曹甜甜．纳米氧化锌/磺甲比林功能纸的制备及在芒果保鲜上的应用［D］．南宁：广西大学，2018.

[58] 陈海霖．魔芋葡甘聚糖/壳聚糖生物复配膜的研究及其在芒果保鲜中的应用［D］．福州：福建农林大学，2011.

[59] 陈海英，廖富蘋，林健荣，等．拮抗细菌在植物病害防治中的应用及展望［J］．安徽农业科学，2008（20）：8690－8691.

[60] 陈俊，王丹，陈文学，等．益智仁提取物在芒果保鲜中的应用研究［J］．食品科技，2015，40（4）：309－314.

[61] 陈敏，高云慨，宋海超，等．氯化钙结合季也蒙毕赤酵母（*Meyerozyma guilliermondii*）对抑制芒果采后炭疽病效果的影响［J］．食品科学，2016，37（2）：204－209.

[62] 陈奇，张弘，郑华，等．紫胶树脂在氨水中的溶解性及其铵盐的理化性质［J］．食品科学，2013，34（23）：77－82.

[63] 陈勇．超声波改性膨润土涂膜在芒果采后保鲜中的应用［J］．食品工业科技，2017，38（24）：287－291.

[64] 谌素华，王维民，夏杏洲，等．壳聚糖涂膜保鲜对芒果保鲜效果的研究［J］．食品科技，2007（3）：236－238.

[65] 邓泽官．电磁环境对芒果采后生理影响的研究［D］．武汉：华中科技大学，1997.

[66] 段丹萍，鲁丽莎，王海宏，等．果蔬涂膜保鲜技术研究现状与应用前景［J］．保鲜与加工，2009，9（6）：1－6.

[67] 段鑫，欧杰，李柏林，等．辐照技术在肉制品杀菌保鲜中的应用［J］．食品科学，2010，31（1）：278－282.

[68] 范方方，刘琨．膨润土/壳聚糖/PVA 保鲜膜对芒果保鲜效果的影响［J］．食品科技，2017，42（3）：54－59.

[69] 冯卫华，伦家欣，蒋雨，等．绿色木霉菌抑制芒果炭疽菌特性研究［J］．中国食品学报，2012，12（1）：99－104.

[70] 冯叙桥，孙海娟，徐方旭，等．1－OCP 作为乙烯效应抑制剂与 1－MCP 对芒果低温贮藏品质影响的比较研究［J］．食品与生物技术学报，2013，32（5）：460－468.

[71] 甘瑾，马李一，陈智勇，等. 漂白胶对芒果贮藏保鲜效果的研究 [J]. 食品科学，2005，26 (1)：242-244.
[72] 高豪杰. 1-MCP 对芒果采后品质和生理的影响 [D]. 海口：海南大学，2012.
[73] 高云慨. 一株对芒果炭疽病菌有拮抗作用的酵母菌的鉴定、生防效果评价及抗逆性改良 [D]. 海口：海南大学，2014.
[74] 高兆银，胡美姣，李敏，等. 荜茇提取物对芒果病原菌的抑制活性以及采后病害的防治效果 [J]. 热带农业科学，2011，31 (7)：51-54.
[75] 高兆银，胡美姣，李敏，等. 植物萃取物对芒果的保鲜效果 [J]. 浙江农业科学，2011 (1)：96-97.
[76] 高兆银，胡美姣，李敏，等. 中草药提取物对 2 种杧果采后病原菌的抑菌活性 [J]. 热带作物学报，2008，29 (1)：83-88.
[77] 高兆银，杨芩，李敏，等. 中草药乙醇提取物对芒果采后病害的防治效果 [J]. 浙江农业科学，2009 (3)：528-530.
[78] 葛念念，周易，田亚琴，等. 复合菌株对采后芒果品质和抗病性的影响 [J]. 食品科学，2018，40 (9)：201-206.
[79] 葛霞，田世龙，黄铮. 纳米保鲜果蜡与 1-甲基环丙烯复合处理对台农芒果保鲜效果的影响：西北地区第六届色谱学术报告会甘肃省第十一届色谱年会 [C]. 甘肃：中国甘肃兰州，2010.
[80] 葛霞，田世龙，李梅，等. 不同浓度保鲜果蜡对台农芒果常温保鲜效果的影响 [J]. 保鲜与加工，2009，9 (4)：13-15.
[81] 弓德强，谷会，张鲁斌，等. 采前 BTH 处理对芒果果实抗病性的诱导 [J]. 热带作物学报，2012，33 (7)：1250-1255.
[82] 弓德强，何衍彪，张鲁斌，等. 丁香和石菖蒲提取物对采后芒果贮藏品质的影响 [J]. 中国农学通报，2010，26 (2)：267-271.
[83] 弓德强，胡美姣，高兆银，等. 采前水杨酸处理对芒果保鲜效果及其相关机理研究 [J]. 中国果树，2021 (7)：56-61.
[84] 弓德强，梁清志，黄光平，等. BABA 处理对采后芒果果实抗病性的影响 [J]. 热带作物学报，2015，36 (11)：2067-2072.
[85] 龚国强，周山涛，冯双庆. 芒果长途运输及气调贮藏 [J]. 食品科学，1991 (10)：32-36.
[86] 关玥彤，常善丰，鄂玉萍，等. 葡甘聚糖涂布纸箱对芒果保鲜效果的研究 [J].

包装世界，2016（1）：33－36.
［87］何艾，刘宁彰，谢辉，等．壳聚糖结合气调包装对冷藏期间芒果最少加工品品质的影响［J］．食品科技，2015，40（3）：24－28.
［88］何俊瑜，任艳芳，刘屹萱，等．水杨酸处理对采后台农芒果品质和活性氧代谢的影响［J］．食品工业科技，2016，37（15）：329－333.
［89］何炜静，赵斌，吴旖，等．中药保鲜果蜡的制备及对芒果保鲜效果的研究［J］．中国果菜，2011（3）：54－55.
［90］何秀娟．筛选芒果采后炭疽病和蒂腐病的生防菌研究［D］．武汉：华中农业大学，2006.
［91］侯晓东．中草药提取物对采后芒果的病菌抑制和保鲜效果研究［D］．海口：华南热带农业大学，2007.
［92］侯志强，王庆国．延长芒果货架期技术的研究［J］．食品与发酵科技，2011，47（6）：25－28.
［93］霍峰岩，夏宁，韦保耀，等．黄芩提取物对芒果贮藏保鲜的研究［J］．食品工业科技，2009，30（12）：342－346.
［94］姬伟，李俊乐，杨俊，等．机器手采摘苹果抓取损伤机理有限元分析及验证［J］．农业工程学报，2015，31（5）：17－22.
［95］江敏，胡小军，赖静方，等．高良姜提取物——海藻酸钠涂膜保鲜芒果的研究［J］．食品研究与开发，2011，32（8）：152－155.
［96］蒋依辉，易干军，孟祥春，等．钙处理结合壳聚糖涂膜对芒果贮藏品质的影响［J］．食品科学，2009，30（22）：369－372.
［97］蒋小飞，张小菊，方荣美，等．鱼腥草挥发油与黄连生物碱复合保鲜涂膜液对芒果的保鲜效果［J］．江苏农业科学，2018，46（8）：195－198.
［98］井敏敏，田亚琴，邵远志．拮抗菌 JS－8 对“台农”芒果贮藏品质及保护酶活性的影响［J］．食品与发酵工业，2017，43（1）：168－173.
［99］劳彩娴，卢立新．TiO_2/ACF 的制备及其光催化降解乙烯的性能研究［J］．现代化工，2020，40（1）：185－188.
［100］李春玲，王庆国，胥丽娜，等．一株芒果炭疽病拮抗菌抑菌活性的研究及其鉴定［J］．食品工业科技，2012，33（11）：147－150.
［101］李济权．完全成熟芒果贮藏期间病害防治研究［J］．广西民族学院学报（自然科学版），2004（3）：76－79.

[102] 李健，曹建康，姜微波，等．芒果冷水预冷的实验研究［J］．食品科技，2013，38（5）：38－41.

[103] 李劲，邓泽官，姚宏霖，等．电磁和放电环境对水果采后生理影响的研究［J］．高电压技术，1997，23（1）：10－12.

[104] 李敏，胡美姣，高兆银，等．不同热水处理对芒果主要采后病害控制及贮藏期影响的研究［J］．果树学报，2010，27（1）：88－92.

[105] 李佩艳，尹飞，党东阳，等．草酸处理对桂七芒果冷害及细胞壁代谢的影响［J］．核农学报，2020，34（12）：2742－2748.

[106] 李雪晖，彭述辉，林好，等．魔芋葡甘聚糖复配膜对常温芒果保鲜效果的影响［J］．热带生物学报，2012，3（2）：155－161.

[107] 梁广勤，梁帆，林楚琼，等．热水处理芒果杀灭果实中的桔小实蝇［J］．江西农业大学学报，1993（4）：448－453.

[108] 梁琪．拮抗酵母菌 3－110 的分离筛选以及对芒果保鲜的机理初探［D］．武汉：华中农业大学，2020.

[109] 梁清志，弓德强，黄光平，等．3 种中草药提取物对 2 个芒果品种果实常温贮藏品质的影响［J］．山东农业科学，2015，47（11）：111－115.

[110] 林晓敏，谭晓荣．拮抗酵母菌防治果蔬采后病害的研究［J］．北方园艺，2015（1）：182－186.

[111] 林瑜，左江林，罗宇强，等．BP 神经网络在超声波芒果分级检测中的应用［J］．工业控制计算机，2016，29（10）：52－55.

[112] 刘辉，许文才，李东立，等．功能型包装薄膜材料在芒果保鲜中的应用［J］．包装工程，2016，37（23）：34－38.

[113] 刘佳怡．纳他霉素对胶孢炭疽菌的抑制作用及其机理研究［D］．海口：海南大学，2019.

[114] 刘嘉俊．海藻酸钠涂膜对芒果保鲜效果的研究［D］．广州：华南理工大学，2011.

[115] 刘琨，李向伟，王雪玲，等．膨润土涂膜对芒果常温保鲜效果的影响［J］．食品科学，2011，32（12）：305－308.

[116] 刘荣，范建新，黄海，等．贵州山地芒果复合保鲜剂的筛选及保鲜效应分析［J］．热带作物学报，2018，39（6）：1200－1205.

[117] 刘帅民．褪黑素处理对采后芒果成熟和衰老的影响［D］．海口：海南大学，2020.

[118] 刘新华. BTH 防治芒果采后炭疽病及其系统获得抗性机理 [D]. 海口：海南大学，2010.

[119] 刘莹，谢峰，刘义武，等. 果胶/羧甲基纤维素钠复合涂膜液在冷鲜肉保鲜中的应用效果 [J]. 保鲜与加工，2015，15 (2)：25 - 28.

[120] 卢植新，黄辉晔，林明珍，等. 25% 施保克乳油在芒果防腐保鲜贮藏后残留消解动态分析 [J]. 西南农业学报，2005 (1)：80 - 83.

[121] 卢植新，林明珍，黄辉晔，等. 施保功 50% WP 浸芒果防腐保鲜后的残留消解动态及安全性评价 [J]. 中国生态农业学报，2007，15 (2)：96 - 98.

[122] 麦馨允，陈庆金，谭彦妮，等. 魔芋葡甘聚糖/纳米 SiO_2 复合涂膜配方及其对芒果贮藏品质的影响 [J]. 食品与发酵工业，2017，44 (1)：177 - 184.

[123] 米嘉琦，王笑寒，韩欣怡，等. 肉桂醛对芒果胶孢炭疽病的抑制作用及其涂膜应用 [J]. 食品工业科技，2019，41 (5)：250 - 256.

[124] 聂娅娜. 魔芋葡甘聚糖的纯化及在米饭中的应用研究 [D]. 长春：吉林大学，2016.

[125] 欧阳秋飞，杨建波，杨翠凤，等. 中草药提取物在杧果抑菌保鲜中的应用研究进展 [J]. 中国南方果树，2019，48 (2)：171 - 176.

[126] 潘永贵，刘新华，黎寿英，等. 采后 BTH 处理对芒果果实活性氧和抗氧化酶活性的影响 [J]. 中国食品学报，2012，12 (2)：111 - 117.

[127] 邱松山，姜翠翠. 1 - 甲基环丙烯处理对芒果采后成熟过程的影响 [J]. 食品与发酵工业，2010，36 (4)：207 - 211.

[128] 任艳芳，薛宇豪，田丹，等. 水杨酸和硝普钠协同处理对芒果贮藏品质及抗氧化活性的影响 [J]. 食品科学，2020，42 (9)：151 - 159.

[129] 荣瑞芬，佟世生，冯双庆，等. 水杨酸对采后芒果和番茄保鲜效果的初步研究 [J]. 食品科学，2001，22 (3)：79 - 81.

[130] 邵远志，陈业渊，高爱平，等. 1 - MCP 对芒果果实贮藏品质及采后生理的影响 [J]. 食品科技，2009，34 (7)：44 - 47.

[131] 施瑞城，张熙新，蔡汉海，等. 柠檬酸处理对芒果采后生理活动的影响 [J]. 植物生理学报，2000，26 (2)：130 - 132.

[132] 史学群，宋海超，何秋香，等. 海南省土壤拮抗放线菌的分离筛选及发酵液抑菌作用测定 [J]. 中国农学通报，2008，24 (4)：332 - 336.

[133] 宋海燕，毛星超，张琦，等. 生鲜果蔬多温区快递包装 [J]. 湖南包装，

2021，36（2）：1－4.
［134］宋康华，贾志伟，谷会，等．杧果乙烯抑制剂的筛选及其采后保鲜效果研究［J］．热带作物学报，2016，37（9）：1812－1818.
［135］苏小军，蒋跃明，于新，等．芒果采后生物学及贮运保鲜技术研究进展［J］．仲恺农业技术学院学报，2001，14（1）：60－66.
［136］孙炳新，何晓慧，冯叙桥，等．新型乙烯效应抑制剂 1－PentCP 与 1－MCP 对芒果常温贮藏保鲜效果的比较［J］．食品与发酵工业，2013，39（11）：262－267.
［137］孙炳新，徐方旭，冯叙桥，等．环丙烯类乙烯效应抑制剂在果实保鲜应用的研究进展［J］．食品科学，2014，35（11）：303－313.
［138］滕建文，曾文谨，姬晨，等．芒果的臭氧保鲜研究［J］．食品科技，2008，33（8）：233－235.
［139］田亚琴，葛念念，周易，等．美极梅奇酵母抑制芒果炭疽菌的拮抗机理初探［J］．食品工业科技，2018，39（1）：82－86.
［140］王璧生，刘景梅，彭埃天，等．芒果采后处理技术规程研究［J］．广东农业科学，1997（3）：43－45.
［141］王红丽，善文辉，胡海瑶，等．生防菌混合接种对葡萄灰霉病菌的防治效果［J］．中国生物防治学报，2019，36（2）：265－271.
［142］王焕宇．UV－C 处理对草莓果实保鲜的效果及其机理研究［D］．南京：南京农业大学，2015.
［143］王挥．采后热处理对芒果贮藏特性影响及机理的研究［D］．南宁：广西大学，2012.
［144］王挥，杨志伟，潘莹瑛，等．芒果热处理对贮藏品质影响及机理研究［J］．食品科技，2012，37（6）：57－60.
［145］王梦如，乔海颜，柯梦雨，等．植物源精油的抑菌机制及其在食品保鲜包装中的应用进展［J］．食品工业科技，2021，11：1－14.
［146］王润菡，井敏敏，赵红，等．采后芒果炭疽病拮抗酵母菌的分离和筛选［J］．食品研究与开发，2016，37（7）：180－183.
［147］王涛，张喜瑞，岳彦广，等．芒果采摘机设计［J］．液压与气动，2012，（2）：114－115.
［148］王伟洲．壳聚糖涂膜对芒果的保鲜效应［J］．宁波职业技术学院学报，2006，10（2）：105－107.

[149] 王雪玲．膨润土负载山梨酸盐保鲜芒果的研究［D］．南宁：广西大学，2012.
[150] 王云舒，颜廷才，史学群，等．不同物流方式对芒果货架期间生理品质及挥发性物质的影响［J］．食品与发酵工业，2016，42（4）：160－168.
[151] 卫赛超，谢晶．四种涂膜材料在芒果贮藏保鲜中的应用研究进展［J］．包装工程，2020，41（11）：64－71.
[152] 魏雯雯，吕平，孙斐，等．抑菌气调包装对芒果采后常温贮藏品质的影响［J］．中国果菜，2018，38（1）：1－3＋11.
[153] 吴岚芳，黄绵佳，李绍鹏，等．气调贮藏对芒果保鲜效果的研究［J］．食品科学，2008，29（12）：705－707.
[154] 向阳，林洁雯，李亚军，等．芒果双面成熟度在线检测分级系统［J］．农业工程学报，2019，35（10）：259－266.
[155] 谢建华，翁建淋，郑俊峰，等．减压冷藏对芒果贮藏品质的影响［J］．食品与机械，2017，33（7）：129－132.
[156] 谢雯君，陈鑫，林启训．贮藏温度对芒果采后病害和生理指标的影响［A］//福建省农业工程学会．福建省农业工程学会2005年学术年会论文汇编［C］．2005.
[157] 徐梓轩，丁姣，周向阳，等．柠檬酸改性淀粉/PVA薄膜的制备及其对芒果保鲜的研究［J］．仲恺农业工程学院学报，2019，32（1）：17－22.
[158] 薛琼，刘跃军，向贤伟，等．肉桂精油微囊化及其在果蔬保鲜中的应用［J］．包装工程，2016，37（5）：50－54.
[159] 颜志梅，杨青松，蔺经，等．翠冠梨柠檬酸处理常温保鲜试验［J］．江苏农业科学，2008（1）：199－201.
[160] 杨波，王卉，杭瑜瑜，等．精油固体保鲜剂对芒果保鲜效果的研究［J］．科技视界，2016（16）：57－58.
[161] 杨冬平．β－氨基丁酸和一氧化氮诱导芒果果实对炭疽病的抗性研究［D］．海口：海南大学，2014.
[162] 杨冬平，高兆银，李敏，等．水杨酸结合超声波处理对芒果采后抗病性的影响［J］．热带作物学报，2014，35（5）：974－979.
[163] 杨公正，陈永强，肖倩莼，等．无公害生物农药低聚糖素防治芒果炭疽病试验［J］．华南热带农业大学学报，2004，10（1）：7－9.
[164] 杨华，江雨若，邢亚阁，等．壳聚糖/纳米TiO_2复合涂膜对芒果保鲜效果的影响［J］．食品工业科技，2019，40（11）：297－301.

［165］杨明，刘晓辉，文素珍，等．鲜芒果不同状态下物质含量动态研究［J］．佛山科学技术学院学报（自然科学版），2014，32（4）：55－59.
［166］杨杨，范蓓，申琳，等．SNP对低温下芒果皮乙烯合成及受体表达的影响［J］．内蒙古农业大学学报（自然科学版），2014，35（4）：79－85.
［167］杨芝霓，李其利，李芝义，等．热水处理对不同品种芒果采后病害的防治效果研究［J］．安徽农业科学，2020，48（9）：200－202.
［168］姚宏霖，叶齐政，李胜利，等．电磁环境对采后芒果的生理影响［J］．应用与环境生物学报，2000，6（1）：33－35.
［169］姚评佳，岳武，魏远安，等．保鲜剂壳寡糖基聚合物对芒果保鲜试验初报［J］．中国果树，2006（2）：15－18.
［170］姚智，李华东，白亭玉，等．叶施钙肥对芒果果实呼吸、乙烯释放及矿质元素含量的影响［J］．中国土壤与肥料，2017（2）：95－101.
［171］叶仲基，詹弘彦．仿真运输振动对装箱芒果质量之影响［J］．中国农学通报，2007，23（10）：395－397.
［172］叶子，夏杨，高爱平，等．生物防治在杧果病害上的研究进展［J］．中国果菜，2020，40（11）：66－70.
［173］尹国胜，任艳芳，何俊瑜，等．NO对延长芒果货架期的影响研究［J］．中国农学通报，2011，27（26）：114－118.
［174］曾凯芳，姜微波，李新明．外源水杨酸对“紫花”芒果贮藏品质的影响［J］．食品与发酵工业，2004，30（5）：134－137.
［175］曾凯芳，姜微波．水杨酸处理对采后绿熟芒果炭疽病抗病性的诱导［J］．中国农业大学学报，2005，10（2）：36－40.
［176］张爱玉，刘岩，梁伟能，等．韭菜提取物对芒果炭疽菌和蒂腐菌的抑制作用［J］．食品科学，2011，32（S1）：68－71.
［177］张诚博．魔芋葡甘聚糖生物复配膜的研究及其在芒果保鲜中的应用［D］．福州：福建农林大学，2010.
［178］张大智，詹儒林，柳凤，等．芒果细菌性角斑病菌细胞壁降解酶反应条件优化［J］．广东农业科学，2015，42（8）：72－76.
［179］张佳佳．草酸（盐）处理对采后芒果果实的保鲜效应及其生理机制研究［D］．杭州：浙江工商大学，2011.
［180］张凯，吴曼莉，辜柳霜，等．胶孢炭疽菌生防放线菌 gz－8 的鉴定及生物活性

初步评价［J］. 农药学学报，2017，19（6）：708－715.

［181］张鲁斌，宋康华，贾志伟，等. 氯吡脲（CPPU）处理对采后杧果保鲜及生理效应的影响［J］. 果树学报，2015，33（5）：604－611.

［182］张明明，热合满·艾拉，王玉红，等. 乙烯与1－MCP处理对伯谢克辛甜瓜采后活性氧代谢的影响［J］. 食品工业科技，2018，39（18）：270－273＋310.

［183］张娜，关文强，阎瑞香，等. 芥末精油对芒果采后病原真菌抑制效果和保鲜效应的研究［J］. 食品工业科技，2011，32（3）：349－353.

［184］张业歆，刘家粮，潘永贵，等. 氯吡苯脲浸泡处理延缓采后芒果成熟和软化的生理机制［J］. 食品科学，2021，42（19）：234－241.

［185］张诒仙. 芒果炭疽病生物防治研究瓦克青霉（T－141株）的防治效果［J］. 世界热带农业信息，2006（4）：24－25.

［186］赵静. UV－C照射对芒果采后果实贮藏性的影响及其代谢基础的研究［D］. 杭州：浙江工商大学，2013.

［187］赵菊鹏，梁帆，胡学难，等. ^{60}Co－γ射线对番石榴、芒果果实品质的影响［J］. 植物检疫，2011，25（4）：18－21.

［188］赵晓晓，夏铭，管维良，等. 蓄冷技术在生鲜果蔬贮藏和运输中的研究与应用［J］. 保鲜与加工，2020，20（1）：217－225.

［189］郑小林，田世平，李博强，等. 外源草酸延缓采后芒果成熟及其生理基础的研究［J］. 中国农业科学，2007，40（8）：1767－1773.

［190］郑小林，吴小业. 柠檬酸处理对采后芒果保鲜效果的影响［J］. 食品科学，2010（18）：381.

［191］钟秋平，夏文水. 壳聚糖木薯淀粉明胶复合可食抗菌保鲜膜性能的研究［J］. 食品科学，2006，27（6）：59－64.

［192］周文化，李德茂，明飞平，等. 芒果涂膜保鲜的研究［J］. 华南热带农业大学学报，2003（2）：12－16.

［193］朱莉，李远颂. 壳聚糖在热带水果贮藏保鲜中的应用研究进展［J］. 农产品加工，2017（12）：40－42.

［194］朱世江. 芒果采后热处理诱导抗冷性的生理生化机理研究［D］. 广州：华南农业大学，2001.

第四章

芒果速冻制品加工技术

第一节 芒果速冻的基本原理

一、 速冻原理

芒果在低温条件下快速降低个体中心温度，果实中的热量被快速排除，大部分水分被快速冻结形成冰晶，然后在低温条件下贮藏。芒果在此低温条件下进行加工及贮藏，有效地控制了果实的生理生化反应，微生物活动和酶活性受到抑制，尤其是一些不耐低温的微生物在冻结温度下无法存活，很大程度上防止了腐败及生化反应的发生，有利于新鲜水果的长期贮藏。冷冻后保藏温度一般在-18℃下，通常可以保存10~12个月。同时，冻结时的低温还能使催化芒果体内各种生化反应的酶活性受到抑制，降低了果实内各种酶促反应的速率，从而延缓了芒果色泽、风味、营养等品质的变化，使产品得以长期贮藏。

二、 芒果速冻

（一） 冻结速度

冻结速度对保持速冻产品良好的品质至关重要。按照速冻加工规范的规定，速冻是指将预处理的食品放在-40~-30℃的装置中，在30min内通过最大冰晶生成带，使食品中心温度从-1℃降到-5℃，其所形成的冰晶直径小于100μm。速冻后的芒果中心温度必须达到-18℃以下。速冻速度达不到速冻要求的冻结方法则称为缓冻。冻结的物料只有以最快的速度通过最大冰晶形成区，冻结产品中形成的冰晶体积小、数量多，产品解冻后才能保持新鲜芒果的色、香、味、形和营养物质含量。速冻果蔬生产上一般都控制在20min内完成整个冷冻过程，以确保产品的质量。

芒果果肉在冻结过程中内部水分共经历三个阶段：晶核形成区、冰晶成长区和共晶区。在降温初期，芒果内部水分处于晶核形成区，大部分未冻结，带电离子可自由移动，其电阻值随温度的降低而增幅不大；当温度降到-24~-15℃范围内，随温度降低，大部分自由水冻结并形成大量冰晶，此时带电离子逐渐失去自由，芒果内部水分也逐渐冻结，致使其电阻值持续增长；当温度降至-26℃左右时，芒果内部水分全部冻结，电阻急剧变大，出现芒果果肉共晶点测定曲线的拐点值。因此，芒果的共晶点在 -26℃左右（王元春等，2011）。

（二）玻璃化转变温度与状态图

1. 玻璃化转变温度（T_g）

根据非晶态无定形聚合物的力学性质随温度变化的特征，可以把它按温度区域的不同分为三种力学状态：玻璃态、高弹态（又称橡胶态）、黏流态。玻璃态与橡胶态之间的转变称为玻璃化转变，对应的转变温度即为玻璃化转变温度（T_g）。玻璃化转变温度通常由差示热量扫描仪（DSC）测得，当体系发生玻璃化转变时，吸热曲线会出现一个台阶，玻璃化转变不是一个点，而是一个区域范围。

对于芒果而言，当芒果水分含量较低时（含有非冻结水），芒果的玻璃化转变温度可直接由实验值得到；而当芒果水分含量较高时（含有冻结水），玻璃化转变和冰晶生成是一个相对比较复杂的过程，即使采用退火的方法，在实际实验的时间尺度上，也不可能达到准确的最大冻结浓缩状态。而采用状态图中的最大冻结浓缩状态，得到含冻结水芒果的特征玻璃化转变温度，是一种更准确的方法。因为在状态图中的冻结终点温度值对应了几乎所有冻结水都形成冰晶的情况，能够达到准确的最大冻结浓缩状态（Guizani 等，2010；Zhao 等，2015；Zhang 等，2017）。

2. 状态图

状态图描述了食品的不同状态与物料的水分含量和温度之间的关系。状态图包括冻结曲线、玻璃化转变温度曲线、最大冻结浓缩状态，一般使用DSC进行实验数据的测量。在状态图中能够清楚地区别干燥区域和冷冻区域，通过水分含量和温度条件可以预测食品的稳定性。

通过对芒果状态图（图4-1）的研究发现，当芒果含有冻结水时，芒果的稳定性由特征温度（T'_m、T'_g或 T''_g）来预测。T'_m指芒果特征冻结终点温度 B 点（$T'_m=-33℃$与 $X'_s=0.84g/g$ 湿基）；T'_g指最大冻结浓缩状态的玻璃化转变温度，是由 T'_m（B 点）作垂线，与玻璃化转变温度曲线（*DF*）相交，交点为 T'_g即 E 点（$T'_g=-54.6℃$与 $X'_s=0.84g/g$ 湿基）；T''_g指冻结曲线（*AB*）延长线与玻璃化转变温度曲线的交点（Guizani 等，2010；Zhao 等，2015；Zhang 等，2017），即点 C（$T''_g=-43.2℃$与 $X''_s=0.88g/g$ 湿基）。

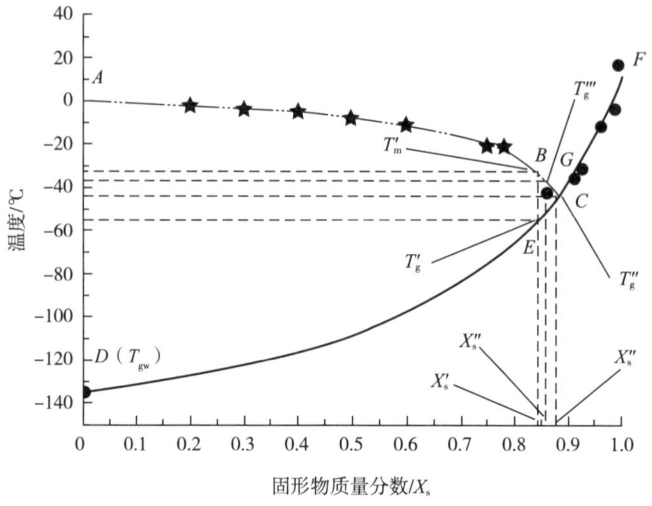

图4-1 芒果的状态图

AC—冻结曲线；*DF*—玻璃化转变温度曲线；T'_m、T'_g—最大冻结浓缩状态的玻璃化转变温度。

资料来源：张瑜，2017。

（三）状态/相变对冷冻芒果品质的影响

冻藏温度是影响冷冻食品品质最重要的因素之一。温度过低浪费成本，温度过高则容易形成非平衡无定形态，引发一系列扩散控制反应，导致品质下降。在冻藏过程中，温度波动往往不可避免，这通常会引发冰晶重结晶使细胞遭到破坏，最终影响食品品质。冻藏中的温度波动会导致食品体系发生状态/相转变，例如，当温度升高至特征玻璃化转变温度（T'_g）以上时体系发生玻璃化转变，即由玻璃态转变为黏度较低的橡胶态，属于状态改变；当温度升高至特征冻结终点温度（T'_m）以上时体系冰晶融化、黏度降低、非冻结水含量增加，即发生相变，此时食品体系分子流动性增加，重结晶和扩散控制反应速率均显著增大。

芒果在状态/相变冻藏1个月之后，与部分冻结浓缩态（-38℃）和橡胶态（-28℃）相比，玻璃态贮藏能够较好地保持芒果的色泽、硬度、汁液流失率、pH、可溶性固形物含量、β-胡萝卜素以及维生素C含量。冷冻芒果的品质受不同状态/相变和冻藏时间的影响，其中，玻璃态无温度波动（-65℃）是芒果的最佳冻藏条件，与新鲜芒果最为接近，-60℃条件下的芒果品质高于-49℃。即使在玻璃态无温度波动条件下冻藏，芒果的品质随时间延长仍呈下降趋势，这说明在玻璃态下芒果体系仍存在分子流动性。在温度波动大于 -43.2℃和 -33℃时，芒果的品质下降程度较大，因此在实际冻藏过程中应尽量避免温度波动大于 -43.2℃和 -33℃。

维生素 C 是芒果代表性的生物活性物质，可以代表芒果的品质。玻璃态下维生素 C 含量显著高于部分冻结浓缩状态和橡胶态，且此时冻结水含量较低，冰晶尺寸较小，因此冰晶对芒果组织破坏程度较低，维生素 C 含量较高。相反，当温度高于 -43.2℃和 -33℃时，体系中水分子流动性、冻结水含量增大，冰晶的尺寸显著增大，且冰晶分布范围更广，冰晶增长率也较大，导致维生素 C 含量较低。这也说明了这些特征温度值（T'_m、T'_g或 T''_g）在芒果冻藏过程中的重要性。-65℃冻藏下维生素 C 含量下降程度最小，能够延缓维生素 C 的降解和损失，更好地保持芒果的品质（Zhang 等，2018）。

（四）渗透脱水前处理对冷冻芒果品质的影响

渗透脱水作为冷冻前的预处理，可减轻冷冻水果发生的褐变、形状皱缩和水分损失，保持产品质地并增强其他感官特性。赵金红等（2014，2018）使用不同浓度［30%、40%、50%（质量分数）］的混合糖液（蔗糖、葡萄糖和果糖，质量比 3.6：1：3）对芒果进行渗透脱水预处理来研究冷冻芒果的贮藏特性，发现渗透预处理使芒果总色差减少 15.6%～62.3%，汁液流失率降低 8.2%～29.5%，可滴定酸含量降低 1.3%～9.4%；同时，硬度增加 48.8%～82.3%，维生素 C 含量增加 72.5%～120.6%，总可溶性固形物含量增加 21.8%～53.7%。其中，选择混合糖液浓度 40%（质量分数）进行渗透脱水是最佳的预处理条件。玻璃态（-55℃）较橡胶态（-18℃）能更好地保持芒果品质。

第二节　芒果速冻工艺与装备

一、芒果速冻工艺

（一）工艺流程

原料选择 → 清洗 → 整形处理（去皮及去核、切分等）→ 低温浸糖 → 速冻 → 检验 → 包装 → 冻藏 → 冷链运输

（二）操作要点

1. 原料选择

选用新鲜无病虫害的芒果，中等成熟度，有一定硬度、未软化。合格的芒果原料应尽快处理，防止微生物繁殖及过度成熟变软。

2. 原料处理

为保持品质，速冻前需对原料进行洗涤、去皮及去核、切分等处理。由于整个芒果成熟度并不一致，将其前后部分切掉，只保留果肉中间部分。芒果手工去皮、去核，再将其切分成块、条、丁等形状，切分方式根据生产要求而定，做到薄厚均匀、规格统一。

3. 低温浸糖

将芒果放入25% ~35%（质量分数）的糖液中浸渍，果肉与糖液比例适当。糖液浸渍时保持物料中心温度至10℃左右。在配制糖液时，可适当加入柠檬酸、维生素C、氯化钙，加强糖液的护色作用和保脆。

4. 速冻

采用流化床式速冻方法，温度 -40 ~ -30℃、流速4 ~5m/s的冷空气从输送带下面往上吹，将果肉吹起似沸腾状进行速冻。速冻过程分为两区段完成，第一区段为表层冻结区，第二区段为深温冻结区。芒果进入冻结室后，首先进行快速冷却，即表层冷却至冰点温度使其表层冻结，果与果之间、果与不锈钢带之间呈散离状态，彼此互不粘连，然后进入第二区段深温冻结至中心温度 -18℃以下，整个冷冻过程应保证在30min内完成。

5. 检验

包括金属探测器探测和成品抽查。因去皮、切分及速冻工序中可能会有残留金属碎片（工具、设备破损或螺钉脱落等导致），须用金属探测器对包装后的每一箱产品进行金属检查，合格后方可入库。成品的抽查包括温度检查和不良率检查，抽样率为3%。温度检查即用温度计对包装箱中心测定果肉温度，应低于 -18℃，否则重新冷冻；不良率检查即开箱检查，将黏连成团的、带黑点或果皮的果肉检出称重，这部分质量占样品总重的百分比为不良率。

二、速冻装备

目前国内采用的速冻装备可分为鼓风式速冻装备、间接接触式速冻装备、直接接触式速冻装备三大类（杨天阳等，2021）。鼓风式速冻装备包括隧道式速冻装备、螺旋式速冻装备、流态化速冻装备；间接接触式速冻装备包括平板式速冻装备、钢带式速冻装备、回转式速冻装备，其中平板式速冻装备应用较为广泛；直接接触式速冻装备包括浸渍式速冻装备、喷淋式速冻装备，其中以液氮为冷冻介质的直接接触式速冻装备应用最为广泛。不同种类食品对速冻技术装备的要求有所差别，需对果蔬、水产品、方便食品的速冻工艺作进一步的研究，明确不同类型的最佳速冻工艺条件（宋佳玮等，2019；杨天阳等，2021；张雅丽等，2021）。

（一）鼓风式速冻装备

隧道式速冻装备、螺旋式速冻装备、流态化速冻装备均以空气作为冷却介质。

1. 隧道式速冻装备

隧道式连续速冻装备（图4－2）主要结构包括不锈钢传动网带、料架、风机、蒸发器或隧道体等。箱体是由隔热材料制成，被置于料架的各层筛盘或者网带上的被速冻物料通过隧道时，受蒸发器降温的空气进入到隧道中，不停地穿流于果蔬制品之间使其速冻。隧道式连续速冻机兼容性强，不受食品形状的限制，可处理多种果蔬制品，而且食品在吊轨上传送，劳动强度小，风速较大、冻结速度快，但是食品的干耗也大，装置耗能较大，生产成本较高。该装置适用于含水量较低的果蔬原料，且可连续批量生产。

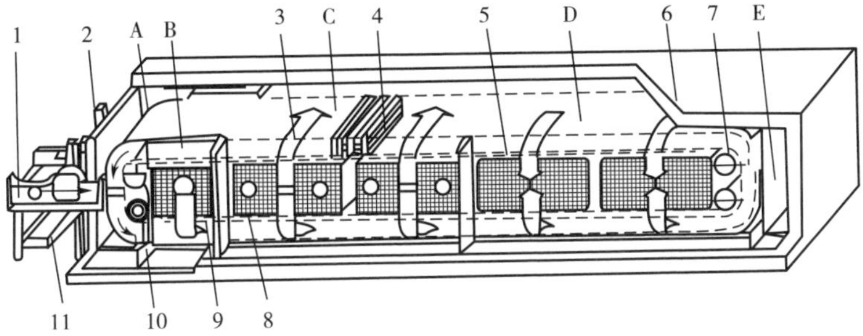

图4－2　LBH31.5型带式隧道冻结装置

1—装卸设备；2—除霜装置；3—空气流动方向；4—冻结盘；5—板式蒸发器；6—隔热外壳；7—转向装置；8—轴流风机；9—光管蒸发器；10—液压传动机构；11—冻结块输送带；A—驱动室；B—水分分离室；C、D—冻结间；E—旁路。

资料来源：孟宪军和乔旭光，2016。

2. **螺旋式速冻装备**

螺旋式速冻装备是空气强制循环式速冻装置，物料输送带为高达20层螺旋的管状结构，直径大致为2m。装置占地面积小，可节省空间，生产能力大；但螺旋输送带在物料输送过程中，因螺旋层数较多，在拐角处易堆积堵塞输送管，难以保证输送带连续平稳地运行。该装置可有效冻结食品物料，适用于冻结体积不大而数量多的食品，如经过加工切分的水果、蔬菜等。

3. **流态化速冻装备**

流态化速冻是目前实现食品速冻的一种理想方式，特别适用于颗粒状物料的速冻。物料在冷气流的作用下形成“流体状态”，使物料实现均匀速冻、互补粘连，这不仅加快了冻结速度，也提高了产品品质。带式流态化速冻装置（图4-3）目前在生产上使用较为广泛，大多采用两区段结构将被冻食品冻结。

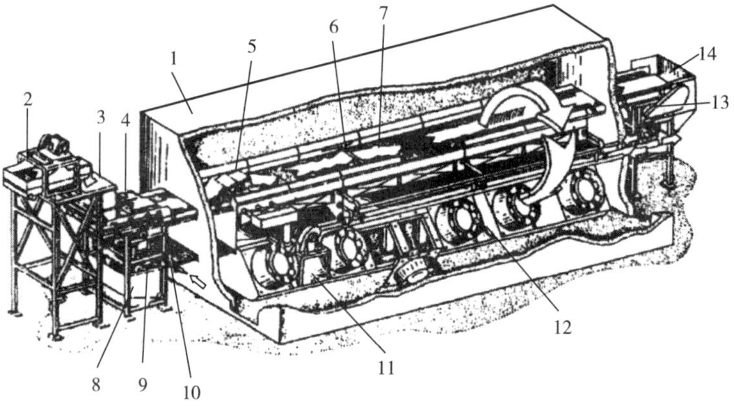

图4-3 带式流态化冻结装置

1—隔热层；2—脱水振荡器；3—计量漏斗；4—变速进料带；5—“松散相”区；6—匀料棒；7—“稠密相”区；8~10—传送带清洗、干燥装置；11—离心风机；12—轴流风机；13—传送带变速驱动装置；14—出料口。

资料来源：孟宪军和乔旭光，2016。

（二）间接接触式速冻装备

1. **平板式速冻装备**

平板式速冻装备的主体是一组作为蒸发器的空心平板，将食品物料放在两个相邻的平板间，平板与制冷剂管道相连，借助油压系统使平板与物料接触进行冻结。

2. 钢带式速冻装备

钢带式速冻装备（图4－4）的主体是钢质传送带，在传送带下喷盐水，或者使钢带滑过固定的冷却面（蒸发器）使食品物料降温，同时在传送带上方装有风机，用于冷量的补充，从而达到冷冻的目的。钢带式速冻装备可连续流动运行，干耗较小，能对不同的温度区域进行操作，结构简单，可通过改变带长和带速来调节产量。

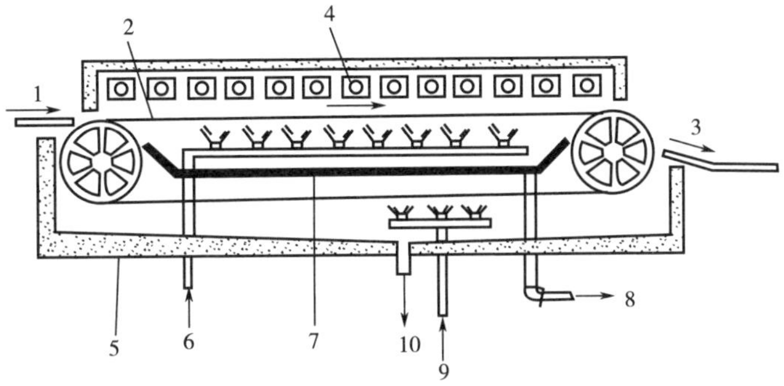

图4－4　钢带式冻结装置

1—进料口；2—钢质传送带；3—出料口；4—空气冷却器；5—隔热外壳；6—盐水入口；7—盐水收集器；8—盐水出口；9—洗涤水入口；10—洗涤水出口。

资料来源：孟宪军和乔旭光，2016。

3. 回转式速冻装备

回转式速冻装备（图4－5）是利用物料与金属表面直接接触冻结的原理来使产品冻结。其主要部件为回转筒，由空心轴输入载冷剂，物料由投入口进入，排列在转筒表面，转筒回转一周，物料即完成冻结过程。冻结后的物料被刮刀刮下后，由传送带输送到预定位置。这种设备结构紧凑，占地面积小，机械故障少，能耗低，适用于流态食品等的冻结。

（三）直接接触式速冻装备

1. 浸渍式速冻装备

浸渍式速冻装备是将食品物料直接浸渍在安全无毒的冷冻液中进行冻结，其最大的特征就是传热传质同时发生，它不仅导致热量迅速传递，同时也伴随着食品内部水分与溶液溶质的相互迁移。冷冻液作为浸渍式速冻中的冷却介质，因其具有在0℃或0℃以下不冻结的特性，也称作低温载冷剂或不冻液。常用的冷冻液有乙醇、氯化钠（NaCl）溶液、蔗糖溶液等。

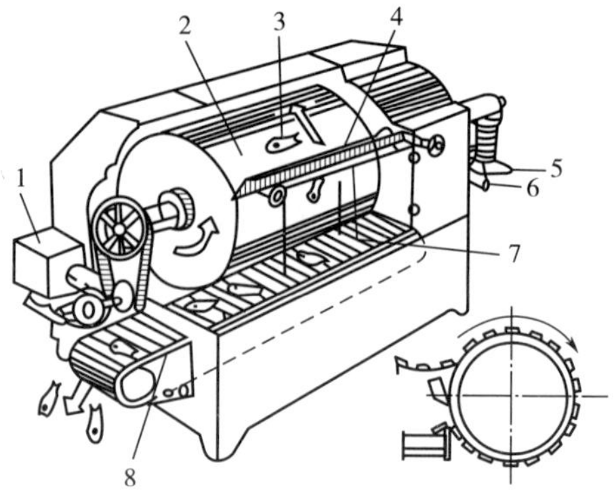

图4-5　回转式冻结装置

1—电动机；2—滚筒冷却器；3—进料口；4、7—刮刀；5—盐水入口；6—盐水出口；8—出料传送带。

资料来源：孟宪军和乔旭光，2016。

2. 喷淋式速冻装备

喷淋式速冻目前应用较多的制冷剂为液氮和液态二氧化碳，其冷冻速度远远超过了传统的鼓风式速冻和板式速冻。液氮喷淋冻结装备（图4-6）具有温度低、冻结速度快、冻品质量高、可实现单体快速冻结的特点，该装置适用于冻结番茄、蘑菇等柔软多汁的原料。液态二氧化碳速冻装备结构简单，占地面积少，生产灵活性高，显著提高了产品急冻率，其优点是机械冷冻无可比拟的。目前已经可以使用高压液态二氧化碳速冻技术对香菇进行速冻，并解决了蔬菜速冻加工中产品易发生干耗、冻结速率低、冻结时间长的问题，具有良好的发展前景。

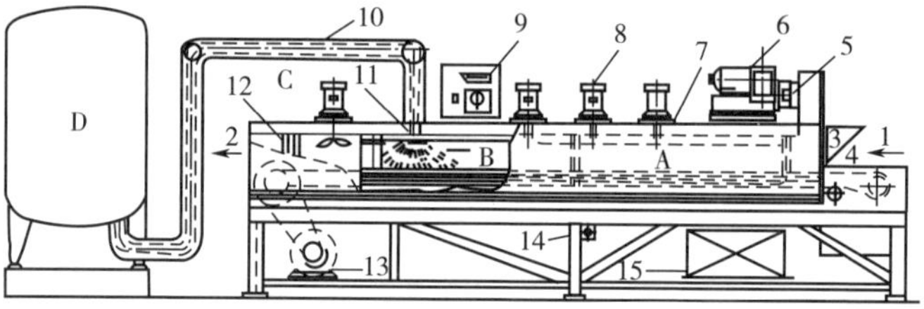

图4-6　日本4150型液态氮冻结装置

1—原料进口；2—原料出口；3、12—硅橡胶幕帘；4—不锈钢丝网传送带；5—T形碟形阀；6—排气风机；7—硅橡胶密封垫；8—搅拌风机；9—温度指示计；10—隔热管道；11—喷嘴；13—无级变速器；14—电流开关；15—控制盘；

A—预冷区；B—冻结区；C—均温区；D—液氮贮罐。

资料来源：孟宪军和乔旭光，2016。

第三节　芒果速冻常见质量问题及控制

将新鲜成熟的芒果通过速冻加工处理后制成速冻芒果块，解决了不同地区、不同季节的消费需求，便于芒果的长途运输及加工成其他制品。增加了芒果的销售途径，解决了芒果产地由于销售季节短而造成的销售难问题。

采用加糖水冻结果块的方法进行速冻加工，糖液的浓度对产品的品质起着重要影响作用，加工工艺中糖液的浓度为30%（质量分数），糖水与果块的质量比控制在1∶3时，产品解冻后的色泽、香味、滋味及营养成分均接近鲜果。

速冻芒果是即食食品，因此必须严格控制产品的微生物含量。微生物的控制需要通过严格的卫生管理和适当的消毒措施而得以实现。生产用水、车间环境、生产工具设备和生产人员的卫生状况应达到良好操作规范（GMP）的要求。选用新鲜无腐烂的芒果清洗干净，控制消毒液浓度和消毒时间，保证冷却水的清洁是保证产品符合微生物卫生指标的几个关键措施。

为确保产品品质，建议采用真空包装，包装时应选用阻隔性好、机械强度高、耐低温的复合薄膜包装袋。规格以小包装最佳，一般取300g或500g的包装。

第四节　常见芒果速冻制品的生产实例

芒果速冻块

（一）工艺流程

选果→清洗→去皮及去核、切块→热烫、冷却→低温浸糖→装袋、封口→速冻→检验、装箱→低温贮藏

（二）操作要点

1. 选果

选择成熟、多汁、有光泽的新鲜芒果，剔除烂果、虫眼果等残果。

2. 清洗

用流动清水漂洗，洗去果皮表面上附着的尘土、泥沙及微生物等杂质，或采用滚筒式清洗机清洗，利用果与滚筒壁之间的摩擦除去表面的杂质。

3. 去皮、 去核、 切块

将清洗后的芒果立即进行去皮及去核、切块处理，可采用手工，注意应使用不锈钢刀。切块后的果块由运输带送往预煮机进行预煮。

4. 热烫、 冷却

利用蒸汽对果块直接进行连续热烫处理，热烫温度控制在100℃以上，时间为1～2min。通过热烫以保护果块的色泽，减少果肉汁液的损失。热烫后的果块要立即进入冷却槽中冷却，以防止果块质地变软。

5. 低温浸糖

经过冷却槽冷却后的芒果果块进入低温糖液中进行低温浸糖处理，糖液浸渍时保持物料中心温度降至10℃左右，糖液浓度一般在25%～35%（质量分数）。

6. 装袋、 封口

将经过低温浸糖后的果块，按照果块与糖液之比3∶1进行装袋，用真空封口机进行热合封口。

7. 速冻

将袋装、封口后的芒果果块立即进行速冻处理，冷冻温度为-40～-30℃。力求短时间内完成速冻处理，保证果肉水分在原位置冻结成细小冰晶，而不引起其组织的破坏，减少产品在解冻后营养成分的流失。

8. 检验、 装箱

对速冻后的果块进行检验，大肠杆菌等致病菌不得检出，检验合格后即可装箱。

9. 低温贮藏

装箱后置于-20～-18℃的低温下贮藏。

参考文献

[1] Guizani N, Al-Saidi G S, Rahman M S, et al. State diagram of dates: Glass transition, freezing curve and maximal-freeze-concentration condition [J]. Journal of Food Engineering, 2010, 99 (1): 92-97.

[2] Sablani S S, Syamaladevi R M, Swanson B G. A review of methods, data and

applications of state diagrams of food systems [J]. Food Engineering Reviews, 2010, 2 (3): 168 – 203.

[3] Zhang Y, Zhao J H, Ding Y, et al. Changes in the vitamin C content of mango with water state and ice crystals under state/phase transitions during frozen storage [J]. Journal of Food Engineering, 2018, 222: 49 – 53.

[4] Zhao J H, Liu F, Wen X, et al. State diagram for freeze – dried mango: Freezing curve, glass transition line and maximal – freeze – concentration condition [J]. Journal of Food Engineering, 2015, 157: 49 – 56.

[5] 胡庆兰，阙婷婷，任西营，等．玻璃化转变在食品贮藏中的应用研究进展 [J]. 中国酿造，2013，32 (8)：1 – 4.

[6] 孟宪军，乔旭光．果蔬加工工艺学 [M]. 北京：中国轻工业出版社，2016.

[7] 宋佳玮，郑明媛，王宇，等．果蔬速冻技术、设备和质量控制现状分析 [J]. 保鲜与加工，2019，19 (3)：154 – 161.

[8] 王元春，谢晓航，黄忠闯，等．芒果冷冻干燥过程中营养成分变化的研究 [J]. 食品工业，2011，32 (12)：65 – 68.

[9] 杨天阳，田长青，刘树森．生鲜农产品冷链储运技术装备发展研究 [J]. 中国工程科学，2021，23 (4)：37 – 44.

[10] 张雅丽，刘帮迪，周新群，等．果蔬制品冻藏技术研究进展 [J]. 保鲜与加工，2021，21 (10)：113 – 118.

[11] 张瑜．芒果玻璃态冻藏过程中品质随水状态和冰晶变化规律的研究 [D]. 北京：中国农业科学院，2017.

[12] 赵金红，胡锐，刘冰，等．渗透脱水前处理对芒果冻结速率和品质的影响 [J]. 农业机械学报，2014，45 (2)：220 – 227.

[13] 赵金红，温馨，彭郁，等．渗透压脱水前处理对芒果冻藏中品质变化的影响 [J]. 现代食品科技，2014，30 (5)：225 – 231 + 117.

[14] 赵金红，肖红伟，丁洋，等．在长期冻藏过程中渗透脱水前处理和玻璃态贮藏对冷冻芒果品质的影响 [J]. 中国农机化学报，2018，39 (12)：65 – 72.

[15] 赵金红，朱明慧，温馨，等．芒果玻璃化转变与状态图研究 [J]. 农业机械学报，2015，46 (4)：226 – 232.

第五章

芒果果汁制品加工技术

第一节 芒果果汁的分类

随着我国社会的不断发展和经济实力的不断进步，人们的生活水平也得到了大幅提升，人们已不再满足于日常的温饱，逐步追求有品质的生活，餐桌上主角之一的饮料也随之发生了日新月异的变化。从最初的汽水到果味型饮料，再到目前的果汁型饮料，人们从最初追求味蕾刺激带来的愉悦感转变为兼顾美味与营养，果汁饮品由此应运而生。

作为果汁家族重要成员之一，芒果汁是以新鲜芒果为原料经过清洗、去皮及去核、压榨、离心、萃取等各物理方法所得到的汁液产品，再经杀菌后制成的饮品。芒果汁中保留了大部分的营养成分，如维生素 C、胡萝卜素、微量元素、膳食纤维等。目前芒果果汁主要有芒果原汁（浆）、芒果浓缩汁（浆）、芒果复合果汁（浆）、发酵芒果汁（浆）。

一、芒果原汁（浆）

芒果原汁（浆）分为非浓缩还原（NFC）芒果汁（浆）、浓缩还原（FC）芒果汁（浆）两种。NFC 芒果汁（浆）是指将新鲜芒果进行清洗、去皮及去核、压榨后，经非热力轻度加工或短时热力加工方式杀菌所得到的制品（关云静，2016）；FC 芒果汁（浆）则是指在浓缩果汁（浆）中加入浓缩时失去的等量的水而复原得到的制品（杨清香和于艳琴，2006）。

二、芒果浓缩汁（浆）

芒果浓缩汁（浆）是指通过物理方式将芒果汁（浆）中一定比例的天然水分去除后得到的制品，其加水复原后具有原本芒果汁（浆）应有的感官及风味特征（阚红，2017）。

三、芒果复合果汁（浆）

芒果复合果汁（浆）是指将芒果原汁（浆）与其他不同水果浓缩汁根据需要按不同比例调配而成的制品，具有芒果及其他水果的营养、感官及风味特征等（朱涵彬等，2020）。

四、发酵芒果汁（浆）

发酵芒果汁（浆）是指以芒果汁（浆）为原料，经过酵母菌、乳酸菌等不同益生菌发酵而成的制品，其保留了芒果特征风味的同时，还增加了新的营养成分和保健功效（王少群等，2019）。

第二节　芒果制汁的基本装备

芒果制汁需要经过清洗、去皮及去核、榨汁等步骤，相关的基本制汁装备包括分选清洗机、去皮机、去核机、榨汁机。

一、芒果分选清洗机组

芒果分选清洗机组具备分级、分选、清洗、干燥等功能。芒果进入机组后，首先在冲洗区经洁净水清洗并干燥，之后利用物理法经毛刷辊清除掉果实表面的果胶和杂质，最后在选果平台根据质量差异进行分选（《攀枝花日报》，2017－10－24）。

二、芒果去皮机

芒果去皮机通过物理作用对芒果进行表皮去除。经典芒果去皮机采用单刀式卧式去皮的结构（图5－1）。机体主要由丝杆齿轮、外壳、升降台、弹簧、丝杆、导向杆、气压缸、上卡爪、下卡爪、下卡爪齿轮等部件构成。刀杆上安装有削刀片，随着升降台的升降，刀杆带动削刀片上下移动。当机器启动时，上、下卡爪之间的芒果不停转动，而削刀片在升降台的带动下不停与芒果上中下部的表皮接触，最终实现整个芒果的去皮（王志龙等，2021）。

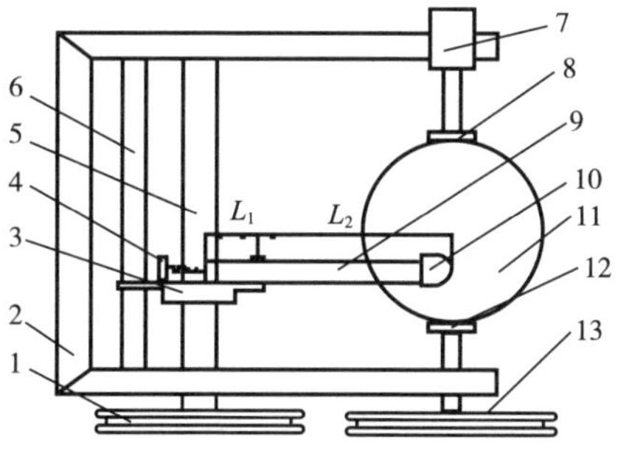

图5－1　芒果去皮机示意图

1—丝杆齿轮；2—外壳；3—升降台；4—弹簧；5—丝杆；6—导向杆；7—气压缸；8—上卡爪；9—刀杆；10—刀具；11—芒果；12—下卡爪；13—下卡爪齿轮。

三、 芒果去核机

芒果去核机由控制机构、储存器和安装架三大部分组成（图5－2）。其中安装架上设置有两个取肉处理机构，各取肉处理机构包含了传送组件（配有传送带，传送带上有多个用于刺入芒果的针状结构）和取肉组件（配有传动带，传动带上安装多个取肉器）。在机器启动前，将去皮后待处理的芒果通过针状结构固定在传送带上。当机器启动后，随着传送带和传动带的移动，利用传送带与传动带之间的速度差，取肉器将芒果果肉取下并最终进入储存器内，剩余的芒果核进入果核收集器内（梁健等，2020）。

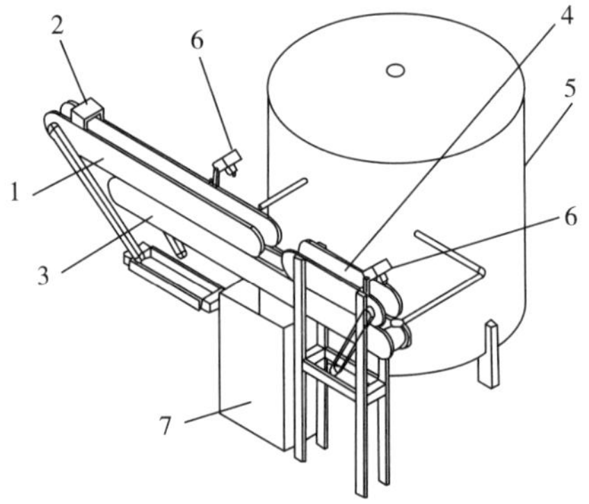

图5－2 芒果去核机示意图

1—一级传送组件；2—压果件；3—二级传送组件；4—二级取肉组件；
5—储存器；6—压力水枪；7—果核收集器。

四、 芒果榨汁机

芒果制汁通常采用直接压榨法和打浆法，直接压榨法的经典制汁设备为螺旋榨汁机，打浆法的经典设备为打浆机。

（一） 螺旋榨汁机

螺旋榨汁机（图5－3）包括机架、电机、进料箱、进料斗、主轴、螺旋、加强筋、过滤网、出料斗、手轮轴承座、调压头、出渣斗等部件。当机器启动后，去皮、去核的芒果果肉从进料斗进入机体中的螺旋处，在电机的带动下，主轴带动螺旋不断旋转并对果肉进行压榨，其压榨出来的芒果汁经过滤网的间隙流入出料斗中并排出机体外部，从而获得芒果汁。同时，压榨后的芒果渣在螺旋的旋转下被推送到出渣斗并排出机体外部，实现芒果渣汁分离（王倩等，2015）。

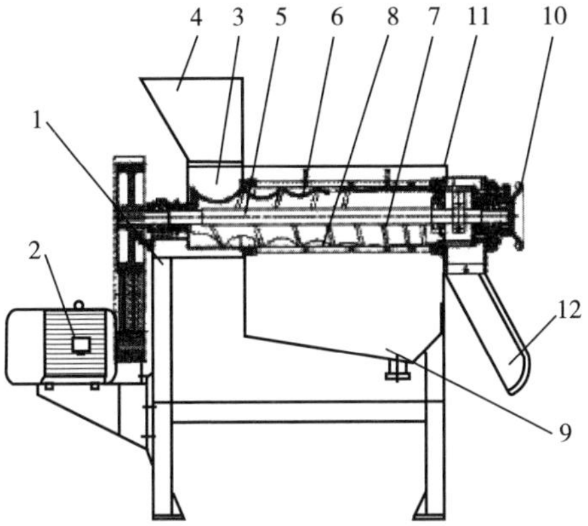

图 5-3 螺旋榨汁机示意图

1—机架；2—电机；3—进料箱；4—进料斗；5—主轴；6—螺旋；7—加强筋；8—过滤网；9—出料斗；10—手轮轴承座；11—调压头；12—出渣斗。

（二）打浆机

打浆机（图 5-4）包括进料斗、切碎刀、螺旋推进器、破碎桨叶、圆筒筛、出料斗、出渣斗等部件。当机器启动后，去皮、去核的芒果果肉从进料斗进入机体内，在电机的带动下推进器将果肉送至破碎桨叶处并被捣烂。利用离心力的作用，芒果汁液和果肉浆经过圆筒筛孔从出料口排出（孟宪军等，2012）。

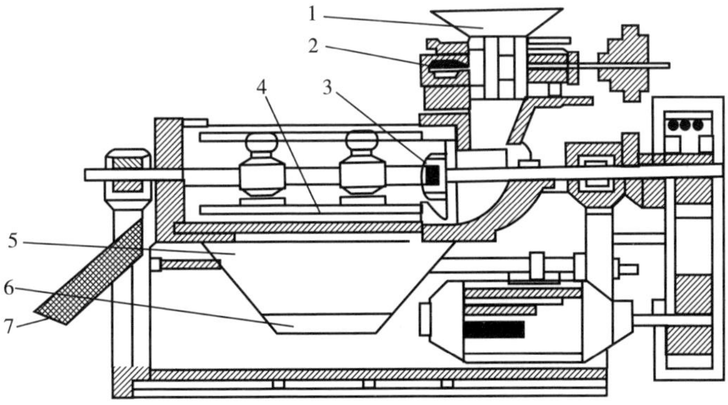

图 5-4 打浆机示意图

1—进料斗；2—切碎刀；3—推进器；4—破碎桨叶；5—圆筒筛；6—出料斗；7—出渣斗。

第三节　芒果果汁生产与设备

目前，芒果果汁产品生产过程基本上都包括选材、制汁、杀菌、灌装四大主要环节，但根据产品的不同需求在个别环节上会有差异。各类芒果果汁产品基本生产工艺流程如图 5－5 所示。

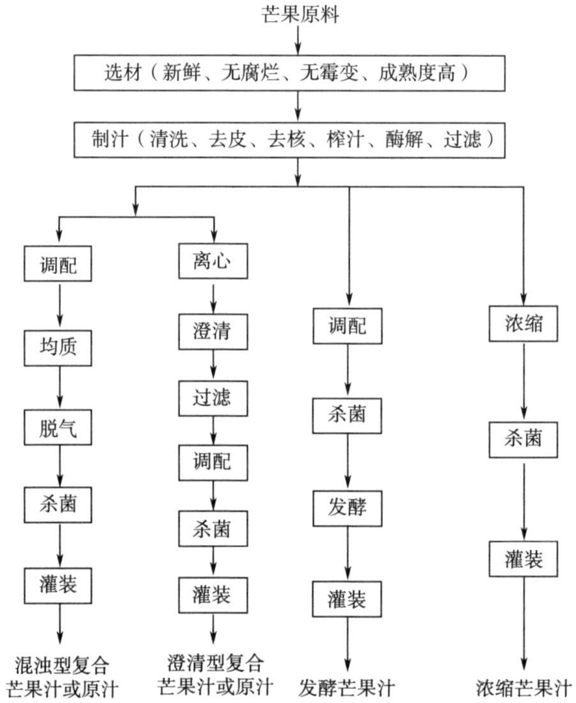

图 5－5　芒果果汁产品生产工艺流程图

一、选材

在选择制备芒果果汁的原料时，要挑取优质的果实，这样才能保证生产出优质的果汁。挑取的芒果必须新鲜、无腐烂、无霉变、成熟度高。此外，芒果果汁产品对原料品种的选择也有一定的要求，需从果肉色泽、特征香气、糖酸比等各项指标综合考虑。目前较适合用于加工成芒果果汁的品种有台农 1 号芒、象牙芒 22 号、紫花芒、田阳香芒、金穗芒、桂热芒 10 号等（颜栋美等，2006）。

（一） 果肉色泽要求

加工品种芒果的果肉应具有鲜艳的色泽，在加工过程中色素相对较稳定。

（二） 特征香气要求

加工品种芒果的果肉应具有浓郁的芒果特征香气，在加工过程中特征香气保持稳定或变化较小。

（三） 糖酸比要求

加工品种芒果的果肉总糖与总酸的比值要适中，一般在（15～25）∶1效果较佳，果糖的含量在10%～16%（质量分数）较好。

二、 制汁

（一） 芒果清洗、 去皮及去核、 榨汁

同本章第二节。

（二） 酶解

在芒果汁生产加工过程中，新榨出的果汁（浆）中大量的果肉细胞未能完全破碎，汁液不能完全流出。另一方面，新榨果汁（浆）还含有大量的纤维素、半纤维素、果胶等物质造成果汁黏度较大，导致出汁率不高。

在芒果汁加工过程中加入酶制剂进行酶解已成为行业内普遍采用的方式，此方式不仅可以增加芒果汁的出汁率，还能够改善芒果汁的加工性能，最大程度地保留芒果汁中的营养成分和风味（王贵新，2016；Sakhal等，2016）。目前在芒果汁乃至整个果汁加工行业中，使用最多的酶制剂是果胶酶，针对性地酶解细胞壁上的果胶结构（图5－6）。此外，还常使用纤维素酶、木聚糖酶、蛋白酶、β－葡聚糖酶等其他酶制剂：纤维素酶可针对性地将纤维素酶解成纤维二糖和寡糖，最终水解为葡萄糖（顾方媛，2008）；木聚糖酶可针对性地将半纤维素酶解成低聚糖和木糖（万红贵等，2008）；β－葡聚糖酶可针对性地酶解细胞壁中的非淀粉多糖（韩晶等，2008）。通常这些酶制剂的添加量在0.03%～0.1%（质量分数），酶解温度控制在40～50℃，酶解时间控制在1～2h较为适宜。

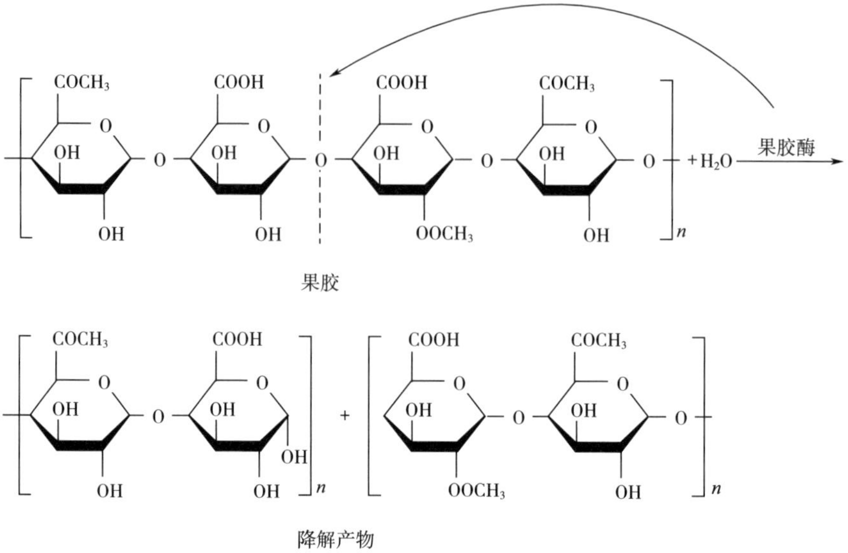

图5-6　果胶酶降解果胶机制图

（三）过滤

对于澄清型芒果汁而言，过滤是必不可少的环节。过滤需要在榨汁后立即进行，主要是过滤掉分散在芒果汁中的悬浮颗粒及粗颗粒，并起到获得色泽及风味的作用。经过粗滤或澄清处理后的芒果汁，需要进一步细筛，清除掉所有的悬浮颗粒。

（四）调配

对于芒果复合果汁（浆）而言，调配是必不可少的环节。根据产品风味特点、口感特征、营养成分等方面的不同设计需求，需要对其他果汁的种类、添加比例、风味协调性、糖、酸等进行相应调整。

（五）均质

均质是指为了使产品中细小颗粒得到进一步破碎，产品体系中各颗粒物质更均匀一致，产品体系更均一稳定而采用的一种处理方式，常应用于混浊型芒果汁产品的生产中。目前常用的均质设备有均质机和胶体磨，其中均质机的发展速度较快，已出现高压均质机（150～200MPa）和超高压均质机（350～400MPa）（Dumay 等，2013；

Grácia - Juliá 等，2008）。高压均质是一种新型的非热加工技术，特别适用于液体食品的连续生产，以限制热损伤和提高“新鲜度”，还具有近似巴氏杀菌的效果（Guan等，2016）。高压均质机（图5 - 7）一般由机体、进料斗、过滤筒等组成。当需要均质芒果汁时，将芒果汁加入过滤筒中，盖上密封盖后开启振动电机。过滤筒会沿其轴线方向上下振动，导向杆引导弹簧使过滤速度提高。过滤后的芒果汁进入机体中完成均质。

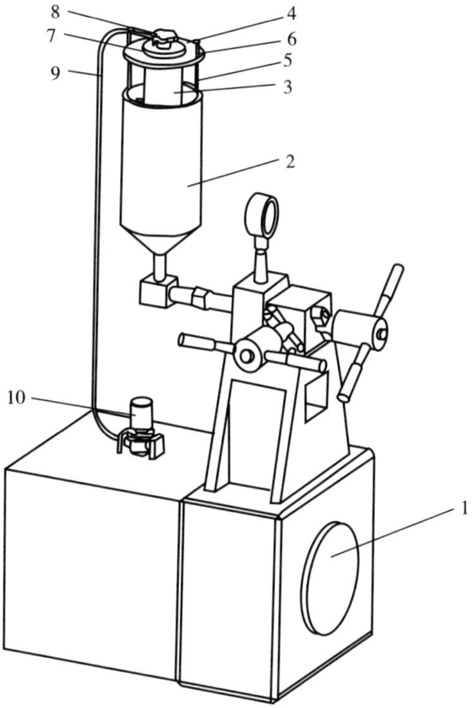

图5 - 7　高压均质机示意图

1—机体；2—进料斗；3—过滤筒；4—凸环；5—弹簧；6—导向杆；7—密封盖；8—手轮；9—柔性气管；10—气泵。

（六）浓缩

浓缩芒果汁是将芒果汁（浆）去除掉大部分水分，使其可溶性固形物含量达到40% ~65%（质量分数）的制品。浓缩后的芒果汁总糖及总酸含量都得到大幅提高，更利于长期保藏与贮运。如经过稀释或复原后得到的芒果汁在色泽、风味、混浊度等方面都与原芒果汁相似，则是一款较好的浓缩芒果汁。目前，行业内主要通过真空浓缩和冷冻浓缩的方式制备浓缩芒果汁。

1. 真空浓缩

真空浓缩是目前浓缩果汁生产中十分常见的浓缩方式，其原理是通过物理法降低芒果汁（浆）体系中的压力，使其接近真空状态，进而使果汁的沸点降低。在此条件下，较低温度（如40～50℃）即可使芒果汁（浆）中的水分子达到沸点，从液态变为气态并最终被抽离到体系之外而达到浓缩的效果。此方式利用减少芒果汁（浆）中热敏性成分的损失，尽可能保留原有的营养成分、香气风味。

真空浓缩机（图5－8）一般由加热圈、蒸发罐、抽真空阀、气液分离器、冷凝器、储液罐等部分组成。在浓缩前，芒果汁（浆）从进料口加入蒸发罐中。当关闭所有阀门并充分检查气密性后启动机器，在抽真空的同时通过蒸发器内部加热的方式使芒果汁（浆）升温。当芒果汁（浆）的温度达到其沸点时，蒸发出来的气体会沿管道进入气液分离器内。气液分离器内部装有折流板，会使附着在其上的液体部分在重力作用下通过管道回流至蒸发罐中。另一部分气体通过气液分离器后进入冷凝器中冷凝成液态，并最终流入储液罐内。这样就完成了一次芒果汁（浆）的浓缩（许雄等，2020）。

2. 冷冻浓缩

芒果汁（浆）冷冻浓缩的原理在于利用水溶液与冰晶之间的液－固相平衡，将其中的水分子以冰晶的形式去除掉。当芒果汁（浆）中溶质浓度低于共溶浓度时，在温度降低到冰点以下之后，水分子部分转变成冰晶后析出。随着冰晶数量的增加与析出，经过多次冷冻后芒果汁（浆）的溶质浓度不断提高，从而达到浓缩的目的。冷冻浓缩在较低温度下进行，特别适合热敏性果汁的浓缩。与真空浓缩相比，其挥发性芳香物质损失更少、产品品质更高、能耗更低，但浓缩效率偏低（无法浓缩到55%以上）（曾庆孝，2015）。

冷冻浓缩机（图5－9）一般由冷冻装置、分离装置、固定箱等部分组成。在浓缩前，要在控制器上对冷却温度、运行时间、转筒转速等参数进行设置，然后通过冷冻装置上的进液管注入冷媒，最后通过进料管将芒果汁（浆）加入装置中。当冷冻浓缩达到设置时间时冷媒会停止注入，在分离装置内部会将高浓度的芒果浓缩液与冰块分离，冰块进入分离箱底部，最后从箱门处排出。这样就完成了一次芒果汁（浆）的冷冻浓缩（熊相人等，2020）。

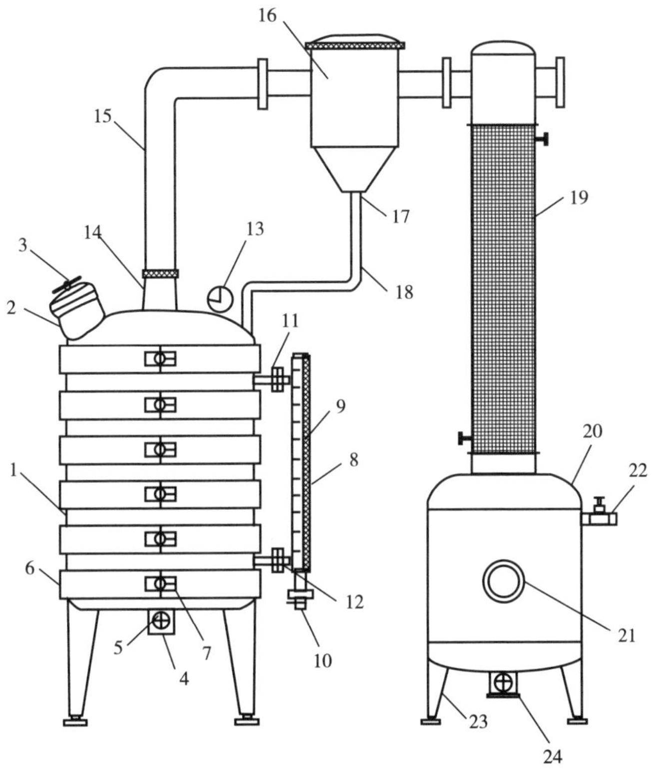

图5-8 真空浓缩机示意图

1—蒸发罐；2—进料口；3—阀盖；4—余料排出口；5—阀门；6—加热圈；7—螺栓锁紧机构；8—磁翻板液位计；9—刻度线；10—排液阀；11—密封法兰；12—浮子进液法兰；13—真空压力表；14—蒸汽出口；15—通气管道；16—气液分离器；17—回流口；18—液体回流管；19—冷凝器；20—储液罐；21—观察窗；22—抽真空阀；23—支撑脚；24—卸料口。

（七）发酵

发酵是制备发酵芒果汁（浆）的核心环节。通常发酵芒果汁（浆）以芒果原汁（浆）或浓缩汁加水复原后作为原料，灭菌后加入酵母菌、乳酸菌等益生菌发酵而成。发酵芒果汁（浆）被人体摄入后，在满足人们味蕾需求的同时，其中的益生菌因其天然的耐酸特性能够较好适应胃肠道环境，给人体带来许多好处（Ellendersen 等，2012；Ryan 等，2020）。

（八）澄清

对于澄清型芒果汁产品而言，必须经过澄清工序处理。芒果汁中含有大量果胶、

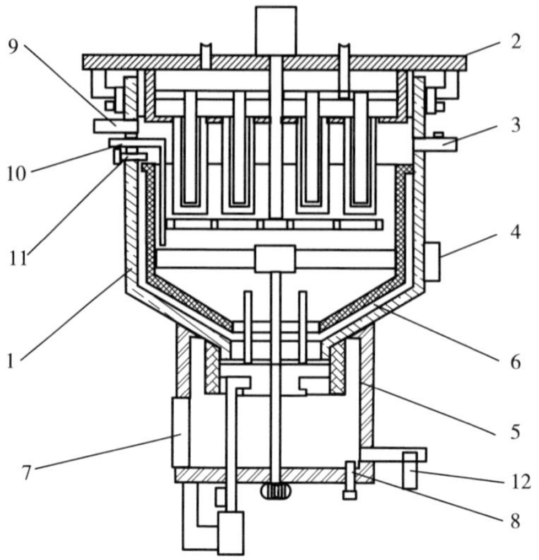

图5－9　冷冻浓缩机示意图

1—罐体；2—冷冻装置；3—进料管；4—控制器；5—固定箱；6—分离装置；7—箱门；8—出液液位传感器；9—进风管；10—压缩空气管；11—进液液位传感器；12—三通管。

淀粉、蛋白质等物质，通过络合、水合、聚合等方式成为复杂而不稳定的胶体体系。澄清处理的目的在于增加芒果汁体系的稳定性，常用方法如下：

1. 自然澄清法

自然澄清是最简单的澄清方式，通常是将芒果汁放置在密闭的容器中静置15～20d，经过滤后去除沉淀物质。但由于静置的时间过长，过程中易导致腐败变质发生，需加入防腐剂。

2. 物理澄清法

物理澄清法是通过破坏性地改变芒果汁体系的物理参数，破坏体系原有的稳定性，加速混浊物从体系中脱离出来。目前常采用加热、冷冻、离心等方式：加热澄清是将芒果汁迅速加热至80℃以上，然后迅速冷却至室温，使体系中蛋白质及其他胶体物质变性而沉降出来；冷冻澄清是将芒果汁急速降温至－20℃左右，改变体系中胶体性质，从而导致解冻后发生析出、沉降；离心澄清是将芒果汁置于离心机中，在3000r/min以上的转速下，利用巨大的离心力作用使芒果汁中的固液分离，实现澄清的目的。

3. 酶解澄清法

酶解澄清法是利用酶制剂对其底物的高度特异性和高效催化作用，使芒果汁体系中的混浊物质降解，或使其他胶体物质失去果胶的保护作用而共同沉降，提高体系的稳定性。果胶酶、纤维素酶、淀粉酶、蛋白酶、多聚半乳糖醛酸酶等都具有澄清芒果汁的作用，如在芒果汁中添加酶活力为 1.5U/mL 的多聚半乳糖醛酸酶，在 40℃ 下酶解 30min，芒果汁的黏度能降低 60%，极大地提高了体系的稳定性（Anuradha 等，2016）。

4. 澄清剂澄清法

澄清剂澄清法是利用电荷中和的原理，在芒果汁中加入具有不同电荷的添加剂，使其与体系中的混浊物发生电荷中和、凝聚而造成沉淀发生，达到澄清的目的。目前产业上常用的澄清剂有明胶、硅藻土、单宁、海藻酸钠、壳聚糖等。如在果汁中添加不高于 10g/L 的壳聚糖，即可与果汁中带负电的果胶、可溶性淀粉、蛋白质等物质中和而形成絮体沉淀，提高果汁的澄清度（Ghorbel - Bellaaj 等，2012；Renault 等，2009）。

三、 杀菌

芒果汁（浆）加工产业中采用的杀菌方式主要有热杀菌技术和非热杀菌技术。

（一） 热杀菌技术

1. 巴氏杀菌技术

巴氏灭菌法又称低温长时杀菌法是利用病原菌不同耐热特性，通过相应的加热和一定的保温时间处理将其杀灭的方法。芒果汁（浆）中的主要杀菌目标是酵母菌和霉菌类，如要杀灭酵母菌宜在 66℃ 下保温 1min，如要杀灭霉菌则宜在 80℃ 下保温 20min。巴氏杀菌的优点在于有效杀灭致病菌的同时保留产品大部分营养成分，缺点在于杀菌不彻底，杀菌后产品需低温贮藏且保质期较短（乔叶宁，2018）。

2. 超高温瞬时杀菌技术

超高温瞬时杀菌技术于 20 世纪 50 年代在英国首创，其原理是将待杀菌产品放在一个密闭的环境中，在 120℃ 及以上温度条件下持续几秒后迅速冷却至室温，使细菌蛋白质发生不可逆变性而无法存活。由于在高温下加热时间不长，因此该技术对产品的品质影响不大。一般情况下，对于 pH 低于 4.5 的酸性芒果汁（浆）采用 130℃ 以上瞬时杀菌 3 ~ 10s，或采用 85 ~ 95℃ 短时杀菌 15 ~ 30s；pH 高于 4.5 的低酸性芒果汁（浆）则必须采用超高温瞬时杀菌。

超高温瞬时杀菌机（图 5－10）一般由杀菌罐、冷却装置、泄压装置等部分组成。当机器工作时，芒果汁（浆）先在预过滤罐内去除大颗粒状的杂质，之后通过管道进入杀菌罐内杀菌。杀菌结束后立即通过管道进入冷却装置内进行急速冷却，最后再次过滤后进入灌装线（郑金海等，2015）。

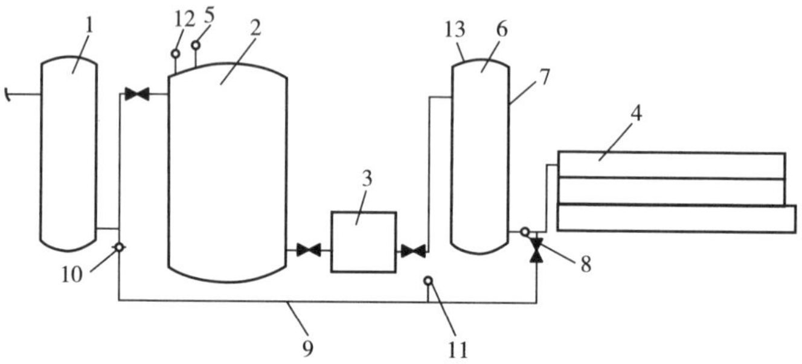

图 5－10　超高温瞬时杀菌机示意图

1—预过滤罐；2—杀菌罐；3—冷却装置；4—灌装系统；5—第一压力表；6—后过滤罐；7—液面传感器；8—第一单向阀；9—回流管道；10—第二单向阀；11—第二压力表；12—温度表；13—泄压阀。

（二） 非热杀菌技术

1. 超高压杀菌技术

超高压杀菌技术在 20 世纪初被提出，但直至 20 世纪末才由日本明治屋食品公司在果酱、果汁、果冻等食品中实现的商业化应用。其原理是将待杀菌产品预包装好后放在密闭的超高压容器中，用水或其他液体作为传压介质，在 100～1000MPa 和一定温度条件下处理一段时间，破坏菌体蛋白中的非共价键，导致蛋白质凝固及酶失活，从而达到杀菌钝酶的目的（刘颖平等，2018）。与热杀菌技术相比，超高压杀菌技术在达到良好杀菌效果的同时，能更大程度地保持产品原有的风味及营养成分（许世闯，2016），关键香气成分的损失也更低（Zhang 等，2019）。超高压杀菌机（图 5－11）一般由杀菌系统、增压系统、泄压装置等部分组成。启动机器前，包装好的芒果汁（浆）首先被放置到超高压容器中。在关闭各盖口并确认无气密性问题后启动机器，此时增压系统通过压力管道对超高压容器内加压，同时超高压容器内的制冷排管开始制冷，杀菌开始（万文娟等，2016）。

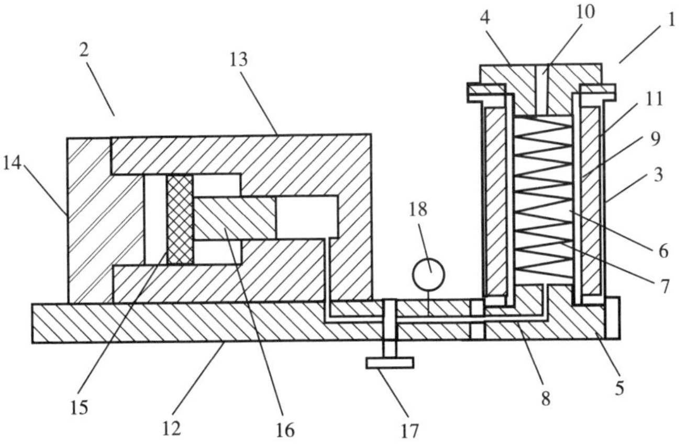

图5－11 超高压杀菌机示意图

1—杀菌系统；2—增压系统；3—筒体；4—上端盖；5—下端盖；6—超高压容器；7—制冷排管；8—压力管道；9—绕丝层；10—泄压口；11—保护层；12—底座；13—缸体；14—缸盖；15—活塞；16—活塞杆；17—控制阀；18—压力表。

2. 高压脉冲电场杀菌技术

高压脉冲电场杀菌技术于20世纪60年代开始应用于食品杀菌，其原理是利用短时间内突然增大的脉冲电场强度（通常在几纳秒至几毫秒内从100～300V/cm增大到20～80kV/cm）对产品中微生物细胞膜造成不可逆的破坏，使微生物细胞功能缺失甚至死亡以达到杀菌目的（Ganapathy等，2019；Timmermans等，2016）。与热杀菌技术相比，其强度高、省时、低能耗，能够快速钝酶杀菌而保留产品原有风味和营养，但也存在设备投入高、处理量少等缺点（李楠楠，2018；Evrendilek，2016）。

在使用高压脉冲电场杀菌装置［图5－12（1）、图5－12（2）］前，先打开箱门并将待杀菌的芒果汁（浆）放置在载物平台上。接着通过调整载物平台高度缩短其与电极阵列的间距，调整完毕后关上箱门。最后调整好电压、频率等各项参数后，启动开关开始杀菌（熊强等，2021）。

四、灌装

灌装通常是制备芒果汁（浆）产品的最后一个环节，一般根据杀菌方式的不同而采用相应的灌装方式。目前使用较多的芒果汁（浆）灌装方式是在将芒果汁（浆）于135℃杀菌3～5s后，降温至85℃以上状态下进行灌装。在此基础上还发展出了无

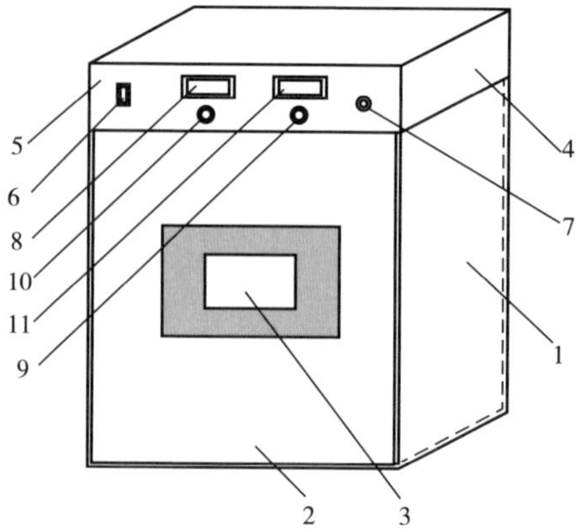

（1）外观结构

1—箱体；2—箱门；3—观察窗；4—脉冲电场发生模块；5—控制面板；6—电源开关；7—启动开关；8—电压调节旋钮；9—频率调节旋钮；10—电压显示仪表；11—频率显示仪表。

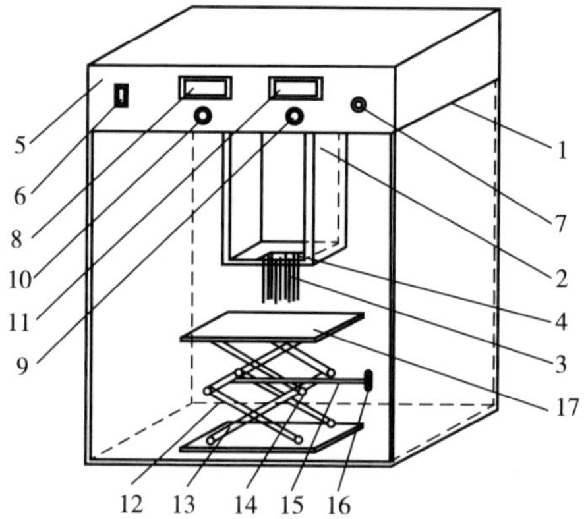

（2）内部结构

1—微秒级脉冲电发生单元；2—绝缘支架；3—电极阵列；4—金属导电板；5—控制面板；6—电源开关；7—启动开关；8—电压调节旋钮；9—频率调节旋钮；10—电压显示仪表；11—频率显示仪表；12—升降支架；13—交叉连杆；14—连杆；15—螺杆；16—手柄；17—载物平台。

图5－12 高压脉冲电场杀菌装置示意图

菌灌装方式，即采用超高温瞬时杀菌后的芒果汁（浆），在无菌的环境下装入已杀菌的容器中。另一方面，有少部分芒果汁（浆）产品采用冷灌装方式，将高温短时杀菌后的芒果汁（浆）冷却至5℃后再进行灌装。

第四节 芒果果汁生产中常见质量问题及控制措施

目前，在芒果果汁产品生产过程常出现果汁颜色褐变、絮凝、腐败等问题。

一、 果汁褐变

果汁产品颜色发生褐变是一种不受消费者欢迎的常见现象，造成其褐变的原因分为酶促褐变及非酶促褐变两大类。对于非浓缩芒果汁产品而言，其颜色发生褐变主要是由酶促褐变引起；而对于浓缩芒果汁产品而言，其颜色发生褐变主要是由非酶促褐变引起。

（一） 酶促褐变

β-胡萝卜素是构成芒果色泽的主要色素，使芒果汁呈现橙黄色；微量番茄红素及花青素使芒果汁呈现橙红色。经过巴氏杀菌后的芒果汁在贮藏过程中，由于氧气和少量过氧化物酶的作用，其酚类物质和β-胡萝卜素逐渐被氧化，黄色逐渐减少而褐色逐渐增加。

要抑制芒果汁产品中酶促褐变的发生，除了杀菌灭酶，关键在于含氧量的控制。在添加维生素 C、异维生素 C、柠檬酸等抗氧化剂的同时，可考虑隔氧性及密封性较好的包材，最大限度地隔绝与氧气的接触（马超，2019）。

（二） 非酶褐变

浓缩芒果汁中存在高浓度的羰基化合物（主要为还原糖类），能在常温或加热的状态下与氨基化合物（主要为氨基酸和蛋白质）发生复杂的化学反应，最终生成棕色甚至黑色的大分子物质，导致浓缩芒果汁产品颜色明显变化。

要抑制芒果汁产品中非酶褐变的发生，要控制好 pH，令其保持在 3.3 或以下；注意在杀菌过程中避免过度热杀菌；贮藏温度应保持在 10℃或以下。

二、 果汁絮凝

稳定性是评判一种果汁产品质量好坏的重要指标之一。对于澄清型芒果汁产品而言，如出现混浊现象会直接影响其销售；而对于混浊型芒果汁产品而言，如出现分层或沉淀现象会大幅缩短其保质期。

澄清型芒果汁产品中的淀粉与蛋白质在贮藏过程中易形成具有空间结构的混合物，其内部不断填充各种酚类、色素类、单糖类等物质，最终形成密度大于芒果汁体系的絮凝物沉降出来。要稳定芒果汁体系，果胶和淀粉酶的添加量至关重要：在芒果汁体系中添加0.15%（质量分数）的果胶和3.15×10^4U/100g的β－淀粉酶，能够极大地提高其体系稳定性（马超，2019）。

混浊型芒果汁产品发生分层或沉淀现象，主要是因缺乏稳定性和均匀性，与果汁黏度、果肉颗粒体积、颗粒和液体之间密度差等有密切关系，要提高其稳定性和均匀性，可采用均质、添加增稠剂、彻底脱气等方式（沙怡梅，2011）。

三、果汁腐败

腐败是果汁产品生产中常见的质量问题之一，一般主要因杀菌不彻底，由果汁中微生物引起。芒果汁产品通常富含蛋白质和糖类，会形成一种高渗透压、低pH的体系。在此体系下，酿酒酵母、高渗酵母、毕赤氏酵母、假丝酵母等酵母菌类仍能产生孢子或芽体，当条件合适时能重新生长，造成果汁发酵产醇产气最后腐败变质，因此酵母菌类是引起芒果汁产品腐败的最主要的微生物。此外，一些耐酸性的细菌，如酪酸菌、酸土脂环酸芽孢杆菌、明串珠菌、乳酸菌、醋酸菌等，会引起果汁产品变黏稠、发酸、气味异常，是引起芒果汁产品腐败的另一类微生物。对于霉菌而言，必须在有氧条件下才能生长，在接近满瓶或满盒、满袋的芒果汁产品中的无氧环境下，仅有极少数的霉菌能引起腐败（王换男等，2020）。因此，在芒果汁产品加工生产过程中必须严格控制好原料、车间、设备、杀菌、灌装等各方面的指标，避免因人为疏忽而导致的产品变质。

第五节　常见芒果果汁制品的生产实例

一、澄清型芒果汁

（一）工艺流程

原料→[分级、挑选]→[清洗]→[去皮]→[去核]→[榨汁]→[前杀菌]→[酶解]→[调配]→

过滤→澄清→杀菌→灌装→贴标→成品

（二）操作要点

1. 原料

必须选择无病变、腐烂的芒果。

2. 清洗

必须将芒果表面的泥土、微生物、农药等洗净。

3. 榨汁

在榨汁过程中，每吨芒果原料添加1kg 5% ~10%（质量分数）的抗坏血酸溶液防止褐变。

4. 前杀菌

榨出的芒果汁立即在90℃下保温杀菌60 ~90s。

5. 酶解

将前杀菌后的芒果汁冷却至45℃后，加入0.1%（质量分数）的果胶酶和纤维素酶恒温酶解2h。

6. 调配

按芒果原汁60%、白砂糖5%、柠檬酸0.1%、蒸馏水34.9%的质量分数进行调配。

7. 过滤

调配好之后的芒果汁先经过碟式离心机离心后，上清液采用硅藻土过滤机过滤至汁液澄清透明状态即可。

8. 澄清

加入浓度250mg/L的明胶，在 -1℃下冷却8h后离心处理。

9. 杀菌

芒果汁在110℃下热处理8 ~10s。

10. 灌装

杀菌后在不低于80℃下进行热灌装。

（三）产品质量指标

1. 感官指标

产品具有芒果特有的黄色，状态澄清透明，芒果特征香气浓郁，酸甜可口。

2. 微生物指标

细菌总数 < 100CFU/mL，大肠杆菌 < 3CFU/mL，致病菌不得检出。

二、 浓缩芒果汁

（一） 工艺流程

原料→分级、挑选→清洗→去皮→去核→榨汁→前杀菌→酶解→过滤→浓缩→杀菌→灌装→贴标→成品

（二） 操作要点

1. 原料

必须选择无病变、无腐烂的芒果。

2. 清洗

必须将芒果表面的泥土、微生物、农药等洗净。

3. 榨汁

在榨汁过程中，每吨芒果原料添加 1kg 5% ~10% （质量分数）的抗坏血酸溶液防止褐变。

4. 前杀菌

榨出的芒果汁立即在 90℃下保温杀菌 60 ~90s。

5. 酶解

将前杀菌后的芒果汁冷却至 45℃后，加入 0. 1% （质量分数）的果胶酶和纤维素酶恒温酶解 2h。

6. 过滤

酶解后的芒果汁先经过碟式离心机离心后，上清液采用硅藻土过滤机过滤至汁液澄清透明状态即可。

7. 浓缩

采用真空浓缩，浓缩至芒果汁可溶性固形物含量达到 65% （质量分数）。

8. 杀菌

芒果浓缩汁在 90℃下热处理 40s。

9. 灌装

杀菌后在不低于 85℃下进行热灌装。

（三）产品质量指标

1. 感官指标

产品具有芒果特有的黄色，膏状流体，芒果特征香气浓郁。

2. 理化指标

产品可溶性固形物含量在65%（质量分数）以上。

3. 微生物指标

大肠杆菌 <3CFU/mL，致病菌不得检出。

三、发酵芒果汁

（一）工艺流程

原料→分级、挑选→清洗→去皮→去核→榨汁→前杀菌→酶解→过滤→调配→发酵→杀菌→灌装→贴标→成品

（二）操作要点

1. 原料

必须选择无病变、无腐烂的芒果。

2. 清洗

必须将芒果表面的泥土、微生物、农药等洗净。

3. 榨汁

在榨汁过程中，每吨芒果原料添加1kg 5%～10%（质量分数）的抗坏血酸溶液防止褐变。

4. 前杀菌

榨出的芒果汁立即在90℃下保温杀菌60～90s。

5. 酶解

将前杀菌后的芒果汁冷却至45℃后，加入0.1%（质量分数）的果胶酶和纤维素酶恒温酶解2h。

6. 过滤

酶解后的芒果汁先经过碟式离心机离心后，上清液采用硅藻土过滤机过滤至汁液

澄清透明状态即可。

7. 调配

按芒果原汁60%、白砂糖5%、蒸馏水35%的质量分数进行调配。

8. 发酵

在调配好之后的芒果汁中添加0.1%（质量分数）的乳酸菌，在42℃下恒温发酵48h。

9. 杀菌

发酵芒果汁在130℃下热处理6s。

10. 灌装

杀菌后的发酵芒果汁迅速冷却到5℃后进行灌装。

（三）产品质量指标

1. 感官指标

产品具有芒果特有的黄色，芒果特征香气和乳酸特征香气明显且协调，酸甜可口。

2. 微生物指标

致病菌不得检出。

参考文献

[1] Anuradha K, Naga P P, Venkateshwar S, et al. Mango juice clarification with polygalacturonase produced by *Aspergillus awamori* MTCC 9166 – optimization of conditions [J]. International Food Research Journal, 2016, 23 (1): 147 – 151.

[2] Dumay E, Chevalier – Lucia D, Laetitia P, et al. Technological aspects and potential applications of (*ultra*) high – pressure homogenisation [J]. Trends in Food Science & Technology, 2013, 31 (1): 13 – 26.

[3] Ellendersen L D S N, Granato D, Guergoletto K B, et al. Development and sensory profile of a probiotic beverage from apple fermented with *Lactobacillus casei* [J]. Engineering in Life Sciences, 2012, 12 (4): 475 – 485.

[4] Evrendilek G A. Change regime of aroma active compounds in response to pulsed electric field treatment time, sour cherry juice apricot and peach nectars, and physical and

sensory properties [J]. Innovative Food Science & Emerging Technologies, 2016, 33: 195 – 205.
[5] Ganapathy S, Raja P, Vijayakumary P, et al. Effect of physical properties of mango juice on the effectiveness of pulsed electric field treatment [J]. Journal of Pharmacognosy and Phytochemistry, 2019, 8 (6): 691 – 696.
[6] Ghorbel – Bellaaj O, Jridi M, Khaled H B, et al. Bioconversion of shrimp shell waste for the production of antioxidant and chitosan used as fruit juice clarifier [J]. International Journal of Food Science & Technology, 2012, 47: 1835 – 1841.
[7] Grácia – Juliá A, Malika R, Cortés – Muñoz M, et al. Effect of dynamic high pressure on whey protein aggregation: A comparison with the effect of continuous short – time thermal treatments [J]. Food Hydrocolloids, 2008, 22 (6): 1014 – 1032.
[8] Guan Y J, Zhou L Y, Bi J F, et al. Change of microbial and quality attributes of mango juice treated by high pressure homogenization combined with moderate inlet temperatures during storage [J]. Innovative Food Science and Emerging Technologies, 2016, 36: 320 – 329.
[9] Renault F, Sancey B, Badot P M, et al. Chitosan for coagulation/flocculation processes – An eco – friendly approach [J]. European Polymer Journal, 2009, 45 (5): 1337 – 1348.
[10] Ryan J, Hutchings S C, Fang Z X, et al. Microbial, physico – chemical and sensory characteristics of mango juice – enriched probiotic dairy drinks [J]. International Journal of Dairy Technology, 2020, 73 (1): 182 – 190.
[11] Sakhale B K, Pawar V N, Gaikwad S S. Studies on effect of enzymatic liquefaction on quality characteristics of Kesar mango pulp [J]. International Food Research Journal, 2016, 23 (2): 860 – 865.
[12] Timmermans R A H, Nederhoff A L, Nierop M N, et al. Effect of electrical field strength applied by PEF processing and storage temperature on the outgrowth of yeasts and moulds naturally present in a fresh fruit smoothie [J]. International Journal of Food Microbiology, 2016, 230: 21 – 30.
[13] Zhang W T, Dong P, Lao F, et al. Characterization of the major aroma – active compounds in Keitt mango juice comparison among fresh, pasteurization and high hydrostatic pressure processing [J]. Food Chemistry, 2019, 289: 215 – 222.
[14] 顾方媛，陈朝银，石家骥，等．纤维素酶的研究进展与发展趋势［J］. 微生物

学杂志，2008（1）：83－87.

［15］关云静．高压均质对 NFC 芒果汁微生物和品质的影响［D］．北京：中国农业科学院，2016.

［16］国内首条标准化芒果自动分选线在盐边投入使用［N］．攀枝花日报，2017－10－24.

［17］韩晶，李宝坤，李开雄，等．β－葡聚糖酶的特性与应用研究［J］．中国酿造，2008，27（9）：4－7.

［18］阚红．超声蒸发器浓缩果汁对品质影响的研究［D］．天津：天津科技大学，2017.

［19］李楠楠．高压脉冲电场技术对鲜榨椪柑汁的杀菌效果及品质影响的研究［D］．重庆：西南大学，2018.

［20］梁健，陈晓铭，房仕贤，等．一种用于芒果去核取肉的装置［P］．中国专利：ZL201821756435.9，2020－12－22.

［21］刘颖平，顾小福，徐怀德．超高压杀菌技术在苹果燕麦复合饮料中的应用［J］．农产品加工，2018（7）：38－39＋43.

［22］马超．芒果汁褐变和絮凝机理及品质控制［D］．海口：海南大学，2019.

［23］孟宪军，乔旭光．果蔬加工工艺学［M］．北京：中国轻工业出版社，2016.

［24］乔叶宁．佛手汁的浓缩及冷杀菌工艺研究［D］．无锡：江南大学，2018.

［25］沙怡梅．果汁和果汁饮料的秘密［J］．健康管理，2011，2（10）：86－88.

［26］万红贵，王涛，蔡恒，等．木聚糖酶的特性及应用研究［J］．食品与发酵工业，2008，34（3）：92－95.

［27］万文娟，杨玉葆．超高压杀菌装置［P］．中国专利：ZL201520908043.X，2016－06－01.

［28］王贵新．复合酶酶解毛酸浆果汁及其悬浮与色泽稳定性的研究［D］．哈尔滨：哈尔滨商业大学，2016.

［29］王换男，卿琳华，童群义．ε－聚赖氨酸对鲜榨血橙汁贮藏品质的影响［J］．食品与发酵工业，2020，46（4）：219－226.

［30］王倩，王建新．一种螺旋榨汁机［P］．中国专利：ZL201420615827.9，2015－03－11.

［31］王少群，邱丹腾，林春通，等．发酵果汁胶原蛋白饮料的研制及其活性研究［J］．福建轻纺，2019（11）：10－17.

[32] 王志龙，郑伟，刘世豪．芒果削皮榨汁一体机结构设计与分析［J］．食品工业，2021，42（4）：4.
[33] 熊强，李莎，朱芳州，等．一种高压脉冲电场灭菌装置［P］．中国专利：ZL202022239622.3，2021－05－25.
[34] 熊相人，陈碧峰．一种溶液冷冻浓缩装置［P］．中国专利：ZL201922406218.8，2020－10－13.
[35] 许世闯．超高压技术及其在食品中的应用进展［J］．河南工业大学学报（自然科学版），2016（37）：111－117.
[36] 许雄，张天鹏，花玉鹏，等．真空浓缩罐［P］．中国专利：ZL202020813704.1，2020－12－29.
[37] 颜栋美，滕建文，余炼，等．芒果加工专用品种的初步筛选研究［J］．食品科技，2006（12）：39－42.
[38] 杨清香，于艳琴．果蔬加工技术［M］．北京：化学工业出版社，2006.
[39] 曾庆孝．食品加工与保藏原理［M］．北京：化学工业出版社，2015.
[40] 郑金海，郝玉红，王江峰，等．一种超高温瞬时杀菌设备［P］．中国专利ZL201520127743.5，2015－07－08.
[41] 朱涵彬，李靓，杨启恒，等．芒果菠萝复合果汁饮料的研制及3种CMC－Na对其稳定性的影响［J］．饮料工业，2020，23（5）：6.

第六章

芒果发酵制品加工技术

第一节　芒果发酵制品的分类

发酵制品是指经过发酵加工而形成的产品。近年来，芒果新型发酵制品不断涌现，主要包括发酵果酱、发酵果汁、发酵乳、果酒及果醋等。

一、发酵芒果酱

果酱是果品主要的深加工产品，是延长果品供应，提高果品综合效益的有效途径。传统果酱加工一般以鲜果为原料，经软化、去皮、打浆等处理后辅以白砂糖等配料熬制而成。芒果果酱的研制在国内外研究较多，主要分为单一芒果酱及多种水果复合果酱。近年来，一些新型研制方法得到大力开发，其中经过乳酸菌发酵后制作的果酱不但可以增加特殊风味物质及平衡总酸，而且可产生新的保健功能，提高营养价值，因此被广大消费者所青睐。目前，发酵果酱多选用非芽孢型乳酸菌，而使用产乳酸芽孢杆菌发酵果蔬的报道比较少。近期研究表明，产乳酸芽孢杆菌具有乳酸菌和芽孢杆菌的双重特性，芽孢杆菌不仅抗逆性强，还可以通过提高巨噬细胞的活性等刺激免疫，是良好的免疫激活剂，应用于芒果发酵果酱制作过程，一方面经过生产加工和人体消化仍然可以保持菌体活性，另一方面可调节机体免疫力（刘霭莎等，2019）。

浓缩方式的选择对芒果发酵果酱的品质有着重要影响，真空浓缩、冷冻浓缩和常压煮制浓缩对芒果果酱的品质影响效果不同。果酱经过常压煮制浓缩处理后，口感变化不明显，但褐变明显，维生素 C 被破坏。真空浓缩是目前果酱生产中较常用的方式，因处理温度适中且真空减压，有效避免了果酱氧化，比常压煮制浓缩能更好地保持色泽和营养成分，但难以避免维生素 C 被破坏。冷冻浓缩是一种在较低温度下的浓缩处理，色泽和营养成分保留较好，缺点是浓缩时会损失部分挥发性物质。总体而言，冷冻浓缩相比其他两种浓缩方式能够更大程度地保持发酵芒果果酱的品质，保证芒果发酵果酱的营养和功能性。

二、发酵芒果汁

发酵芒果汁以芒果果肉为原料通过微生物发酵制成，较好地保存了其营养素，不仅富含碳水化合物、蛋白质、维生素和矿物质，而且含有大量的活性乳酸菌，具有帮助消化和调整肠胃等作用，达到调节人体生理功能的目的。芒果发酵汁按照原料种类来源一般分为单一型芒果发酵汁和复合型芒果发酵汁。单一型芒果发酵汁主要侧重于发酵菌种的选择，结合适当营养物质添加，来调控产品整体风味（刘秋豆等，2019）。复合型芒果发酵汁则通过添加其他风味水果、蔬菜、药用植物等，达到丰富产品风味和营养的功效（张开平等，2020）。

利用益生菌发酵而获得的非乳发酵饮料对促进人体健康具有显著的功效，相较于发酵乳制品，非乳发酵制品具有胆固醇含量低和适用人群范围广等特点，而且富含植物多糖、膳食纤维、维生素等多种营养成分。与普通果汁饮料相比，发酵芒果汁不仅能很好地保留水果营养素，还富含大量的活性乳酸菌，以及氨基酸、短链脂肪酸等益生菌代谢产物，具有帮助消化和调整肠胃等作用（韦璐等，2020）。因此，发酵芒果汁的市场需求正逐年增加。

三、 芒果发酵乳制品

芒果发酵乳制品是经乳酸菌发酵而成的，集芒果汁和酸乳保健功能于一体的营养保健饮料（苏伟等，2012）。目前市场上主要以芒果和生牛乳为原料，搭配不同的乳酸菌，如双歧杆菌（*Bifidobacterium*）、嗜酸乳杆菌（*Lactobacillus acidophilus*）、乳酸杆菌（*Lactobacillus*）等，结合不同的发酵工艺，形成不同风味的芒果发酵乳制品，如开菲尔（Kefir）等（罗旻怡等，2020）。另外，通过与不同水果、茶叶等成分复合，不仅可进一步丰富芒果发酵乳制品的口感、风味及营养，还可以提升地方特色及品牌影响力。

四、 芒果发酵酒

芒果以其糖酸比适中、香气物质丰富的特点，可作为发酵酒的优质原料。芒果酒是通过酵母菌株对芒果汁进行发酵而成的健康果酒（钟焱，2019）。随着人们饮食习惯的改变，芒果酒鲜艳的色泽以及独特的风味将带来巨大的市场价值。芒果发酵酒的品质与芒果品种的适宜性、适合的酵母菌株筛选以及芒果汁提取工艺优化等息息相关。其中发酵用酵母菌株的筛选尤为重要，目前果酒生产中主流做法还是采用葡萄酒酵母来进行不同品种果酒的发酵，并对芒果酒发酵过程中酵母生长速度、发酵速度、挥发性物质形成的影响进行研究，实现果酒品质的综合调控。为了进一步提升芒果发酵酒的品质，新型芒果酒适用酵母的筛选已成为当前研究的热点，通过对水果生长环境中的微生物进行分离培养，获得酵母菌株后进行酿酒特性研究，进而筛选出适宜芒果酒酿造的优良菌株。另一方面，通过增加不同组分，如其他水果、蜂蜜等与芒果汁混合发酵，可进一步调控芒果发酵酒的风味和口感（尚远宏等，2019；

孟金明等，2020）。

五、 芒果醋

芒果风味独特，营养丰富，富含大量果糖、葡萄糖、多酚、有机酸等物质，非常适宜作为果醋酿造原料。芒果醋一般是以新鲜芒果及下脚料为原料，以酵母菌、醋酸菌为菌种发酵得到的一种营养丰富、风味优良的酸性调味品及功能性饮料（胡秦佳宝等，2021）。芒果醋中含有大量芳香酯类、维生素及氨基酸成分，不仅风味柔和怡人，而且具有调节肠道菌群、抗氧化、保护心脑血管等多种功效。相较于粮食酿制的醋，果醋具有风味更多样、保健价值更高、开发利用性更强等优点。同时，用水果代替粮食酿制果醋既充分利用了果蔬资源又节约了粮食，对于我国这样一个人口大国来说具有重大的意义。与欧美、日本等发达国家和地区的果醋产业相比，我国果醋的产量低且品种单一，市场上销量最高的果醋是苹果醋。近年来，随着人们养生保健意识的加强以及科技支持，国内果醋产品的开发也逐渐成为食醋领域的热点之一，芒果醋以其独特的亚热带风味也得到越来越多的关注。秦艳等（2008）研究了芒果醋的生产工艺，结果表明选择半固态果汁进行酒精发酵，发酵力高、酵母适应性强，醋酸发酵最佳条件是温度 35℃、最初酒精度 7%（体积分数）、初始 pH 3.7、醋酸菌接种量 10%。张斌等（2006）经酒精发酵和醋酸发酵制得芒果果醋，添加 0.15% ~0.2%（质量分数）的果胶酶进行酶解处理，解决了芒果中含有大量果胶不利于发酵的问题，同时采用固定化酵母进行酒精发酵，缩短了澄清时间，产品风味纯正，带有蜜甜味。

芒果醋的传统酿造工艺多采用游离细胞液态深层发酵法，发酵时间长达 4 ~5 周，原料中多酚等物质在氧气作用下会转化成醌类物质，易导致醋酸发酵过程中果醋色泽劣变，丧失原果风味，品质显著降低。混菌发酵、固定化发酵可一定程度上减少发酵损失，提高产酸率，逐渐成为当前的研究热点（张开平等，2020）。

第二节　芒果发酵制品生产工艺

一、 芒果发酵制品的生产工艺流程

如图 6 -1 所示，液态加工产品工艺流程一般包括：选果、去皮及去核、热烫、打浆、过滤、调配、接种、发酵、灌装等。芒果发酵果汁、芒果发酵乳制品的工艺流程基本与通用流程一致，发酵芒果果酱的生产还需要经过冷藏、浓缩步骤，芒果酒及芒果醋的生产则需经过陈酿、过滤、灭菌等步骤。

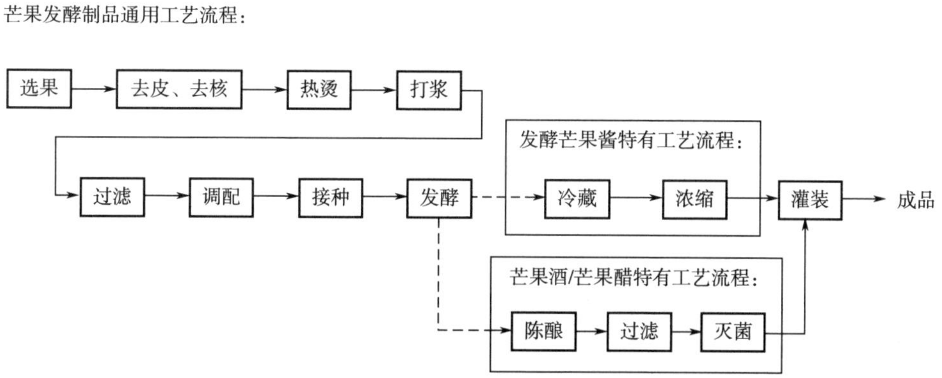

图6－1　芒果发酵制品的生产工艺流程

二、 工艺流程要点

芒果发酵制品的基本工艺细节较为复杂，以下对打浆、发酵、浓缩、陈酿等关键环节进行系统介绍。

（一） 打浆

选择优质无腐烂的新鲜芒果，用流水反复冲洗表皮，洗去尘土和杂质，然后倒入85～100℃热水中，烫漂，去皮、去核，再将果肉放入高速组织粉碎机中打浆，打成酱状。这个阶段果酱易变色，主要是由于发生酶促褐变引起的，因此在去皮和打浆后都要通过添加一定量的D－异抗坏血酸钠、食盐、亚硫酸钠等溶液来破坏酶的活性，防止或减轻芒果果酱的褐变（苗燕等，2012）。

果胶酶处理作为果蔬加工中常用的手段，可以提高出汁率。发酵醪的不同处理方式容易影响果酒中甲醇的含量。在生产实践中，一般先在果浆中添加果胶酶处理，邱倩玉（2016）研究发现，果浆发酵的果酒中甲醇含量高于果汁发酵的果酒。添加果胶酶澄清会使酒中的甲醇含量更高。钟焱（2019）的研究表明将芒果浆离心得清汁后调整糖度以及添加0.02g/kg的果胶酶，甲醇含量显著降低。

依据不同发酵制品的工艺，芒果制浆之后可进行一定的成分调整。在芒果浆中加入适量焦亚硫酸钾（60～100mg/L），可以保护果浆或果汁不被氧化，并有效抑制杂菌生长。在糖度调整时，补糖应先用少量芒果浆将之溶解后再加入发酵液中并混合均匀。pH 调整时，可用柠檬酸、酒石酸、碳酸钙等调整。

（二）发酵

在芒果发酵制品的生产过程中，酵母菌起着至关重要的作用。酵母菌发酵过程中产生的挥发性化合物、有机酸、酒精等决定着产品的风味及口感。采用不同种属、株系的酵母作为菌剂，可能会生产出具有不同风味特征的产品。

芒果酒酵母分离筛选的目标是选择可以提高果酒各方面品质的酵母。目前在芒果酒的生产中，一般直接从现有的葡萄酒酵母中进行筛选应用，或者从芒果的生长环境中进行分离培养，例如，果树的枝叶、成熟的水果表皮、自然发酵的果肉与果汁，水果生长果园中的水源、土壤、空气等。从果皮和自然发酵的果汁中筛选出的酵母一般较为丰富，因为果皮与环境充分接触，大量微生物首先在果皮上进行附着，果皮上的蜡质有利于其生长繁殖。而对于酵母来说，果汁中的环境与果酒酿制环境极为相似，酵母在其中可以大量繁殖。岑涛等（2015）以芒果果皮为分离源，经分离、纯化及三级筛选得到 6 株酵母菌，其中 1 株为仙人掌有孢汉逊酵母（*Hanseniaspora opuntiae*），另 5 株均为异常威克汉姆酵母（*Wickerhamomyces anomalus*），通过对芒果汁发酵发现异常威克汉姆酵母菌株 DTM9 发酵所得芒果酒感官得分更高。Li 等（2011）比较了 3 种酿酒酵母（EC1118、CICC1028、MERIT. ferm）的生长状况以及所发酵芒果酒的化学物质与挥发性成分，表明 3 种芒果酒的挥发性化合物种类差异显著，用酿酒酵母 MERIT. ferm 所发酵的芒果酒产生了更多的支链高级醇和芳香支链酯。

发酵主要受温度、pH、微生物接种量、初始含糖量、SO_2 添加量等因素的影响。在芒果酒的发酵中，温度影响酵母的生长，同时也影响乙醇产率及甘油、挥发性成分等副产物的积累。参考干白葡萄酒的常规工艺，一般认为清汁的发酵温度不宜太高。王天陆（2009）研究了果胶酶用量、SO_2 用量、发酵温度、初始含糖量以及酵母接种量对芒果酒品质的影响，得出其最佳参数为果胶酶用量 100mg/L、SO_2 添加量 50～100mg/L、发酵温度 22℃、初始糖浓度 21°Bx、酵母接种量 6%（质量分数），在此条件下，果浆出汁率与芒果酒感官评价得分最高。钟焱（2019）的研究也表明在 19℃ 发酵的芒果酒感官品质最佳。

传统果醋酿造工艺多采用游离细胞液态深层发酵法，发酵时间长达 4～5 周，且原料中多酚等物质在氧气作用下会转化成醌类物质，导致醋酸发酵过程中果醋色泽劣变，丧失原果风味，品质显著降低。因此，芒果醋建议采用固定化细胞技术，该技术将微生物细胞高度密集地固定在所选载体上，使微生物能够在适宜的条件下大量快速增殖并保持代谢和催化活性。一般采用的固定化载体有海藻酸钠、甘蔗渣、玉米芯、刨花和聚氨酯等材料，不同载体固定化发酵芒果醋的效果有差异（图6－2），但是整体均提高了发酵效率，有助于产品品质的提升（胡秦佳宝等，2021）。

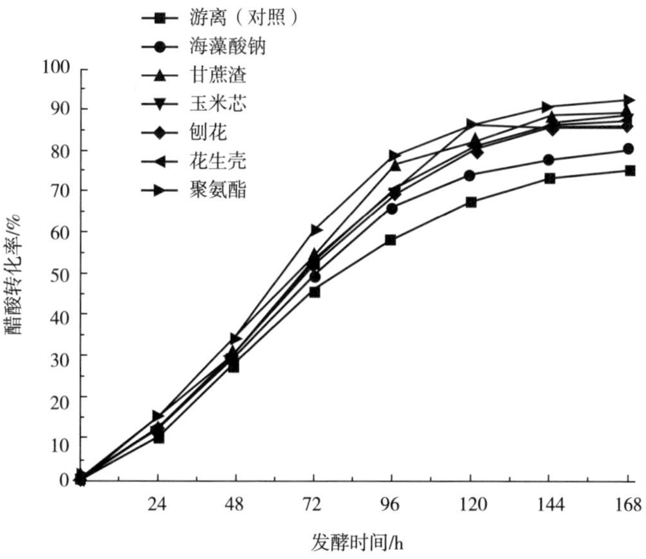

图6－2 不同载体固定化发酵芒果醋醋酸转化率变化

资料来源：胡秦佳宝等，2021。

（三）浓缩

传统果酱的含糖量大部分在50%～70%（质量分数），近年来随着人们健康意识的提升，低糖类果酱的市场需求逐渐上升，一般其含糖量低于45%（质量分数），更突出原果的风味和清爽口感。发酵果酱一般通过浓缩工艺来达到产品的相关要求，不同浓缩方式对芒果发酵果酱的褐变度、黏度、总糖、总酸、维生素C含量等都有重要的影响。当前采用的浓缩方式主要包括真空浓缩、冷冻浓缩和常压煮制浓缩。刘霭莎等（2019）研究发现，经三种不同浓缩处理后发酵芒果酱褐变度都增加，常压煮制浓缩褐变度比冷冻浓缩增加2.5倍以上，真空浓缩居两者中间（图6－3）；黏度值大小依次为常压煮制浓缩黏度5907.22mPa·s、真空浓缩5620.78mPa·s、冷冻浓缩5270.44mPa·s，差异显著；总糖的变化不明显；常压煮制浓缩的总酸含量最高，达

8.28g/L，真空浓缩和冷冻浓缩的总酸含量稍低；冷冻浓缩的果酱维生素C含量较高，为2.59mg/100mL，真空浓缩含量极低，常压煮制浓缩维生素C全被破坏。综合比较，冷冻浓缩最大程度地保持了发酵芒果果酱的品质。

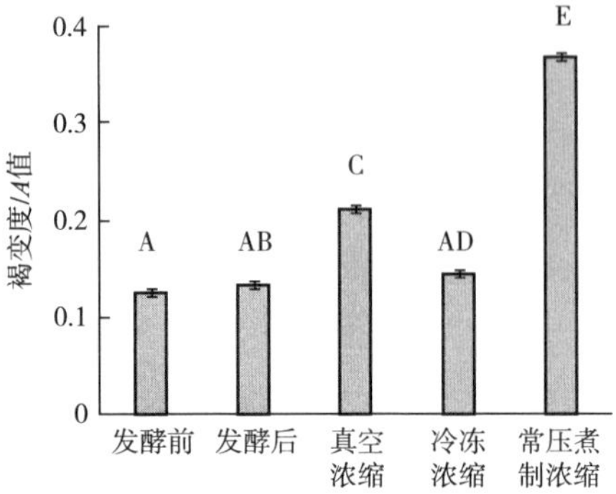

图6-3　不同浓缩方式对芒果果酱褐变度的影响

注：字母不同表示有显著性差异（$P<0.05$）。

资料来源：刘霭莎等，2019。

（四）陈酿

芒果酒和芒果醋的陈酿期对产品的理化性质、感官品质至关重要。前发酵结束以后的原果酒/醋往往口感协调性差，不适宜直接饮用，不被广大消费者喜爱。适宜的陈酿方式可以较好地改善果酒/醋的整体品质。

陈酿能够更好地使果酒澄清，改善果酒的色、香、味。在陈酿过程中，果酒会经历一个成长期、发育期、壮年期、衰老期和死亡期的过程。各个时期有着果酒不同的香气与特点。壮年期的果酒口感醇厚、酒体丰满，是饮用的最佳时期。果酒不是贮藏时间越久越好，错过其最佳饮用时期就会走向衰败，后期甚至会出现褐变和发生氧化等不良现象。因此，陈酿作为果酒发酵最为关键的一个环节，不同的贮藏环境、温度、贮藏方式以及不同贮藏容器都会对果酒的陈酿产生较大影响（吉俊臣，2020）。国内外学者针对其他品种的果酒如葡萄酒、蓝莓酒等的陈酿展开了深入研究，但是在芒果酒方面的相关研究较少。相比于含酚类物质较高的葡萄、蓝莓等水果酒，芒果酒更容易氧化，因此，优化获得适宜的陈酿条件对芒果酒品质的影响将更为重要。

新酿成的果醋成分不稳定、口感粗糙、气味刺鼻，必须经过一段时间的陈酿，使醋体中的各成分发生氧化、酯化、缩合等化学反应，达到口感柔和、风味协调，从而提高果醋的品质（黄文韬等，2013）。传统的粮食醋多采用自然陈酿方法，包括醋液贮藏陈化、醋醅加盐陈化及新醋日晒陈化等（郑皓，2008）。对于果醋，近年来快速发展的人工催陈技术逐渐受到人们的关注。超声波催陈、微波催陈、红外催陈等技术的应用能够有效地缩短新醋的陈酿周期，降低生产成本，且在较短时间内提高果醋的风味，改善其品质。李巧凤（2020）采用超声联合微波处理的甜柿果醋中总酯含量比常规处理的增加了10.7%，感官评价得分提高了30.61%，色度值明显提亮，有效提升了果醋的品质。目前芒果醋的研究多集中在前端发酵工艺的优化，尚缺乏陈酿数据的积累，可参考蓝莓、桑葚、柑橘等酿制的果醋的陈酿。

第三节　芒果发酵制品生产中常见质量问题及控制措施

一、芒果发酵果酱及发酵果汁

芒果发酵果酱及发酵汁的褐变是指果汁或果酱加工和贮藏过程中颜色发生改变的一种现象。褐变不仅影响产品的外观、风味，而且还会造成营养物质的损失。褐变包括酶促褐变和非酶褐变两种类型。非酶促褐变又包括美拉德反应、酚类物质氧化变色、焦糖化褐变、抗坏血酸氧化褐变等几种类型。在果浆或果汁中，酶从破碎的组织细胞中逸出，酶的活性大幅增强，最主要的是多酚氧化酶（PPO）、抗坏血酸氧化酶（ASO）和过氧化物酶（POD）等三种酶催化褐变反应。在产品的加工过程中，酚类物质的酶氧化褐变是最主要的。PPO（一种含铜离子的膜蛋白酶）能氧化组织中酚类物质形成醌，醌聚合形成褐色物质导致褐变发生。热处理可有效地抑制PPO的活性，随温度的升高酶活性下降。体系中pH的下降也会导致PPO活性下降，因此生产上常用柠檬酸来抑制酶促褐变。酶促褐变的进行还需要在有氧条件下进行，因此常用真空脱气法或酶法脱氧除去或减少体系中氧气的含量。非酶促褐变是果汁或果酱在加工和贮藏过程中常发生的化学反应，生成的黑褐色物质影响产品的外观、降低果汁的营养价值。常用的控制非酶促褐变的措施包括控制加工产品的受热温度、时间和热作用次数以及贮藏的温度条件等。

二、芒果发酵乳制品

发酵乳原料热处理条件通常为90～95℃、5min，复合的芒果浆（汁）在生产过程中热处理强度也较低，因此在发酵过程中除乳酸菌增殖外，容易造成其他杂菌生长，且在灌装环节通常不是无菌灌装，这也就造成了发酵乳制品相对容易受到其他生物性的污染，以酵母菌污染最为常见。从生产者的角度看，监控发酵乳制品生产环节中酵母菌意义重大，因为这些真菌类的微生物可以使发酵乳在保质期内腐败变质。酵母菌主要分布在含糖较高的偏酸性环境中，在发酵乳中容易生长，引起发酵乳胀袋。一般建议出厂时发酵乳中的酵母菌≤50CFU/mL。如果出厂时菌数达到 1×10^3 CFU/mL 会有变质的风险，只要在货架上放 2~3 周，酵母菌数很快就会达到 1×10^5 CFU/mL。据统计，发酵乳制品的质量事故中 80% 都是由于酵母菌污染引起（艾连中，2016）。

另一个较难处理的污染源为噬菌体污染。噬菌体广泛地存在于各种环境中，可以说有细菌的地方就有噬菌体的存在。发酵乳工厂噬菌体的感染来源有以下几种可能：生乳储罐和乳槽车、员工及外来参观者、污垢与灰尘、设备的死角、托盘和内部运输设备、定位清洗（CIP）环节、通风环节、生产用水及污水、生牛乳等。缺乏正确的消毒处理是发生噬菌体污染的主要原因。加工环境的设计需要便于消毒并处于良好维护状态（比如地板、墙壁、天花板和门）。喷洒含氯消毒剂或杀藻胺气溶胶能杀灭噬菌体，紫外线照射可用作额外的辅助措施。通常噬菌体污染的检测方法有两种，即蚀斑检测法和抑制检测法。在生产实践中必须加大对噬菌体的预防，除了工厂、设备设计的合理性，日常设备及产品的噬菌体检测是尽早发现污染的重要手段。

三、 芒果酒及芒果醋

芒果酒的常见质量问题主要分为非生物危害和生物危害。引起芒果酒非生物危害的因素比较多。芒果酒当中除水和乙醇之外还存在着其他成分，如单宁、色素、多糖以及果胶等，这些物质属于热力学不稳定物质，易导致芒果酒的沉淀。多酚沉淀产生的原因是芒果酒在贮藏过程中，由于单宁等酚类物质的聚合或缩合作用，其分子质量不断增加，胶体颗粒不断增大，最后导致颜色改变或产生沉淀。因此可通过加热破坏氧化酶（70~80℃处理 30min 或 85℃处理 15min）、发酵时添加 SO_2 或维生素 C 来防止果酒的褐变及沉淀。在温度比较低的情况下，芒果酒中的一些物质又会从溶解状态向不溶解状态转化。为了避免发生此类现象，在果酒装瓶之前可以采用冷热处理技术来提升稳定性。在芒果酒的生产中还容易发生褐变，一般可采用抑制酶活性的方法处理。铁、铜等的阳离子会使芒果酒形成胶体络合物，进而形成混浊、沉淀。芒果酒中阳离子有三个来源：一是来自原料本身，二是来自原料上的尘土，三是来自设备的腐蚀。在高温或阳光照射的情况下，金属离子会发生氧化还原反应，导致金属破败症，酒液产生沉淀。目前芒果酒中阳离子主要以铁离子为主，以三价铁离子、亚铁离子、结合态和游离态等形式存在。三价铁离子可与磷酸或单宁酸反应，产生白色磷酸铁或蓝色的单宁酸铁胶体物质，继而由这类胶体相互之间或与果酒中其他成分作用产生沉淀。因此，可通过降铁处理、抗坏血酸抗氧处理、柠檬酸或三聚磷酸钠增溶处理等措施防止芒果酒混浊或沉淀。

在果酒的生产实践中还存在微生物污染引起的生物性沉淀问题，主要原因是酿造过程中杀菌温度不够或装酒器皿洗涤不干净、灭菌不彻底。其沉淀机制是芒果酒中的微生物在生长繁殖过程中消耗营养物质，产生代谢产物，改变了原有的酒体成分，打破了原有的胶体平衡体系，使胶体稳定性受到破坏，引起酒液混浊。果酒的酒精度比较低，不能起到有效的抑菌作用，所以在生产中会因为酵母、醋酸菌以及乳酸菌的存在而引起生物病害。为了解决生物病害的问题，生产中可采用果实榨汁后快速添加二氧化硫的方式进行抑菌，或者在果实榨汁后利用巴氏杀菌方式，达到杀菌的目的。在酒液发酵完成后利用离心分离的方式除去酵母，同时结合二氧化硫或其他抑菌剂的使用，可以有效控制生物危害。

芒果醋的质量问题主要为非生物性沉淀。形成原因有很多，主要是与天然存在的酚类物质有关，当芒果醋中的蛋白质与果胶物质、多酚类物质长时间共存时，就会出现混浊的胶体，继而产生沉淀。当前芒果醋的酿造一般多采用原果破碎后发酵，难以避免果皮中的单宁溶入其中，导致单宁等酚类物质的聚合或缩合，容易产生沉淀。蛋白质沉淀产生的原因是当芒果醋的 pH 接近蛋白质的等电点时，蛋白质就会聚集而形成雾浊，进而生成絮状物。另外亲水物质如多糖、果胶的周围有一层稳定的水膜电荷，在水溶液中具有稳定性，然而在单宁和高温的作用下，蛋白质会发生变性，既中和了电荷，又破坏了水膜，由亲水性变成疏水性，因此凝聚而沉淀。在微量重金属的存在下，果醋中单宁也会与蛋白质形成蛋白质－单宁络合物，导致果醋中出现雾浊或混浊。生产中可通过热处理、冷处理或下胶的方法，使蛋白质凝集，再过滤使其分离，及早与沉淀于发酵罐底的酵母分离开，可提高果醋的蛋白质稳定性。

第四节 常见芒果发酵制品的生产实例

一、芒果酒

（一）工艺流程

新鲜芒果→[去皮、去核]→[打浆]→[加果胶酶]→[成分调节]→[主发酵]→[过滤]→

澄清→发酵原酒→陈酿→调配→过滤灌装→成品

（二）操作要点

1. 芒果挑选及处理

挑选新鲜、无霉点的芒果，去皮和核，制成果浆，加入果胶酶，用量为0.1%～0.3%（质量分数），于40～45℃反应30min，依据目标产品，可直接使用浊汁或者离心过滤获得清汁。

2. 成分调节

芒果浆含糖量约为16%（质量分数），若按照常见干型果酒12%（体积分数）的酒精度，可适当添加部分蔗糖调整糖度，添加酒石酸调整pH到3.5，为了防止芒果汁在加工和发酵过程中褐变，可加入少量SO_2（用量约为60mg/L）。

3. 主发酵

酵母用量为0.2～0.25g/L芒果浆，将干酵母溶解于10倍5%（质量分数）蔗糖无菌水中，于35℃下保温活化20～30min，待活化液充分冒泡以后接入备好的芒果浆中，混合均匀，发酵温度不要超过25℃。定期取样测糖含量，待还原糖低于4g/L时，停止发酵。

4. 过滤及澄清

芒果酒发酵后可先分离上清液，若为浊汁发酵可用400～1000mg/L的膨润土进行下胶处理，膨润土使用时先用少量热水（50℃）使膨润土膨胀，加入水中并搅拌，充分膨胀24h后倒入芒果原酒中，根据实际情况，静置1～2d，可观察到酒液已分层，上层为澄清酒液，杂质絮凝于罐底，分离即制得风味独特的芒果酒。

5. 陈酿

制好的芒果酒添加适量SO_2（用量约为60mg/L）防止氧化，密封陈酿2～3个月，有助于提升产品的稳定性。

6. 调配灌装

陈酿结束的芒果酒为了达到统一稳定的质量特征，依据不同批次的感官特点可进行适当的调配，调配后稳定一周以上，进行膜过滤（0.22μm）并灌装，得到成品。

（三）产品质量指标

1. 感官指标

浅黄色或黄色，色泽艳丽，澄清有光泽；具有芒果特有的香气，果香与酒香协调、纯正、愉悦；酒体完整，具有甘甜醇厚的口味，酸甜平衡，酒体丰满，能展示芒果应有的典型性。

2. 理化指标

酒精度≥2%（体积分数），总糖（以葡萄糖计）≤150g/L，挥发酸（以乙酸计）≤1.2g/L。

3. 微生物指标

沙门氏菌和金黄色葡萄球菌不得检出。

二、芒果醋

（一）工艺流程

芒果→挑选清洗→打浆→果胶酶处理→成分调整→灭菌→酒精发酵→醋酸发酵→过滤→调配→灭菌→检验→成品

（二）操作要点

1. 原料预处理

选用成熟度高、无病虫害、无机械损伤的芒果原料，清洗后沥干水分并去皮、去核，切小块放入打浆机中破碎。在破碎时加入0.1%（体积分数）的L-抗坏血酸抗氧化，以及0.03%（体积分数）的果胶酶来提高出汁率、果汁透光率。果汁初始发酵的糖度、酸度是影响酒精发酵的主要因素，依据原料情况可适当调整果汁糖度到目标酒度，同时调整pH为3.5~3.8。调整好的芒果汁于75℃杀菌10min，冷却备用。

2. 酒精发酵

将活化好的酿酒酵母接种入芒果汁，于28~32℃下发酵，每12h测量一次糖度和酒精度，当发酵至糖度和酒精度均达稳定值时终止酒精发酵。

3. 醋酸发酵

酒精发酵结束后，杀菌，冷却至35℃后转移到醋酸发酵罐，同时接入8%~10%（质量分数）醋酸菌发酵液，在32~35℃条件下进行醋酸发酵，随时监测发酵液中乙酸和酒精度的变化，当发酵至乙酸和酒精度均达到稳定值时结束醋酸发酵。

4. 陈酿

为提高果醋的色泽、风味和品质，刚发酵结束的果醋要进行陈酿。将原果醋放在密闭容器中装满，密封静置2个月以上。

5. 调配过滤及成品检验

芒果原醋在酸度、糖度、口感及风味等方面可能存在不足，为使产品口感协调、滋味醇和、风味独特，可进行糖度、酸度等的调配。为提高芒果醋的稳定性，可采用澄清剂处理，并配合膜过滤装置进行过滤除菌。灌装后检验合格即为成品。

（三）产品质量指标

1. 感官指标

澄清透明、无悬浮物、无沉淀，具有果醋的清香和芒果的果香味，酸味柔和，口感丰富无其他异味。

2. 理化指标

总酸（以乙酸计）≥2.5g/100mL。

3. 微生物指标

菌落总数 < 2CFU/mL，大肠菌群 < 2CFU/mL，致病菌不得检出。

参考文献

[1] Li X, Yu B, Curran P, et al. Chemical and volatile composition of mango wines fermented with different *Saccharomyces cerevisiae* yeast strains [J]. South African Journal for Enology & Viticulture, 2011, 32 (1): 117 – 128.

[2] 艾连中. 发酵乳制品质量安全问题及控制技术［J］. 食品科学技术学报，2016，34（1）：16 – 20.

[3] 岑涛，岳田利，袁亚宏，等. 云南芒果中酵母菌分离鉴定及在芒果酒发酵中的应用［J］. 食品科学，2015，36（11）：119 – 124.

[4] 胡秦佳宝，王建芳，熊文霸，等. 固定化醋酸菌发酵载体对芒果醋品质影响［J］. 中国调味品，2021，46（2）：65 – 69.

[5] 黄文韬，侯红萍. 食醋人工催陈的研究进展［J］. 中国调味品，2013，38（8）：1 – 3.

[6] 吉俊臣. 蓝莓果酒快速陈酿及花青素护色研究［D］. 成都：西华大学，2020.

[7] 李巧凤. 甜柿果醋酿造工艺、抗氧化活性及催陈研究［D］. 武汉：华中农业大学，2020.

[8] 刘霭莎，吴俏槿，胡志高，等．不同浓缩方式对发酵芒果果酱品质的影响［J］．食品科技，2019，44（9）：98－102.
[9] 刘秋豆，胡凯，陈亚淑，等．益生菌芒果饮料加工和发酵过程中理化性质变化规律［J］．华中农业大学学报，2019，38（3）：89－96.
[10] 罗旻怡，庞立，易有金，等．开菲尔发酵芒果汁技术响应面优化［J］．安徽农业科学，2020，48（6）：143－147.
[11] 孟金明，樊爱萍，和川琦，等．芒果、胡萝卜复合果酒发酵过程中理化成分和香气物质的变化［J］．食品工业科技，2020，41（12）：7－13.
[12] 苗燕，董晓静．芒果低糖果酱的研制［J］．现代食品科技，2012，28（3）：332－334.
[13] 秦艳，孙菲菲，韦星明，等．芒果果醋的工艺研究及其成分分析［J］．中国酿造，2008，196（19）：91－93.
[14] 邱倩玉．猕猴桃白兰地发酵工艺、陈化方法及挥发性成分分析［D］．成都：四川农业大学，2016.
[15] 尚远宏，田金凤．响应面法优化芒果蜂蜜果酒发酵工艺的研究［J］．中国酿造，2019，38（12）：183－188.
[16] 苏伟，简素平，徐静，等．芒果汁发酵乳饮料的研制［J］．乳业科学与技术，2012，35（2）：26－28.
[17] 王天陆．芒果果酒酿造工艺研究［J］．食品科技，2009，34（2）：56－58.
[18] 韦璐，孙钦菊，黄杰，等．发酵型香蕉复合果汁饮料的研制及营养成分研究［J］．中国酿造，2020，39（10）：210－215.
[19] 张斌，郑桂富，马龙．芒果醋的酿造工艺研究［J］．中国酿造，2006，160（7）：68－70.
[20] 张开平，刘燕丽，黄斌，等．芒果－圣女果复合乳酸发酵饮料制作工艺［J］．农村新技术，2020（11）：59－60.
[21] 张开平，刘燕丽，黄江奇，等．混菌发酵生产芒果醋条件优化及其产品质量评价［J］．食品工业科技，2020，41（9）：137－143.
[22] 郑皓．自然发酵柿子果醋优势菌种分离鉴定与陈酿过程理化变化研究［D］．咸阳：西北农林科技大学，2008.
[23] 钟淼．芒果酒关键酿造技术的研究［D］．成都：四川农业大学，2019.

第七章

芒果干制品加工技术

第一节　芒果干制品的分类

芒果是典型的呼吸跃变型水果，成熟期集中，采收后迅速后熟，且对低温敏感，易受冷害而不耐贮藏。我国芒果每年在采后贮运阶段的损失率达20%左右。因此，芒果的加工成为缓解芒果鲜销压力的有效途径之一。印度、美国、欧洲等国家和地区主要将芒果加工成果酱、果酒、果汁、干果等；我国主要将芒果加工成果汁、果脯、果干等。其中芒果干制品是芒果主要的加工产品之一，干制可保留果实中全部的不溶性细胞壁组分，含水率低，产品营养丰富且易于贮运、方便携带。目前市场上的芒果干制产品有芒果粉、糖渍类的芒果果脯、调味芒果干和冻干芒果脆片等。

芒果粉作为近年来的一个芒果加工新产品，具有食用方便，既可直接冲服也可作为芒果汁优质原料，还可作为乳粉、冰淇淋、糕点等多种食品的添加剂或配料等。芒果果脯经糖渍后烘干制成，因酸甜、软硬均适中的优点而深受消费者青睐，市场占有率大；但产品含糖量高且原料利用率低，通常一个芒果只出4片芒果干，残留大量果肉和皮渣。调味芒果干通常采用带皮加工，虽然提高了原料利用率，但产品高盐高酸，作为开胃食品消费量不大。目前，市场上的真空冷冻干燥芒果脆片按加工方式分为两大类，其一是直接冻干型天然芒果脆片，其二是质构重组型芒果脆片。由于冻干工艺技术对风味、色泽、营养保留率高而深受消费者青睐。

第二节　芒果干制基本原理

一、芒果中的水分

芒果中水分含量因品种、产地、成熟度、贮藏时期的不同有较大差异。其水分存在形式与其他新鲜果蔬一致，分为结合水和自由水两大类。结合水指的是存在于非水成分附近的、与溶质分子之间通过化学键结合的那部分水；自由水指的是没有被非水物质化学结合的水（汪东风，2014）。根据被结合的牢固程度，结合水又分为化合水、邻近水和多层水。根据在食品中物理作用的方式，自由水又细分为滞化水、毛细管水和自由流动水。芒果中水分的存在状态与芒果本身所含的非水成分以及这些成分的物理状态有关。水分与这些非水组分之间的化学作用非常复杂，主要有与离子和离子基团之间的相互作用、与双亲分子之间的相互作用、与非极性物质之间的相互作用等。结合水和自由水由于结合强度、蒸汽压、冰点以及在食品中溶剂性质的差异，对芒果的干制特性、稳定性等具有不同的影响。芒果干制的过程主要是去除部分自由水或全部自由水的过程。因此芒果干制品不含或含有少量自由水，限制了芒果中各种生物化学反应速率，致使干制品贮藏稳定性优于鲜果。

二、 芒果干制机制

引起芒果不耐贮藏、易变质的原因有酶促反应、微生物生长繁殖、氧化反应等。食品体系中酶作用的大小与水分活度密切相关。通常，当水分降低到单分子层吸附水对应的值以下时，酶几乎无活性。当水分活度高于该值后，酶活性随着水分活度的增大而增大。但当水分超过多层水所对应的值后，酶活性则显著增大。这说明当食品中水分含量低于单分子层水所对应的值时，也就是水分活度足够低时，水分无法为酶促反应提供介质，此时果实褐变、后熟将被抑制。通常，细菌生长发育的最低水分活度为0.9；酵母菌和真菌分别为0.88 和0.8。因此，为了抑制微生物的生长，通常将芒果干制以降低水分活度。另外，以单分子层水所对应的水分活度为分界点，当水分活度小于该值时，氧化反应速率随水分活度的降低而增大；当芒果中水分活度大于该值时，氧化速度随着水分活度的降低而减小；当水分活度等于该值时，氧化反应速率最慢。故将芒果中的水分活度控制在单分子层水所对应的值时，氧化反应速率最慢。此时色素和维生素等物质不易被降解。

影响干燥品质的因素有干燥方式、干燥温度、风速、切片厚度等，其中影响较大的是干燥温度，温度越高，达到饱和所需的水蒸气越多，水分蒸发就越容易，干燥速度也就越快，但干燥温度过高、速度过快造成表面水分迅速蒸发，物料表面硬结，而内部水分很难再扩散出来，影响继续干燥；反之，温度越低，干燥速度也就越慢，产品容易发生氧化褐变，甚至发霉变质。如果温度不变，空气的相对湿度越低，则空气湿度饱和差越大，干燥速度越快，空气相对湿度过高，原料会从空气中吸收水分。通过原料的空气流速越快、带走的湿气越多，干燥也越快。因此，在干燥过程中，可以通过调控干燥温度、风速、切片表面积来提高物料的干燥效率，节约能耗。

三、 芒果干制品品质变化

（一） 物理变化

1. 体积缩小， 质量减轻

干制后的芒果由于水分散失，因而体积缩小、质量减轻。不仅有利于贮运、方便携带，还能减少产品包装成本。体积缩小程度和水分去除程度因干燥方式、干燥工艺条件、环境湿度以及原料品种、成熟度的差异而不同。普遍认为经热风干燥、热泵干燥的芒果产品体积皱缩严重，而真空冷冻干燥则能较好地保留产品原有的形态。实际上，真空冷冻干燥的芒果产品也会存在塌陷、皱缩的现象，与冻干预设温度和原料成熟度、品种、生长地域等有关。含糖量较高的芒果原料共熔点温度较低，若冻干过程中升温速率过快，容易发生相态转变，引起物料内部玻璃态转变和冰晶融化，最终导致产品皱缩和塌陷（Zhang 等，2018）。热风干燥时，高温干燥较低温干燥引起的皱缩更严重。就物料特性来说，初始水分含量高的芒果原料更容易皱缩，而纤维含量较高的产品具有较强的支撑作用，体积皱缩程度相对较小。

2. 表面硬化、 干裂

芒果同其他食品物料一致，干燥过程中表层物料率先发生传质传热，因而水分率先蒸发或升华导致产品表面硬化。另外，溶质在干燥过程中会发生迁移，迁移到表面的小分子糖干燥后易结晶形成硬壳。不仅使产品产生不均匀的质构品质，还会堵塞水分逸散通道，降低干燥速率。另外，表面形成硬壳的物料在继续干燥过程中，会由于物料内部的进一步收缩而出现塌陷、干裂的现象。为避免此不良品质问题，产品干燥后期可在相对高湿低温条件下进行，使产品适当“回软”。

3. 多孔结构的形成

芒果鲜果中水分逸散后会不同程度地产生多孔结构，特别是经过膨化干燥和真空冷冻干燥的芒果干制品。多孔结构在赋予产品酥脆口感、提高复水能力的同时，也加速了产品品质劣变，如维生素和色素氧化损失、产品易吸湿潮解、产品易破损等。

4. 溶质迁移

物料在干燥过程中，除了水分会发生迁移，可溶性溶质组分也会迁移。迁移情况有以下几种：一是表层水分率先迁移导致物料表层浓度大于内层，在浓度梯度的作用下物料表面溶质向内层迁移；二是表面物料干燥时可能塌陷、皱缩引起内层物料被压缩、挤压，导致内层溶质和溶液迁移；三是在真空冷冻干燥预冻过程中，会由于冰晶生长导致溶质向冰晶生长末端方向迁移，也会因体积膨胀导致细胞破裂，细胞内容物外流。溶质迁移会影响最终产品的质构、口感、营养素损失率等。

（二）化学变化

1. 营养成分

干制后的芒果中碳水化合物、蛋白质、维生素、类胡萝卜素、氨基酸等物质会发生不同程度的损失，取决于干燥工艺条件。高温下，碳水化合物易发生美拉德反应而分解，蛋白质易变性。另外，维生素和类胡萝卜素对光较敏感，且部分水溶性维生素极易随水分流失，油炸干燥时脂溶性维生素、类胡萝卜素也很容易溶出。即使在真空冷冻干燥下，芒果中的维生素C和类胡萝卜素也会发生损失（Harnkarnsujarit 等，2011）。

2. 色泽

较鲜果而言，干燥后的芒果色泽可能会变暗淡，可归因于褐变和色素降解。引起褐变的原因有两种：一是酚类物质氧化引起的酶促褐变；二是由于美拉德反应、抗坏血酸褐变引起的非酶褐变。色素降解主要是由类胡萝卜素的损失导致的。常通过漂烫、酸护色、调控温度、避光等措施抑制色泽劣变（王元春等，2011；姚隆洋，2020）。

3. 风味

由于干燥过程中芒果中复杂的组分会发生各种理化反应，因此可能会失去部分挥发性风味物质，也可能产生一部分风味物质。首先，干燥过程中随着水分的散失，一些风味物质不可避免地挥发。其次，干制过程中因美拉德反应产生的含氧化合物、含硫化合物以及一些胺类化合物等会释放出一些特有的风味。香气成分的种类和含量与干燥过程中的温度、真空度、干燥时长均有关系。加热时会产生较多的萜烯类化合物，而长时间暴露于真空条件下可能会导致特征性风味成分的损失（Shibamoto 等，1990）。

第三节 芒果的不同干制方式

一、自然晾晒和热风干燥

（一）原理

自然晾晒和热风干燥芒果干分别以空气或热空气为加热介质，与芒果物料直接接触，采用自然或强制对流循环的方式与物料进行湿热交换，物料与周围环境间由于温度梯度和湿度梯度的存在，使物料内的水分不断汽化，达到物料内部水分向环境迁移的目的。通常自制或传统芒果干、芒果粉等采用此干燥方式。

（二）工艺流程和设备

1. 工艺流程

原料挑选 → 清洗 → 去皮、去核 → 切分 → 预处理（烫漂、浸渍、渗透等）→ 自然晾晒/热风干燥 → 分级 → 杀菌 → 包装

2. 操作要点

（1）原料挑选　选择适宜成熟度、无病虫害、无机械损伤的原料。采用此方法干燥的芒果粉多采用成熟度较低的原料，成熟度高的芒果具有汁多、肉黏、糖分高的特点，较难用热风干燥法直接制得芒果粉。用于果脯加工的芒果原料应选纤维少的品种。

（2）清洗　清洗以去除果实表面的泥沙、农药残留等。

（3）去皮、去核　可采用芒果专用去皮、去核机，要求尽量减少芒果果肉的损失。

（4）切分　根据最终产品形式决定切分厚度。切片、切条还应考虑干燥效率，表面积越大干燥速率越快。

（5）预处理　为了防止褐变而影响产品色泽，对原料进行漂烫处理（60 ~ 120s），其中蒸汽漂烫效率高、营养物质保留率高。果脯加工时多采用亚硫酸盐或亚硫酸溶液浸泡 3 ~ 4h，然后将芒果取出进行漂洗脱硫。为了提高干燥速率、改善风味品质，芒果果脯多采用蔗糖渗透处理，渗透时间、渗透浓度根据原料特性决定。

（6）干燥　果脯烘干多采用阶段温度设置程序（图 7 – 1）。浸糖后的芒果取出沥干，将芒果放入烘干机干燥，芒果停止烘干后，保持 6 ~ 10h 回湿后得到成品。

图 7 – 1　果脯烘干

（7）分级、杀菌　采用人工或机械分级，微波、辐照等杀菌方式应符合国家标准或行业标准要求。

（8）包装　可采用普通包装、真空包装和充氮包装。

3. 设备

烘干设备要求：坚固耐用，适应性强，加工范围大，温度控制精准，使用时间长，运行稳定，操作简单和方便。

（三）常见的问题与控制

采用热风干燥的芒果干其产品表面易结成硬壳，且产品易皱缩和塌陷，导致质构特性、复水性较差，难以得到消费者的认同。这是由热风干燥本身温度高、水分迁移规律决定的，梯度干燥温度和逆流干燥可有效防止硬壳的形成。

芒果粉采用热风干燥效率较低。热风干燥很难将水分含量降低至10%以下，导致不易粉碎、易结块等。解决措施是添加抗结块剂或渗透处理，使芒果中部分小分子糖溶出，提高干燥速率和效率。

热风干燥芒果果脯需要对原料进行护色处理，采用亚硫酸盐或亚硫酸溶液浸泡可以直接作用于酶本身，或者与反应中生成的醌类物质结合形成无色物质，防褐变作用效果明显（姚隆洋，2020）。但是，该处理容易导致产品中二氧化硫残留。目前，抗坏血酸、柠檬酸等常作为替代护色剂，前者能在醌类物质聚合形成黑褐色色素前将其还原为酚类化合物，直至抗坏血酸被完全氧化成脱氢抗坏血酸；柠檬酸通过降低pH来影响多酚氧化酶活性从而抑制褐变。此外，采用热烫处理后由于水溶性果胶的溶出需对果实进行硬化处理，多采用Ca^{2+}盐溶液处理，Ca^{2+}能够与细胞壁上的果胶酸作用形成果胶钙，从而增加果肉组织的硬度，同时可减少液泡中组织液与酶类接触，降低褐变程度。芒果果脯含糖率高也是限制其消费的主要原因之一，果脯水分活度高，多添加蔗糖使果脯的渗透压降低，抑制微生物生长。但过量糖摄入不利于消费者健康，目前多采用糖醇作为替代剂，如木糖醇、山梨糖醇等。糖醇的选择依赖于原料本身的物质特性和糖醇的分子特性。

二、真空冷冻干燥

（一）原理

真空冷冻干燥芒果干是在常压状态下将产品中的液态水冻结，再于真空条件下使产品中的水分由固态直接升华为气态，气态水经冷凝收集，以此达到物料中水分分离的目的。真空冷冻芒果干是目前市场上深受消费者青睐的一种新型芒果干制产品。

（二） 工艺流程和设备

1. 工艺流程

（1）直接冻干型芒果脆片

原料挑选→清洗→去皮→切分→预冻→真空冷冻干燥→分级→杀菌→包装

（2）质构重组型芒果脆片

原料挑选→清洗→去皮→切分→打浆→注模→预冻→真空冷冻干燥→分级→杀菌→包装

2. 操作要点

（1）原料挑选　选择适宜成熟度、无病虫害、无机械损伤的原料。直接冻干型芒果脆片不适宜用含糖率较高的品种。

（2）清洗　清洗以去除果实表面的泥沙、农药残留等。

（3）去皮、去核　可采用芒果专用去皮、去核机，要求尽量减少芒果果肉的损失。

（4）切分　切分厚度为3～7mm。过薄，产品易破碎；过厚，干燥速率低，能耗大。

（5）打浆、注模　先通过破碎机将芒果原料打浆，再倒入硅胶模具定型。

（6）预冻　常压预冻即可，冷冻温度应低于物料共晶点使物料内水分完全冻结。通常35～38℃下预冷18～24h即可。

（7）真空冷冻干燥　冻干前确保冻干机冷阱内无液态水，然后先关闭放水进气阀，打开压缩机，其次进行装料，再设置隔板温度。待冷阱温度降低至－40℃以下时，打开真空泵，待真空度降低至80Pa，开始升华干燥阶段。直至水分含量降低至0.5%以下或物料质量不发生变化，干燥结束。

（8）分级、杀菌　分级、杀菌过程中避免物料长时间与空气接触而吸湿。

（9）包装　冻干芒果脆片易吸湿，多采用不透明铝箔纸、充氮包装。

3. 设备

真空冷冻干燥机设备（图7－2）组成分为四个系统：制冷系统、真空系统、加热系统、控制系统。主要部件为干燥箱、凝结器、冷冻机组、真空泵、加热/冷却装置等。制冷系统是凝结升华水汽的密闭装置，通常位于干燥仓后部，内部有一个较大面积的金属吸附面，从干燥仓物料中升华出来的水蒸气可凝结吸附在其金属表面上，吸附面的工作温度可达 -45 ~ 65℃，冷凝器外形是不锈钢或铁制成的圆筒，内部盘有冷凝管，分别与制冷机组相连，组成制冷循环系统。加热系统的作用是对干燥仓内物料进行加热，使物料不断地受热升华，从而达到规定的含水率要求。真空系统控制干燥箱内真空度及实时监测干燥过程中的真空度，由多级真空泵组成，真空系统的真空表可使用电接点真空表，可根据预先选定的真空度，自动控制罗茨真空泵的启动。控制系统由可编程逻辑控制器（PLC）、触摸屏、控制柜、控制仪表、调节仪表等自动装置和电路组成。它的功能是对冻干机进行手动或自动控制，控制设备正常运转。

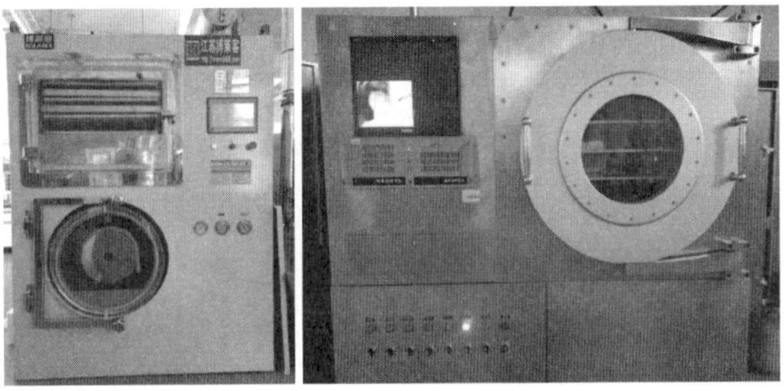

图7-2　真空冷冻干燥中试设备图

（三）常见的问题及控制措施

真空冷冻干燥由于样品内水分由冰晶直接升华，即原位低温冻干，故对组织结构、热敏性物质破坏较少，且物料复水性能较佳。但也存在能耗高、产品易吸潮等问题。

在升华干燥阶段，冻干箱内的隔板是产品热量的来源。隔板温度高，产品获得的热量就多；隔板温度低，产品获得的热量就少。隔板温度过高，产品温度超过本身共熔点温度，升华干燥阶段尚未结束就进入解吸阶段，使未升华的冰晶融化导致物料坍塌；隔板温度过低，产品得不到足够的热量会延长升华干燥时间，增加能耗（Bhatta等，2020）。解吸阶段温度过高，会使热敏性营养物质损失。因此，要根据物料特性对隔板温度进行合理控制，板层温度的高低应根据产品温度、冻干箱的压强（即冻干箱的真空度）、冷凝器温度三个因素来确定。

由于其中涉及真空、制冷以及加热三大系统，冷冻干燥是一项高能耗技术。解决措施如下。

（1）合理控制铺陈物料的厚度以及隔板温度　厚度越大，升华时间越长；隔板温度过低导致提供热量少，会减慢升华速率，延长升华阶段的时间。

（2）适当的前处理　通过改变预冻温度、渗透处理、漂烫、冻融处理等调控冰晶的大小、分布及多少来实现降低能耗的目的。预冻温度越低，形成的冰晶小而致密，升华过程中水分逸散通道小，不利于水分逸出。渗透、漂烫和冻融处理后，物料原有的细胞结构会被破坏，也会造成一部分水分的溶出，加快干燥过程。

（3）目前干燥箱内多采用辐射传热的方式，采用传导传热效率更高。

冻干产品复水性能较佳的同时，产品易吸潮，导致结构塌陷与硬脆度不佳的品质问题。因此，冻干产品的包装多采用密封性能较佳的铝箔袋充氮包装。此外，通过调控物质组成和组织结构也可改善易吸潮的问题，如添加果胶、麦芽糊精等生物聚合物可提高产品的玻璃化转变温度而提高产品贮藏稳定性；孔隙越致密越不易吸潮。

三、压差闪蒸干燥

（一）原理

在物料干燥过程中对操作温度、压力等进行精准调控，以瞬间泄压的形式触发温度和压力由高到低的瞬间变化，导致物料中水分瞬间气化、扩散，致使被处理物料膨胀形成疏松多孔结构，最终实现物料的快速干燥、杀菌、物质提取和食物脱敏等目的（彭健，2019）。

（二）工艺流程和设备

1. 工艺流程

原料挑选 → 清洗、切分 → 预处理（浸渍、深冻、热烫、预干燥、回软等）→ 放入膨化罐进行压差闪蒸干燥 → 冷却 → 分级 → 杀菌 → 包装

2. 操作要点

（1）切分　切分形状可以是片状、丁状和条状，最好不要出现过多的棱角。棱角部分在干燥时容易脱水过度，导致产品皱缩严重，产品的质地不均一。原料切分过细，会过多破坏细胞组织结构，在干燥过程中能够更加迅速地去除水分，但在膨化过程中，因细胞壁被破坏而不能锁住水蒸气，无法形成足够的膨化力，导致膨化度不够。

（2）预处理　根据物料特性采用深冻、热烫、浸渍等预处理。热烫有利于提高水分扩散速率，同时使组织柔韧，具有弹性而不易破损。浸糖的目的是起到脱水或填充组织的作用。经预处理后的物料立即单层平铺到干燥盘上进行预干燥。所有样品均在65℃

热风干燥条件下干燥至湿基含水率为50%、4℃均湿12h后，再进行压差闪蒸干燥。

（3）压差闪蒸干燥　设置压差闪蒸温度，将压差闪蒸设备干燥仓温度设置为100℃；将物料进行摆盘，待干燥仓温度升至预设温度后，将物料放入压差闪蒸干燥仓内，停滞15min，从探视窗可见有明显水蒸气凝结。开启压差闪蒸阀门，干燥仓内压力瞬间由大气压降至0.005MPa，芒果片明显膨起。保持真空度不变，设置抽空温度为65℃，抽空3~4h至样品水分含量在5%以下。开启进气阀门，向压差闪蒸干燥仓内通入空气，自然降温至30℃后取出干燥的芒果脆条/片。

3. 设备

压差闪蒸干燥设备（图7-3）由真空罐、真空机组、膨化罐、气动蝶阀及电控设备构成。主要由膨化罐和一个体积比膨化罐大5~10倍的真空罐组成，预干燥后的原料置于膨化罐内，通过加热使物料内的水分不断蒸发，罐内压力由常压上升至0.1~0.4MPa，物料升温到一定温度后，迅速打开连接膨化罐和真空罐的泄压阀，高温高压的物料瞬间泄压，物料内部水分瞬间蒸发，物料组织迅速膨胀，形成均匀的蜂窝状结构，接着在真空状态下维持加热脱水一段时间，直到物料含水量降低至5%以下，停止加热，使膨化罐内的温度冷却至室温，关闭真空阀门，打开膨化罐回气阀，等破除真空后取出物料（毕金峰，2015）。

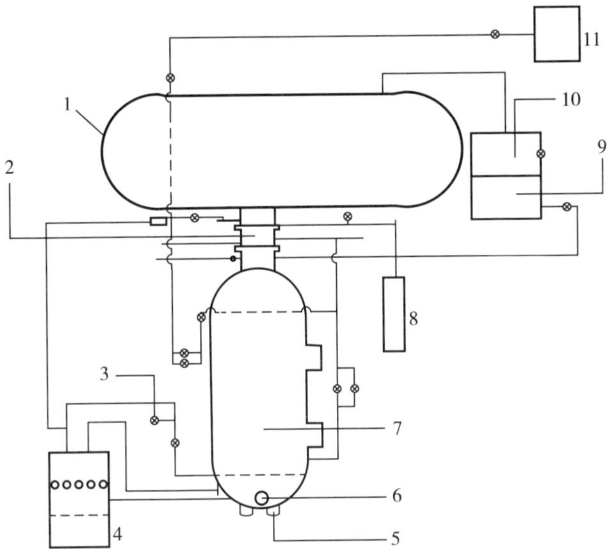

（1）示意图

1—真空罐；2—气动蝶阀；3—压力表；4—控制面板；5—进气阀；6—观察窗；7—膨化罐；8—空气压缩机；9—罗茨真空泵；10—真空泵；11—蒸汽发生器。

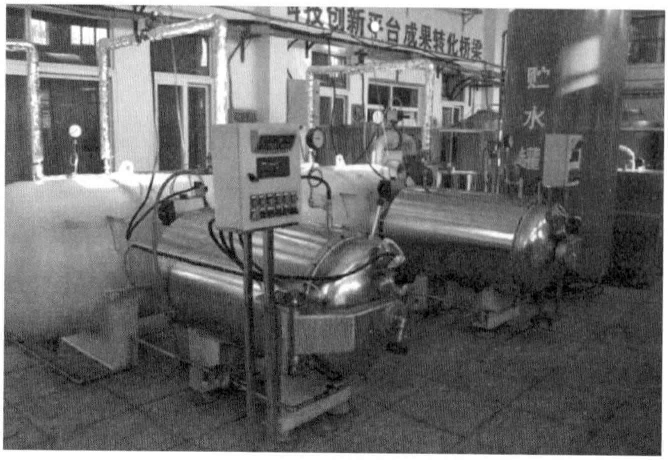

（2）实物图

图7-3　国内果蔬压差闪蒸设备

资料来源：Yi 等，2016。

（三）常见的问题与控制措施

经压差闪蒸干燥制备的果蔬产品具有绿色天然、口感酥脆、营养丰富、耐贮藏等优点。但也存在设备传热效率低、连续化程度低、产品质量不均一等不足。目前，压差闪蒸设备温度和压力范围窄，无法满足不同物料不同参数的要求。另外，预处理和膨化处理操作单元脱节，限制了工业连续化应用。因此，发展一体化智能设备是芒果压差闪蒸干燥技术的未来发展要求和趋势。

四、喷雾干燥

（一）原理

喷雾干燥是采用雾化器将原料液分散为雾滴，并用热气体（空气、氮气或过热水蒸气）与雾滴接触，使水分快速蒸发而获得粉粒状、团粒状产品的一种干燥方法。喷雾干燥是制备芒果粉的一种常用干燥方式。

（二）工艺流程和设备

1. 工艺流程

原料→ 清洗 → 打浆 → 胶体磨（酶解） → 过滤 → 调配、均质 → 喷雾干燥 →

筛分→包装→芒果粉

2. 操作要点

（1）打浆　将去皮、去核后的原料与一定质量的水混合后先进行粗打浆。

（2）胶体磨（酶解）、过滤　粗打浆后的物料经胶体磨处理或纤维素、果胶酶酶解后过滤。目的是减小物料粒径，去除较大的果肉、纤维颗粒。

（3）调配、均质　根据物料特性加入麦芽糊精、可溶性淀粉、羧甲基纤维素等干燥助剂，均质使物料充分混匀。

（4）喷雾干燥　可采用离心式喷雾干燥和压力式喷雾干燥。采用气流离心式喷雾干燥需要添加较多的干燥助剂，且雾化器容易被黏稠的物料堵塞。而旋转式雾化器不易堵塞。先通过鼓风机吸进过滤的空气，通过空气加热器至适合物料的温度后，送入喷雾干燥室。同时将均质后的物料由高压泵送至喷雾器，喷成的雾滴与热空气充分接触进行传质和传热的过程，使水分迅速蒸发，干燥后的物料沉降至干燥室底部，及时通过出粉机卸出。

（5）筛分　采用不易损伤物料的振动或摇摆筛粉机进行筛分。

（6）包装　产品按照标准检验合格后，进行充氮或抽真空包装。

3. 设备

喷雾干燥设备主要由雾化器、干燥室、热风分配器、空气过滤器、空气加热器、除尘器、进风机和排风机等部分组成。雾化器主要由压力式、离心式和气流式三大类，经雾化器处理后，雾滴直径为20～60μm。干燥室是浓缩和干燥雾滴的部件，有卧式和立式两大类，干燥室壁面要求隔热性能好。热风分配器主要由热风盘与风向调节板组成，其作用是调节热风的方向，使热风均匀地进入干燥室，以防止产品黏壁和焦粉现象。空气过滤器目的是过滤尘埃等杂质，避免尘埃中携带的微生物污染产品。空气加热器用于对新鲜空气进行加热，使其达到能使物料雾化的温度。

（三）常见的问题与控制措施

喷雾干燥是常见的粉体干燥方式，其干燥时间短、生产效率高、产品质量均匀，但不太适合热敏性物质、黏稠状物质的干燥。特别是芒果含糖量高，直接喷雾干燥易黏壁，导致出粉量较低且在贮藏过程中易吸湿结块。研究表明加入麦芽糊精、β－环糊精、可溶性淀粉、阿拉伯胶、羧甲基纤维素钠等干燥助剂可以有效缓解此问题（辛明等，2014）。麦芽糊精和β－环状糊精水化能力比较强，喷雾干燥时形成的雾滴比较均匀，干燥出粉的效果也比较好。

五、联合干燥

除上述几种干燥方式外，微波真空干燥、真空油炸干燥、联合干燥等技术也被用于芒果干燥技术的研究，但因设备自动化、连续化、处理量程度低目前工业化应用尚不普遍，仅局限于中试研究。微波干燥利用介电加热原理，依靠高频电磁振荡引发分子运动，使被加热物发热；真空干燥是依靠热传导将外来热量传递给被干燥物料，从而达到脱水的目的（孟丹丹和甘晓露，2016）。而微波真空干燥技术是将微波辐射干燥的快速高效与真空干燥的低温特性相结合的一种新型干燥技术。真空油炸也称真空低温油浴脱水技术，是利用真空状态下水沸点降低的原理，以油为媒介，将油炸和脱水有机结合在一起，实现低温条件下的快速脱水过程（陆东和等，2019）。另外，为了满足高品质、低能耗等要求，在各单一干燥技术不断改进自身技术的同时，针对物料本身特点选择，采用两种或两种以上的联合干燥方式。如真空渗透联合脱水联合热泵干燥（罗彩连，2015）、微波－热风联合干燥等（张强等，2020）组合方式。

第四节　常见芒果干制品的生产实例

一、微波－热风联合干燥芒果

（一）工艺流程（张强等，2020）

原料选择→去皮、削核→切片→硬化→糖制→微波干燥→热风干燥→常温（25℃）冷却→裹糖霜→密封保存

（二）操作要点

1. 原料选择

选择八分熟、果实新鲜、外表无机械伤、果肉无粗纤维的芒果为原料，将之清洗干净。

2. 去皮、去核

要求去皮后外表光滑，去皮厚度应不超过1mm。然后将芒果切开去核。

3. 切分、硬化

将果肉立刻进行切分，每一枚芒果一般切成5~6片，要求大小、薄厚均匀一致，厚度约6mm，切分后立即放入到浓度为0.2%的氯化钙溶液中，浸泡1h后捞出，漂洗干净。

4. 糖制

先糖腌，后糖煮。按照果肉与糖质量比为100∶40，一层果肉一层糖，糖量下少上多，最上层以糖覆盖，腌渍24~32h。接着进行糖煮，将糖渍液置于锅中，加入0.5%（体积分数）的柠檬酸，加热至沸腾状态，调整糖液浓度至50%~55%（质量分数），之后加入果肉煮制，煮制约20min，再按照果肉与麦芽糖质量比为100∶10加入麦芽糖煮制糖液浓度为70%，整个过程约为40~50min。

5. 干燥

首先将糖制好的芒果进行微波间歇性干燥，再将芒果转入热风干燥箱，干燥至其湿基含水率为16%~18%，常温（25℃）静置冷却。

6. 裹糖霜

将冷却后的芒果果脯均匀裹上糖霜后在干燥状态下进行密封贮藏。

二、真空冷冻干燥芒果脆片

（一）工艺流程

原料选择→分选、清洗、去皮→切片→漂烫→装盘→冻结→升华干燥→解吸干燥→分级→包装→成品

（二）操作要点

1. 前处理

选择八九成熟、无病虫害、无机械损伤的芒果清洗后沥干水分，去皮，切片（3~6mm），漂烫（100℃，3~4min），冰浴冷却，沥干，装盘（装盘量为10~12kg/m^2，装盘厚度为2.5~3cm，冷冻干燥的升华速率一般在2.5mm/h）。

2. 冻结

首先测定芒果物料的结晶点温度和共熔点温度，经过生产实际经验，预冻温度通常为35~38℃，时间为18~24h。

3. 升华干燥

当冷阱温度降低至 -40℃，打开真空泵。当真空度下降至 80Pa 后升华阶段开始由隔板提供热量，样品进行传热和传质的过程，样品内的水分直接由冰晶升华。此时，升华温度不宜过高超过物料共熔点温度，否则物料中冰晶融化，引起物料结构塌陷。此阶段干燥结束后样品中水分含量约在 10% 以下。

4. 解吸阶段

此阶段目的是除去芒果细胞中没有冻结的结合水和毛细管吸附水。这部分水与芒果结合紧密，需要更充足的热量才能够使此部分水分解吸出来。故隔板温度需要提高到 50℃左右，不宜超过 60℃，热敏性的物料易被破坏。最终物料内含水量降低至 3% ~5% 。

5. 包装

干燥结束后，应立即进行充氮或真空称量包装。根据产品要求，对冻干芒果片进行挑选。为了防止产品吸潮变质，应尽快在干燥条件下完成分级。

三、 压差闪蒸干燥芒果脆片

（一） 工艺流程

[原料选择] → [清洗、去皮] → [切分] → [速冻、解冻] → [热风干燥] → [均湿] → [压差闪蒸干燥] → [冷却] → [分级] → [包装] →成品

（二） 操作要点

1. 原料选择

选择无病虫害、无机械破损、肉质较紧密且没有生硬感的七八成熟芒果。

2. 清洗、 去皮

清洗去除果实表面的泥土和杂质。沥干水分后去皮。

3. 切分

由于接近芒果核处的粗纤维含量高，膨化后口感不够酥脆，故在切分时，将太靠近果核的果肉切除。较软或已部分腐烂的果实，将腐烂部分剔除。

4. 速冻

将切分后的芒果片（条、块）立即装入冻结盘，置于超低温冰柜（ -80℃）中

速冻3～4h或直接铺放在传送带上采用液氮快速冷冻，冻结温度为－50～－40℃，冻结原料厚度为5～7.5cm，冻结时间为2～2.5h。摆盘时物料厚度不宜太厚，以免冷冻不均匀。也可将原料送入速冻库，速冻库温度设置为－40～－30℃，在速冻库内经2～3h速冻，使原料表面温度降到－30℃，中心温度降到－15℃，要求在速冻库内物料要均匀，速冻盘架空堆放，并留足风道，使内外层、上下层均匀冻结。

5. 解冻

可采用常温自然解冻或流水解冻。尽量减少解冻对芒果原料造成的营养损失以及果肉状态的影响。

6. 热风干燥

将解冻后的芒果原料单层、均匀摆放在筛盘上，不可重叠，筛盘装完后放入专用料架上，每个料架上装满4～5个筛盘。然后将装满筛盘的料架摆放在干燥机的输送带上，启动循环风机、排湿风机，通过调整导热油量来调节温度，温度达到工艺要求后（70～75℃）不再轻易调节阀门。本阶段物料最终含水量控制在20%～25%。

7. 均湿

经热风干燥后的物料及时送入平衡室进行均湿处理，平衡时间需要24h，平衡室要定期消毒以保持卫生清洁。

8. 压差闪蒸干燥

经平衡后的芒果原料进行压差闪蒸干燥，详见本章第三节中“三、压差闪蒸干燥”。

9. 冷却

开启进气阀门，向压差闪蒸干燥仓内通入空气，自然降温至30℃后取出干燥的芒果脆条。膨化后的芒果片不宜长时间暴露在空气中，以防回潮。

10. 分级

在低温、干燥环境中将膨化芒果根据色泽、膨化度、完整度进行等级分选，剔除破碎、湿软或焦煳的产品。要求在无菌环境中进行。

11. 包装

分级后，迅速称重包装。采用真空或充氮包装，选择有自封条的铝箔袋，要求不透水、不透气和不透光。为防止变软回潮、每个包装袋中放入干燥剂。

四、喷雾干燥芒果粉

（一）工艺流程（辛明等，2015）

原料→清洗→榨汁→过滤→添加干燥助剂→调配→胶体磨→均质→喷雾干燥→包装→芒果粉

（二）操作要点

1. 原料选择

挑选大小一致、饱满且成熟的芒果。

2. 清洗

用流动的清水将芒果清洗2遍，洗净芒果表面的灰尘。

3. 去皮去核

用多功能不锈钢削皮刀去除芒果皮，将去皮的芒果放入蒸馏水中，用不锈钢刀将芒果纵向切成2块，去除芒果核。

4. 榨汁

按芒果肉与蒸馏水的质量比为1∶1的比例放入榨汁机中，打浆时间为120s。

5. 添加干燥助剂

最佳的干燥助剂方案为麦芽糊精的添加量为300g/L、β－环糊精的添加量为50g/L、可溶性淀粉的添加量为50g/L。

6. 喷雾干燥工艺条件

进口温度200℃，出口温度70℃，进风量60m^3/h，进料温度50℃，蠕动泵流量20mL/min，喷头转速550r/min。

7. 包装

用铝箔袋收集芒果粉并热封，置于避光处贮藏。

参考文献

［1］ Bhatta S，Janezic T S，Ratti C. Freeze－drying of plant－based foods［J］. Foods，2020，9（1）：1－22.

[2] Harnkarnsujarit N, Charoenrein S. Influence of collapsed structure on stability of β - carotene in freeze - dried mangoes [J]. Food Research International, 2011, 44: 3188 - 3194.
[3] Shibamoto T, Tang C S. Minor tropical fruits: Mango, papaya, passion fruit and guava [M]. Food Flavos Pant C: The Flavour of Fruit. Amsterdam: Elsevier Science Press, 1990.
[4] Yi J, Wang P, Bi J, et al. Developing novel combination drying method for jackfruit bulb chips: Instant controlled pressure drop (DIC) - assisted freeze drying [J]. Food & Bioprocess Technology, 2016, 9: 452 - 462.
[5] Zhang Y, Zhao H J, Ding Y, et al. Changes in the vitamin C content of mango with water state and ice crystals under state/phase transitions during frozen storage [J]. Journal of Food Engineering, 2017, 222: 49 - 53.
[6] 毕金峰. 食品变温压差膨化联合干燥理论与技术 [M]. 北京: 科学出版社, 2015.
[7] 赖必辉. 芒果变温压差膨化干燥技术研究 [D]. 福州: 福建农林大学, 2012.
[8] 陆东和, 王丽霞, 陆烝. 真空油炸芒果脆片品质影响因素研究 [J]. 东南园艺, 2019, 7 (4): 6 - 11.
[9] 罗彩连. 芒果真空渗透脱水联合热泵干燥工艺研究 [D]. 湘潭: 湘潭大学, 2015.
[10] 孟丹丹, 甘晓露. 微波真空干燥技术在热敏性和含水率较高的食品中的应用 [J]. 现代食品, 2016 (5): 116 - 119.
[11] 彭健. 压差闪蒸干燥胡萝卜脆条质构品质形成机制研究 [D]. 北京: 中国农业科学院, 2019.
[12] 汪东风. 食品化学 [M]. 2 版. 北京: 化学工业出版社, 2014.
[13] 王元春, 谢晓航, 黄忠闯, 等. 芒果冷冻干燥过程中营养成分变化的研究 [J]. 食品工业, 2011, 12: 65 - 68.
[14] 辛明, 张娥珍, 何全光, 等. 芒果果实品质评价因子的选择 [J]. 南方农业学报, 2014, 45 (10): 1818 - 1824.
[15] 辛明, 张娥珍, 何全光, 等. 喷雾干燥芒果粉助干剂研究 [J]. 食品科技, 2015, 40 (1): 282 - 286.
[16] 姚隆洋. 芒果干燥过程品质变化及贮藏稳定性研究 [D]. 无锡: 江南大学, 2020.
[17] 张强, 邓酥萍, 张娜英, 等. 微波 - 热风联合干燥在芒果果脯加工中的应用 [J]. 食品研究与开发, 2020, 41 (14): 104 - 109.

第八章

芒果糖制加工技术

第一节　芒果糖制工艺

一、 芒果糖制

芒果糖制是利用高浓度糖液的渗透脱水作用，将果品加工成糖制品的加工技术，是我国古老的加工方法之一。水果糖制品具有高糖、高酸等特点，这不仅改善了原料的食用品质，赋予产品良好的色泽和风味，而且提高了产品在贮运期的品质和时限。

二、 糖制品的分类

糖制品按其加工方式和产品状态分为两大类，即果脯蜜饯类和果酱类。果脯蜜饯类属于高糖食品，保持果实或果块原形，大多含糖量在50% ~70%（质量分数）；果酱类属高糖高酸食品，不保持原来的形状，含糖量多在40% ~65%（质量分数），含酸量约在1%（质量分数）。

（一） 果脯蜜饯类

根据果脯蜜饯（preserved fruits）类的干湿状态可分为干态果脯和湿态蜜饯。干态果脯是在糖制后进行晾干或烘干而制成表面干燥不黏手的制品；也有的在其外表面裹上一层透明的糖衣或形成结晶糖粉，如果脯、凉果等。湿态蜜饯是糖制后，不进行烘干，而是稍加沥干，制品表面发黏，如某些凉果；也有的糖制后，直接保存于糖液中制成罐头，如各种带汁蜜饯或称糖浆水果罐头。

（二） 果酱

果酱（jam）类主要有果酱、果泥、果糕、果冻及果丹皮等。果酱呈黏稠状，也可以带有果肉碎块；果泥呈糊状，即果实必须在加热软化后要打浆过滤，所以酱体细腻；果糕（fruit butter）是将果泥加糖和增稠剂后加热浓缩而制成的凝胶制品；果冻（fruit jelly）是将果汁和食糖加热浓缩而制成的透明凝胶制品；果丹皮是将果泥加糖浓缩后，刮片烘干制成的柔软薄片。

三、 原料糖的种类及特性

（一） 原料糖的种类

适用于果蔬糖制的糖种类较多，不同的原料糖的特性和功能不尽相同。

1. 白砂糖

白砂糖是加工糖制品的主要用糖，为粒状晶体，根据晶粒大小可分为粗砂、中砂和细砂三种。蔗糖含量高于99%。因其有纯度高、风味好、色泽淡、取用方便、溶解性好和保藏作用强等优点，在糖制上广泛应用。糖制时，要求白砂糖的色值低，不溶于水的杂质少，以选用优质白砂糖和一级白砂糖为宜。

2. 饴糖

饴糖又称麦芽糖浆，是用谷物作原料，经淀粉酶或大麦芽的作用，淀粉水解为糊精、麦芽糖及少量葡萄糖得到的产品。饴糖色泽淡黄而透明，能代替部分白砂糖使用，可起到防止晶析的作用。麦芽糖含量决定饴糖的甜味，糊精含量决定饴糖的黏度。淀粉水解越彻底，麦芽糖生成量越多，则甜味越强；反之，淀粉水解不完全，糊精偏多，黏度大而甜味小。饴糖在糖制时一般不单独使用，常与白砂糖结合使用。使用饴糖可减少白砂糖的用量，降低生产成本，同时，饴糖还有防止糖制品晶析的作用。

3. 淀粉糖浆

淀粉糖浆又称葡萄糖浆。它是将淀粉经糖化、中和、过滤、脱色、浓缩等工艺而得到的无色透明、具有黏稠性的糖液。甜度是蔗糖的50%～80%，由于淀粉糖浆中的糊精含量高，可利用它防止糖制品返砂。淀粉糖浆主要成分是葡萄糖、糊精、果糖、麦芽糖等。其甜味是由成分中的葡萄糖、果糖与麦芽糖组合而显示的。加工方法不同，产品的特性差异很大，工业生产产品有葡萄糖值（又称*DE*值，即糖浆中还原糖含量占总糖含量的百分数）为42、53及63三种，其中以葡萄糖值为42的最多。

4. 蜂蜜

蜂蜜一般称为蜜糖，蜂蜜主要成分是果糖和葡萄糖，两者占总量的66%～77%，其次还含有0.03%～0.4%的蔗糖和0.4%～2.9%的糊精，甜度与糖相近，蜂蜜吸湿性很强，易使制品发黏。在糖制加工中，常用蜂蜜为辅助糖料，防止制品晶析。我国蜂蜜品种繁多，习惯上按蜜源花种划分，如刺槐蜜、枣花蜜等，但以浅白色质量最好。

（二）原料糖与果蔬糖制有关的特性

水果糖制加工中所用食糖的特性是指与之有关的化学和物理的性质而言。化学方面的特性包括糖的甜味和风味，蔗糖的转化、凝胶等；物理特性包括渗透压、结晶、溶解度、吸湿性、热力学性质、黏度、稠度、晶粒大小、导热性等。其中在果蔬糖制上较为重要的有糖的溶解度与晶析、蔗糖的转化、糖的吸湿性、甜度、沸点及凝胶特性等。

1. 糖的甜度

食糖是食品的主要甜味剂，食糖的甜度影响着制品的甜度和风味。甜度是以口感判断，即以能感觉到甜味的最低含糖量——“味感阈值”来表示，味感阈值越小，甜度越高，如果糖的味感阈值为0.25%、蔗糖为0.38%、葡萄糖为0.55%。若以蔗糖的甜度为基础，其他糖的相对甜度顺序：果糖最甜，转化糖次之，而蔗糖甜于葡萄糖、麦芽糖和淀粉糖浆。以蔗糖与转化糖作比较，当糖浓度低于10%时，蔗糖甜于转化糖；高于10%时，转化糖甜于蔗糖。

温度对甜味有一定影响。以10%的糖液为例，低于50℃时果糖甜于蔗糖，高于50℃时蔗糖甜于果糖。这是因不同温度下，果糖异构物间的相对比例不同，温度较低时，较甜的异构体比例较大。

葡萄糖有二味，先甜后苦、涩带酸。蔗糖风味纯正，能迅速达到最大甜度。蔗糖与食盐共用时，能降低甜咸味，而产生新的特有风味，这也是南方凉果制品的独特风格。在番茄酱的加工中，也往往加入少量的食盐，使制品的总体风味得到改善。

2. 糖的晶析

糖的饱和浓度随温度的升高而逐渐增大，见表8-1。不同温度下，不同种类的糖饱和浓度不同。

表8-1 不同温度下食糖的饱和浓度

种类	饱和浓度/（g/100g）									
	0℃	10℃	20℃	30℃	40℃	50℃	60℃	70℃	80℃	90℃
蔗糖	64.2	65.6	67.1	68.7	70.4	72.2	74.2	76.2	78.4	80.6
葡萄糖	35	41.6	47.7	54.6	61.8	70.9	74.7	78	81.3	84.7
果糖	—	—	78.9	81.5	84.3	86.9	—	—	—	—
转化糖	—	56.6	62.6	69.7	74.8	81.9	—	—	—	—

当糖制品中液态部分的糖在某一温度下浓度达到过饱和时，即可呈现结晶现象，称为晶析，又称返砂。一般地讲，返砂降低了糖的保藏作用，有损于制品的品质和外观。但果脯蜜饯加工也有利用这一性质，适当地控制过饱和率，给有些干态蜜饯上糖衣。

糖制加工中，为防止蔗糖的返砂，常加入部分饴糖、蜂蜜或淀粉糖浆。因为这些食糖和蜂蜜中含有大量的转化糖、麦芽糖和糊精，这些物质在蔗糖结晶过程中，有抑制晶核的生长，降低结晶速度和增加糖液饱和度的作用。此外，糖制时加入少量果胶、蛋清等，也同样有效。因为这些物质能增大糖液的黏度，抑制煎糖的结晶过程，增加糖液的饱和度。另外，也可在糖制过程中促使蔗糖转化，防止制品结晶。

3. 糖的转化

蔗糖、麦芽糖等双糖在稀酸与热或酶的作用下，可以水解为等量的葡萄糖和果糖，称为转化糖。糖适当的转化可以提高糖溶液的饱和度，增加制品含糖量；抑制晶析，防止返砂。溶液中转化糖含量达30% ~40%（质量分数）时，即不会返砂。糖的转化还可增加渗透压，减少水分活度，提高制品的保藏性，增加风味与甜度。但一定要防止过度转化而增加制品的吸湿性，致回潮变软，甚至返砂。糖液中有机酸含量0.3% ~0.5%（质量分数）时，足以使糖部分转化。酸度越大（pH 越低），温度越高，作用时间越长，糖转化量也越多，见表 8 -2。各种酸对蔗糖的转化量不同。

表 8 -2　各种酸对蔗糖的转化能力

种类	转化能力	种类	转化能力
硫酸	53.6	柠檬酸	1.72
亚硫酸	30.4	苹果酸	1.27
磷酸	6.2	乳酸	1.07
酒石酸	3.08	醋酸	0.4

注：25℃，以盐酸转化能力为 100 计。

蔗糖转化的意义和作用是：第一，适当的转化可以提高蔗糖溶液的饱和度，增加制品的含糖量。第二，抑制蔗糖溶液晶析，防止返砂。当溶液中转化糖含量达30% ~40%（质量分数）时，糖液冷却后不会返砂。第三，增大渗透压，减小水分活度，提高制品的保藏性。第四，增加制品的甜度，改善风味。对酸度低的果蔬，在糖制时可加入适量的酸（用柠檬酸）以促进糖的转化。

糖转化不宜过度，否则会增加制品的吸湿性，回潮变软，甚至使糖制品表面发黏，减弱保藏性，影响品质。糖长时间处于酸性介质和高温下，它的水解产物会生成少量羟甲基呋喃甲醛，使制品轻度褐变。转化糖与氨基酸反应也易引起制品褐变，生成黑蛋白素。所以，制作浅色糖制品时，要控制条件，勿使蔗糖过度转化。

4. 糖的吸湿性

糖具有吸湿性，糖制品吸湿以后，降低了糖浓度和渗透压，因而减弱了糖的保藏作用。引起制品的败坏变质。糖的吸湿性各不相同，以果糖的吸湿性最强，其次是葡萄糖和蔗糖，见表8－3。利用果糖、葡萄糖吸湿性强的特点，糖制品中含有适量的转化糖有利于防止产品返砂；量过高又会使制品吸湿回软，造成霉烂变质。

表8－3　糖类在25℃下7d的吸湿量

种类	糖类在不同空气相对湿度下的吸湿量/%（质量分数）		
	62.7%	81.8%	91.8%
蔗糖	0.05	0.05	13.53
葡萄糖	0.04	5.19	15.02
麦芽糖	9.77	9.8	11.11
果糖	2.61	18.58	30.74

果糖的吸湿性最强，其次是葡萄糖和麦芽糖，蔗糖最小。各种结晶糖的吸湿量与环境中相对湿度呈正相关，相对湿度越大，吸湿量越大，当各种结晶糖吸水率达15%以后，便开始从晶状变成液态。含有一定量转化糖的糖制品，必须用防潮纸或玻璃纸包装，否则糖制品易吸湿回软，产品发黏、结块，甚至霉烂变质。

5. 糖液的沸点

糖液的沸点随糖液浓度的增加而升高，随海拔高度的增加而降低，见表8－4。此外，浓度相同种类不同的糖液，沸点也不相同。通常在糖制水果过程中，需利用糖液沸点的高低，计算糖制品中可溶性固形物的含量，判断煮制浓缩的终点，以控制时间。

表8－4　不同海拔下蔗糖液的沸点

可溶性固形物/%	沸点温度/℃			
	海平面	305m	610m	915m
50	102.2	101.2	100.1	99.1
60	103.7	102.7	101.6	100.6
64	104.6	103.6	102.5	101.4

续表

可溶性固形物/%	沸点温度/℃			
	海平面	305m	610m	915m
65	104.8	103.8	102.6	101.7
66	105.1	104.1	102.7	101.8
70	106.4	105.4	104.3	103.3

由于水果在糖制过程中，蔗糖部分被转化，加之果蔬所含的可溶性固形物也较复杂，其溶液的沸点并不能完全代表制品中的含糖量，只大致表示可溶性固形物的多少。因此，在生产之前要做必要的试验。

糖制品糖煮时常用沸点估测糖浓度或可溶性固形物含量，确定熬煮终点。如干态蜜饯出锅时的糖液沸点达104~105℃，其可溶性固形物含量在62%~66%（质量分数），含糖量约为60%（质量分数）。

四、果胶凝胶机制

果胶是一种糖类物质，为碳水化合物的衍生物，是存在于植物根、茎、叶、果实细胞壁中的一种高分子聚合物，相对分子质量在50000~300000。其基本结构是D-吡喃半乳糖醛酸，以$\alpha-1,4$糖苷键链连接成的长链。果胶物质常以原果胶、果胶和果胶酸三种形态存在于果蔬组织中。原果胶在酸或酶的作用下能分解为果胶，果胶进一步水解变成果胶酸。果胶具有凝胶特性，而果胶酸的部分羧基与钙离子、镁离子等金属离子结合时，也形成不溶性果胶酸钙（或镁）的凝胶。果糕、果冻以及凝胶态的果酱、果泥等，都是利用果胶的凝胶作用来制取的。

果胶按照酯化度的不同可以分为高甲氧基果胶（HMP）和低甲氧基果胶（LMP），HMP酯化度高于50%，而LMP酯化度低于50%，LMP在Ca^{2+}或其他阳离子存在下，有糖或无糖均能形成性质优良的凝胶（范阳等，2009）。果胶形成的凝胶类型有两种：一种是高甲氧基果胶的果胶-糖-酸凝胶，水果所含的果胶是高甲氧基果胶，用果汁或果肉浆液加糖浓缩制成的果冻、果糕等属于前一种凝胶。另一种是低甲氧基果胶的离子结合型凝胶。蔬菜中主要含低甲氧基果胶，与钙盐结合制成的凝胶制品，属于后一种凝胶。

（一）高甲氧基果胶的凝胶

高甲氧基果胶是在温度低于50℃时，加入糖使糖浓度达到60%~70%（质量分数），加入酸控制 pH 在 2～3.5 时形成的凝胶。这种类型的果胶之所以能形成凝胶，其内因在于果胶物质的分子形状具有不对称性。加入的糖，利用其保水性起到脱水剂的作用，来去除果胶质胶体的水化膜。pH 控制在 2～3.5 就抑制了果胶分子上羧基的解离，使电性中和。水化膜失去和电性的中和，使果胶质的胶体粒子先连成线状，又在分子间和分子内氢键及范德华力的作用下，交联成不规则的立体网眼结构。果胶分子链上多半乳糖醛酸的 C2、C3 上羟基的反式构型，有利于形成氢键。同时，由于果胶分子未交联部分的水化作用和空间网状结构的毛细管凝聚作用，使水分子在网眼中与果胶物质形成均相，从而使果酱加工产品含有很高的水分。果胶胶凝过程复杂，受多种因素制约。

1. pH

pH 影响果胶所带的负电荷数。降低 pH，即增加氢离子浓度而减少果胶的负电荷，易使果胶分子氢键结合而胶凝。当电性中和时，凝胶的硬度最大。胶凝时 pH 的适宜范围是 2～3.5，高于或低于这个范围值均不能胶凝。当 pH 为 3.1 左右时，凝胶硬度最大；pH 在 3.4 时，凝胶比较柔软；pH 为 3.6 时，果胶电性不能中和而相互排斥，就不能凝胶，此值即为果胶凝胶的临界 pH。因而决定果胶胶凝质量的关键因素之一是 pH 的大小。当溶液中没有酸存在时，即使溶液可溶性固形物大于 70%，果胶用量超过几倍，也不会形成凝胶；加入酸的用量增多，则胶凝化的速率加快。在实际生产中，所用酸为苹果酸、柠檬酸、酒石酸等有机酸。

2. 糖液浓度

果胶是亲水胶体，胶束带有水膜，食糖的作用使果胶脱水后发生氢键结合而胶凝。但只有糖量达 50%（质量分数）以上才具有脱水效果，糖浓度大脱水作用强，胶凝速度快。蔗糖、葡萄糖、果糖等均能凝胶冻化，其中蔗糖的凝固力最强。糖的浓度保持在 60%～70% 较理想，具体还要根据甲酯化程度而定。甲酯化程度低于 55% 的果胶，糖和酸的需要量很大，糖的浓度过高则虽很快凝胶，但存放一定时间后，便有糖的结晶产生。

3. 果胶含量

果胶的胶凝性强弱取决于果胶含量、果胶相对分子质量以及果胶分子中甲氧基含量。果胶含量高易胶凝，果胶相对分子质量越大，多聚半乳糖醛酸的链越长，所含甲氧基比例越高，胶凝力则强，制成的果冻弹性越好。甜橙、柠檬、苹果等的果胶，均有较好的胶凝力。原料中果胶不足时，可加入适量果胶粉或琼脂，或其他含果胶丰富的原料。

4. 温度

当果胶、糖和酸的配比适当时，混合液能在较高的温度下胶凝。但在较低的温度下，胶凝速率加快，50℃以下对胶凝强度影响不大，但高于50℃则胶凝强度下降，这是因高温破坏了果胶分子中的氢键。果胶凝胶适宜条件是在50℃条件下，果胶含量1%（质量分数）左右，糖浓度50%（质量分数）或以上，pH控制在2～3.5，诸因素相互配合得当，是形成良好胶凝体的必要条件。Alakli等（2006）研究了蔗糖糖液浓度（40～70g/100g）和温度（40～90℃）对渗透脱水过程中芒果中果皮切片的水分损失和蔗糖吸收的影响，结果表明渗透脱水过程中水分流失和蔗糖吸收受糖液浓度和温度的显著影响。

（二）低甲氧基果胶的胶凝

低甲氧基果胶是依赖果胶分子链上的羟基与各种金属离子相结合而串联起来，形成网状的凝胶结构。高价金属离子能把果胶分子交联起来，如Ca^{2+}起的桥梁作用进而形成的网络结构。这种结构非常稳定，甲酯化程度越低，则羧基（—COOH）数越多，对金属离子就越敏感，形成的键就多。影响这种凝胶的因素，主要有金属离子浓度、pH和温度。

1. 金属离子浓度

生产上多用氯化钙为原料，因此，金属离子浓度多指Ca^{2+}浓度。Ca^{2+}浓度是影响低甲氧基果胶胶凝的主要因素，Ca^{2+}用量随果胶的羟基数量而定，一般用酶法制成的低甲氧基果胶，每克果胶的钙离子用量为4～10mg；碱法制取的果胶，每克果胶钙离子用量为30～60mg。

2. pH

pH对果胶的胶凝有一定影响，一般pH在2.5～6.5都能胶凝，以pH 3或5时胶凝的强度最大，pH 4时强度最小。

3. 温度

温度对低甲氧基果胶胶凝强度影响很大，在0～58℃温度范围内，温度越低，强度越大，58℃时低甲氧基果胶的胶凝强度为0，0℃时强度最大，30℃为胶凝的临界点。因此，为获得良好的凝胶状态，温度需低于30℃，一般以不超过25℃为宜。低甲氧基果胶的胶凝与糖用量无关，即使在1%（质量分数）以下或不加糖的情况下仍可胶凝，生产中加入约30%（质量分数）的糖仅是为了改善风味，使制品有适当甜味。

五、 食糖的保藏作用

水果糖制是以食糖的防腐保藏作用为基础的加工方法，糖制品要确保较长时间的保藏，必须使制品的含糖量达到一定的浓度。食糖本身对微生物无毒害作用，低浓度糖还能促进微生物的生长发育。高浓度糖对制品的保藏作用主要有以下几个方面。

（一） 高渗透压

糖溶液都具有一定的渗透压，糖液的渗透压与其浓度和相对分子质量有关，浓度越高，渗透压越大。糖制品一般含有60%～70%（质量分数）的糖，按蔗糖计，可产生相当于4.265～4.965MPa的渗透压，而大多数微生物细胞的渗透压只有0.355～1.692MPa。糖液的渗透压远超过微生物的渗透压。当微生物处于高浓度的糖液中，其细胞里的水分就会通过细胞膜向外发出，形成反渗透现象，微生物则会因缺水而出现生理干燥，失水严重时可出现质壁分离现象，从而抑制了微生物的生长。

（二） 降低糖制品的水分活度

食品的水分活度（A_W）表示食品中能够被微生物、酶及化学反应所利用的水的含量（大体接近于游离水的含量）。大部分微生物要求适宜生长的A_W在0.9以上。当食品经糖制时，可溶性固形物含量增加，游离水的含量则减少，即A_W变小（低于0.9），微生物就会因游离水的减少而受到抑制。如干态蜜饯的A_W在0.65以下时，几乎抑制了一切微生物的活动，果酱类和湿态蜜饯的A_W在0.75～0.8，霉菌和一般酵母菌的活动被阻止，但对耐渗透压的酵母菌，需配合有良好的包装（如减少空气或真空包装等）才能被抑制。

（三） 抗氧化作用

氧气在糖液中的溶解度小于在水中的溶解度，糖浓度越高，氧气的溶解度越低。如浓度为60%（质量分数）的蔗糖溶液，在20℃时，氧气的溶解度仅为纯水含氧量的1/6。由于糖液中氧含量的降低，有利于抑制好氧型微生物的活动，也利于制品色泽、风味和维生素等的保持。

第二节 芒果糖制工艺与设备

一、 蜜饯类加工工艺与设备

（一） 工艺流程

原料→预处理→漂洗→预煮→
- 蜜制→调配→烘干→凉果
- 糖制→装罐→封罐→杀菌→冷却→湿态蜜饯
- 糖制→烘干→上糖衣→干态蜜饯

（二） 操作要点

1. 原料的选择

糖制品质量主要取决于外观、风味、质地及营养成分。选择优质原料是制成优质产品的关键之一。原料质量优劣主要在于品种、成熟度和新鲜度等几个方面。

（1）原料的种类和品种　原料的品种不同其产品也不一样，即使是同一品种的原料，因产地不同而加工出的产品质量也会不同。蜜饯类产品需保持果实或果块形态，要求原料选择肉质紧密、耐煮性强的品种。刘韫滔等（2020）研究了不同品种、不同采摘月份对芒果干营养成分和食用品质的影响。结果表明，7 月份采摘的金煌芒制成的芒果果脯中粗蛋白、总氨基酸和风味氨基酸含量最高，氨基酸组成最为合理，感官评分最高，但钠（Na）、钾（K）、铁（Fe）、锰（Mn）等元素的含量低于红贵妃芒、凯特芒制成的果脯。

（2）原料的成熟度　蜜饯、果脯要求具有一定的块形状态，所以一般要求果实的生理熟度为 75% ~85% 。但是，对成熟度高低的要求，取决于加工什么样的产品。另外，还应考虑果蔬的形态、色泽、糖酸含量等因素，用来糖制的果蔬要求形态美观、色泽一致、糖酸高等特点，一般在绿熟时采收。李珊珊等（2020）研究表明七八成熟的玉芒硬度适中、糖酸比和黄绿色泽较佳，比较适宜果脯的加工。

（3）原料的新鲜度　要求原料新鲜完整、表面洁净、无病虫害。腐烂变质的果蔬，不能当作原料。

2. 原料预处理

（1）挑选及分级　原料挑选，根据制品对原料的要求，选择新鲜、完整、成熟度一致的芒果原料。其次是剔除不合格的原料，如霉烂、腐败、变质、病虫害严重、过生或过熟的原料。挑选的方法是以人工拣选为主。原料分级，一般以大小或成熟度为依据。分级时的大小标准，以原料的实际情况或对成品的要求决定。

（2）清洗　原料的洗涤主要去除原料表面附着的尘土、泥沙、污物、残留药剂及部分微生物。洗涤的方法可用化学或机械等方法。

（3）去皮及去核、切分　糖制加工水果的去皮，因水果类型或加工品要求不同而异，有擦皮、削皮、刮皮、剥皮及化学去皮法等多种方法。剔除不能食用的种子、果核，大果需适当切分，切分的形态有块、条、丝、丁、对开或四开等。

（4）盐腌　盐坯腌渍包括盐腌、曝晒、回软和复晒四个过程。盐腌有干盐和盐水两种，干盐法适用于果汁较多或成熟度较高的原料，用盐量依种类和贮藏期长短而异，一般为原料质量的 14% ~18%。腌制时，分批拌盐，拌匀，分层入池，铺平压紧，下层用盐较少，由下而上逐层增多，表面用盐覆盖隔绝空气，以便保存。盐水腌制法适用于果汁少或未熟果或酸涩苦味浓的原料，将原料直接浸泡到一定浓度的盐水中腌制。腌制结束，可作水坯保存，或经晒制成干坯长期保藏，腌制程度以果实半透明为宜。芒果盐腌后，延长了加工期限，同时对改善某些品种的加工品质，减轻苦、涩、酸等不良风味有一定的作用。但是，盐腌在脱去大量水分的同时，会造成芒果可溶性物质的大量流失，降低芒果的营养价值。

（5）保脆与硬化　为提高原料耐煮性和酥脆性，在糖制前需对原料进行硬化处理，将原料浸泡于生石灰（CaO）或氯化钙（$CaCl_2$）、亚硫酸氢钠（$NaHSO_3$）等稀溶液中，使钙与原料中的果胶物质生成不溶性盐类，细胞间相互黏结在一起，提高硬度和耐煮性。用0.1%（质量分数）的氯化钙与0.2% ~0.3%（质量分数）的亚硫酸氢钠混合液浸泡 30 ~60min，起到护色兼硬化的双重作用（袁芳等，2019）。谌素华等（2007）采用0.2% $NaHSO_3$ +0.2%维生素 C +0.2% $CaCl_2$（质量分数）的混合液处理芒果脯，起到了很好的护色、硬化作用。硬化剂的选用、用量及处理时间必须适当，过量会生成过多钙盐或导致部分纤维素钙化，使产品质地粗糙，品质劣化。经硬化处理后的原料，糖制前需经漂洗除去残余的硬化剂。

（6）硫处理　为了使糖制品色泽明亮，常在糖煮之前进行硫处理，既可防止制品氧化变色，又能促进原料对糖液的渗透。使用方法有两种，一种是用原料质量 0.1% ~0.2%的硫磺，在密闭的容器或房间内点燃硫磺进行熏蒸处理。熏硫后的果肉变软，色泽变淡、变亮，核窝内有水珠出现。另一种是预先配好含有效 SO_2 为 0.1% ~ 0.15%（质量分数）的亚硫酸盐溶液，再将处理好的原料投入亚硫酸盐溶液中浸泡数分钟即可。常用的亚硫酸盐有亚硫酸钠、亚硫酸氢钠、焦亚硫酸钠等。经硫处理的原料，在糖煮前应充分漂洗，以除去剩余的亚硫酸盐溶液。

（7）着色　为避免具有鲜明色泽的原料在加工过程中失去原有色泽，常用着色剂进行着色处理，以提高制品的感官品质。常用的着色剂有人工合成色素和天然色素两大类，天然色素如姜黄、β - 胡萝卜素等是无毒、安全的色素，但着色效果和稳定性较差。人工合成色素有柠檬黄、日落黄等。人工合成色素具有着色效果好、稳定性强等优点，但用量不得超过《食品安全国家标准　食品添加剂使用标准》（GB 2760—2014）规定的最大使用量。着色方法是将原料浸于色素溶液中着色，或将色素溶于稀糖液中，在糖煮的同时完成着色。

（8）预煮（热烫）　凡经亚硫酸盐保藏处理、盐腌及硬化过程的原料，在糖制前均需漂洗或预煮，除去残留的 SO_2、食盐、着色剂、生石灰或硫酸铝钾，避免对制品外观和风味产生不良影响。另外，预煮可以软化果实组织，有利于糖在煮制时渗入，对一些酸涩、具有苦味的原料，预煮可起到脱苦、脱涩作用。预煮可以钝化果蔬组织中的酶，防止氧化变色。预煮时间一般为 3 ~ 5min，温度不低于 90℃，热烫后捞出，立即用冷水冷却，以达到停止热处理的作用。

3. 糖制

糖制是果脯制作工序中的关键控制点之一，糖制过程是果蔬原料排水吸糖过程，糖液中糖分通过扩散作用进入组织细胞间隙，再经过渗透作用进入细胞内，最终达到降低水分活度和要求的含糖量的目的。糖制方法有浸渍（冷制）和煮制（热制）两种。浸渍适用于皮薄多汁、质地柔软的原料；煮制适用于质地紧密、耐煮性强的原料，芒果由于含水量高、不耐煮制，比较适合浸渍的方法。

浸渍是指将果蔬原料浸泡在糖液中，使制品达到要求的糖度。此法的基本特点在于不对果实进行加热，能较好保持制品的色泽、风味、营养价值和形态。在未加热的浸渍过程中，原料组织保持一定的膨压，当与糖液接触时，由于细胞内外渗透压存在差异而发生内外渗透现象，使组织中水分向外扩散排出，糖分向内扩散渗入。但糖浓度过高时，糖制时会出现失水过快、过多，使其组织膨压下降而收缩，影响制品饱满度和产量（姚隆洋，2020）。为使芒果保持一定的饱满形态并加快扩散速度，一般采用以下几种浸渍方法。

①分次加糖浸渍法：在浸渍过程中，先配制成较低浓度的食糖溶液，达到渗透平

衡后，在糖液中加入食糖。提高食糖浓度，再次浸渍达到渗透平衡后，再加糖提高食糖浓度，如此逐次提高糖浓度，使制品中的糖含量达到要求。

②多次浓缩浸渍法：在浸渍过程中，每次达到渗透平衡后将糖液过滤出来，进行加热浓缩，提高糖浓度后，再将热糖液回加到原料中继续浸渍，冷果与热糖液接触，利用温差和糖浓度差的双重作用，加速糖分的扩散渗透。其效果优于分次加糖法。

③减压浸渍法：在分次加糖浸渍法的基础上，将果实放在真空浸糖罐（图 8－1）内抽真空，使果实内部蒸汽压降低，然后破除真空，外压变大，促进糖分渗入果实内。通过抽真空将果实周围环境及果实内的气体排除，减小果实组织对糖分渗透的阻力，同时利用细胞膜的半透性，使果实内的水分快速转移到渗透液，从而完成浸糖（王天陆，2008）。目前已开发的真空浸糖工艺具有渗糖快、周期短、能保存果品色香味和营养成分的特征，生产的果脯明显优于传统工艺（胡卓严等，1995）。Sulistyawati 等（2018）研究了真空浸渍和高压预处理以及添加果胶甲基酯酶对不同成熟期芒果果脯品质的影响，结果发现，真空浸渍预处理的未成熟芒果组显示出最低的水分损失和最高的可溶性固形物含量。将原料浸入到含 30%（质量分数）糖液的真空锅中，抽真空 40～60min 后，泄压，浸渍 8h，然后将原料取出，放入到含 45%（质量分数）糖液的真空锅中，抽真空 40～60min 后，泄压，浸渍 8h，再在 60%（质量分数）的糖液中抽真空、浸渍至终点（袁唯，2000）。王中凤（2006）研究了低糖芒果果脯的渗糖工艺，表明真空度 0.06MPa 维持 30min、常温渗糖 4h，重复处理 3 次，可以使产品含糖量达到 35%～40%（质量分数）。张雁等（2006）采用 3 次真空渗糖工艺，糖液浓度分别为 35%、45%、55%（质量分数），渗糖时间均为 30min，并在糖液中添加 1%（质量分数）的柠檬酸和 0.5%（质量分数）的明胶，可得到品质风味优良的低糖芒果果脯。Lin 等（2016）研究了真空浸渍对芒果果肉组织的影响，结果表明，相比于常压浸渍，真空浸渍有效促进了芒果果肉水分下降和糖分增加，同时在渗透过程中观察到果胶增溶和降解现象。与传统渗糖工艺相比，真空渗糖能够缩短果脯生产周期，提高糖液的渗透效率，因渗糖过程中减少与空气中氧气的接触，从而降低多酚氧化酶和过氧化物酶的活性，且较大程度地保持原果风味。但是真空渗糖技术仍存在不足，经真空渗糖后的果脯，其总糖含量较高，使果脯的口感较差，且真空渗糖工艺难以准确控制真空度，真空度过大会使果蔬片皱缩效应增大，结构致密，糖不易渗入，果坯饱满度差（李勤勤等，2021）。

④微波浸渍法：微波辐射具有穿透力强、加热速度快的特点。采用微波渗糖时，果肉组织内部水分可快速升温汽化、因组织汽化膨胀和物料的质构变化而形成网状多

图8－1 真空浸糖锅

孔结构，有利于糖分的渗入，提高渗糖效率，并可以较好地保持水果的营养品质，因此微波浸糖是一种非常适宜于低糖果脯加工的渗糖技术。袁芳等（2019）以凯特芒为原料，研究微波浸糖对芒果果脯品质的影响，结果表明，最佳微波渗糖条件为微波功率210W、料液比1∶3（*m/V*）、黄原胶添加量0.3%（质量分数）、微波时间60min、糖液浓度40%（质量分数），在该工艺条件下芒果果脯的总糖含量为46.24%（质量分数）。微波渗糖虽然具有渗糖时间短、渗糖效率高等优点，但随着微波功率增加，可能导致果脯组织软烂变色、糖液褐变，进而影响果脯品质。因此，在选择使用微波渗糖工艺时，不能过度加热，否则引起果脯褐变及过度膨胀而破烂，进而影响产品品质。

⑤超声波浸渍法：近年来，作为一种优良的传质方法，超声波技术在果脯浸糖加工中得到快速发展。超声波浸糖是基于超声波空化作用、微搅拌作用和热效应进行的一种新型渗糖技术，超声波在发射时所产生的射流强度及冲击波足以在瞬间击穿植物细胞的细胞膜，但并不产生破坏作用，可以在较低温度及较短时间内大幅提高果蔬渗糖效率。超声波浸糖处理具有渗糖速率快、破坏力小及能耗低等优点，处理后的果脯质地品质较好，超声波可以显著提高果蔬组织的渗糖速率，同时可以明显降低糖煮对果蔬组织细胞结构的破坏作用。马空军等（2011）研究超声场强化渗透脱水传质机制模型，结果显示传质界面边界层在超声波作用下会变薄，进而提高渗糖速率，Soria等（2010）也得到类似结果，即超声波处理可以使细胞通透性增强，降低传质阻力。

李军生等（2002）通过跟踪测定果蔬组织中含糖量的变化及显微切片技术，对超声波影响果蔬渗糖及组织细胞完整性问题进行了比较研究，结果表明，与常规渗糖方法相比，超声波技术提高果蔬组织渗糖速度的幅度在38.63%以上。盛金凤等（2014）在常温条件下研究了超声波、微波和真空3种渗糖方式对芒果果脯品质的影响，结果表明超声波和微波渗糖方式对芒果果脯色泽和质构影响较小，超声波渗糖最有利于促进芒果果脯的渗糖，并且能明显降低渗糖对芒果组织细胞结构的破坏作用。

4. 煮制

糖制过程中，进行加热煮制，由于温度升高，糖液黏度降低，有利于糖分快速扩散进入组织内，也有利于果蔬的迅速脱水和水分蒸发，可以显著缩短糖制时间。但果蔬在煮制过程中也会组织软化，容易出现煮烂的问题，同时由于温度升高，水分向外扩散速度大于糖液向组织内扩散的速度，容易使原料失水过多造成制品皱缩。因此生产中应根据原料的组织结构采用不同的煮制方法。煮制方法分为常压煮制和减压煮制两种。常压煮制又分为连续煮制、间歇煮制和变温煮制3种。减压煮制分为减压间歇煮制和减压连续煮制。

（1）连续煮制法　经预处理的原料在一定浓度［通常为30%～40%（质量分数）］的糖液中一次连续煮制完成，称为连续煮制法。此法糖制快速，但持续加热时间长，原料容易煮烂，也容易因为失水过多而造成皱缩现象。此法一般适用于组织结构比较疏松、容易渗糖的果蔬。

（2）间歇煮制法　这是一种煮制和浸渍交替进行，逐步提高糖浓度的糖制方法。一般先用30%～40%（质量分数）的糖溶液煮到原料稍软时，放冷浸渍24h，其后，每次煮制均增加糖浓度10%（质量分数），煮沸2～3min，直至糖制终点。这种糖制方法每次加热时间短，辅以放冷糖渍，逐步提高糖浓度，因而获得较满意的产品质量。适用于组织紧密、难以渗糖或容易煮烂的柔软原料。但此法糖制时间长，糖制过程不能连续化，比较费时、费工。

（3）变温煮制法　利用温差较大的环境，使原料组织受到冷热交替的变化，组织内部的水蒸气分压加热增大后，迅速冷却后又快速消除，这种水蒸气压力的变化，促进糖液透入组织内部，加快组织内外糖液浓度的平衡速度，缩短糖制时间，称为变温煮制法。处理方法是将原料先在30%（质量分数）的热糖液中煮4～8min，取出后立即浸入等浓度的15～20℃糖液中冷却。如此反复进行4～5次，每次提高糖浓度10%（质量分数），最后完成煮制过程。此法可连续进行，时间短、产品质量高，但需备有足够的冷糖液。

（4）减压间歇煮制法　减压煮制也称为真空煮制，是指原料与糖液混合后在真空糖煮锅内抽真空（真空度85.33kPa）间歇煮制的方法，在糖煮锅内糖液的浓度和间歇煮制法一样，浓度逐步提高，直至煮制终点。由于抽真空后组织中空气被脱除，糖分能迅速渗入达到平衡。同时糖制温度低、时间短，制品品质比常压间歇煮制好。

（5）减压连续煮制法　一种连续化的真空糖制方法，将一组真空糖煮锅串联，将糖制原料密闭在串联的真空糖煮锅内，抽真空（真空度85.33kPa），排除原料组织内的空气，而后渗入95℃热糖液，待糖分扩散渗透后，将糖液转入另一真空糖煮锅内，再在原来的锅内加入较高浓度的热糖液，如此连续进行几次，制品即达到要求的糖浓度。这种方法煮制效果好，制品品质好，可连续化操作。

5. 烘晒与上糖衣

除糖渍蜜饯外，多数制品在糖制后需进行烘晒，将果实从浸渍的糖液中捞出，沥干糖液，铺散在竹箅或烘盘中，送入50～60℃的烘房内烘干，使表面不黏手，利于保藏。烘房内温度不宜超过65℃，以防糖化结块或焦化。烘干后的蜜饯，要求保持完整、饱满、不皱缩、不结晶，质地柔软，含水量在18%～22%（质量分数），含糖量达60%～65%（质量分数）。

制糖衣蜜饯时，可在干燥后上一层糖衣。用过饱和糖液浸泡一下，取出冷却，使糖液在制品表面上凝结成一层晶亮的糖衣薄膜，可减少保存期间的吸湿、黏结等不良现象，使制品不黏结、不返砂，增强保藏性，上糖衣用的过饱和糖液，常以3份蔗糖、1份淀粉糖浆和2份水配合而成，将混合浆液加热至113～114.5℃，然后冷却到93℃，即可使用。在干燥快结束的蜜饯表面，撒结晶糖粉或白砂糖，拌匀，筛去多余糖粉，即得糖霜类蜜饯。

6. 整理、包装与贮藏

蜜饯在干燥过程中往往由于收缩而变形，甚至破裂，干燥后需加以整理或整形，以获得良好的商品外观。包装的主要目的是防止制品吸潮变质及防虫防鼠。内包装材料主要采用符合食品安全标准要求的塑料包装袋、玻璃纸、糯米纸等；外包装材料可使用塑料袋、纸箱、木箱、金属罐、玻璃容器等。另外，一种商品的包装还应美观、大方、新颖，能反映产品属性。干态蜜饯的包装以防潮、防霉为主，常用阻湿隔气性好的包装材料，如复合塑料薄膜袋、金属包装容器等。湿态蜜饯以罐头食品包装为宜。糖液量为成品总净含量的45%～55%（质量分数）。密封后，在90℃下杀菌20～40min，然后冷却。对于不杀菌的蜜饯制品，要求其可溶性固形物应达70%～75%（质量分数），糖分不低于65%（质量分数）。真空或充气包装则会更有利于制品保存和品质保证。无论何种包装，所用材料都必须安全无毒、清洁，符合食品安全标准要求。包装人员应身体健康，并注意个人卫生。包装的环境须清洁、无尘。包装应包括食品名称、配料表、净含量和规格、生产者和（或）经销者的名称、地址和联系方式、生产日期和保质期、贮藏条件、食品生产许可证编号、产品标准代号及其他需要标示的内容。蜜饯贮藏的库房要清洁、干燥、通风，尤其是干态蜜饯，库房墙壁要用防湿材料，库温控制在12～15℃，避免温度低于10℃而引起蔗糖晶析。对不进行杀菌和不密封的蜜饯，宜将环境相对湿度控制在70%以下。库房需防虫、防鼠、防霉、防尘、防湿、防臭。根据国家标准《蜜饯质量通则》（GB/T 10782—2021），蜜饯产品的质量指标见表8－5。

表8－5　蜜饯质量指标

项目		蜜饯类	果脯类	凉果类	话化类		果糕类				其他类
					不加糖类	加糖类	糕类	条（果丹皮）类	片类	丹类	
感官指标		具有产品应有的色泽、滋味、气味，无异味；具有产品应有的状态，无霉变，无正常视力可见的外来异物									
理化指标	水分/（g/100g）≤	—	35	35	30	30	55	30	20	—	—
	总糖（以葡萄糖计）/（g/100g）≤	85	85	70	6	60	75	70	80	70	85
	氯化钠（以NaCl计）/（g/100g）≤	20	—	8	35	15	—	—	—	18	10
卫生指标		《食品安全国家标准　蜜饯》（GB 14884—2016）									

二、果酱类加工工艺与设备

（一）工艺流程

果酱类制品是以水果、果汁或果浆和糖等为主要原料，经预处理、煮制、打浆（或破碎）、调配、浓缩、包装、杀菌等工序制成的一类半凝固状或胶冻状产品。主要有果酱和果冻类制品。其工艺流程如下：

原料选择→预处理（去皮、预煮、打浆、榨汁等）→

{ 调配→浓缩→装罐封口→杀菌冷却→果酱成品
{ 煮胶→消泡→调配→装罐封口→杀菌冷却→果冻成品

（二）操作要点

1. 原料选择与预处理

（1）原料选择　果酱类制品的原料应选择汁液含量高、易于破碎的品种，并在充分成熟时采收。一般选用香气浓郁、色泽鲜艳美观、易于破碎的果实。徐智通（2018）研究了不同成熟度的台农芒对大颗粒芒果果酱感官品质的影响，表明80%成熟度台农芒加工的果酱感官评分最高、口感最佳。

（2）原料预处理　分选剔除霉烂、成熟度低的不合格芒果果实，除去果核、果心等不可食部分。果皮厚、粗糙，口感不好的原料必须除去外皮。去皮、切块时易变色的果实，必须及时浸入食盐水或酸溶液中护色，并尽快加热软化，破坏酶的活力。加热软化的主要目的是破坏酶的活力，防止变色和果胶水解；软化果肉组织，便于打浆和糖液渗透。果实软化时，可加水或稀糖液加热软化，软化升温要快，时间依原料种类及成熟度而异。加热软化要防止长时间加热，以免影响风味和色泽。生产果冻产品时，果实加热软化后需经过榨汁、过滤等处理获得果汁。

2. 调配

（1）配方　按原料种类及制品质量标准确定。果肉（汁）占总配料量的25%～50%（质量分数）；糖（主要是砂糖）占总配料量的45%～60%（质量分数）；成品总酸量0.5%～1%（质量分数，不足可加柠檬酸）；成品果胶量0.4%～0.9%（质量分数，不足可加果胶或琼脂等）。

（2）配料准备　所用配料如糖、柠檬酸、果胶、琼脂或果冻粉等胶凝剂，均应事先配制成浓溶液过滤备用。砂糖需配成70%～75%（质量分数）的浓糖浆；柠檬酸配成50%（质量分数）溶液；果胶粉按粉量加2～4倍砂糖，充分混匀，再按粉量加水10～15倍，在搅拌下溶解；琼脂先用温水浸泡软化，洗净杂质，加热溶解后过滤，加水量为琼脂质量的20倍。

（3）投料顺序　如用果肉作为原料时，果肉应先入锅加热软化，时间10～20min。然后加入糖液（以分批加入为宜），继续浓缩到接近终点时，加入果胶液或琼脂液等胶凝剂溶液，最后加柠檬酸液，在搅拌下浓缩至终点出锅。

3. 加热浓缩

加热浓缩是果蔬原料及糖液中水分的蒸发过程。大部分果蔬原料对热敏感性很强，浓缩方法和设备包括常压浓缩和减压浓缩。

（1）常压浓缩　常压浓缩主设备是带搅拌器的夹层锅。物料入锅后在常压下用蒸汽加热浓缩，开始时蒸汽压较大［29.4～39.2kPa（表压）］，后期因物料可溶性固形物含量提高，所以极易因高温导致糖的褐变焦化、蒸汽压力应降至19.6kPa（表压）左右。为缩短浓缩时间，保持制品良好的色、香、味和胶凝性，每锅下料量以保证出成品50～60kg为宜，浓缩时间以30～60min为宜。时间太短会因转化糖不足而在贮藏期发生蔗糖结晶现象。浓缩过程中应不断搅拌，以防锅底部浆液焦化，出现大量气泡时可加入少量冷水或植物油，防止汁液外溢。常压浓缩的主要缺点是温度高，水分蒸发慢，芳香物质和维生素C损失严重，制品的色泽差。

（2）减压浓缩　若要制出优质的果酱，宜选用减压浓缩法。减压浓缩又称真空浓缩，分单效、双效两种浓缩装置。单效浓缩锅（图8－2）是一个带搅拌器的双层锅，配有真空装置。工作时先通入蒸汽赶走锅内空气，再开动离心泵，使锅内形成一定的真空度，当真空度达53.3kPa（表压）以上时，开启进料阀，待浓缩的物料在锅内的真空度下进入锅中，达到容量要求后，开启蒸汽阀门和搅拌器进行浓缩。加热蒸汽压力保持在98～147.1kPa（表压），锅内真空度为86.7～96.1kPa（表压），温度50～60℃。浓缩过程若泡沫上升激烈，可开启锅内的空气阀，使空气进入锅内抑制泡沫上升，待正常后再关闭。浓缩过程应保持物料超过加热面，以防焦锅。当浓缩至接近终点时，关闭真空泵开关，破坏锅内真空，在搅拌下将果酱加热升温至90～95℃，然后迅速关闭进气阀，酱料即可出锅。

双效真空浓缩锅（图8－3），是由蒸汽喷射泵给整个装置提供真空，将物料吸入锅内，由循环泵促使物料循环，加热器进行加热，然后由蒸发室蒸发，浓缩泵出料。整个设备由仪表控制，生产连续化、机械化、自动化，生产效率高，产品品质优质，浓缩终点的判断主要靠取样，用折光计测定可溶性固形物的浓度。

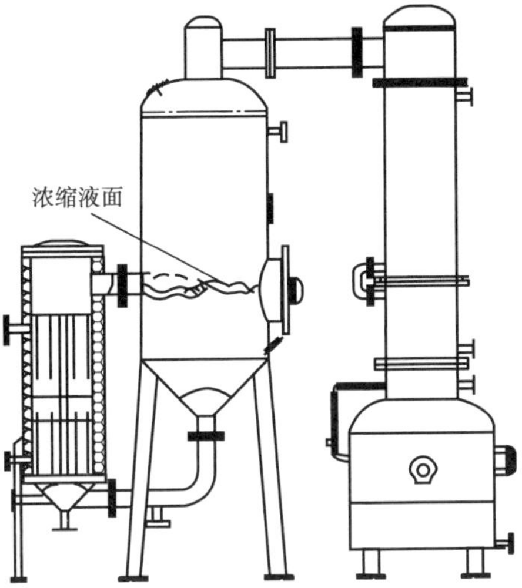

（1）示意图

（2）实物图

图8-2　单效浓缩锅设备

资料来源：张洪飞，2012。

4. 包装

果酱类多用玻璃瓶或涂有抗酸涂料的马口铁罐为包装容器，容器使用前必须清洗干净。马口铁罐用95～100℃的热水或蒸汽消毒3～5min，玻璃罐用95～100℃的蒸汽消毒5～10min，而后倒罐沥水。胶圈经水浸泡脱酸后使用。罐盖以沸水消毒3～5min。果酱、果冻出锅后，应及时快速装罐密封，一般要求每锅物料分装时间不超过30min，密封时的酱体温度不低于80～90℃，封罐后应立即杀菌冷却。

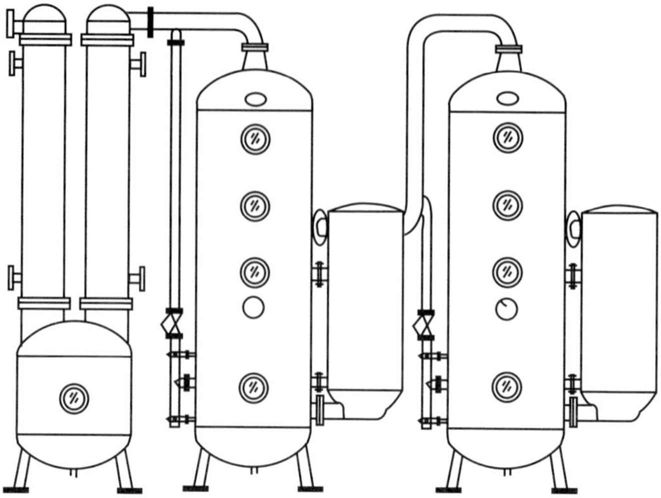

（1）示意图

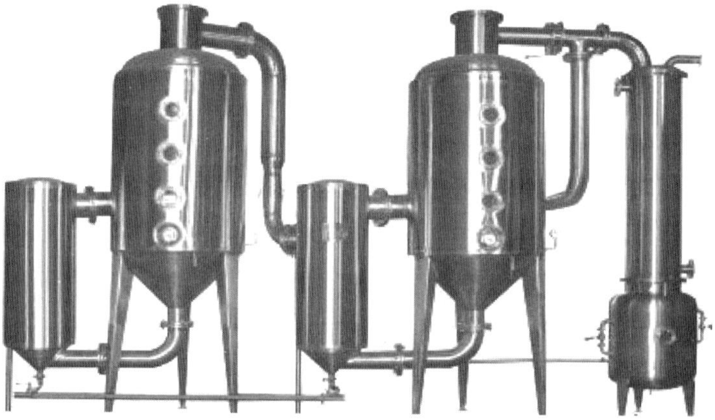

（2）实物图

图8－3　双效真空浓缩锅设备

资料来源：张洪飞，2012。

5. 杀菌冷却

果酱在加热浓缩过程中微生物绝大多数被杀灭，加上果酱高糖高酸对微生物也有很强的抑制作用，一般装罐密封后，残留于果酱中的微生物是难以繁殖的。在封罐后进行杀菌处理（杀菌公式：5～10min/100℃）。

马口铁罐包装的可在杀菌结束后迅速用冷水冷却至常温，但玻璃罐（或瓶）包装的宜分段降温冷却，如先在85℃热水中冷却10min，再在60℃水中冷却10min，最后在冷水中冷却至常温。经过杀菌冷却后，擦干罐体表面水分，装箱后入库贮藏。

（三）产品质量指标

果酱产品质量指标可参见《果酱》（GB/T 22474—2008）。果冻产品质量指标可参见《食品安全国家标准　果冻》（GB 19299—2015）、《果冻》（GB/T 19883—2018）。

第三节　芒果糖制品常见质量问题及其控制措施

一、蜜饯常见质量问题及其控制措施

（一）返砂与流糖

返砂是指除蜜饯类和某些话化类蜜饯外的其他蜜饯产品，在存放过程中制品表面或内部出现糖结晶的现象。流糖则是指制品在包装贮运、销售过程中制品表面吸潮，造成表面糖分溶解，制品发黏的现象。返砂导致制品失去原有柔软的质地，口感变粗糙，造成制品品质下降；流糖则使制品的外观品质降低，同时由于糖浓度降低，制品的保藏性也降低。

造成制品返砂的主要原因是糖制品中蔗糖含量过高，转化糖含量过低，或者是蔗糖转化过度，造成转化糖含量过高，而转化糖中的葡萄糖溶解度较低，在低温下容易出现返砂结晶。因此，在生产中，为避免蜜饯出现返砂，在糖制过程中需让蔗糖适度转化，一般转化糖占总糖的比例约为60%可以避免出现返砂，在糖制时可以通过调节糖煮 pH 和温度来让蔗糖适度转化。另外，也可以使用部分淀粉糖浆、饴糖或蜂蜜，利用它们所含的麦芽糖、糊精或转化糖来抑制晶体的形成和增大，添加部分的果胶、蛋清等非糖物质能增强糖液的黏度及饱和度，也能阻止蔗糖结晶返砂。

流糖主要是由于蔗糖过度转化，造成制品中果糖含量过高，而果糖容易吸潮，特别是在潮湿的环境条件下。防止流糖的方法主要是糖煮时控制蔗糖的适度转化，采用阻湿性强的包装材料进行密封包装，包装内放干燥剂等。

（二）软烂与皱缩

软烂与皱缩是果脯生产中常出现的问题。造成制品软烂的主要影响因素有果实品种、成熟度、煮制温度和时间等。因此，避免制品软烂的措施主要包括选择肉质紧密的果实品种，成熟度不宜过高或过低，采用凝固剂处理，缩短糖煮时间，延长浸糖时间，或者采用真空糖制方法等。

果脯的皱缩主要是渗糖不足造成的，干燥后容易出现皱缩干瘪。若糖制时，开始煮制的糖液浓度过高，则会造成果实外部组织迅速失水收缩，降低了糖液向果肉内渗透的速率，果实内部糖液很难达到糖液平衡。另外，煮制后浸渍时间不够，也会出现渗糖不足的问题。克服的方法是在糖制过程中分次加糖，使糖液浓度逐渐提高，延长浸渍时间。真空渗糖无疑是重要的措施之一。

（三） 褐变

糖制品颜色褐变的原因是水果在糖制过程中发生酶促褐变和非酶褐变反应，导致成品色泽加深。酶促褐变主要是果蔬组织中酚类物质在多酚氧化酶的催化下引起的氧化褐变，一般发生在加热糖制前。使用预煮和硫处理等方法，可有效抑制由酶引起的褐变反应。非酶褐变包括美拉德反应和焦糖化反应，另外，还有少量维生素 C 的热褐变。这些反应主要发生在糖制品的煮制和烘干过程中，尤其是在高温条件下煮制和烘烤最易发生。在糖制和烘干过程中，适当降低温度、缩短煮制时间，可有效抑制非酶褐变，采用低温真空糖制就是一种最有效的方法。果脯外观色泽受工艺条件影响较大。芒果皮含果酸、果胶、多酚物质较多，易氧化褐变。青皮芒果皮含叶绿素，在酸性和加热条件下，镁离子会从叶绿素中分离出来生成脱镁叶绿素，导致褐变色暗，故需护色处理（黄发新等，2000）。

二、 果酱常见质量问题及其控制措施

（一） 变色

造成果酱变色的原因主要有金属离子引起的变色、糖的焦糖化反应引起的褐变、多酚类物质在酶的作用下引起的褐变等。防止措施包括加工中避免铁、铜等金属工器具与物料直接接触，降低浓缩温度或者缩短浓缩时间，采用减压浓缩方法，杀菌后迅速冷却，贮藏温度不高于 20℃ 等。

（二） 结晶返砂

同蜜饯的返砂一样，果酱的结晶返砂是由果酱中转化糖含量过低造成的。防止措

施包括严格控制配方，使果酱中蔗糖与转化糖的比例合适。浓缩中向含酸量低的果品适当加入柠檬酸调节 pH。也可用淀粉糖浆代替部分砂糖，或加入适量果胶或其他增稠剂提高果酱黏度。

（三） 析水

析水是果酱产品放置一段时间后渗出液体的现象，这是由于果胶含量低，或果块软化不充分、果胶未充分溶出，或浓缩时间短而未形成良好的凝胶而造成的。防止措施主要有充分加热软化果实，使其所含的原果胶充分溶解成可溶性果胶；添加果胶或其他胶凝剂增加凝胶作用；在浓缩过程中加入适量的成熟度较低的果实原料来增加果胶含量；果胶含量低的原料，用于生产果酱时可适当增加糖的用量。

第四节　常见芒果糖制品的生产实例

一、 芒果果脯

（一） 工艺流程 （黄发新等， 2000）

食盐 ↓（腌坯）；陈皮→制汁 ↓（糖渍）；香辛料→制汁 ↓（糖渍）

芒果→热烫→晾干→针刺→腌坯→干燥→盐坯→糖渍→干燥→糖渍→切分除核→干燥→喷芒果香精→包装→质检→成品

（二） 操作要点

1. 原料选择

选七成熟的青皮芒或黄皮芒，果鲜近熟但果肉未变软、肉质厚实。橙黄、蛋黄色更佳，未成熟的疏果、落地果也可。剔除病虫害果，进行大小分级，以利控制盐腌、糖渍时间。

2. 原料处理

鲜果放入沸水中热烫 2 ~ 3min，以除去表皮蜡质，杀灭表皮微生物，钝化多酚氧化酶，护绿保色，捞出晾干，适当用钢针刺穿果皮，便于盐、糖渗入，缩短盐腌、糖渍时间。

3. 制盐坯

制坯包括腌渍和干燥操作。食盐添加量为每10kg鲜果加盐1.2～1.5kg，放一层果撒一层盐，拌匀后在缸内腌渍10～20d。每隔2d翻动一次，使盐分渗透均匀，待果肉腌透时出缸，放于竹匾上入箱烘干。

4. 脱盐

烘干后的芒果坯用清水漂洗约1h，可脱去一半盐分。捞出沥干水分，再入箱低温（45℃）烘干、便成咸度适口盐坯。

5. 陈皮汁制备

选贮藏一年以上的橘皮（不用广柑或甜橙果皮），剔除有黑褐色斑块、霉变的橘。水洗后的干陈皮用冷水浸泡2～3d，使充分浸泡后，加柠檬酸一起捣烂成酱、煮汁、过滤，取汁备用。

6. 香辛液制备

按配方（由实验确定）用量称取甘草、丁公香、茴香等香辛料，用清水清洗、甘草切片，加水浸泡煮沸后文火煎煮1～2h，煮制中加入适量姜黄色素，过滤即为香辛风味液。

7. 糖渍

称取定量白砂糖、柠檬酸［0.2%（质量分数）］放入陈皮汁和香辛液中加热溶化，倾入盛有定量芒果坯的缸中，糖渍约一周。

8. 干燥与包装

待芒果果肉吸足糖料香液后，取出排放于竹匾上，晒干或放入烘箱烘干、反复糖渍、干燥几次，直至吸净料汁为止，在最后一次烘干前将芒果坯剖成4～6瓣、除核。包装前在芒果片表面均匀喷以芒果香精，然后装入塑料薄膜食品袋。每袋约250g，再装箱存放于低温干燥处，如需久贮则在喷香精前用微波杀菌后再包装。

二、中等水分芒果果脯

（一）工艺流程（李珊珊等，2020）

原料→清洗→去皮、去核→热烫→护色→硬化→浸渍→干燥→整形→包装

（二）操作要点

1. 原料选择及清洗

选择大小适中，形态相对良好且没有机械损伤的七八成熟的芒果，清水洗净后人工去皮、去核，切分成均匀厚5mm、椭圆形、大小一致的芒果片。

2. 热烫

将芒果片置于可调节蒸汽温度的蒸箱中，在不同温度的蒸汽下热烫0.5～3min后立即取出，置于冰水中冷却，沥干水分。

3. 硬化护色

将待用的芒果片在常温下（25℃）于护色液（不同浓度的柠檬酸、异抗坏血酸钠、氯化钠溶液）中浸泡，料液比1∶3（m/V）。

4. 浸渍

配制质量分数30%、40%、50%的糖醇溶液，将芒果片在常温下分别置于糖醇溶液中浸渍。

5. 干燥

沥干芒果片表面的糖醇溶液，采用鼓风加热干燥，温度控制在40～60℃，其间进行翻动使其干燥均匀。

6. 整形、包装

干燥结束后进行回软，以平衡水分，同时整形，干燥至所需含水量时取出，包装。

三、低糖芒果果酱

（一）工艺流程

原料选择 → 淋洗 → 热烫 → 去皮、去核 → 打浆 → 配料 → 加热浓缩 → 装罐封口 → 杀菌 → 冷却 → 成品

（二）操作要点（苗燕和董晓静，2012）

1. 原料处理

（1）原料选择　选择成熟度为八九成熟的新鲜无腐烂的芒果。

（2）淋洗　采用清水淋洗 1 ~ 2 次，每次用水量为原料质量的 30% ~ 35%，水流缓慢。

（3）热烫　热烫温度为 85 ~ 100℃，热烫时间根据芒果大小控制在 2 ~ 3min。

（4）打浆　将热烫并去皮、去核的芒果块转移至打浆机中进行破碎，打浆时间为 2 ~ 3min。

2. 原料调配

芒果浆泵入浓缩罐中，按照芒果果浆 30% ~ 40%（质量分数）的比例添加白砂糖混合，真空减压浓缩罐加热浓缩至果酱固形物为 50%（质量分数）左右时，加入果酱质量 0.2% 的增稠剂和 0.15% 的柠檬酸。

3. 灌装封口

果酱浓缩后迅速出锅，装入经高压灭菌锅灭菌的果酱瓶中。罐装温度在 85 ~ 87℃，避免果酱沾染罐口和外壁，酱体应与瓶口留有 0.8 ~ 1cm 的空间。

4. 杀菌

灌装后杀菌，温度为 121.1℃，保持 3 ~ 5min。

5. 冷却

杀菌后的果酱，先在冷却池中冷却至 40 ~ 50℃，再降至室温。

6. 成品

擦净瓶体，贴标签，喷码。确认无误后，装箱，入库。

（三） 产品质量标准

质量符合《果酱》（GB/T 22474—2008）相关要求。

参考文献

[1] Alakli J S, Ariahu C C, Nkpa N N. Kinetics of osmotic dehydration of mango [J]. Journal of Food Processing and Preservation, 2006, 30 (5): 597 - 607.

[2] Lin X, Luo C, Chen Y. Effects of vacuum impregnation with sucrose solution on mango tissue [J]. Journal of Food Science, 2016, 81 (6): 1412 - 1418.

[3] Soria A C, Villamiel M. Effect of ultrasound on the technological properties and bioactivity of food: A review [J]. Trends in Food Science & Technology, 2010, 21 (7): 323 - 331.

[4] Sulistyawati I, Dekker M, Fogliano V, et al. Osmotic dehydration of mango: Effect of vacuum impregnation, high pressure, pectin methylesterase and ripeness on quality [J]. LWT – Food Science and Technology, 2018, 98: 179 – 186.
[5] 谌素华，王维民，官鑫. 低糖芒果果脯的研制 [J]. 食品研究与开发，2007，28 (3): 100 – 102.
[6] 范洋，雷激. 低甲氧基果胶制备草莓低糖果酱的研究 [J]. 农产品加工（学刊），2009，193 (12): 73 – 77.
[7] 胡卓炎，罗汝南. 真空糖制菠萝渗糖规律的研究 [J]. 广东农业科学，1995 (1): 30 – 32.
[8] 黄发新，王圣武，肖芳洪. 芒果果脯的研制 [J]. 食品工业科技，2000，21 (3): 43 – 44.
[9] 李军生，何仁，侯革非，等. 超声波对果蔬渗糖及组织细胞的影响 [J]. 食品与发酵工业，2002，28 (8): 32 – 36.
[10] 李勤勤，李佳慧，马晓敏，等. 果脯渗糖工艺研究进展 [J]. 食品工业，2021，42 (6): 362 – 366.
[11] 李珊珊，姜启兴，吕兵，等. 中等水分芒果脯加工中原料特性及护色工艺研究 [J]. 食品科技，2020，45 (4): 37 – 42.
[12] 刘韫滔，张蕙兰，李诚，等. 不同品种、不同采摘月份对芒果干营养成分和食用品质的影响 [J]. 食品与发酵工业，2020，46 (15): 193 – 200.
[13] 马空军，贾殿赠，包文忠，等. 超声场强化渗透脱水传质机理模型研究 [J]. 食品科学，2011，32 (13): 94 – 101.
[14] 苗燕，董晓静. 芒果低糖果酱的研制 [J]. 现代食品科技，2012，28 (3): 332 – 334.
[15] 盛金凤，李丽，孙健，等. 不同渗糖方式对芒果果脯品质及组织细胞的影响 [J]. 现代食品科技，2014，30 (6): 202 – 206.
[16] 王天陆. 低糖芒果果脯的研究 [J]. 食品工业，2008，29 (1): 49 – 50.
[17] 王中凤. 低糖芒果脯加工工艺 [J]. 食品与发酵工业，2006，32 (10): 86 – 87.
[18] 徐智通. 不同成熟度的台农芒对大颗粒芒果果酱感官品质的影响研究 [D]. 广州: 华南农业大学，2018.
[19] 姚隆洋. 芒果干燥过程品质变化及贮藏稳定性研究 [D]. 无锡: 江南大学，2020.

［20］袁芳，李丽，黄秋婵，等．预处理对超声波渗糖制备芒果果脯品质的影响［J］．中国调味品，2019，44（10）：35－39.
［21］袁芳，李丽，黄秋婵，等．正交试验优化芒果果脯微波渗糖工艺［J］．中国酿造，2019，38（9）：172－176.
［22］袁唯，杨振生，董文明，等．落果芒果加工适制性的研究［J］．食品科学，2000，21（9）：60－62.
［23］张洪飞．中药前处理、提取浓缩及分离设备与工艺［J］．机电信息，2010，254（8）：1－11.
［24］张雁，张瑞芬，唐小俊，等．利用芒果落果加工低糖果脯的研究［J］．食品研究与开发，2006，27（8）：112－114.

第九章

芒果罐藏制品加工技术

第一节　芒果罐藏的基本原理

一、罐藏的基本原理

果蔬罐藏法是将果蔬装入容器中密封，经高温处理杀灭能引起食品腐败、产毒及致病的微生物，同时破坏食品原料的酶活性，维持密封状态，防止微生物再次入侵，并能在常温下长期保存的方法。衡量产品是不是罐头产品，决定于产品的制造过程。罐头食品是将食品原料预处理后装入能密封的容器，添加或不添加罐液，经排气（或抽气）、密封、杀菌和冷却等工序制作而成的一类别具风味的产品（赵丽芹等，2002）。芒果罐藏制品分为糖水罐头、调味罐头、果酱罐头等。

二、影响酶活性的主要因素

酶的化学本质是蛋白质，能引起蛋白质变性的因素均可导致酶的钝化或变性，如温度、pH、氧气、糖液、SO_2及亚硫酸盐等。

（一）温度

温度对酶促反应的速率、抑制作用和破坏性有重要的影响。芒果中有机物的化学反应速率随温度的升高而加强，即在一定的温度范围内，每当温度升高10℃，化学反应速率可能增加1～2倍。其反应速率的加快与酶的活性直接相关。在0～50℃温度范围酶的活性随温度的升高而加强，大多数酶在37～50℃时活性最强，但是由于绝大多数酶的本质是蛋白质，所以当温度超过一定范围后，酶的活性受到抑制甚至完全失活。一般温度在80～90℃时，绝大多数酶在加热几分钟后会遭到不可逆的破坏，从而失去生物催化活性。

（二）pH

pH对酶的活性影响非常大，酶的活性和稳定性随着pH的改变而改变。pH为6～7时，酶促反应速率最快。

（三）氧气

芒果罐头在加工中，多酚氧化酶和过氧化物酶共同作用常导致原料及罐头制品变色，而氧气的存在会加速其变色。所以在芒果罐头加工中，常用盐水、$CaCl_2$溶液浸泡或抽真空等方法减少氧气含量，抑制酶的活性，防止褐变，提高芒果原料及罐头制品的质量。

（四）糖液

用热力钝化酶的活性时，随着糖液浓度的提高，会给钝化酶过程带来困难。

（五）SO_2及亚硫酸盐

SO_2和亚硫酸盐常用在果蔬护色当中，通过破坏氧化酶系统的活性，降低芒果组织的褐变率，还可以抑制微生物生长，防止芒果原料及罐藏制品变质。

三、影响果蔬罐头中微生物生长发育的因素

（一）果蔬罐头中常见的微生物

微生物的生长和繁殖是导致罐头食品败坏的主要因素，凡能导致罐头食品腐败变质的微生物称为腐败菌。罐头内腐败菌的种类随着罐头食品类型、性质、加工和贮藏条件的不同而有差别，可以是细菌、酵母菌或霉菌，也可能是混合的某些菌类。霉菌和酵母菌耐热性差，在正常的罐藏条件下即能杀灭。微生物在真空密封的条件下基本不能存活。真正导致罐头食品败坏的微生物是细菌，尤其是细菌的芽孢对罐头生产至关重要。芽孢具有耐受不良环境的抗逆性能，因此，杀菌必须充分。

（二）影响微生物生长发育的因素

1. 营养物质

果蔬原料中含有帮助微生物生长和繁殖所需的营养物质，如碳水化合物、蛋白质、脂类、维生素及各种必要的盐类与微量元素，是微生物生长发育的良好培养基，微生物的大量存在是罐头食品败坏的重要原因。因此，果蔬原料的新鲜清洁和食品加工厂的清洁卫生就显得十分重要，必须加以充分重视。

2. 水分

细菌只有在水分充足时才能进行正常的新陈代谢。芒果原料及罐头食品中含有大量的水分，可供细菌生长和繁殖，向罐头中加入糖液后水分活度降低，细菌能够利用的自由水减少，有利于抑制细菌的生长。降低罐头食品的含水量后，微生物的生长活

动受到限制。例如，某些低酸性罐头食品在含水量低于25% ~30%时，杀菌即使未达到消灭肉毒梭状芽孢杆菌（*Clostridium botulinum*）的要求，食品也可以安全保存。因此，对于水分活度低的罐头食品如糖浆罐头、果酱罐头，杀菌温度可相应低些，杀菌时间也可缩短。

3. 氧气

不同种类的细菌对氧气的需求有很大差异，由此可根据细菌对氧气的需求将其分为嗜氧微生物、厌氧微生物和兼性厌氧微生物。在罐藏食品中，嗜氧微生物因罐头的排气密封而受到限制，而厌氧微生物仍能活动。因此，如果在加热杀菌时厌氧微生物没有被杀灭，则会造成罐头食品的败坏。

4. pH

不同微生物具有不同的适宜生长的 pH 范围，产品 pH 对细菌的重要作用是影响细菌对热的抵抗能力。pH 越低即酸度越高，在一定温度下降低细菌及芽孢的抗热力则越显著，也就提高了杀菌效应。

5. 温度

每类细菌都有最适的生长温度，温度超过此最适范围就影响其生长活动。根据对温度的适应范围，细菌分为以下三类：

（1）嗜冷性细菌　生长和繁殖的最适温度为14.4 ~20℃。例如，霉菌和部分细菌能在这种温度下生长，抗热性不强，其对食品安全影响不大。

（2）嗜温性细菌　活动的温度在30 ~36.7℃。生长在这个温度范围内的细菌，是引起食品原料和罐头食品败坏的主要细菌。

（3）嗜热性细菌　温度最低限在37.8℃左右，最适温度为50 ~65.6℃，有的在76.7℃仍可缓慢生长。这类细菌的芽孢抗热性强，有的能在121℃条件下存活60min以上。

四、 罐头食品杀菌 *F* 值的计算

罐头食品杀菌的主要目的是杀灭一切能引起败坏作用和产毒致病的微生物，同时钝化能造成罐头品质变化的酶，使食品得以稳定保存；罐头食品的杀菌是在罐藏条件下杀灭造成食品败坏的微生物，即达到“商业无菌”状态，并不要求达到绝对无菌状态。所谓商业无菌，是指在一般商品管理条件下的贮藏和运销期间，不致因微生物败坏或因致病菌的活动而影响人体健康。如果罐头杀菌也要达到绝对无菌的程度，那么杀菌的温度和时间就要增加，这将影响食品的品质，使色香味和营养价值大幅下

降。所以，罐头食品的杀菌要尽量做到既能保存食品原有色泽、风味、组织质构及营养价值等，又能消灭罐内使食品败坏的微生物及可能存在的致病菌，即达到罐头食品的最佳保藏效果。

（一）目标菌的选择

各种罐头食品由于原料的种类、来源、加工方法和加工条件等不同，在杀菌前存在的微生物种类和数量也不同。生产上不可能也没有必要对所有的微生物进行耐热性实验，而是选择最常见的、耐热性最强的、有代表性的腐败菌或能引起食品中毒的微生物作为主要的杀菌目标菌。一般来说，如果热力杀菌足以消灭耐热性最强的腐败菌，则耐热性较低的腐败菌就很难残留。芽孢的耐热性比营养体强，若有芽孢杆菌存在，则应以芽孢杆菌为主要的杀菌对象。

（二）微生物耐热性常见参数值

研究罐头食品杀菌条件时，常见的微生物耐热性的参数值是 TDT 值、*F* 值、*D* 值和 *Z* 值。

1. TDT 值

TDT 值表示在一定的温度下，微生物全部致死所需的时间。例如，121.1℃下肉毒梭状芽孢杆菌的致死时间为 2.45min。杀灭某一对象菌，使之全部死亡的时间随温度不同而异，温度越高时间越短。

2. *F* 值

F 值是指在恒定的加热标准温度 121.1℃或 100℃下，杀灭一定数量的细菌营养体或芽孢所需要的时间（min），也称为杀菌效率值、杀菌致死值或杀菌强度。在制定杀菌规程时，要选择常见的耐热性最强的腐败菌或引起食品中毒的细菌作为主要杀菌对象，并测定其耐热性。计算 *F* 值的代表菌，国外一般采用肉毒梭状芽孢杆菌或 P.A.3679，其中以肉毒梭状芽孢杆菌最常用。*F* 值通常以 121.1℃时的致死时间表示，如 $F_{121.1℃}^{20}=5\text{min}$，表示 121.1℃时对 *Z* 值为 20 的对象菌致死时间为 5min。*F* 值越大，杀菌效果越好。*F* 值的大小还与食品的酸碱度有关，低酸性食品要求 *F* 值大小为 4.5min、中酸性食品 *F* 值为 2.45min、酸性食品 *F* 值为 0.5~0.6min。

F 值包括安全杀菌 *F* 值和实际杀菌条件下的 *F* 值。安全杀菌 *F* 值是在瞬时升温和瞬时降温的理想条件下估算出来的。安全杀菌 *F* 值也称为标准 *F* 值，作为判别某一杀菌条件合理性的标准值。其通过杀菌前罐内食品微生物的检验，选出常污染该种罐头

食品的腐败菌的种类和数量，并以对象菌的耐热性参数为依据，用计算方法估算出来。但在实际生产中，杀菌都有一个升温和降温过程，该过程中只要在致死温度下都有杀菌作用，所以可根据估算的安全杀菌 F 值和罐头内食品的导热情况制定杀菌公式来进行实际试验，并测定其杀菌过程中罐头中心温度的变化情况，计算出罐头实际杀菌 F 值。

3. D 值

D 值是指在指定的温度条件下，如 121.1℃、100℃等，杀灭 90% 原有微生物芽孢或营养体的细菌数所需要的时间（min）。D 值大小与该微生物的耐热性有关，D 值越大耐热性越强，杀灭 90% 微生物芽孢或营养体所需的时间越长。

4. Z 值

Z 值是指在加热致死时间曲线中，时间降低一个对数周期，即缩短 90% 的加热时间，所需要升高的温度数。Z 值越大说明该微生物的耐热性越强。

寻找罐头食品合理的杀菌温度和时间，是确保罐头食品质量的关键。目前所用的杀菌条件大都是凭经验确定的，我们有必要对杀菌条件从理论上来加以研究，以确定杀菌条件的合理性。

5. 杀菌时间的确定

$$L = Z \times (t_B - t_A) / (T_B - T_A) \times 0.4343 \times 10^{(T_B - 250)/2} \quad (9-1)$$

式中　L——杀菌值，即致死率，min；

Z——对数周期所需要升高的温度，℃；

t_B、t_A——加热时间，min；

T_B、T_A——加热温度，℃。

安全杀菌 F 值的估算：

$$F_{安} = D_T(\lg a - \lg b) \quad (9-2)$$

式中　D_T——在恒温的加热致死温度下每杀灭 90% 目标菌所需要的时间，min；

a——杀菌前对象菌的芽孢总数；

b——罐头允许的腐败菌总数。

6. 罐头安全杀菌 F 值的计算

估算的 $F_{安}$ 值是在瞬时升温、瞬时降温的理想条件下算得的。但在实际生产中，杀菌都有一个升温和降温的过程，在该过程中，只要在致死温度下都有杀菌作用。所以 F 值应略大于或等于 $F_{安}$ 值，杀菌公式才会合理。

实际杀菌 F 值的计算，要以罐头中心温度为依据。根据相等时间内温度变化所产生的热致死率来计算 $F_{实}$。

$$F_{实} = t_p \sum_{n=1}^{n} L_T \tag{9-3}$$

式中　t_p——时间间隔；

n——测定点数；

L_T——热致死率。

五、影响杀菌效果的因素

影响罐头杀菌效果的因素很多，主要有微生物的种类和数量、食品原料的性质和化学成分、传热的方式和传热速度、海拔等方面。

（一）微生物的种类和数量

不同的微生物耐热性差异很大，嗜热性细菌耐热性最强，芽孢比营养体更耐热。芽孢数量与致死时间的关系如表9－1所示，食品中微生物数量，尤其是芽孢数量越多，在同样的致死温度下所需时间越长。

表9－1　芽孢数量与致死时间的关系

芽孢数/（个/mL）	在100℃条件下的致死时间/min	芽孢数/（个/mL）	在100℃条件下的致死时间/min
72000000000	230～240	650000	80～85
1640000000	120～125	16400	45～50
32800000	105～110	328	35～40

资料来源：孟宪军和乔旭光，2012。

食品中微生物数量的多少取决于原料的新鲜程度和杀菌前的污染程度。所以，要求采用的原料新鲜清洁，从采收到加工要及时，加工的各工序之间要紧密衔接，尤其装罐后到杀菌之间不能积压，否则罐内微生物数量将大幅增加，从而影响杀菌效果。另外，工厂要注意卫生管理、用水质量及与食品接触的一切机械设备和器具的清洗与处理，使食品中的微生物数量减少到最低限度，否则都会影响罐头食品的杀菌效果。

（二）原料的性质和化学成分

微生物的耐热性在一定程度上与加热时的环境条件有关。食品原料的性质和化学成分是杀菌时微生物存在的环境条件，因此食品的酸、糖、蛋白质、脂肪、酶、盐类等都能影响微生物的耐热性。

1. 原料的酸度

原料的酸度（pH）对微生物耐热性的影响很大。大多数产生芽孢的细菌在 pH 为中性时耐热性最强，食品 pH 的降低可以减弱微生物的耐热性，甚至抑制其生长，如肉毒羧状芽孢杆菌在 pH <4.5 的食品中生长会受到抑制，也不会产生毒素，因此细菌或芽孢在低 pH 条件下是不耐热的，因而在低酸性食品中加酸（如乙酸、乳酸、柠檬酸等），以不改变原有风味为原则，来提高杀菌和保藏效果。

2. 食品的化学成分

罐头内容物中的糖、盐、淀粉、蛋白质、脂肪及植物杀菌素等对微生物的耐热性有不同程度的影响。例如，糖浓度很低时，对芽孢耐热性的影响很小，相应地装罐的食品或填充液中的糖浓度越高，杀灭微生物芽孢所需的时间越长。但糖的浓度增加到一定程度时，因造成了高渗透压的环境而具有抑制微生物生长的作用。酶也是食品的成分之一。在罐头食品杀菌过程中，几乎所有的酶在 80 ~ 90℃ 的高温下数分钟就可能被破坏。但是在食品中的酶，如果没有完全被破坏，在酸性和高酸性食品中常引起风味、色泽和质地的败坏。近年来，采用高温短时杀菌和无菌罐装等新措施，在检验没有细菌存在的前提下常常遇到罐头食品异味发生的现象，这是因为过氧化物酶对高温有较大的抵抗力，它对高温短时杀菌处理的抵抗力比许多耐热细菌还强。因此，应将果品中过氧化物酶的钝化作为酸性罐头食品杀菌的指标。

（三）传热的方式和传热速度

在罐头食品杀菌时，热的传递主要是以热水或蒸汽为介质，杀菌时必须使每个罐头都能直接与介质接触。此外，热量由罐头外表传至罐头中心的速度，对杀菌有很大的影响。影响罐头食品传热速度的因素主要有如下几个。

1. 罐头容器的种类和形式

常见的罐藏容器中，蒸煮袋传热速度最快、马口铁罐次之、玻璃罐最慢。玻璃罐导热系数为 2575.3 ~ 2589.5J/(m · h · ℃)，约为马口铁罐的 1/60，故马口铁罐的传热快；容器厚度大，虽然传热速度不变，但总的传热时间延长。罐型越大则热量由罐外传至罐头中心所需的时间越长，而以传导为主要传热方式的罐头更为显著。

2. 食品的种类和装罐状态

流质食品如果汁、清汤类罐头等因对流作用而使传热较快，但传热速度随罐头中糖液、盐水或调味液等浓度的增加而降低。块状食品加汤汁的传热速度比不加汤汁的快。果酱、番茄酱等半流质食品，随着浓度的升高其传热方式因传导占优势而传热较慢。糖水水果罐头、清渍类蔬菜罐头由于固体和液体同时存在，加热杀菌时传导和对流传热同时存在，但以对流传热为主，故传热较快。食品块状大小、装罐状态对传热速度也会产生直接影响，块状大的比块状小的传热慢，装罐紧密的传热较慢。总之，各种食品含水量多少、块状大小、装填程度、汁液多少及浓度、固液体食品比例等都影响传热速度。

3. 罐内食品的初温

罐头在杀菌前的中心温度即冷点温度称为“初温”。初温的高低影响罐头中心达到所需温度的时间。通常罐头的初温越高，初温与杀菌温度之间的温差越小，罐头中心加热到杀菌温度所需要的时间越短。因此，杀菌前应提高罐内食品的初温，如装罐时提高食品和汤汁的温度、排气密封后及时杀菌，这对于不易形成对流和传热较慢的罐头更为重要。

4. 杀菌锅的形式和罐头在杀菌锅中的位置

回转式杀菌比静置式杀菌效果好、杀菌时间短。因前者能使罐头在杀菌时进行转动，罐内食品形成机械对流，提高传热性能，加快升高罐头中心温度，因而缩短了杀菌时间。罐头在杀菌锅中远离进气管路，在锅内温度还没有达到平衡状态时，传热较慢。锅内空气排除量、冷凝水积聚、杀菌篮的结构等均影响杀菌效果。

（四）海拔

海拔影响气压的高低，故能影响水的沸点。海拔高则水的沸点低，杀菌时间相应增加。一般海拔每升高 300m 常压杀菌时间在 30min 以上的应延长 2min。

第二节 芒果罐藏制品生产工艺与设备

一、芒果罐藏制品生产工艺

灌注液的配制 → 抽空；罐藏容器准备 → 装罐

原料选择 → 分级 → 清洗 → 去皮 → 切分 → 去核 → 热烫 → 抽空① → 装罐 → 排气 → 密封 → 杀菌 → 冷却 → 检验 → 贮藏

①抽空：为抽去果实组织中的气体的工序。

芒果罐藏工艺过程包括原料的选择、预处理、装罐、排气、密封、杀菌、冷却、保温及商业无菌检验等。

（一）原料选择

根据最终芒果罐藏制品的形态和品质要求选择适宜的品种和成熟度，同时要求果肉无褐变、无机械损伤等。徐智通（2018）分析了五至十成熟的台农芒对大颗粒芒果果酱的影响，得出八成熟左右的芒果制作的果酱感官评价最高、可操作性最好。芒果果肉品质在原料选择方面至关重要，Gabriëls 等（2020）利用可见和近红外光谱（VNIRS）结合人工神经网络技术（ANN）可将内部褐变的芒果在无损情况下挑出，且准确率达 80%。

（二）预处理

预处理手段随芒果原料、产品类型、风味的差异而改变。一般来说，芒果的预处理包括挑选、分级、去皮、切块、护色、榨汁、浓缩、预热、烹调等手段。成熟的芒果果肉因含类胡萝卜素等活性成分而使果肉呈现鲜艳的色泽，色泽是衡量芒果罐藏加工品质好坏的重要指标（Ndiaye，2009；赖必辉等，2011；杨杨等，2014）。引起果蔬褐变的原因主要为非酶促褐变和酶促褐变。维生素 C 和 β - 胡萝卜素的降解是芒果罐藏制品非酶褐变的主要原因之一（Wibowo 等，2015，2018）。酶促褐变相关酶主要包括多酚氧化酶和过氧化物酶等，也有文献报道一些病程相关蛋白质（如类萌发素蛋白等）也具有多酚氧化酶活性（Cheng 等，2014）。多酚氧化酶属于氧化还原酶类，催化果蔬原料中的内源性多酚物质氧化生成醌类化合物，醌类化合物再经历一系列聚合反应产生黑色素，严重影响芒果罐藏制品的营养、风味及外观品质（Mayer 等，2006；刘芳等，2015；王曼玲等，2005）。当果实受到机械损伤或者加工处理后，植物的亚细胞结构被破坏，多酚氧化酶从类囊体中释放，与液泡中释放的酚类物质接触，发生酶促褐变反应（Queiroz，2011）。通过加热、护色等预处理，可抑制或破坏酶的活性，减少罐藏芒果褐变等品质劣变问题发生。

（三）抽空

在原料装罐之前，经过预处理之后的原料先在抽气罐内进行抽空处理，对护色、保质有明显的效果。抽气在罐头生产中是常用工艺，抽气可使芒果组织中的氧气被抽出，钝化酶的活性，减轻酶促褐变，保持原料原有的色泽。抽空后，芒果体积缩小，密度增加，可防止果块上浮，同时降低热膨胀率，增加热传导率，减少原料受热后软烂现象的产生；抽空后，加速糖水的渗透，保证了开罐固形物符合标准，有利于提高产品质量；抽空后，减少了果肉组织含有的空气量，有利于保证密封后罐内的真空度，减少内容物及容器的不良变化；另外，果肉组织中的空气被抽出，代以糖水填充，使果肉组织致密，增加了耐煮性。

（四）装罐

1. 空罐的准备

原料在装罐前应检查空罐的完好情况。要求马口铁罐的罐型整齐、缝线标准、焊缝完整均匀、罐口和罐盖边缘无缺口或变形、马口铁皮上无锈斑和脱锡现象。玻璃罐要求形状整齐、罐口平整光滑、无缺口、罐口正圆、厚度均匀、玻璃罐壁内无气泡裂纹。

空罐在使用前必须进行清洗和消毒，清除灰尘、微生物、油脂等污物及氯化锌残留，以保证容器的卫生，提高杀菌效果。金属罐先用热水冲洗，后用清洁的沸水或蒸汽消毒30~60s，然后倒置沥干备用。玻璃罐先用清水或热水浸泡，然后用带有毛刷的洗瓶机刷洗，再用清水或高压水喷洗数次，倒置沥干备用。罐盖也进行同样处理，或使用之前用75%酒精消毒。清洗消毒后的空罐要及时使用，不宜堆放太久，以免灰尘、杂质再一次污染或使金属生锈。

2. 灌液的配制

芒果罐藏产品，如糖水芒果罐头、酸芒果等，一般都要往罐内加注糖液或者其他风味调配的汤汁。糖液等汤汁可起到增进风味同时护色、杀菌的效果。

（1）糖液配制　果品罐头所用的糖液浓度，依芒果种类、品种、成熟度、果肉装量及产品量标准而定。我国目前生产的糖水果品罐头，一般要求开罐糖液浓度为14%~18%（质量分数）。芒果罐头加注糖液的浓度可根据式（9-4）计算。

$$Y=(W_3Z-W_1X)/W_2 \tag{9-4}$$

式中　W_1——每罐装入的果肉质量，g；

W_2——每罐加入的糖液质量，g；

W_3——每罐净含量，g；

X——装罐时果肉可溶性固形物含量，%；

Z——开罐时要求的糖度，%；

Y——需配制的糖液质量分数，%。

配制糖液的主要原料是蔗糖，最好使用碳酸法生产的蔗糖，因为用亚硫酸法生产的蔗糖，若残留的SO_2过多，会使铁罐内壁产生硫化铁，污染内容物。除蔗糖外，转化糖、葡萄糖、玉米糖浆也可用于配制糖液。此外，配制糖液所用的水要求清洁无杂质，且符合饮用水质量标准。

（2）增稠剂配制　对于果酱类芒果罐藏制品，为了增加产品的色、香、味和稳定性，常常会添加一定量的增稠剂，不同增稠剂对果酱的影响不同，表9－2所示为不同增稠剂对果酱的影响。根据实际情况选择最适增稠剂类型和含量。

表9－2　不同增稠剂对果酱的影响

增稠剂种类	产品评价
瓜尔豆胶	黏性较大，弹性和硬度较小，颜色正常，风味正常
琼脂	黏性较小，弹性和硬度较差，颜色正常，风味正常
果胶	硬度适宜，黏性、弹性较好，颜色正常，风味较好
黄原胶	黏性较大，弹性和硬度较小，颜色正常，风味正常
卡拉胶	黏性较大，弹性和硬度较小，颜色正常，风味正常
羧甲基纤维素钠	硬度适宜，黏性、弹性较好，颜色正常，风味较好
明胶	黏性较大，弹性和硬度一般，颜色正常，有异味
改性淀粉	黏性适宜，弹性和硬度较差，颜色正常，风味正常

资料来源：郜海燕等，2020。

3. 装罐

按产品标准要求，选出变色、软烂的芒果果肉、果块，消除斑点、病虫害部分，按块形大小分开装罐。装罐的工艺要求如下：

（1）迅速装罐　经预处理后整理好的芒果原料应迅速装罐，不应堆积过多，若停留时间过长，原料易受微生物污染，一般要求趁热装罐，否则会造成排气后中心温度达不到要求、增加微生物污染的机会而影响其后的杀菌效果。

（2）要确保装罐量符合要求　装入量因产品种类和罐型大小而异，罐头食品的净含量和固形物含量必须按要求填装。净含量是指除去容器质量后的罐头质量，即罐头总质量减去容器质量后所得的质量，它包括固形物和汤汁的质量。固形物含量指固形物即固态食品在净含量中所占的百分率，一般要求每罐固形物含量为45%～65%（质量分数），常见的为55%～60%（质量分数）。芒果原料在装罐时应考虑本身的缩减率，通常按照装罐要求多装10%左右。另外，装罐后要把罐头倒过来沥水10s左右，以沥净罐内水分，保证开罐时的固形物含量和开罐糖度符合规格要求。

（3）保证内容物在罐内的一致性　同一罐内原料的成熟度、色泽、大小、形状应基本一致，并搭配合理，排列整齐。有块数要求的产品应按要求装罐，固形物含量和净含量必须达到要求。

（4）罐内应保留一定的顶隙　所谓顶隙是指罐头内容物表面和罐盖之间所留空隙的距离。顶隙大小因罐型大小而异，一般装罐时罐头内容物表面与翻边相距4～8mm，在封罐后顶隙为3～5mm。罐内顶隙的作用很重要，但须留得适当。如果顶隙过大，引起罐内食品装量不足，同时罐内空气量增加，会造成罐内食品腐败变质；如果顶隙过小，则会导致杀菌时罐内食品受热膨胀，罐头变形或裂缝，影响罐头的严密度。

（5）提高初温　装罐温度应保持在80℃左右，以便提高罐头的初温，这在采用真空排气时更要注意。

（6）保证产品符合卫生要求　装罐时要注意卫生，严格操作，防止杂物混入罐内，保证罐头质量。装罐的方法可分为人工装罐和机械装罐。芒果原料由于形态、大小、色泽、成熟度、排列方式各异，因此多采用人工装罐，主要过程包括装料、称量、压紧和加汤汁等。对于流体或半流体食品如芒果果酱等常用机械装罐，其装量均匀、管理方便、生产效率高，但要注意不能污染罐口。装罐时一定要保证装入的固形物达到规定的质量。

（五）排气

排气是指食品装罐后、密封前将罐内顶隙间的、装罐时带入的和原料组织细胞内的空气尽可能地从罐内排除的技术措施，从而使密封后罐头顶隙内形成部分真空的过程。排气是罐头食品生产中维护密封性和延长贮藏期的重要措施。

1. 排气的作用

①阻止需氧菌如霉菌等的生长发育。

②防止或减轻因加热杀菌时空气膨胀而使容器变形或破损，特别是卷边受到压力后，易影响密封性。

③控制或减轻罐藏食品贮藏中出现的罐内壁腐蚀。

④避免或减轻食品色、香、味的变化。

⑤避免维生素和其他营养素遭到破坏。

⑥有助于避免将假胀罐误认为腐败变质性胀罐。

此外，对于玻璃罐，排气还可以加强金属盖和容器的密合性，即将覆盖在玻璃罐口上的罐盖借大气压紧压在罐口上，同时可减轻罐内所产生的压力，减少跳盖的可能性。玻璃本身又具有透光性，光线则会促使残留氧气破坏食品的风味和营养素，因此排气也将有利于减弱光线对食品的影响，延长食品的贮藏期。

2. 影响罐头真空度的因素

（1）排气的条件　排气温度高、时间长，则真空度高。一般以罐头中心温度达到75℃为准。

（2）罐头的容积大小　在热力排气法中，大型罐单位面积的容积或装量大，内容物受热膨胀和冷却收缩的幅度大，故能形成较大的真空度。

（3）顶隙的大小　在加热法排气中，罐内顶隙较小时真空度较高。在采用真空排气法和蒸汽喷射排气法时，罐内顶隙较小时真空度较低。

（4）杀菌的条件　杀菌温度较高或时间较长时，因引起部分物质的分解而产生气体，故真空度较低。

（5）环境的条件　气温高，罐内蒸汽压大，则真空度变低。气压低，则大气压与罐内压力之差变小，即真空度变低。

3. 排气的方法与影响因素

罐头食品排气以获得适当的真空，采用的方法主要有3种：热力排气法、真空排气法、蒸汽喷射排气法。

（1）热力排气法　热力排气法是指利用空气、水蒸气和食品受热膨胀的原理将罐内空气排除。目前常用的方法有两种：热装罐密封排气法和食品装罐后加热排气法。

①热装罐密封排气法：将食品加热到一定的温度（一般在75℃以上）后，立即装罐密封的方法。采用这种方法一定要趁热装罐、迅速密封，不能让食品温度下降，否则罐内的真空度会相应下降。该法只适用于高酸性的流质食品和高糖度的食品，例如果汁和糖渍水果罐头等。密封后要及时进行杀菌，否则嗜热性细菌容易生长和繁殖。

②加热排气法：将装好原料和罐液的罐头放上罐盖或不加盖，送进排气箱，在通过排气箱的过程中加热升温，利用热量使罐头中内容物膨胀，把原料中存留或溶解的气体排出来，在封罐之前把顶隙中的空气尽量排除。罐头在排气箱中最后达到的温度即罐头中心温度，一般要求应达到65.6～87.8℃，罐头中心温度视原料的性质、装罐的方法和罐型而定。

加热排气时，加热温度越高、时间越长，则密封温度越高，最后罐头的真空度也越高。对空气含量低的食品来说，主要排除顶隙内的空气，而密封温度是关键因素。加热温度和时间的选择应根据密封温度加以考虑。对空气含量高的食品来说，除达到预期密封温度外，还应合理延长排气时间，使存在和溶解于食品组织中的空气有足够的时间向外扩散和外逸，尽量使罐内气体含量降到最低限度。

选用加热排气工艺条件时，应考虑到芒果成熟度和酸度、容器大小和材料及装罐情况等因素。芒果成熟度低，组织坚硬，食品内的气体排出困难，因此排气时间就要长一些。成熟度高，则反之，而且选用温度也应低一些。高酸度食品在热力作用下会促使铁腐蚀产生氢气，降低真空度，也应加以注意。容器小些，对真空度的要求可以高一些；容器越大，对真空度的要求就应降低一些，如真空度过高，容易出现瘪罐现象。容器大时，传热速度慢，加热排气时间就应长些。

热力排气法一般排气较充分，除排除顶隙的空气外，食品组织和汤汁中的空气大部分也能排除，故能获得较高的真空度。但食品受热时间较长，对质量会产生影响。排气温度越高、时间越长，密封时温度高，则形成的真空度就越高。也就是说，真空度与排气温度、排气时间和密封温度呈正相关，这三者是确定罐头真空度的主要依据，也是热力排气法的主要工艺条件，后两者更为明显。一般芒果罐头选用较低的密封温度（60～75℃），并以相对较低温度的长时间排气的工艺条件为宜。罐头封口温度与真空度的关系具体见表9－3。

表9－3　罐头封口温度与真空度的关系

封口温度/℃	93.3	87.3	82.2	71.1	65.5	60	21.1
罐内真空度/Pa	54181	52154	44022	29263	27090	23717	3386

资料来源：赵丽芹等，2002。

（2）真空排气法　真空排气法指装有食品的罐头在真空环境中进行排气密封的方法，常采用真空封罐机。因为排气时间短，所以主要是排除顶隙内的空气，而食品组织及汤汁内的空气不易排除，故对芒果原料和罐液要事先进行脱气处理。

采用真空排气法，罐头的真空度取决于真空封罐机密封室内的真空度和密封温度。即密封真空度高和密封温度高，则所形成的罐头真空度亦高，反之则低。但密封真空度与密封温度要相互配合，因为密封室的真空度提高后，必须降低罐液的沸腾温度和罐头内容物的膨胀，如果这时密封温度过高会造成罐液的沸腾和外溢，从而造成净含量不足。所以，要达到罐头最高的真空度，必须使密封真空度与密封温度相互补偿，即其中一个数值提高，则另一个数值必须相应地下降。一般密封室的真空度控制在 32 ~73. 3kPa，如果密封室内的真空度不足，可用补充加热的方法来提高罐内真空度。用真空封罐机封罐时，由于各种原因，真空封罐机的密封室内的真空度一般最高达不到 86. 7kPa。为了使罐内的真空度达到最高程度，就需要补充加热。采用真空排气法，生产效率高，减少了一次加热过程，保证了成品质量。

（3）蒸汽喷射排气法　这种方法是在罐头密封前的瞬间向罐内顶隙部位喷射蒸汽，由蒸汽将顶隙内的空气排除，并立即密封，顶隙内蒸汽冷凝后就会产生部分真空，从而达到排气的目的。这种方法主要排除的是罐头顶隙中的空气，对于食品本身溶解和含有的空气排除能力不大。影响这种排气方法的主要因素为罐头顶隙的大小和产品的密封温度。顶隙越大，真空度越高。密封温度越高，真空度越高。这种排气法的优点是速度快、设备最紧凑、不占位置；缺点是排气较不充分，对于表面不能湿润的产品不适合，在使用上受到一定的限制。

（六）密封

罐头食品之所以能长期保存而不变质，除充分杀灭在罐内环境中生长的腐败菌和致病菌外，主要是因为罐头的密封，使罐内食品与外界完全隔绝，罐内食品不再受到外界空气和微生物的污染产生腐败变质。为了保持这种高度密封状态，必须采用封罐机将罐身和罐盖的边缘紧密卷合，这就称为封罐或密封。密封是罐藏工艺中的一项关键性操作，直接关系到产品的质量。密封必须在排气后立即进行，以免罐温下降而影响真空度。

罐头食品的密封设备，除四旋、六旋等罐型用手旋紧外，其他使用封罐机密封。封罐机类型很多，有手扳封罐机、半自动真空封罐机、全自动真空封罐机等。

（七）杀菌

杀菌的目的在于钝化食品中所含的酶类与消灭绝大多数对罐内食品起败坏作用和产毒致病的微生物，使罐头制品得以长期保存。

罐头食品的杀菌属于商业杀菌，不能消灭所有的微生物，特别是一些嗜热性细菌，仅利用热能杀灭有害菌，抑制某些不产毒致病的微生物，这与微生物学上的杀菌含义不同。

在杀菌过程中，霉菌和酵母菌均不耐高温处理，比较容易控制和杀灭。罐头的热杀菌主要是杀灭那些在无氧或微量氧条件下仍能活动而产生芽孢的厌氧性细菌。

杀菌过程的含义，是指罐头由原始温度（初温）升到杀菌所要求的温度，并在此温度下保持一定的时间，达到杀菌目的后结束杀菌，立即冷却至适合温度的过程。杀菌规程用来表示杀菌操作的全过程，主要包括杀菌温度、杀菌时间和反压力三项因素。在罐头厂通常用“杀菌公式”来表示，即把杀菌的温度、时间及所采用的反压力排列成公式的形式。一般杀菌公式为：

$$(t_1 - t_2 - t_3)\ /T \text{ 或 } (t_1 - t_2)\ /T \times P \tag{9-5}$$

式中 T——要求达到的杀菌温度，℃；

t_1——使罐头升温到杀菌温度所需的时间，min；

t_2——保持恒定的杀菌温度所需的时间，min；

t_3——罐头降温冷却所需的时间，min；

P——反压冷却时杀菌锅内应采用的反压力，Pa。

罐头杀菌条件的确定，也就是确定必要的杀菌温度、时间。杀菌条件确定的原则是在保证罐藏食品安全性的基础上，尽可能地缩短加热杀菌的时间，以减少热力对营养成分等食品品质的影响。也就是说，正确合理的杀菌条件是既能杀灭罐内的致病菌和能在罐内环境中生长与繁殖而引起食品变质的腐败菌，并使酶失活，又能最大限度地保持食品原有的品质。

1. 影响杀菌的因素

（1）食品污染程度　食品原料在处理过程中，污染的有害微生物及芽孢数越多，则杀菌所需温度越高，时间越长。

（2）pH　罐藏原料和制品的酸度与微生物的活动、制品的败坏及杀菌温度密切相关。在低 pH 条件下，有机酸分子极易渗透入细胞而离解为离子，改变了细菌细胞的等电点，从而引起细胞的死亡。所以，低 pH 对微生物的抑制作用强。在低酸性食品中添加适量有机酸，既可降低杀菌温度、缩短杀菌时间，又可改善食品的风味。通常，$pH < 4.5$ 的罐头食品常采用常压杀菌，其温度不超过 100℃；而 $pH > 4.5$ 的罐头食品需采用高压加压杀菌，其温度可达 121.1℃。

（3）传热方式　热的传递方式有 3 种：传导、对流和辐射。罐头加热杀菌时的传热方式主要是对流和传导。对流是借助罐头内液体的流动而传热；传导是热能通过罐壁及固形物传递。对流的传热速度较传导快。因此，罐头内容物呈固态或黏度高的需要较长的升温时间。

无论采用哪种传热方式，要达到杀菌的目的，就必须以罐头内最后达到要求温度的部位（即最冷点）的温度作为罐头杀菌标准。以传导传热为主的罐头最冷点一般在罐藏容器的中心位置；以对流传热为主的罐头最冷点通常在罐藏容器中间偏下位置。

（4）罐头初温　罐头初温高，升温到杀菌温度所需的时间就短。因此，要求装罐密封后，罐头内部的温度保持在较高的水平，以缩短升温时间，提高杀菌效率。

（5）原料种类　原料种类不同，装罐方式不同，对热的传递有一定的影响。例如，流质类原料较固态或高黏度的原料传热速度快；同样是固态或黏稠食品，小块的比大块的传热速度快，黏度小的比黏度大的传热速度快。装罐时，装得紧密的罐头传热速度比装得疏松的传热要慢。

（6）罐头容器　玻璃罐传热慢而铁皮罐传热快；罐型小有利于热的传递、升温和达到杀菌温度，而罐型大则相反。

（7）糖　糖对微生物具有一定的保护作用，而且随着糖浓度的提高芽孢的耐热性增强。

2. 杀菌方法

微生物对酸性环境的敏感性很强，有些微生物只能在低酸性环境中生长，而有些微生物则可以在高酸性环境中生长，因此杀菌方法与食品的 pH 有关。一般按 pH 高低分为 4 类：低酸性食品（pH > 5.3）、中酸性食品（pH 4.5 ~ 5.3）、酸性食品（pH 3.7 ~ 4.5）、高酸性食品（pH < 3.7）。

罐头杀菌的方法很多，根据原料品种的不同、包装容器的不同等采用不同的杀菌方法。罐头的杀菌可以在装罐前进行，也可以在装罐密封后进行。装罐前进行杀菌，即所谓的无菌装罐，需先将待装罐的食品和容器进行杀菌处理，然后在无菌的环境下装罐、密封。

我国各罐头厂普遍采用的是装罐密封后杀菌。芒果罐头的杀菌可根据芒果制品的性质而采用不同的方法，杀菌方法一般可分为常压杀菌（温度不超过 100℃）和加压杀菌两种。

（1）常压杀菌　当芒果罐头制品的 pH 为 4.5 以下时（如糖水芒果罐头、芒果果酱等），常用的杀菌温度是 100℃ 或以下。一般是在杀菌容器内，水量要漫过罐头 10cm 以上，用蒸汽管从底部加热至杀菌温度，将罐头放入杀菌锅柜中。玻璃罐杀菌时，以水温控制在略高于罐头初温时放入为宜，继续加热，待达到规定的杀菌温度后开始计算杀菌时间，达到规定的杀菌时间后取出冷却。目前，有些工厂已采用一种长形连续搅动式杀菌器，使罐头在杀菌器中不断地自转和绕中轴转动，增强了杀菌效果，缩短了杀菌时间。

（2）加压杀菌　加压杀菌是在完全密封的加压杀菌器中进行，靠加压、升温来进行杀菌，杀菌的温度在 100℃ 以上，适用于 pH > 4.5 的芒果罐头制品。在高温加压杀菌中，依据传热介质不同分为高压蒸汽杀菌和高压水杀菌。目前大多采用高压蒸汽杀菌，对马口铁罐来说是较理想的。而对玻璃罐，则采用高压水杀菌较为适宜，可以防止和减少玻璃罐在加压杀菌时脱盖和破裂的现象。

加压杀菌器有立式和卧式两种类型，设备装置和操作原理大体相同。立式杀菌器大部分安装在工作地面以下，为圆筒形；卧式杀菌器（图 9 - 1）则全部安装在工作地面上，分圆筒形和方形。

图 9 - 1　卧式高压杀菌釜

3. 加热杀菌操作注意事项

①杀菌是食品在一定的时间和温度条件下的加热处理，加热温度和时间应经科学测定后确定。

②经过科学测定而确定的杀菌工艺规程专用于指定的产品及配方、配方方法、容器尺寸和杀菌锅的类型。

③杀菌的决定因素主要是传热介质和产品中微生物的耐热性。

④微生物的耐热性取决于所选用的微生物，以及在加热时的食品介质和微生物所处环境。

⑤传热时间和温度的确定应尽可能在模拟工业生产条件下获得。

⑥从传导和耐热性试验中获得的数据用于理论杀菌条件的计算。

⑦有时用实罐接种杀菌实验来校核计算的理论杀菌条件。

（八）冷却

罐头食品加热杀菌结束后应当迅速冷却，因为热杀菌结束后的罐内食品仍处于高温状态，再继续对其进行加热作用，如不立即冷却，食品质量就会受到严重影响，如色泽变暗、风味变差、组织软烂，甚至失去食用价值。此外，冷却缓慢时，若在高温阶段（50～55℃）停留时间过长，还会促进嗜热性细菌如平酸菌的繁殖活动，致使罐头变质腐败。继续受热也会加速罐内壁的腐蚀作用，特别是含酸高的食品。因此，罐头杀菌后冷却越快，对食品的品质越有利；但对玻璃罐的冷却速度不宜太快，否则会造成玻璃罐的炸裂，因而常采用分段冷却的方法，即80℃、60℃、40℃三段。

罐头杀菌后一般冷却到38～43℃即可。若冷却的温度过高，会影响罐内食品质量；若冷却温度过低，罐头表面附着的水珠不易蒸发干燥，容易引起锈蚀。因此，冷却余温只要保留至足以促进罐头表面水分的蒸发而不致败坏即可，实际操作温度还要依外界气候条件而定。

冷却方式按冷却的位置分为锅外冷却和锅内冷却，常压杀菌常采用锅外冷却，卧式杀菌器加压杀菌常采用锅内冷却。冷却方式按冷却介质分为空气冷却和水冷却，以水冷却效果较好。水冷却时，为加快冷却速度一般采用流水浸冷法。冷却用水必须清洁，符合饮用水标准，一般认为用于罐头的冷却水中活的微生物含量为每毫升不超过50个为宜。为了控制冷却水中的微生物含量，常采用加氯的措施。次氯酸盐和氯气为罐头工厂冷却水常用的消毒剂。只有在所有卷边质量完全合格后，才可在冷却水中采用加氯措施。加氯必须小心谨慎并严格控制，一般控制冷却水中含游离氯3～5mg/kg。

（九）检验

1. 感官检验

罐头的感官检验包括容器检验和罐头内容物质量检验。

（1）容器检验　观察瓶与盖结合是否紧密牢固，胶圈有无起皱；罐盖的凹凸变化情况；用打检法敲击罐盖，以声音判定罐内的真空度，进而判断罐内食品的质量状况。一般规律：凡是声音发实、清脆、悦耳的，说明罐内气体少、真空度大，食品质量没有什么变化，一般是好罐；若敲击声发空、混浊、噪耳，说明罐内气体较多、真空度小，罐内食品已在分解、变质。

（2）内容物质量检验　变质或败坏的罐头，在内容物的组织形态、色泽、风味上都与正常的不同，通过感官检验可初步确定罐头的好坏。感官检验的内容包括组织与形态、色泽和风味等。各种指标必须符合国家标准。

开罐后，观察内容物的色泽是否保持本品种应有的正常颜色，有无变色现象，气味是否正常，有无异味。根据要求，观察块形是否完整，同一罐内果块大小是否均匀一致。汁液的浓度、色泽、透明度、沉淀物和夹杂物是否符合规定要求。品评风味是否正常，有无异味或腐臭味。

2. 理化检验

理化检验包括罐头的总重、净含量、固形物含量、糖水浓度、罐内真空度及有害物质等。

（1）真空度的测定　真空度应为2937～5065Pa。测定方法有打压法和采用真空度表，但是一般从真空度表测出的数值，要比罐内实际真空度低666～933Pa，这是因为真空度表内有一段空隙，接头部含有空气。

（2）净含量和固形物比例的测定　净含量为罐头的总重减去空罐的质量。净含量的公差允许每罐±3%，但每批罐头的平均值不应低于净含量；固形物占净含量的比例，一般用筛滤去汁液后称取固形物质量，按百分比计算。

（3）可溶性固形物的测定　可溶性固形物泛指糖水浓度，最简单的方法是用折光计测定。大厂可用阿贝折光计测定。测定时，应注意测定时的温度，一般在20℃条件下进行，否则，应记录测定时的室温，再根据温度校正表修正。

其他指标的检验包括食品添加剂和重金属铅、锡、铜、锌、汞等的含量及农药残留等分析项目。

3. 微生物检验

将罐头在一定的温度下堆放在保温箱中维持一段时间，如果罐头食品杀菌不彻底，微生物便会繁殖。在检验微生物时，必须对5种常见的可使人发生食物中毒的致病菌进行检验，分别是溶血性链球菌（*Streptococcus hemolyticus*）、致病性葡萄球菌（*Staphylococcus*）、肉毒梭状芽孢杆菌（*Clostridium botulinum*）、沙门氏菌（*Salmonella*）和志贺氏菌（*Shigella*）。

（十）贮藏

在贮藏过程中，影响罐头食品质量的因素很多，但主要的是温度和湿度。

1. 温度

在罐头贮藏过程中，应避免库温过高或过低及库温的剧烈变化。温度过高会加速内容物的理化指标变化，导致果肉组织软化、失去原有风味、发生变色、降低营养成分，并且会促进罐壁腐蚀，也为罐内残存的微生物创造发育和繁殖的条件，导致内容物腐败变质。实践证明，库温在20℃以上，容易出现上述情况。温度再高，贮藏期明显缩短。但温度过低时，如低于罐头内容物冰点以下，制品易受冻，造成芒果组织解体，易发生汁液混浊和沉淀。故罐头贮藏适温一般为0～10℃。

2. 湿度

库房内相对湿度过大时，罐头容易生锈、腐蚀乃至罐壁穿孔。因此，要求库房干燥、通风，有较低的湿度环境，保持相对湿度70%～75%为宜，最高不超过80%。

二、芒果罐藏制品生产设备

罐藏容器对罐头食品的长期保存起着重要的作用，而容器材料是关键。对罐头食品容器的材料要求如下：对人体无毒害，不与食品中的成分发生不良的化学反应；具有良好的密封性，使罐内食品与外界隔绝，防止外界微生物的污染；具有良好的耐高温、耐高压和耐腐蚀性能；耐搬运，且物美价廉，适于工业化生产。

罐藏容器按制造容器的材料可分为金属罐、玻璃罐和软包装蒸煮袋。

（一）马口铁罐

马口铁罐是由两面镀锡的低碳薄钢板（俗称马口铁）制成。其由罐身、罐盖和罐底三部分焊接密封而成，称为三片罐；也有采用冲压而成的罐身与罐底相连的冲底罐，称为二片罐。马口铁镀锡的均匀与否会影响铁皮的耐腐蚀性。镀锡的方法有热浸法和电镀法。前者所镀锡层较厚，耗锡量较多；而后者所镀锡层较薄且均匀一致，能节约耗锡量，有完好的耐腐蚀性，故在生产上得到大量应用。有些罐头品种因内容物pH较低，或含有较多花青素或丰富的蛋白质，故在马口铁与食品接触的一面涂上一层符合食品卫生要求的涂料，这种马口铁称为涂料铁。

（二）玻璃罐

玻璃罐在罐头工业中应用广泛，其优点是性质稳定，与食品不发生化学反应，而且玻璃罐装食品与金属接触面积小，不易发生反应；玻璃透明，可见罐中内容物，便于顾客选购；空罐可以重复使用，经济便利。玻璃罐的缺点是质量大，质脆易破，运输和携带不便；且芒果罐头在贮藏过程中由于光的作用易褪色或变色。

（三）软包装罐头

软包装罐头属于软包装食品的一种。软包装指采用塑料薄膜或金属箔及复合薄膜制成袋状或具有一定形状的容器，充填加工产品后，经热熔封口、加热或加压杀菌，达到商业无菌的包装食品。袋装的也称为蒸煮袋食品；具有一定形状的容器装的称为含气容器食品，也称为半刚性罐头。

与其他罐藏容器相比，软罐头具有如下优点：质量轻、体积小、易开启、携带方便；耐高温杀菌，贮藏期长；封口、成型等加工方法简便，而且杀菌时传热速度快，可缩短杀菌时间；蒸煮袋不透气、水、光，内容物几乎不可能发生化学变化，能较好地保持食品的色、香、味，在常温下贮藏质量稳定。

第三节 芒果罐藏制品生产中常见质量问题及控制措施

一、胀罐

合格罐头的底盖中心部分略平或呈凹陷状态。当罐头内部的压力大于外界空气的压力时，底盖鼓胀，形成胀罐（又称胖听）。从罐头的外形来看，胀罐可分为软胀和硬胀，软胀包括物理性胀罐及初期的氢胀罐或初期的微生物胀罐；硬胀主要是微生物胀罐，包括严重的氢胀罐。

（一）物理性胀罐

形成物理性胀罐的原因有很多，如罐头内容物装得太满，顶隙过小，加热杀菌时内容物膨胀；加压杀菌后，消压过快，冷却过速；排气不足或贮藏温度过高；高气压下生产的制品移置低气压环境等，都可能形成罐头两端或一端凸起的现象，这种罐头的变形称作物理性胀罐。

防止措施：注意装罐时罐头的顶隙大小要适宜，要控制在3～8mm；提高排气时罐内的中心温度，排气要充分，封罐后能形成较高的真空度，即达2937～5065Pa；应严格控制装罐量，切勿过多；采用加压杀菌后消压速度不能太快，使罐内外的压力较平衡，切勿使压力差太大。

（二）化学性胀罐（氢胀罐）

化学性胀罐形成的主要原因是高酸性食品中的有机酸与罐头内壁露出的金属发生化学反应，放出氢气，内压增大。

防止措施：防止空罐内壁受机械损伤，以防出现露铁现象；宜采用涂层完好的抗酸全涂料钢铁板制罐，以提高对酸的抗腐蚀性能。

（三）细菌性胀罐

细菌性胀罐是因杀菌不彻底，或罐盖密封不严致使细菌污染而分解内容物，产生氢气、氮气、二氧化碳及硫化氢等气体，使罐内压力增大造成的胀罐。细菌性胀罐与化学性胀罐从外形上难以区分，但开罐后细菌性胀罐有腐败性气味。

防止措施：对罐藏原料充分清洗或消毒，严格注意加工过程中的卫生管理，防止原料及半成品的污染；在保证罐头食品质量的前提下，对原料的热处理、预煮、杀菌等必须充分，以消灭产毒致病的微生物；在预煮水或糖液中加入适量的有机酸如柠檬酸等，降低罐头内容物的 pH，提高杀菌效果；严格保证封罐质量，防止密封不严而造成泄漏；冷却水宜用澄清透明的软化水；在罐头生产过程中，及时抽样保温处理，发现微生物污染问题及时分析解决。

二、 罐壁腐蚀

罐壁腐蚀包括罐头内壁腐蚀和罐头外壁腐蚀两种。

（一） 内壁腐蚀

1. 原理

内壁腐蚀指金属罐的金属材料在和周围介质发生化学和电化学反应过程中所引起的侵蚀现象。镀锡板空罐，锡层均匀、无缺、致密，具有很好的保护作用，腐蚀作用较小，如果出现锡层不连续均匀、制罐机械伤，导致锡、铁同时暴露与食品接触，会发生化学和电化学反应。

2. 腐蚀过程

金属罐的腐蚀过程可分 3 个阶段：锡层全面覆盖钢基阶段；钢基面积扩大到相当大阶段；锡层完全溶解阶段。

（二） 外壁腐蚀

1. 原理

罐头外壁腐蚀即外部生锈，会给销售带来很大的影响和损失。外壁锈蚀过程是电化学反应过程。镀锡板上的锡在空气中是稳定的，如果锡层受损，钢基板外露与潮湿空气接触，则锡和铁都吸附于水膜中，发生电偶作用。

2. 外壁锈蚀的原因和防止措施

（1）由于罐头外壁的“出汗”引起外壁的锈蚀　温度骤然变化，空气中的水蒸气就会冷凝在罐头表面形成水珠，此时罐头表面就“出汗”了。因为空气中有 CO_2 和 SO_2 等氧化物，冷凝水分就成为罐外壁表面上的良好电解质，为罐外壁表面上锡、铁发生电偶作用提供了场所，所以出现了锈蚀现象。

避免罐头“出汗”的措施：罐头进仓温度不能太低，相差5～9℃为宜，超过11℃就易“出汗”；库温稳定，不能忽高忽低；仓库通风良好，相对湿度在70%～75%为宜。

（2）由于杀菌锅内存在空气而引起的腐蚀　杀菌时由于杀菌锅内的空气未排除干净，空气和水蒸气就成为罐头外壁锈蚀的良好条件。因此，杀菌升温阶段要求尽量把锅内空气全部排除出来。杀菌过程中应开启各部位的泄气阀，以保证锅内空气全部排出锅外。

冷却水中如果含有氯离子、硫酸根等腐蚀性物质时，那么冷却水温度越高，就越易产生锈蚀。用低温流动水冷却，可以减轻这种锈蚀现象。碱度高、硬度高的冷却水会腐蚀罐头外壁，在贮藏中碱水易造成生锈现象，因此，对冷却水进行处理是必要的。

（3）其他原因引起锈蚀　罐头冷却过度，表面水不能蒸发掉，应快速地、全面地排除冷却水，用空气或蒸汽鼓风机清除封盖卷边内积水，冷却至35～40℃时，留下足够的热干燥时间，以除去留在罐头外表面上的任何水分，直到罐头完全干燥后才能装箱；防止装箱材料含水分过高；贴标胶黏剂受潮等。

（三）影响因素

1. 氧气

氧气是金属的强氧化剂。在罐头中，氧气在酸性介质中显示出很强的氧化作用。氧气含量越高，腐蚀作用越强。

2. 酸度

水果罐头中含酸量越高，腐蚀性越强。腐蚀性还与酸的种类有关。

3. 硫及含硫化合物

果实在生长季节喷施的各种农药中含有硫，如波尔多液等；硫有时在砂糖中作为微量杂质而存在。当硫或硫化物混入罐头中易引起罐壁腐蚀。此外，罐头中的硝酸盐对罐壁也有腐蚀作用。

防止措施：对采前喷过农药的果实加强清洗及消毒，可用0.1%（体积分数）盐酸浸泡5～6min再冲洗，有利于去除农药；对含空气较多的果实，最好采取抽空处理，尽量减少原料组织中空气（氧气）的含量，进而降低罐内氧气的浓度；加热排气充分，适当提高罐内真空度，注入罐内的糖水要煮沸，以除去糖中的SO_2；罐头正反倒置，减轻对罐壁的集中腐蚀。罐头制品贮藏环境中的温度不宜过高，相对湿度不应过大，以防内壁腐蚀及外壁腐蚀。

三、变色与变味

芒果在加工过程中或在贮藏、运销期间，常发生变色、变味的质量问题，是芒果中化学物质在酶及空气中氧气的作用下发生酶促褐变和非酶促褐变所致。如何减少芒果加工品在贮藏过程中的褐变也是目前研究的重点（马超，2019；Ndiaye 等，2009；Shukla 等，2020）。防止罐头变色与变味的措施如下：

（1）加工过程中，对某些易变色的原料去皮、切块后，迅速浸泡在 1% ~2% 稀盐水或稀酸液中护色。此外，果块抽空时，防止抽气罐内真空度的波动及果块露出液面。

（2）装罐前，应采用适宜的温度和时间进行热烫处理，抑制酶活性，排除原料组织中的空气。

（3）在去皮、切分后的浸泡液和糖水中加入 1% ~2%（质量分数）的有机酸，具有防止褐变的作用。

（4）加工中，防止果实与铁、铜等金属器具直接接触。

（5）杀菌要充分，防止制品酸败。

（6）控制仓库的贮藏温度，低温褐变轻，而高温加速褐变。

四、罐内汁液的混浊和沉淀

此类现象产生的原因有许多，加工用水中钙、镁等金属离子含量过高；原料成熟度过高，热处理过度，罐头内容物软烂；制品在运销过程中震荡剧烈，而使果肉碎屑散落；贮藏过程中受冻，化冻后内容物组织松散、破碎；微生物分解罐内食品等都会造成汁液混浊或沉淀。

第四节 常见芒果罐藏制品的生产实例

芒果罐藏品主要是芒果块罐头和芒果果酱等食品。芒果块罐头分为青芒果罐头和成熟芒果罐头，是芒果比较传统的罐藏方式。芒果果酱的研究朝着营养、低糖、健康的方向发展，如低糖芒果果酱产品等（Basu 等，2013）及发酵型芒果果酱等

（刘霭莎等，2019）新型产品的开发。

一、 青芒果罐头

（一） 工艺流程

果实选剔 → 去皮（去核）切分 → 盐水处理 → 硬化 → 护色 → 热烫 → 装罐、封罐 → 杀菌 → 冷却 → 成品

（二） 操作要点（鲍晓华，2001）

1. 原料要求

挂果1个月后到五成熟的采摘果、落果、疏果都可以，挑选果离树不超过3d的绿皮芒果，剔除病虫害果、软腐果、机械伤果。

2. 去皮、去核、切分

采用人工去皮，去掉中果皮即可，要求去皮厚度一致，去皮后的芒果表面光滑。去皮后的芒果放入食盐含量5%（质量分数）、亚硫酸钠含量0.1%～0.2%（质量分数）的溶液中，溶液必须淹没芒果。将芒果切成两瓣除去核仁、核膜，若芒果果核已有硬壳，去除硬壳时使果肉尽量不带粗纤维，然后将芒果切成厚度不少于0.4cm、宽约0.6cm，长以芒果长度为限的条状。

3. 盐水处理

将切成条的芒果果肉放入4%的盐溶液中浸泡5h，然后用清水漂洗，再用清水浸泡1h后漂洗，如此反复3次。

4. 硬化、护色处理

处理条件为氯化钙4%～7%（质量分数）、亚硫酸钠0.5%（质量分数）、食盐1%～1.5%（质量分数），硬化时间15～17h。

5. 热烫

将硬化好的芒果果肉取出放入干净冷水中漂洗2次，沥干水分，然后放入糖液浓度为10%～12%（质量分数）的沸腾液中进行热烫，烫漂液与芒果果肉比例4∶1，芒果果肉放入后煮沸1min即可取出，并立即放入冷水中冷却到常温，从冷水中取出，沥干水分。

6. 装罐、封罐

将沥干水分的芒果果肉320～350g装入经清洗、消毒处理过的玻璃罐中，留空隙

0.6～1cm，糖水温度约为90℃，糖液浓度38%～40%（质量分数），真空度为79.99～82.66kPa封口。

7. 杀菌、冷却

封口后立即杀菌，杀菌冷却公式为5min—20min—8min/100℃，冷却采用分段法。

二、芒果丁罐头

（一）工艺流程

果实选剔→去皮（去核）、切分→烫漂→装罐→排气注液→封盖→杀菌→冷却→检验→成品

（二）操作要点（袁唯等，2000）

1. 原料要求

原料选择剔除病虫的果实或果肉。

2. 清洗

用流动的清水将芒果清洗2遍，洗净芒果表面的灰尘。

3. 去皮去核

用多功能不锈钢削皮刀去除芒果皮，将去皮的芒果放入蒸馏水中，用不锈钢刀将芒果纵向切成2块，去除芒果核。

4. 烫漂

用80～90℃的热水烫漂，可护色、软化果肉，趁热用500mL瓶装罐，按瓶容积的55%装入果块，排列整齐。

5. 装罐

按开罐糖液浓度16%～18%（质量分数）调配，溶液浓度26%～28%（质量分数），酸液0.1%（质量分数），先加热至约90℃，注入罐内。

6. 排气及密封

采用加热排气的方法将罐头顶隙中的空气排出，使罐内空气保持一定的真空，防止罐中内容物变质。排气温度95℃，排气时间10min，排气后立即封盖。

7. 杀菌及冷却

将封好的罐头放入沸水中，继续升温5min至沸腾，保持恒温15min后降温10min，

冷却至38～40℃后取出擦干水。

（三）产品质量标准

参照《绿色食品　水果、蔬菜标准》（NY/T 1047—2021）。

1. 感官指标

芒果丁罐头淡黄色，颜色鲜亮，色泽一致，糖水透明，无引起混浊的果肉碎屑；具有未成熟芒果特有的清香味，酸甜适口，无异味；具有未成熟芒果特有的脆性，条形完整，同一罐中果肉条大小基本一致；不允许存在杂质。

2. 理化指标

固形物含量不低于50%（质量分数），糖水浓度20%～22%（质量分数）（开罐折光计读数），pH 3.5～4，NaCl含量≤0.8%（质量分数）。

3. 微生物指标

无致病菌及因微生物作用所引起的腐烂特征。

参考文献

［1］Abdualrahman M A Y. Physico－chemical characteristics of different types of mango（*Mangifera Indica* L.）fruits grown in drafur regions and its use in jam processing［J］. Science International，2013，1（5）：144－147.

［2］Basu S，Shivhare U S. Rheological，textural，microstructural，and sensory properties of sorbitol－substituted mango jam［J］. Food and Bioprocess Technology，2013（6）：1401－1413.

［3］Basu S，Shivhare U S，Singh T V. Effect of substitution of stevioside and sucralose on rheological，spectral，color and microstructural characteristics of mango jam［J］. Journal of Food Engineering，2013，114（4）：465－476.

［4］Cheng X，Huang X，Liu S，et al. Characterization of germin－like protein with polyphenol oxidase activity from *Satsuma mandarine*［J］. Biochemical and Biophysical Research Communications，2014，49（3）：313－318.

［5］Gabriëls S H E J，Mishra P，Mensink M G，et al. Non－destructive measurement of internal browning in mangoes using visible and near－infrared spectroscopy supported byartificial neural network analysis［J］. Postharvest Biology and Technology，2020，

166: 111206.

[6] Mayer A M. Polyphenol oxidases in plants and fungi: Going places? A review [J]. Phytochemistry, 2006, 67 (21): 2318 - 2331.

[7] Ndiaye C, Xu S Y, Wang Z. Steam blanching effect on polyphenoloxidase, peroxidase and colour of mango (*Mangifera indica* L.) slices [J]. Food Chemistry, 2009, 113: 92 - 95.

[8] Queiroz C, Dasilna A J R, Lopes M L M, et al. Polyphenol oxidase activity, phenolic acid composition and browning in cashew apple (*Anacardium occidentale*, L.) after processing [J]. Food Chemistry, 2011, 125 (1): 128 - 132.

[9] Shukla A, Das C, Goud V V. Infulusion of gingerols into candied mango enhances shelf - life by inhibiting browning and associated quality parameters during storage [J]. Food Chemistry, 2020, 316: 126354.

[10] Suzan H E J G, Puneet M, Manon G J M, et al. Non - destructive measurement of internal browning in mangoes using visible and near - infrared spectroscopy supported byartificial neural network analysis [J]. Postharvest Biology and Technology, 2020, 166: 111206.

[11] Wibowo S, Buvé C, Hendrickx M, et al. Integratedscience - based approach to study quality changes of shelf - stable food products duringstorage: A proof of concept on orange and mango juices [J]. Trends in Food Science &Technology, 2018, 73: 76 - 86.

[12] Wibowo S, Grauwet T, Santiago J S, et al. Quality changes of pasteurised orange juice during storage: A kineticstudy of specific parameters and their relation to colour instability [J]. Food Chemistry, 2015, 187: 140 - 151.

[13] 鲍晓华. 青芒果罐头的研制 [J]. 食品工业科技, 2001, 21 (1): 65 - 66.

[14] 部海燕. 浆果保鲜加工原理与技术 [M]. 北京: 科学出版社, 2020.

[15] 赖必辉, 毕金峰, 庞杰, 等. 芒果加工技术研究进展 [J]. 食品与机械, 2011, 27 (3): 152 - 155.

[16] 刘霭莎, 吴俏槿, 胡志高, 等. 不同浓缩方式对发酵芒果果酱品质的影响 [J]. 食品科技, 2019, 44 (9): 98 - 102.

[17] 刘芳, 赵金红, 朱明慧, 等. 多酚氧化酶结构及褐变机理研究进展 [J]. 食品研究与开发, 2015, 36 (6): 11311.

［18］马超．芒果汁褐变和絮凝机理及品质控制［D］．海口：海南大学，2019.
［19］孟宪军，乔旭光．果蔬加工工艺学［M］．北京：中国轻工业出版社，2016.
［20］苗燕，董晓静．芒果低糖果酱的研制［J］．现代食品科技，2012，28（3）：332－334.
［21］王曼玲，胡中立，周明全，等．植物多酚氧化酶的研究进展［J］．植物学通报，2005，22（2）：215－222.
［22］徐智通．不同成熟度的台农芒对大颗粒芒果果酱感官品质的影响研究［D］．广州：华南农业大学，2018.
［23］杨杨，范蓓，申琳，等．芒果采后冷害发生及控制技术研究进展［J］．食品科学，2014（7），29－297.
［24］袁唯，杨振生，董文明，等．落果芒果加工适制性的研究［J］．食品科学，2000，21（9）：60－62.
［25］赵丽芹，谭兴和，苏平．果蔬加工工艺学［M］．北京：中国轻工业出版社，2002.

第十章

芒果副产物综合利用加工技术

第一节　芒果多酚提取纯化技术

植物多酚（polyphenol）是一类广泛存在于植物体内的具有多元酚结构的次生代谢物，在植物中的含量仅次于纤维素、半纤维素和木质素，主要存在于植物的皮、根、叶、果中。芒果果皮、果核等副产物中含有大量的可被利用的多酚类化合物。经红外光谱、质谱、核磁共振谱等多种波谱技术鉴定，芒果果皮、果核等副产物富含没食子酸、间双没食子酸、没食子鞣质、槲皮素、异槲皮苷等多酚类化合物（Masibo等，2008），且这些多酚类化合物具有抑菌、抗氧化、抗宫颈癌等生物活性（何丽芳等，2013）。

一、多酚类化合物的提取方法

（一）溶剂提取法

针对多酚类化合物，溶剂提取法分为水提法、有机溶剂提取法。水提法具有成本低、安全，适合工业化生产等优点；但由于水的极性大，易把蛋白质、糖类、无机盐等溶于水的成分浸提出来，从而使提取液存放时易腐败变质，同时给后续的分离带来困难，现在已经很少单独使用。有机溶剂提取法提取多酚类化合物，一般使用甲醇或乙醇较多，不同浓度、不同温度对不同种类的多酚类化合物的提取率不同。一般有机溶剂提取法的提取率高于水提法。周丽明等（2007）研究了从芒果核中提取芒果多酚的工艺条件，获得最佳的乙醇回流提取工艺为：以60%乙醇水溶液为提取溶剂，提取时间1h、料液比1∶10（g/mL）、水浴温度60℃，在此工艺条件下多酚提取率为7.16%。陈昱洁等（2011）以芒果核为原料，利用响应面回归分析方法对多酚提取条件进行优化，得出最佳工艺条件为95%乙醇作为提取溶剂、提取温度56℃、提取时间2h、料液比1∶6.8（g/mL），在此提取条件下多酚提取率为9.38%。此外，Sai-Ut等（2015）利用响应面法优化了从芒果皮中制备多酚的工艺条件，最佳工艺是以49%乙醇为提取剂、提取温度61℃、料液比1∶30（g/mL）、提取时间221min，在此提取条件下多酚提取率可达36.92%。

（二）微波提取法

在微波提取过程中，微波辐射导致植物细胞内的极性物质产生大量热量，使细胞内的温度迅速上升，液态水汽化产生的压力将细胞膜和细胞壁冲破，溶解并释放细胞内活性成分。微波的频率很高，能深入渗透物体，对细胞的结构有较大作用。因此，与其他的萃取方法比较，微波提取技术具有选择性高、提取物纯度高、质量稳定、耗能低、溶剂用量少和安全无污染等特点。罗宝芳等（2015）以微波提取法制备红象牙芒核仁中的多酚，确定最佳提取条件为70%乙醇、料液比1∶15（g/mL）、微波提取温度60℃、微波时间1min，在此条件下多酚提取率为9.56%。何丽芳等（2012）也采用微波提取法制备芒果核仁多酚，最佳提取条件为乙醇浓度60%、料液比1∶30（g/mL）、微波功率385W、微波时间1min、提取3次，在此条件下多酚提取率达10.56%。

（三）超声波提取法

超声波提取法是目前提取多酚类化合物所应用的最高效、最广泛的一种提取方法。其原理中的“空化效应”是指对原料的细胞壁、细胞膜进行破坏，使所提取物质充分溶解于提取液中，再结合机械作用扩散等其他效应，缩短活性成分的提取时间，提升原料的利用率（万水昌等，2008）。以台农芒、贵妃芒、金煌芒的叶片和果皮为原材料，采用超声波辅助乙醇的提取方法制备芒果多酚，发现芒果皮的多酚含量较高，3个品种中芒果叶的多酚含量范围为9.173～10.091mg/g，芒果皮的多酚含量范围为10.41～11.518mg/g（杨郑州等，2017）。谢彩军等（2014）从微波、超声波及其联合提取法中优选芒果核多酚的最佳提取工艺，结果显示微波提取芒果核多酚提取率最高为18.9%，超声波提取的多酚提取率为18.96%，微波－超声波联用法提取多酚提取率为19.44%，而超声波－微波联用法的多酚提取率为20.12%。

（四）其他提取法

匀浆提取法是近年来发展起来的新型提取技术。匀浆提取是指生物组织通过加入溶剂进行组织匀浆和磨浆，以提取活性组织中有效成分的一种提取方法。其可以直接将原料置于匀浆机内，与提取溶剂在匀浆装置中混合，使原料破碎与活性成分的提取同步进行，提高了活性成分的提取效率。以芒果核仁为原料，采用匀浆法结合丙醇－硫酸铵双水相体系，获得芒果多酚的最佳提取条件为60%（体积分数）丙醇、硫酸铵用量0.35g/mL、匀浆时间10min、料液比1∶10（g/mL），在此条件下多酚提取率为5.221%（刘晓芳等，2015）。

二、多酚类化合物的纯化方法

由于芒果多酚粗提物中含多种成分，要研究其化学组成和主要功效成分，必须对粗提物进行分离纯化。目前，芒果多酚类化合物的纯化多采用溶剂萃取法、大孔树脂分离法、柱层析法等。

溶剂萃取法是利用多酚类化合物与其他共同混合的杂质的溶解度、极性不同，选取不同的溶剂进行萃取，可使混合物达到初步分离。大孔树脂是一种集吸附性与分子筛为一体的、具有大孔结构的有机高聚物分离材料，一般为颗粒状。被分离的多酚类化合物可根据相对分子质量或极性的不同，被大孔树脂原料所吸附，再由洗脱剂将其集中洗脱，从而被分离出来。李春美等（2010）对比了 AB－8 树脂、NKA 树脂、D－101 树脂对芒果多酚的纯化工艺，结果显示 AB－8 大孔树脂对芒果多酚有较强的选择性，吸附量大，且易被解吸，回收率高；以 AB－8 树脂为填充材料最佳工艺参数为多酚浓度 4g/L、上柱流速 2BV/h①、洗脱溶剂 60% 乙醇、洗脱剂用量 3BV、洗脱速度 0. 5BV/h。通过大孔树脂初步纯化后，结合 Sephadex LH20 柱层析进一步分离，经高效液相色谱－质谱联用仪（HPLC－MS）分析表明，芒果核仁多酚主要活性组分为三没食子酰基葡萄糖、四没食子酰基葡萄糖（图 10－1）等化合物。

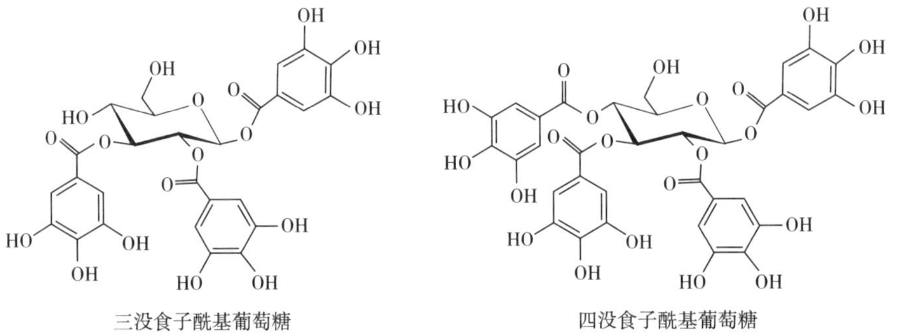

图 10－1　芒果核仁主要活性多酚三没食子酰基葡萄糖、四没食子酰基葡萄糖化学结构式

第二节　芒果多糖提取纯化技术

多糖（polysaccharides）又称多聚糖，是 10 个以上单糖（醛糖或酮糖）通过脱水形成糖苷键，并以糖苷键线性或分支连接而成的链状聚合物；仅有一种单糖组成的多

① 树脂柱内装载树脂的体积称为床容积（BV）。BV/h 表示空间流速，即指柱内单位时间（h）流经单位体积树脂的平均液量。

糖称为同聚糖，由一种以上的单糖组成的多糖称为杂聚糖（刘颖等，2006）。几十年来，研究人员发现多糖是自然界中含量最丰富的生物聚合物，也是构成生命活性的四大基本物质之一，其参与分子识别、细胞黏附以及机体防御等过程的调节，使之在药理上表现出多样的活性。

一、 芒果多糖提取工艺

（一） 热水提取法

热水提取法是根据大多数多糖在热水中溶解度较大的性质进行提取的，是目前多糖提取中最常用的方法。此法具有生产成本低、安全、适应工业化大生产等特点，但由于水的极性大，容易将蛋白质、糖苷类等水溶性的成分同时浸提出来，为后续的分离带来困难，且该法提取比较耗时。影响多糖提取率的因素有原料、提取温度、提取时间、料液比、提取次数、醇沉浓度等。为此，研究人员对影响多糖提取工艺的这些因素进行了大量研究。胡会刚等（2016）研究凯特芒果皮和果胚多糖提取工艺参数，明确果皮多糖最优提取工艺参数为温度 70℃、料液比 1∶25（g/mL）、提取时间 2h、提取次数 3 次，多糖提取率可达 6.62%；果胚多糖最优提取工艺参数为提取温度 90℃、提取时间 3h、料液比 1∶20（g/mL）、提取 3 次，多糖提取率可达 3.48%。赵巧丽等（2019）研究芒果皮渣多糖的最佳提取及醇沉工艺条件为浸提温度 98℃、浸提时间 4h、料液比 1∶40（g/mL），在此条件下多糖提取率为 9.29%；芒果皮渣多糖最佳醇沉工艺为浸提次数 3 次、浸提液浓缩 5 倍、4 倍体积 95% 乙醇醇沉 6h。李金花等（2012）以芒果叶为原料，提取温度控制在 65℃左右、料液比 1∶10（g/mL）、提取时间 3h、提取 3 次，在此条件下多糖提取率为 1.516%。

（二） 超声波辅助提取法

超声波辅助提取法利用超声波的机械效应、空化效应及热效应来增加提取率。超声波作用强度不宜过大、时间不宜过长，否则可能会导致可溶性多糖发生降解，但超声波并不影响水溶性多糖的生物活性。因此，超声波辅助提取法是一种高效实用的多糖提取方法。张莉等（2017）采用正交试验，获得超声波辅助提取芒果皮渣多糖的最佳工艺条件为提取温度 80℃、超声功率 160W、提取时间 90min、料液比 1∶2（g/mL）、提取次数 2 次，在此条件下多糖提取率可达 0.81%。李珊等（2019）以桂七青芒的果皮为原料，采用超声波辅助提取法，提取温度 68℃、料液比 1∶73（g/mL）、超声功率620W、超声时间20min，在此条件下多糖提取率为13.64%。朱莹等（2021）以芒果果肉为原料，芒果多糖的最佳提取参数为料液比1∶32（g/mL）、超声温度33℃、提取次数3次，在此条件下多糖提取率是3.58%。

（三）微波辅助提取法

微波辐射是高频电磁波穿透萃取介质到达物料细胞后，细胞吸收微波能后温度上升而产生内外压力的过程，压力使植物细胞膨胀破碎进而释放功能性成分。微波处理能引起聚合物的降解（Kim等，2003），多糖的流变性、黏度及溶解性也会被改变（Tao等，2008）。Prakash Maran等（2015）在水浸提法基础上加入微波技术，得到最佳工艺为料液比1∶18（g/mL）、微波功率413W、微波时间134s、溶液pH为2.7，在此条件下芒果果胶类多糖提取率为28.86%。

（四）酶解法

酶解法是通过酶促反应将原料组织分解，加速有效成分的释放和提取，并选择适宜条件将影响提取的杂质分离、去除。通常使用的酶有纤维素酶、果胶酶、蛋白酶和淀粉酶等，且往往是几种酶复合使用。酶解法提取多糖的影响因素主要有复合酶添加量、酶解温度、酶解时间、酶解pH等。目前，多数多糖采用热水提取法和酶解法相结合的方法，这样可提高多糖提取率。因此，酶解法提取多糖的应用前景十分广阔。赵仕花等（2018）研究纤维素酶提取芒果果皮有效成分多糖的最佳条件，结果显示酶解pH为5、酶解时间100min、酶添加量10.5g/L、料液比1∶7.6（g/mL）、酶解温度45℃，在此条件下多糖提取率可达5.17%。

二、芒果多糖的分离纯化

经过提取的粗多糖常常含有蛋白质、色素等物质，需进一步分离纯化得到纯度较高的多糖产品。从植物组织中提取多糖，多糖提取液中通常会有不同含量的蛋白质、色素、无机盐等小分子杂质。多糖脱蛋白质的主要方法包括酶法（包括木瓜蛋白酶、胰蛋白酶等）、有机溶剂法（包括三氯乙酸法、Sevag法等）等。三氯乙酸法是除多糖中蛋白的传统方法，效率高，但会引起部分多糖降解，且多糖损耗率较高，不宜采用；而Sevag法脱蛋白质不会改变多糖的结构特性，且脱蛋白质效果较好。脱色可用活性炭吸附法、树脂吸附法、氧化脱色法等脱去粗多糖的色素，其中树脂吸附法因具有去除效果好、多糖损失少等优点而被广泛应用。除去小分子一般采用透析袋逆向对流透析法。胡会刚等（2018）探讨芒果皮渣多糖纯化过程中蛋白质和色素的脱除方法，发现三氯乙酸－正丁醇法脱蛋白质效果最佳，其条件为三氯乙酸－正丁醇与多糖溶液体积比 2∶1、三氯乙酸与正丁醇体积比 1∶20、振荡时间 2h，此时蛋白质脱除率为 90.08%、多糖保留率为 94.4%；活性炭脱色最佳工艺条件为多糖溶液 pH 3、活性炭添加量 15g/L、脱色温度 50℃、脱色时间 75min，此条件下脱色率为 70.98%、多糖保留率为 92.77%。

多糖进一步分级纯化可采用凝胶层析法、离子交换树脂法等。通常纤维素和葡聚糖凝胶层析柱是纯化分离多糖的有效方法。根据不同的待处理多糖的性质和分子大小，选择合适型号的葡聚糖凝胶，可以达到不同的分离纯化效果。利用 DEAE－25 纤维素和 Sephadex G－75 凝胶层析柱分离纯化芒果多糖，冷冻干燥后得到白色絮状多糖。经高效阴离子交换色谱法确定该多糖是由鼠李糖（6.3mg/g）、半乳糖（11.9mg/g）和葡萄糖（13.8mg/g）等单糖组成；经红外光谱分析（图 10－2）表明该多糖具有典型的多糖特征吸收峰，结构主要为 β－糖苷键连接的吡喃型葡聚糖（孙延芳等，2012）。

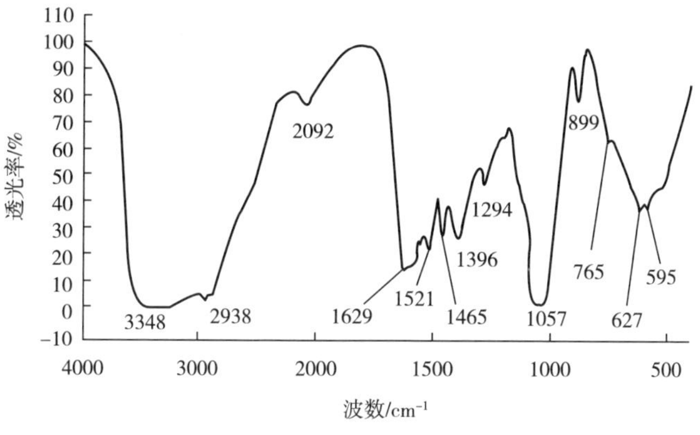

图 10－2 芒果多糖红外吸收光谱

除了以上在芒果及其副产物中应用广泛的多糖提取和纯化方法，有些植物多糖研究中还采用了酸碱法、微波辅助法、超临界流体萃取法、超滤膜法等。不同的制备方法具有各自的优缺点，目前有些研究中将两者或多种提取方法进行结合，使其兼具多种方法的优点。芒果中多糖资源丰富，加强多糖的改性研究，增加其生物活性，实现工业化生产为食品工业提供优质原料，是未来芒果多糖的研究发展新方向。

第三节 芒果苷提取纯化技术

芒果苷（mangiferin）是一种四羟基苯并吡酮碳苷，属双苯吡酮类化合物，具有一定弱酸性，分子式为 $C_{19}H_{18}O_{11}$，化学结构见图 10－3。目前，从芒果及其副产物（主要是芒果叶）中提取分离芒果苷的方式包括有机溶剂回流法、闪式提取法、超声波提取法、微波辅助提取法、大孔树脂富集法、酯提除杂法等。

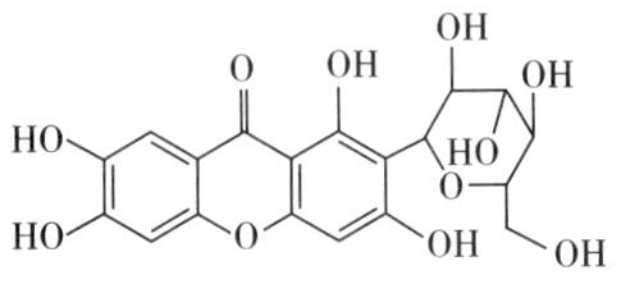

图 10－3　芒果苷化学结构式

一、芒果苷提取方法

（一）有机溶剂（回流）法

采用高浓度乙醇回流提取法可提取芒果叶中的芒果苷（邓家刚等，2008）。通过乙醇加热回流提取芒果叶中的芒果苷，最佳提取条件为 60% 乙醇水溶液、提取时间 1.5h、提取温度 70℃、料液比 1∶10（g/mL），后续以 AB－8 大孔树脂初步纯化结合聚酰胺树脂进一步柱层析分离得到芒果苷纯品（刘昊，2014）。马妍丽等（2020）用乙醇－水溶剂提取芒果苷，通过比较乙醇浓度、提取温度、提取时间对芒果苷提取率的影响，确定最佳工艺条件为 60% 乙醇在 75℃下水浴加热 50min。

（二）闪式提取法

闪式提取法是将植物软、硬组织与溶剂在常温下通过机械快速将组织粉碎至细微颗粒，使溶剂迅速与组织内部结合并达到平衡，最后通过过滤即可完成的一种新技术。闪式提取法能最大限度保留植物有效成分，具有省时、节能、有利环保等优势。以芒果叶为原料，采用闪式提取法，最佳工艺条件为用 70% 乙醇作为提取溶剂、料液比 1∶10（g/mL）、提取时间 8min/次、提取 3 次（龚云麒等，2015）。

（三）微波提取法

采用微波辅助乙醇提取法可以从芒果叶中提取芒果苷，微波提取法相对于传统溶剂回流提取法在提取时间和速率等方面更具优势。谢黎崖等（2010）通过正交试验获得最佳提取条件是75%乙醇10倍用量、微波功率640W、提取时间10min，在此条件下芒果苷提取率为12.08%。采用单因素实验结合响应面分析法优化了芒果苷的提取工艺，在以45%乙醇为提取溶剂、料液比1∶30（g/mL）、提取时间123s、微波功率474W的工艺条件下，芒果苷的提取率为36.1mg/g（Zou等，2013）。此外，黄春萍等（2014）还研究了芒果皮中芒果苷的微波辅助提取，确定其最佳提取工艺条件为以70%乙醇为提取溶剂，在微波功率600W、料液比1∶10（g/mL）条件下提取15min，芒果苷含量为4.622mg/g。

（四）超声波提取法

张青等（2014）采用响应面法，优化了超声波提取芒果苷的最佳工艺条件为料液比1∶50（g/mL）、超声功率438W、超声温度46℃、提取时间30min，在此条件下芒果苷提取率为4.04%。赵东兴等（2020）以芒果叶为原料，优化超声辅助提取芒果苷的工艺条件，在料液比1∶20（g/mL）、超声时间40min、提取温度50℃、超声功率160W条件下，芒果苷含量为26.63～37.23mg/g，与常规浸渍提取法相比芒果苷提取率增加了21.6%～26.69%。Lerma－Torres等（2019）对比分析了浸提、索氏提取、超声辅助提取和微波辅助提取四种方法，发现在超声功率42kHz辅助条件下，芒果苷提取率最高，为11.28%。

二、芒果苷纯化方法

（一）大孔树脂分离法

李学坚等（2011；2012）对芒果苷提取纯化工艺进行改进，采用弱碱性水提取芒果苷，再以D101和D301两种大孔树脂柱层析分离得到纯度93.96%的芒果苷纯品。Luo等（2012）采用大孔树脂HPD100联合高速逆流色谱技术分离纯化芒果苷粗提物，精制得到的芒果苷纯度超过99%。邓红梅等（2018）利用D101、AB－8和NKA 9型大孔树脂对芒果苷纯化效果进行比较，其中D101型大孔树脂吸附、解吸效果最优，70%乙醇对于芒果苷的洗脱效果最好；纯化后从芒果皮和叶中所得的芒果苷含量分别为 1.537g/L 和 1.981g/L，与纯化前相比分别提高了 1.43 倍和 1.51 倍。

（二） 酯提除杂法

现有的芒果苷提取纯化工艺均需经过复杂的柱层析分离才能获得纯品，但芒果叶中胶质含量极高，粗提浓缩液十分黏稠，极易堵塞色谱柱或过滤装置，分离纯化操作难度极高，导致芒果苷提取分离工艺复杂、效率低、成本高。基于以上芒果叶中芒果苷含量变化规律，采用原料粉碎、酯提除杂、甲醇提取、浓浸膏洗涤、结晶沉淀的五步法从芒果叶中提取分离芒果苷，其中酯提除杂的最佳工艺是乙酸乙酯为提取液、料液比 1∶3（g/mL）、密封浸泡 4h 后超声 20min、超声功率 350W、提取温度 50℃、提取次数 3 次，在此条件下粗品的芒果苷纯度 >64%（韦会平等，2018）。后续利用芒果苷在冷热甲醇中的溶解度差异来提取分离芒果苷，再通过结晶和重结晶手段实现芒果苷的进一步高效分离，最终纯品的芒果苷纯度 >98%。

第四节　芒果核仁油提取纯化技术

芒果经过初加工后会有丰富的芒果核仁资源，理论产生约 10 万 t 以上的核仁油原料，其含量高于目前油脂行业主要关注的功能性油脂（如茶籽油、葡萄籽油、红花籽油等）（Jin 等，2017；Kemal 等，2018）。芒果核仁中的脂类含量达到 9% ~13.1%（干重），在常温下主要以深奶油色半固体的形式存在（Jin 等，2018）。早在 1982 年，Moharram 已提出芒果核仁油可作为一种新型食用油资源（金俊等，2017）。芒果核仁油脂肪酸组成与可可脂类似，以棕榈酸、硬脂酸、油酸、亚油酸和花生酸为主，脂质成分主要以不饱和脂肪酸为主，其中对称甘油三酯含量占 60% ~80%（体积分数），可作为可可脂的替代品（Rawdkuen 等，2016；Dunn 等，2010）。另外，芒果核仁油具有天然的保湿性能，对皮肤伤口愈合与组织再生具有良好的作用，可广泛用于防晒膏、婴儿面霜、保湿产品以及美发产品中（Robles - Sanchez 等，2011；吴文澜等，2012）。因此，如果能有效利用芒果核进行高值化开发利用，将极大提高芒果的经济附加值。这不仅减少资源浪费，还能降低环境污染，具有重要的市场前景和社会经济价值。但目前国内外对芒果核仁的开发和利用研究依然处于初步阶段。表 10 - 1 列举了不同品种芒果核仁油脂质分析结果。

表10-1　不同品种芒果核仁油脂质分析

种类	爱文芒	肯特芒	汤米·阿京斯芒	帕尔默芒	彩虹芒果	法兰芒	水仙芒
油脂含量/%	11.9 ± 0.2[a]	7.8 ± 1.1[b]	10.7 ± 1.1[a]	7.3 ± 0.2[b]	7.4 ± 0.5[b]	5.4 ± 0.4[bc]	7.0 ± 0.5[bc]
棕榈酸（C16：0,P）	8.5 ± 0.2[a]	8.4 ± 0.2[a]	8.2 ± 0.7[a]	6.5 ± 0.3[b]	6.7 ± 0.1[b]	8.8 ± 0.3[a]	8.0 ± 0.1[a]
硬脂酸（C18：0,S）	38.0 ± 0.6[c]	35.1 ± 0.9[d]	38.5 ± 3.0[cd]	35.6 ± 0.9[de]	47.4 ± 0.8[a]	33.0 ± 1.0[f]	43.1 ± 1.1[b]
油酸（C18：1*n*-9,O）	44.3 ± 0.1[ab]	45.1 ± 2.4[ab]	44.4 ± 1.7[ab]	47.8 ± 1.3[a]	35.5 ± 0.9[d]	41.6 ± 0.6[bc]	38.8 ± 0.8[cd]
亚油酸（C18：2*n*-6,L）	5.1 ± 0.3[b]	6.0 ± 0.9[b]	4.9 ± 0.3[b]	5.7 ± 0.4[b]	5.4 ± 0.1[b]	9.1 ± 0.7[a]	5.7 ± 0.4[b]
亚麻酸（C18：3*n*-3,Ln）	0.4 ± 0.0[d]	0.6 ± 0.2[bc]	0.5 ± 0.1[cd]	0.6 ± 0.0[c]	0.7 ± 0.0[b]	2.0 ± 0.3[a]	0.6 ± 0.1[c]
花生酸（C20：0,A）	2.0 ± 0.1[bc]	2.5 ± 0.1[a]	1.8 ± 0.1[bc]	2.0 ± 0.1[b]	2.4 ± 0.1[a]	1.8 ± 0.0[c]	2.1 ± 0.1[b]
其他脂肪酸	1.7 ± 0.1[c]	2.4 ± 0.2[a]	1.7 ± 0.2[c]	1.7 ± 0.2[bc]	2.0 ± 0.1[b]	3.5 ± 1.0[a]	1.7 ± 0.1[c]
饱和脂肪酸	49.9 ± 0.4[c]	47.8 ± 1.4[d]	49.8 ± 2.2[cd]	45.5 ± 0.9[e]	58.0 ± 0.9[a]	46.5 ± 1.6[de]	54.4 ± 1.0[b]
单不饱和脂肪酸	44.6 ± 0.2[ab]	45.6 ± 2.4[ab]	44.8 ± 1.8[ab]	48.2 ± 1.3[a]	36.0 ± 0.9[d]	42.3 ± 0.7[bc]	39.3 ± 0.8[cd]
多不饱和脂肪酸	5.5 ± 0.3[b]	6.6 ± 1.1[b]	5.3 ± 0.4[b]	6.2 ± 0.4[b]	6.1 ± 0.1[b]	11.2 ± 1.0[a]	6.3 ± 0.5[b]

注：同列中不同英文字母表示样品组间相比差异具有显著性（$P<0.05$）。

资料来源：涂行浩等，2020。

一、溶剂浸提法

溶剂浸提法是提取油脂的常用方法。以芒果核仁为原料，通过响应面优化试验，确定核仁油的最佳提取条件为以过60目筛的芒果核仁粉为原料，异丙醇为提取溶剂、料液比1：22（g/mL）、提取温度76℃、提取时间78min，所得芒果核仁油的提取率可达10.49%；经气相色谱-质谱联用仪（GC-MS）分析确定提取的芒果核仁油中主要有6种脂肪酸，其中硬脂酸（41.8%）和油酸（40.65%）含量较高（谷毅鹏等，2018）。通过优选溶剂，开发了以2-甲基戊烷为溶剂的三级分提技术，所得芒果核仁油中三级硬脂的提取率为47%~51%，1，3-硬脂酸-2-油酸甘油三酯含量为69%~72%（金俊，2019）。

二、超声辅助提取法

超声辅助提取法是在浸出法的基础上加入超声振动，在强大的冲击波和微声流的作用下使细胞壁破裂，从而使细胞内的油脂得到充分释放，达到提高出油率的目的。与常规浸出方法相比，超声辅助浸出法提取芒果核仁油有工艺简单、成本低、提取时间短等优点。吴贤等（2020）研究了超声辅助提取芒果核仁油的最佳工艺条件，结果显示使用正己烷作为提取溶剂，在料液比1：25（g/mL）、超声时间70min、提取温度65℃条件下，芒果核仁油提取工艺条件最佳，出油率可达8.01%。

三、微波辅助索氏提取法

将有机溶剂与植物油脂混合，根据溶剂和油脂的极性和沸点不同，在索氏抽提器内形成降压装置，使得油脂更易释放，最后通过旋转蒸馏分离出植物粗脂肪和溶剂，溶剂可循环再用。此法提取时间长，常用于实验室中少量油脂的提取。探究微波辐射对芒果核仁油提取工艺的影响，结果显示芒果核仁在微波功率110W下预处理时间60s后，后续索氏提取时间可从150min缩短至30min（Kittiphoom等，2015）。

四、超临界流体萃取法

超临界流体萃取法是近年发展起来的一种新型提取分离技术。在超临界状态下，超临界流体与目标物接触，依次将极性、沸点和相对分子质量不同的成分萃取出来；当恢复到常压和常温时，溶解在超临界流体中的成分立即以溶于吸收液的液体状态与气态流体分开，达到萃取目的。超临界萃取技术具有提取效率高、生产周期短、容易发现新的活性成分、损失率低、溶剂残留少等特点。Akanda等（2015）建立并优化了超临界CO_2萃取技术制备芒果核仁油，最佳工艺条件为提取压力44.2MPa、提取温度72.2℃、CO_2流速3.4mL/min，在此条件下产油率为11.29%，其中硬脂酸含量占比41.99%～42.21%、油酸含量占比43.78%～43.89%。

第五节 其他综合利用加工应用

芒果叶可作为饲料用于畜禽养殖。玉米－豆粕型日粮中添加300g/kg芒果叶提取物可显著提高1～42d肉鸡生长性能，改善胸肌肉品质及血液脂肪代谢（王恒月，2018）。将芒果叶浸膏添加到鱼类饲料中，可增强水产动物预防疾病的能力，提高水产食品的安全水平（吕小文等，2013）。芒果叶提取物还可以与超临界CO_2联合用于浸渍聚酯织物中，以提高织物的抑菌和杀菌活性（Sanchez-Sanchez等，2017）。

研究发现芒果核仁中的成分有望作为食品添加剂来延长各种食品的保质期（Ahmed等，2007）。通过分析含有不同比例丙三醇和（或）山梨糖醇的芒果核仁淀粉涂层对番茄保质期的影响，明确了芒果核仁淀粉是一种很有前景的番茄包衣材料（Nawab等，2017）。另外，研究发现芒果核热解液含有约27.63%的D－阿洛糖，这是一种罕见的糖（Ganeshan等，2016），而芒果籽仁含有左旋葡聚糖、糠醛、呋喃、醇、醛、苯和各种烷烃，可用于制备生物油（bio oil）（Andrade等，2016）。芒果核仁还可制成芒果壳生物质炭，对水体中Cr（VI）具有良好的吸附作用（左卫元等，2016）。

参考文献

[1] Ahmed E M A, Saeid M D, Eman H E A, et al. Egyptian mango by－product 1. Compositional quality of mango seed kernel [J]. Food Chemistry, 2007, 103 (4): 1134－1140.

[2] Akande M, Sarker M, Norulaini N, et al. Optimization of supercritical carbon dioxide extraction parameters of cocoa butter analogy fat from mango seed kernel oil using response surface methodology [J]. Journal of Food Science & Technology, 2015, 52 (1): 319－326.

[3] Andrade L A, Barrozo M A S, Vieira L G M. Thermo－chemical behavior and product formation during pyrolysis of mango seed shell [J]. Industrial Crops & Products, 2016, 85: 174－180.

[4] Dunn H C, Hilditch T P. Notes on the component acids of west indian ben and mango seed oils [J]. Journal of the Society of Chemical Industry, 2010, 66 (7): 209 - 211.

[5] Ganeshan G, Shadangi K P, Mohanty K. Thermo - chemical conversion of mango seed kernel and shell to value added products [J]. Journal of Analytical & Applied Pyrolysis, 2016, 121: 403 - 408.

[6] Jin J, Jin Q, Akoh C, et al. Mango kernel fat fractions as potential healthy food ingredients: A review [J]. Critical Reviews in Food Science & Nutrition, 2018, 59 (11): 1794 - 1801.

[7] Jin J, Zheng L, Pembe W M, et al. Production of sn - 1, 3 - distearoyl - 2 - oleoyl - glycerol - rich fats from mango kernel fat by selective fractionation using 2 - methylpentane based isohexane [J]. Food Chemistry, 2017, 234 (1): 46 - 54.

[8] Kemal M, Jabasingh S A, Yimam A, et al. Extraction and Characterization of oil from ethiopianmangifera indica seed kernels [J]. Journal of Scientific & Industrial Research, 2018, 77 (2): 131 - 135.

[9] Kim I H, Cho H C, Bae Y C, et al. Heat and radiation effect on the degradation behaviors of polymeric liquids [J]. European Polymer Journal, 2003, 39 (7): 1431 - 1435.

[10] Kittiphoom S, Sutasinee S. Effect of microwaves pretreatments on extraction yield and quality of mango seed kernel oil [J]. International Food Research Journal, 2015, 22 (3): 960 - 964.

[11] Lerma - Torres J M, Navarro - Ocaña A, Caldrón - Santoyo M, et al. Preparative scale extraction of mangiferin and lupeol from mango (*Mangifera indica* L.) leaves and bark by different extraction methods [J]. Journal of Food Science and Technology, 2019, 56 (10): 4625 - 4631.

[12] Luo F L, Lv Q, Zhao Y Q, et al. Quantification and purification of mangiferin from Chinese mango (*Mangifera indica* L.) cultivars and its protective effect on human umbilical vein endothelial cells under H_2O_2 - induced stress [J]. International Journal of Molecular Sciences, 2012, 13 (9): 11260 - 11274.

[13] Masibo M, He Q. Major mango polyphenols and their potential significance to human health [J]. Comprehensive Reviews in Food Science and Food Safety, 2008, 7 (4): 309 - 319.

[14] Nawab A, Alam F, Hasnain A. Mango kernel starch as a novel edible coating for

enhancing shelf – life of tomato (*Solanum lycopersicum*) fruit [J]. International Journal of Biological Macromolecules, 2017, 103: 581 – 586.

[15] Prakash Maran J P, Swatih K, Jeevitha P, et al. Microwave – assisted extraction of pectic polysaccharide from waste mango peel [J]. Carbohydrate Polymers, 2015, 123: 67 – 71.

[16] Rawdkuen S, Sai – ut S, Benjakul S. Optimizing the tyrosinase inhibitory and antioxidant activity of mango seed kernels with a response surface methodology [J]. Food Analytical Methods, 2016, 9 (11): 1 – 12.

[17] Robles – Sanchez M, Astlazaran – Garcia H, Martin – Belloso O, et al. Influence of whole and fresh – cut mango intake on plasma lipids and antioxidant capacity of healthy adults [J]. Food Research International, 2011, 44 (5): 1386 – 1391.

[18] Sai – ut S, Benjakul S, Kraithong S, et al. Optimizationof antioxidants and tyrosinase inhibitory activity in mango peels using response surface methodology [J]. LWT – Food Science and Technology, 2015, 64 (2): 742 – 749.

[19] Sanchez – Sanchez J, Fernández – Ponce M T, Casas L, et al. Impregnation of mango leaf extract into a polyester textile using supercritical carbon dioxide [J]. Journal of Supercritical Fluids, 2017, 128: 208 – 217.

[20] Tao Y Z, Xu W L. Microwave – assisted solubilization and solution properties of hyperbranched polysaccharide [J]. Carbohydrate Research, 2008, 343 (18): 3071 – 3078.

[21] Zou T B, Wu H F, Li H W, et al. Comparison of microwave – assisted and conventional extraction of mangiferin from mango (*Mangifera indica* L.) leaves [J]. Journal of Separation Science, 2013, 36 (20): 3457 – 3462.

[22] 陈昱洁，盛占武，施瑞城，等．响应面法优化芒果核多酚提取工艺［J］．食品科学，2011，32（12）：78 – 82.

[23] 邓红梅，陈奕君，林壮辉，等．芒果苷的分离纯化及鉴定研究［J］．农产品加工，2018，452（3）：1 – 4.

[24] 邓家刚，李学坚．提取高纯度芒果苷的工艺研究［J］．中国中医药科技，2008，15（1）：50 – 51.

[25] 龚云麒，高小惠，李莹，等．正交试验法优选杧果叶中芒果苷的闪式提取工艺［J］．云南中医中药杂志，2015，36（7）：61 – 63.

[26] 谷毅鹏，颜忠业，黄双全，等．响应面法优化芒果核仁油提取工艺的研究［J］.

食品工业，2018，39（7）：124－128.
［27］何丽芳，罗秀云，李玉中，等．芒果多酚对宫颈癌 Hela 细胞的抑制作用及机制［J］．湖南科技大学学报（自然科学版），2013，28（2）：120－123.
［28］何丽芳，罗秀云，王芳宇，等．芒果多酚的微波萃取及抑菌作用［J］．贵州农业科学，2012，40（11）：209－212.
［29］胡会刚，赵巧丽，林丽静，等．凯特芒加工副产物多糖提取工艺［J］．广东农业科学，2016，43（12）：80－84.
［30］胡会刚，赵巧丽，庞振才，等．芒果皮渣多糖脱蛋白和脱色工艺研究［J］．食品工业科技，2018，39（1）：183－188.
［31］黄春萍，罗群，李洁．芒果皮中芒果苷提取工艺优化及其抑菌性分析［J］．南方农业学报，2014，45（8）：1452－1456.
［32］金俊，Mwinyi Pembe Warda，郑立友，等．5 种亟待开发的类可可脂木本油料脂肪［J］．中国油脂，2017，42（4）：1－7.
［33］金俊．芒果仁油基耐热型巧克力油脂的制备及其抗霜性能研究［D］．江南大学，2019.
［34］李春美，田燕，钟慧臻，等．芒果核提取物的抑菌活性组分分析［J］．食品工业科技，2011，32（3）：172－174.
［35］李春美，徐淑芬，党美珠，等．芒果多酚的提取纯化工艺研究［J］．食品科技，2010，35（5）：214－218.
［36］李金花，农石生，韦柳培，等．芒果叶多糖的提取及含量测定［J］．食品研究与开发，2012，33（3）：135－137.
［37］李珊，梁俭，冯群，等．桂七青芒果皮多糖提取工艺的响应面优化及其体外抗氧化活性［J］．食品工业科技，2019，40（4）：220－225.
［38］李学坚，杜正彩，邓家刚．D101 大孔树脂吸附芒果苷的影响因素［J］．中国实验方剂学杂志，2011，17（15）：24－26.
［39］李学坚，杜正彩，邓家刚．采用水基溶剂提取芒果苷的工艺研究［J］．中成药，2012，34（1）：161－164.
［40］刘昊．芒果黄酮的提取分离及抗氧化活性的研究［D］．南宁：广西大学，2012.
［41］刘晓芳，刘满红，张荣来，等．双水相－匀浆萃取法提取芒果核多酚工艺研究［J］．云南民族大学学报（自然科学版），2015，24（2）：144－146.
［42］刘颖，金宏，程义勇．多糖生物活性及其作用机制研究进展［J］．中国公共卫

生，2006，22（5）：627－629.
［43］吕小文，郝倩，陈业渊，等. 饲料添加芒果叶黄酮浸膏促进鱼类生长［J］. 农业工程学报，2013，29（18）：277－283.
［44］罗宝芳，黄祉健，苏妹芬，等. 正交设计优化芒果核仁多酚的微波提取工艺［J］. 食品研究与开发，2015，36（1）：37－39.
［45］马妍丽，黎祥妮，钱冬梅，等. 芒果苷的提取及其抗氧化活性研究［J］. 山东化工，2020，49（24）：24－26.
［46］孙延芳，梁宗锁，张欣，等. 芒果多糖的纯化与光谱分析［J］. 食品科学，2012，33（7）：93－95.
［47］涂行浩，马会芳，魏芳，等. 芒果核仁油理化特性及其开发利用研究进展［J］. 热带作物学报，2020，41（11）：2353－2363.
［48］万水昌，王志祥，乐龙，等. 超声提取技术在中药及天然产物提取中的应用［J］. 西北药学杂志，2008，23（1）：60－62.
［49］王恒月. 芒果叶提取物对1～42d肉鸡生长性能、血液生化指标、屠宰性能及肌肉品质的影响［J］. 中国饲料，2018（18）：23－27.
［50］韦会平，郑毅，韩洪波，等. 酯提除杂法高效提取分离芒果叶芒果苷［J］. 南方农业学报，2018，49（1）：130－135.
［51］吴文澜，梁菊，董亚南，等. 芒果脂油脂成分分析和体外促渗作用研究［J］. 河南科技大学学报（自然科学版），2012，33（4）：96－99.
［52］吴贤，贾有青，李哲，等. 响应面法优化超声辅助提取芒果核仁油工艺的研究［J］. 粮食与食品工业，2020，27（6）：30－32.
［53］谢彩军，覃靖娟，朱晓莹. 微波、超声波及其联合萃取芒果核多酚工艺的比较［J］. 广东化工，2014，41（9）：37－38.
［54］谢黎崖，任宽，黄鑫. 正交设计优选芒果苷的微波提取工艺［J］. 中国医院药学杂志，2010，30（15）：1331－1333.
［55］杨郑州，陆雪梅，谢晓娜. 芒果多酚含量及抗氧化能力的测定［J］. 安徽农学通报，2017，23（11）：142－143.
［56］张莉，赵巧丽，刘翠芳，等. 芒果皮渣多糖的超声波辅助提取及其抗氧化活性研究［J］. 热带农业科学，2017，37（10）：72－78.
［57］张青，王志祥，宋立丹，等. 响应曲面法优化超声提取芒果叶中芒果苷的工艺研究［J］. 西北药学杂志，2014，29（3）：237－241.

［58］赵东兴，李春，张建春，等. 超声辅助萃取芒果叶中芒果苷提取条件优化［J］. 南方农业，2020，14（10）：8－11.

［59］赵巧丽，刘玉革，林丽静，等. 芒果皮渣多糖提取工艺优化及其抗氧化活性研究［J］. 保鲜与加工，2019，19（1）：102－110.

［60］赵仕花，卢明顺，巫楚军，等. 芒果果皮多糖酶法提取及其体外抗氧化活性［J］. 食品研究与开发，2018，39（23）：54－60.

［61］周丽明，李春美. 芒果多酚提取条件的研究［J］. 食品科技，2007，32（3）：107－109.

［62］朱莹，陈红名，白雅芝，等. 响应面法优化超声辅助提取芒果多糖工艺［J］. 吉林医药学院学报，2021，42（2）：90－93.

［63］左卫元，仝海娟，史兵方，等. 芒果核壳炭的制备及对水中 Cr^{6+} 的吸附［J］. 环境工程学报，2016，10（8）：4134－4140.

第十一章

芒果品质分析与质量安全控制

第一节　检测分析方法

果蔬原料的品质评定与检验依据相应的标准、运用一定的方法，对果蔬贮藏加工原料的质量优劣进行鉴别或检测。因为果蔬原料质量的好坏不仅影响到果蔬贮藏保鲜的效果和加工制品的品质，甚至原料被污染后还会危及人体健康，对贮藏加工原料进行品质评定与检验在生产实践中具有重要意义，也是技术人员必须掌握的基本技能。优质的果蔬原料必须新鲜、营养和安全卫生，对果蔬原料的品质进行评定与检验的目的之一，就是要在贮藏与加工过程中能正确地选用合格的原料。

一、感官检测

食品的感官检测技术主要是依据人的感知器官对食品的各种质量特征进行判断，如味觉、嗅觉、听觉、视觉等，然后再记录数据，依据统计学的分析方法加以统计，最后得出结论（郝明明等，2020）。目前，智能感官技术逐渐与传统感官分析相结合。智能感官分析仪器将向便携化方向发展，多种智能感官技术将趋向于联合应用。

（一）传统感官评价方法

1. 视觉评定或检验

视觉评定或检验是利用人的视觉器官来鉴别原料的形态、色泽、清洁程度等判断原料质量的方法，例如新鲜的蔬菜大都茎叶挺直、脆嫩、饱满、表皮光滑、形状整齐、不抽薹、不糠心，而不新鲜的蔬菜就会干缩萎蔫、脱水变老或抽薹发芽等。视觉检验应在白昼的散射光线下进行，以免灯光隐色发生错觉，检验时应注意整体外观、大小、形态、块形的完整程度、清洁度、表面有无光泽，颜色的色调深浅程度等。

2. 嗅觉评定或检验

嗅觉评定或检验就是利用人的嗅觉器官来鉴别原料的气味，或进一步评定其质量。果蔬原料都有正常的气味，当果蔬原料发生变质时就会产生不同的异味，如西瓜变质会带有馊味、核桃仁变质后产生哈喇味、梨变质会嗅到腐烂的异味等。原料中的气味是一些具有挥发性的物质所产生的，因此，在进行嗅觉检验时可适当加热，以增加挥发性物质的散发量和散发速度，最好在 15～25℃进行，因为原料中的挥发物常随温度的高低而增减，从而影响到检验结果的准确性。嗅觉检验时应该注意顺序是先识别气味淡的，后检验气味浓的，以免影响嗅觉的灵敏度。此外，在检验前禁止吸烟，否则会影响检验结果的准确性。

3. 味觉评定或检验

味觉评定或检验是利用人的味觉器官来评定或检验原料的滋味，从而判断原料品质的好坏。例如新鲜的柑橘柔嫩多汁、滋味酸甜可口，若受冻变质的柑橘则绵软浮水、口味变苦；品质好的葡萄味甜而浓，而品质差的葡萄则味淡且显酸涩。味觉检验的准确性与温度有关，在进行味觉检验时，最好使原料处于 24～25℃，以免因温度变化而影响检验结果的准确性。对几种味道不同的原料在进行感官评定时，应当按照刺激性由弱到强的顺序，最后检验味道最强烈的原料。

4. 听觉评定或检验

听觉评定或检验是利用人的听觉器官鉴别原料的振动声音来检验其品质。原料内部结构的改变，可以从其振动时所发出的声音中表现出来。如挑西瓜时，用手拍打或手指弹西瓜听其发出的声音，来检验西瓜的成熟度。

5. 触觉评定或检验

触觉评定或检验是通过手的触感检验原料的质量、质感（弹性、硬度、膨松状况）等，从而判断原料的品质，这也是常用的感官检验法之一。如用手摸西瓜表皮，感到光滑、有点硬的是熟瓜，相反，发涩、发黏或发软的是生瓜。

6. 差别检验法

差别检验法是指在食品检验过程中，要求必须回答样品之间是否存在感官差异。在差别检验中，要注意避免因为样品数量、外形、温度等明显差异而引起的误差。差别检验法一般可以分为两点检验法、三点检验法、“A” －“非 A”检验法等。

（1）三点检验法　三点检验法（表 11－1）即给出 3 个样品，经过反复对比最终判断出所给样品中哪两个样品相同。在进行三点检验法时参与的品评人员人数过少，可能会对试验结果产生影响。魏永义等（2014）通过三点检验法对绿茶饮料进行了感官差别检验，结果表明两种绿茶饮料之间有显著性差异。

表 11－1　三点检验法评价表

序号	评价内容	评价结果
1	按规定次序检验三个样品，其中有两个样品完全一样，请指出其中有差别的样品	样品编号：

续表

序号	评价内容	评价结果
2	将你感觉到的差别强度，在相对应的数值上划√	很弱　弱　中等　强　很强 1　2　3　4　5
3	你更喜欢哪个样品，在相应的位置上划√	有差别的样品： 两个完全一样的样品：

资料来源：魏永义等，2012。

（2）“A” – “非 A”检验法　“A” – “非 A”检验法是指品评员先熟悉样品“A”，然后呈送一系列的样品给检验人员，样品中既有“A”也有“非 A”，品评员要判断样品是“A”还是“非 A”的检验方法。此法适用于确定原料、加工、处理、包装和贮藏等各环节的不同所造成的两种产品之间存在的细微感官差别（魏永义等，2016）。

（3）五中取二检验法　一组共有 5 个样品，其中有 3 个样品相同，要求品评人员判断这 5 个样品中哪几个样品是相同的，这种方法称为五中取二检验法。魏永义等（2017）应用五中取二检验法对食醋滋味的差异进行了感官评定，结果表明两种食醋的滋味之间有非常显著的差异。说明五中取二检验法能分析出食醋滋味之间的感官差别，适用于对食醋滋味的感官差异进行评定分析。

7. 描述性检验法

描述性检验法是对产品特性进行定性、定量的分析和描述的一种评价方法。检验人员不仅要具备比较感知的能力，还应具备对样品进行概述、特征强度划分和对总体差异分析的能力。描述性检验法一般分为简单描述性检验法和定量描述性检验法。

（二）现代智能感官技术

1. 电子鼻（electronic nose）

电子鼻技术是一种快速、准确的无损技术。电子鼻也称人工嗅觉系统，是模仿生物鼻的一种电子系统，它是 20 世纪 90 年代发展起来的一种新颖的分析、识别和检测复杂风味及大多数挥发性成分的仪器。它与气相色谱仪等普通分析仪器不同，电子鼻得到的不是被测样品中某种或几种成分的定性和定量结果，而是样品中挥发成分的整体信息（指纹数据），它可以根据各种不同的气味测定不同的信号，还可以将这些信号与经训练后建立的数据库中的信号加以比较进行判断识别，因而具有类似鼻子的功能。运用电子鼻这种人工智能技术进行气味分析，可以客观、准确、快捷、全面地评价气味，并且有不破坏样品和重复性好的特点，这是人和动物鼻子以及气相色谱等方法所不及的。目前电子鼻已在果蔬成熟度检测中得到了应用，它是将通过气味检测得到的数据信号与产品各成熟度指标建立关系，从而能够做到在线检测生长中的水果或蔬菜所散发的气味并进行成熟度判别。此外，用电子鼻还可测出果蔬腐烂过程中释放出的如一氧化碳、乙烯、硫化氢等气体，将测得的各种气体浓度的相对比例数据输入计算机，与数据库中数据比较即可判断出果蔬是否快要腐烂。

在水果检测领域，电子鼻主要应用于检测和判断水果的贮藏期、新鲜度、成熟度等。例如，应用电子鼻技术可通过水果采后贮藏期间气味的变化判断水果的成熟度。岳盈肖等（2021）研究发现电子鼻响应信号和深州蜜桃采后各个品质指标间具有显著的相关性。现阶段，已有一些研究人员将电子鼻技术应用于水果成熟度的检测，主要根据水果在不同成熟度下挥发性香气物质的变化，分析水果在不同时期挥发性物质的变化规律，从而达到判断水果成熟度的目的。王贵平等（2015）研究表明，电子鼻可以完全区分不同采摘期嘎拉苹果的挥发性物质。

2. 电子舌 （electronic tongue）

电子舌是一种用于溶液成分分析的仪器，其结构与哺乳动物生物味觉感受系统相似，交叉敏感的化学传感器阵列可以模拟味蕾中不同味觉细胞对各味觉物质的编码模式，后端的数据处理模块与大脑的功能类似，负责对传感器的输出信号进行处理和整合，完成定性筛选和定性检测（秦臻，2018）。该种电子舌的技术关键是一个灵敏的电化学液体传感器和一整套数据分析系统，即当把电子舌放入液态或经过粉碎的固态食物中后，各个传感器将分别对食物的某一方面情况进行探测，敏感的传感器随后将有价值的信息汇总传给分析程序，将各种信息与分析程序中存有的与食品质量、成分相关的各种标准进行对照，便可较准确地对食品进行辨别。电子舌能准确识别出酸、甜、苦、辣、咸等各种味道，并可精确地测定其浓度；还可分析出果汁原料的成分；辨别出液体饮品的优劣，找出假货；同时还能分析污水成分以及工业废料排放是否超标等。目前，电子舌已经广泛应用于新鲜度检测、原料鉴定、味觉评判等方面。

3. 质构仪 （texture analysery）

质构仪又称物性分析仪。全质构分析（TPA）是一种新型的测试果实质构的方法，其通过质构仪探头模拟人口腔的咀嚼行为，对果实进行两次压缩，获得相关的质构参数，使果实质地变化有了更加客观的标准。目前进行质构分析常用的探头主要有圆柱形探头、圆锥形探头和球形探头等。对果实果肉进行质构分析多采用柱形探头（贾艳茹等，2011）和平底型探头（何全光等，2016）。何全光等（2016）等应用质构仪对芒果果肉进行 TPA 测试，参数如下：平底型探头 P/100，测前速率 2mm/s，测试速率分别设为 1、2、3mm/s 三个水平，测后速率与测试速率一致；压缩程度分别设为 10%、20%、30%、40%、50%、60% 六个水平；停留间隔 5s；数据采集速率 10pps；触发值 5g。芒果 TPA 测试方向以果皮面的朝向作为区别标准，分为正测（果皮面接触探头）、反测（果皮面接触底座）、横测（果皮面侧立于探头和底座之间）三个方向，每项测试重复 6 次，每个果肉块测试一次。

二、 物理性质检测

芒果及芒果制品的物理检测主要是从其物理属性、物理量和工程特性这三方面来进行，主要包括质量、体积、密度、硬度、黏度以及色泽等指标。下面介绍硬度与色泽的测定方法。

（一） 硬度

芒果的硬度一般采用质构仪进行检测。马冀恒等（2021）为明确外源乙烯和成熟抑制剂对采后芒果质构性能的影响效果，使用质构仪对经处理后样品的硬度进行测定，参数如下：柱形探头直径 2mm，测试前速度 2mm/s，测试速度 6mm/s，测定后速度 3mm/s，间隔时间 2s，测试方式为下压，位移 6mm。选取芒果果实阴阳面中部两个点，使用医用手术刀轻轻去除小块果皮后进行测定。

（二） 色泽

色泽是评价芒果品质好坏的一项重要指标，可以通过颜色的差异判断芒果的成熟度、品质优劣、新鲜与否。通常，目测法或色差仪对果实的颜色变化进行测定。目测法是通过眼睛观测待测样品与标准参考物来确定样品颜色的方法。主要使用标准色卡来与样品进行对比观察。使用色差仪是应用观点检测和 CIELAB 色空间原理，通过计算机直接计算出所测点位颜色的 L^*、a^*、b^* 值，从而准确地将测定结果数值化。CIELAB 色空间是三维直角坐标系统，以明度 L^* 和色度 a^*、b^* 坐标来表示其在色空间中的位置。L^* 表示明度，数值越大，颜色的明度越大。a^* 值为正时，表示颜色偏红；为负时，表示颜色偏绿。b^* 值为正时，表示颜色偏黄；为负时，表示颜色偏蓝。有研究者测定了贮藏期间脐橙果实果皮和果肉的色泽变化，发现果皮和果肉的色差值 L^* 先升后降，而色差值 a^*、b^* 先降后升（朱凯杰，2020）。

三、 理化指标测定

理化检验是指利用设备和化学试剂对原料的品质好坏进行判断。理化检验包括理化方法和生物学方法两类。理化方法可分析原料的营养成分、风味成分和有害成分的含量等。生物学方法主要是测定原料中有无毒性和生物污染程度。

运用这类方法鉴别检验原料的品质比较精确，能具体而深刻地分析其成分和性质，做出对原料品质和新鲜度的科学结论，还能查出其变质的原因。理化检验比较准确可靠，但运用该法时必须具有相应的设备仪器和专业技术人员，且检验周期较长，需花费一定的时间后才能得出结论，但此法在果蔬加工行业中对所选原料的把关使用较少。

芒果常用理化指标的测定方法如表 11 - 2 所示。

表 11 - 2 芒果常用理化指标的测定方法

成分	理化指标	国内对应检测标准
水	水分	《食品安全国家标准 食品中水分的测定》(GB 5009. 3—2016)
碳水化合物	可溶性糖	《水果及制品可溶性糖的测定 3,5 - 二硝基水杨酸比色法》(NY/T 2742—2015)
	还原糖	《食品安全国家标准 食品中还原糖的测定》(GB 5009. 7—2016)
	果糖 葡萄糖 蔗糖 麦芽糖	《水果、蔬菜及其制品中阿拉伯糖、半乳糖、葡萄糖、果糖、麦芽糖和蔗糖的测定 离子色谱法》(NY/T 3902—2021)
	膳食纤维	《食品安全国家标准 食品中膳食纤维的测定》(GB 5009. 88—2014)
	果胶	《水果及其制品中果胶含量的测定 分光光度法》(NY/T 2016—2011)
酸度	有机酸	《食品安全国家标准 食品有机酸的测定》(GB 5009. 157—2016)
	挥发性酸度	《水果和蔬菜产品中挥发性酸度的测定方法》(GB/T 10467—1989)
粗纤维	粗纤维	《植物类食品中粗纤维的测定》(GB/T 5009. 10—2003)
蛋白质	蛋白质	《食品安全国家标准 食品中蛋白质的测定》(GB 5009. 5—2016)
	氨基酸	《食品安全国家标准 食品中氨基酸的测定》(GB 5009. 124—2016)
灰分	灰分	《食品安全国家标准 食品中灰分的测定》(GB 5009. 4—2016)

续表

成分	理化指标	国内对应检测标准
维生素	维生素 A 维生素 D 维生素 E	《食品安全国家标准 食品中维生素 A、维生素 D、维生素 E 的测定》（GB 5009.82—2016）
	维生素 B_1	《食品安全国家标准 食品中维生素 B_1 的测定》（GB 5009.84—2016）
	维生素 B_2	《食品安全国家标准 食品中维生素 B_2 的测定》（GB 5009.85—2016）
	抗坏血酸	《食品安全国家标准 食品中抗坏血酸的测定》（GB 5009.86—2016）
矿物质	钾 钠	《食品安全国家标准 食品中钾、钠的测定》（GB 5009.91—2017）
	镁	《食品安全国家标准 食品中镁的测定》（GB 5009.241—2017）
	铁	《食品安全国家标准 食品中铁的测定》（GB 5009.90—2016）
	铝	《食品安全国家标准 食品中铝的测定》（GB 5009.182—2017）
	锌	《食品安全国家标准 食品中锌的测定》（GB 5009.14—2017）
	钙	《食品安全国家标准 食品中钙的测定》（GB 5009.92—2016）
	碘	《食品安全国家标准 食品中碘的测定》（GB 5009.267—2020）
	硒	《食品安全国家标准 食品中硒的测定》（GB 5009.93—2017）
	铜	《食品安全国家标准 食品中铜的测定》（GB 5009.13—2017）
	汞	《食品安全国家标准 食品中总汞及有机汞的测定》（GB 5009.17—2021）
	砷	《食品安全国家标准 食品中总砷及无机砷的测定》（GB 5009.11—2014）
	铅	《食品安全国家标准 食品中铅的测定》（GB 5009.12—2017）
	镉	《食品安全国家标准 食品中镉的测定》（GB 5009.15—2014）

四、 无损检测

国内外在生产上已经开始应用果蔬非破坏性的鉴评或检测方法，包括光学技术（紫外线检验、可见光检验、近红外线检验、红外线检验）、电磁技术、力学技术及放射线技术（X 光及 CT 检验）等。无损检测原理可分为两种：一种是在果蔬的外部发出一种能量，从果蔬对能量的输入与输出变化中得到果蔬相关的理化特性；另一种是通过对果蔬本身的化学发光或红外放射的能量等来测定果蔬的质量。

（一）近红外分析法（near - infrared analysis）

目前近红外分析法应用最多最广，技术相对成熟。近红外分光分析法是基于果蔬内部所含各种成分的分子结构在近红外区域的吸收现象，利用了双回归分析等统计方法及计算机技术进行成分和理化特性分析。其原理是当近红外线照到果蔬时，一部分被反射，一部分被吸收，检测与成分相关的特定的吸收光带，就可算出成分的含量。

近红外分析法在果蔬的检测方面主要用于测量糖度和酸度。如柑橘糖酸度无损在线检测装置，主要由光源、光学传感器、数据处理三大部分组成。利用该装置，柑橘在不受任何破坏的情况下即可获得糖酸值。另有携带式糖酸度检测装置，与固定式相比，除可测糖酸度外，还可在果蔬成长过程中，随时监测果实内部成分的变化，为栽培管理和适时采收提供科学依据。

此外，利用红外线还可快速测定果蔬中农药残留的情况，主要是采用类似光传感器的方法，即“傅里叶变换型全反射衰减红外分光法”测出果蔬表面附着的农药种类及含量，以便鉴定出残留农药是否超标而不会损伤果蔬表面。

（二）力学成熟度空洞分析法（mechanical maturity cavity analysis）

力学成熟度空洞分析法类似人挑选西瓜时一样，由机械装置向西瓜发出敲打动作，通过传感器检测振动频率或传播速度或进行波形分析比较，最终判断出西瓜的成熟度。经分析得出，振动频率越低或传播速度越慢成熟度越高。目前已有在线西瓜成熟度空洞检测装置，该装置由升降敲打、传感器、托盘、计算机等部分组成。通过波形的频率及相关关系分析，分别判断成熟度和有无空洞现象。

另外还有一种用振动传播速度来判断甜瓜成熟度的携带式检测装置。该装置由敲打装置、信号处理、A/D 转换器及笔记本电脑组成。从检测结果可以得出传播速度与果肉的实际硬度间的相关关系，且与品尝实验结果一致。此外，在甜瓜的栽培管理过程中，该装置通过敲打判别果肉软硬度，还可推测网纹形成的时期，从而进行温度和水分的管理，以期达到形成最佳网纹。

（三）可见光成熟度分析法（visible light maturity analysis）

可见光成熟度分析法是利用水果成熟程度与透光率之间的相关关系以及重病害果

实不透光的特性，可对水果的成熟度和病害果进行判别。如携带式菠萝成熟度检测装置，以自然光为光源，由检测、信号输出、增幅放大、演算、结果显示等几部分组成。经实验，采摘前和采摘后检测透光率分别为80%、90%，因此可作为采摘期预测和采摘后的成熟度检测技术普及推广。

（四）激光糖度分析法（laser brix analysis）

果实的糖度由果实中含有的蔗糖来决定。充分利用蔗糖只吸收特殊光线（激光具有较好的单色性）的性质，通过测量随蔗糖含量而变化的特殊光线量，即可最终确定果实的糖度。已有公司应用该技术开发出激光甜瓜糖度在线检测装置。该装置通过转换开关，还可测量成熟度和西瓜的糖度。

（五）X射线分析法（X－ray analysis）

X射线具有穿透能力，而物质的密度大小又影响X射线穿透量的多少，通过对穿透量的分析，就可探明物质内部的情况。因农产品的密度与金属物质相比要小得多，所需X射线强度很弱，通常称其为软X射线。应用软X射线可以检测如马铃薯、西瓜内部的空洞，柑橘中的皱皮等内部缺损现象。检测装置由X射线发射和接收、遮挡罩板、计算机等组成。检测的结果与通常的图像形式不同，它是以波形出现的（这主要是为了减少成像时间、加快检测速度），正常果实的波形圆滑，而皱皮果由于局部密度的减小，使得波形中产生突变，根据波形中有无突变现象及其大小，即可判断出皱皮发生的情况。

五、挥发性香气成分测定

芒果香气浓郁，香气成分十分丰富。了解不同品种、不同成熟阶段的芒果香气品质，可以通过对芒果香气成分进行提取分析来获得相关信息。

（一）提取方法

1. 同时蒸馏萃取法（SDE）

同时蒸馏萃取法是一种通过同时加热样品液相和有机溶剂至沸腾来实现的样品前处理技术。SDE集提取、分离、收集样品挥发性、半挥发性成分为一体，具有操作简单、重复性好、高萃取率、定性定量效果好等特点（钟淼，2015）。

2. 减压蒸馏萃取法（VDE）

减压蒸馏萃取法是在旋转蒸发仪的烧瓶中放入样品和蒸馏水，在低压条件下将烧瓶进行低温水浴使其沸腾，蒸馏收集冷凝液后利用有机溶剂进行萃取的方法。此方法的整个处理过程都在较低温度下进行，避免了样品中的成分在高温状态下发生化学反应，使提取的香气成分与原样品相比有较好的保真性（陈合兴，2016）。

3. 固相微萃取法（SPME）

固相微萃取法是集采样、萃取、浓缩和进样为一体的一种非溶剂型选择萃取法。SPME可分为顶空固相微萃取法（HS-SPME）和浸入式固相微萃取法（DI-SPME）。与其他萃取技术相比，这是一项无溶剂技术，且需要处理的样品量较少，萃取时间短，但其涂层较少，富集能力有限。此方法几乎可用于气体、液体、固体等样品中各类挥发性和半挥发性物质的分析（郑杨，2017）。

4. 溶剂辅助蒸馏萃取法（SAFE）

溶剂辅助蒸馏萃取法是一种从复杂样品中全面地提取挥发性化合物的有效手段，该方法将蒸馏系统与真空泵结合使用，利用水或有机溶剂的快速蒸发，样品中热敏性物质挥发少，萃取物较好地保留了样品的原始风味，适用于复杂基质中挥发性香气成分的提取（宋泽，2019）。

（二）分析方法

1. 气相色谱-质谱联用法（GC-MS）

气相色谱-质谱联用法是一种将气相色谱仪和质谱仪进行联用的一种分析方法。其中，色谱仪作为质谱仪的进样系统，对样品进行分离的同时，利用质谱仪作为色谱仪的特殊检测器。GC-MS兼备气相色谱仪所具有的对挥发性复杂组分分离效能高、对化合物鉴定能力强、定量准确，以及质谱仪所具有的选择性高、能为结构定性提供较多信息等特点，最大程度减少了单独应用气相色谱仪或质谱仪来分析物质的局限性，现已广泛应用于食品、药品、化工和材料等领域（赫荣强，2019）。

2. 气相色谱-嗅闻仪联用法（GC-O）

气相色谱-嗅闻仪联用是由气相色谱仪和嗅觉检测器组成。样品进入气相色谱柱经柱分离，分两部分流出。一部分分流到检测器如氢火焰离子检测器（FID），另一部分分流到嗅闻仪，此时，人的鼻子充当嗅觉检测器。嗅探口一般是圆锥形的，由玻璃或聚四氟乙烯制成。连接GC和嗅探口的加热传输线可防止被分析物在毛细管柱上凝结。从GC中流出的每一种化合物经由嗅闻仪的同时在计算机软件上形成香气色谱图。将此色谱图与样品的GC-FID和GC-MS色谱图对比分析，即可鉴定出研究者所需的香气活性化合物（李瑞利，2012）。

3. 气相－离子迁移谱法（GC－IMS）

气相－离子迁移谱法是一种操作简单、快速灵敏的检测技术。该仪器主要结合了气相色谱的分离能力强与离子迁移谱具有的灵敏度高和响应速度快的特点。使用该仪器进行样品检测时，样品不需要经过前处理，可以直接装入顶空瓶中进行气味分析，大幅提高了检测效率。GC－IMS具有高灵敏性，可以对样品中的痕量物质进行识别分析。

六、农药残留检测

目前，农药残留的检测方法主要包括快速检测法、色谱检测法和光谱检测法等。

（一）快速检测法

1. 酶抑制剂法

由于有机磷和氨基甲酸酯两类农药能抑制生物体内乙酰胆碱酯酶的活性，因此根据酶的抑制程度不同，可以计算样品中农药残留量。酶抑制法操作简便且成本较低，可以有效实现有机磷以及氨基甲酸酯类农药的检测，然而酶抑制剂法不能确定待测样品中的农药种类及残留量，且灵敏度较低，因此无法实现多组分农药残留的准确定性定量分析（杨清华等，2019）。

2. 免疫法

免疫法是基于抗原和抗体特异性免疫反应建立起来的一种生物化学方法，具有选择特异性强、灵敏度高、方便快捷、可同时检测多个样品等特点。免疫法简化了前处理过程，样品可不进行额外纯化。免疫法90%应用的是酶联免疫吸附测定法（ELISA）。ELISA的基本原理是将抗原或抗体结合到某种固相载体表面，并保持其免疫活性。抗原或抗体再与某种酶连接成酶标抗原或抗体，这种酶标抗原或抗体既保留其免疫活性，又保留酶的活性（刘凤智等，2013）。

3. 生物传感器法

随着电化学方法的不断发展，生物传感器随之产生。生物传感器是利用抗体、酶、核酸、组织、细胞等作为生物分子识别原件，将特异性生化反应转换成光、电、热等物理、化学信号，实现对生物和化学物质定性和定量的一种装置。它具有灵敏度高、检出限低、易制备、测定成本低等优点，在物质痕量检测方面引起越来越多研究人员的注意。常用于农药残留检测的生物传感器有酶传感器、微生物传感器、免疫生物传感器和压电生物传感器等（崔丽伟等，2021）。

（二）色谱检测法

色谱检测法主要有纸色谱法、薄层色谱法、气相色谱法、高效液相色谱法和超临界流体色谱法等。

1. 纸色谱法

纸色谱法可以实现对食品中农药残留物质的快速分离以及鉴定。例如，依托对邻联甲苯胺纸色谱，能够在户外条件下或实验室中迅速完成食品中有机氯农药的检测，检出限为5mg/kg，检测结果与国家标准方法相比并不存在显著性差异。

2. 薄层色谱法

薄层色谱法的固定相溶剂为水，载体为氧化铝、硅胶等固体吸附剂，流动相为有机溶剂。实践中，不需要提前准备特殊的试剂或是检测设备，也可以迅速、直观地获取食品农药残留检测结果，操作便捷性较高，但是灵敏程度偏低。因此，在当前的检测实践中，更多被应用于复杂混合物的筛选以及分离环节。

3. 气相色谱法

气相色谱法的原理主要是依托样本各组分在气相、液相间分配系数的差异性，在已经气化的样本进入色谱柱后，组分会在两相间完成多次分配；经过一定的柱长后各组分实现分离，并按顺序离开色谱柱转入检测器内；对离子流信号实施放大处理，能够从记录器中获取不同组分的色谱峰。

4. 高效液相色谱法

高效液相色谱法与气相色谱法的原理相似，主要区别是高压输送流动相，完成样本中目标物的分离与分析。实践中，在检测相对分子质量较大的农药残留或是离子型农药残留时，该方法更加适用，特别是在检测受热易分解、不易气化的农药残留物时，该方法具有更明显的应用优势。

5. 超临界流体色谱法

超临界流体色谱法在检测热稳定性低、相对分子质量较大以及极性较强的农药残留物时更加适用。由于超临界流体具备液体与气体的双重性质，所以该检测方法集成了高效液相色谱法以及气相色谱法的优势，弥补了两者各自的不足之处，为自动化分离分析体系建设提供了检测技术方面的支持。

（三）光谱检测法

近红外光谱技术、中红外光谱技术、拉曼光谱技术和衰减全反射傅里叶变换红外光谱技术都可用于水果中农药残留分析检测。近红外、中红外光谱技术预测精度高于拉曼光谱法，衰减全反射傅里叶变换红外光谱技术的农药残留检测精度高于近红外光谱技术，衰减全反射傅里叶变换红外光谱技术结合偏最小二乘法可用于微量农药溶液含量的检测和建模（王贤等，2020）。吴昕如等（2019）利用近红外光谱检测猕猴桃中的氯吡苯脲，采集两个波段融合的近红外光谱数据后对数据进行平滑预处理，采用偏最小二乘回归方法建模，结果表明模型的预测准确性良好。

第二节 安全控制技术

一、良好生产规范（GMP）

良好生产规范（GMP）是贯穿食品生产全过程的控制措施、控制方法和相关技术要求的操作规范。它要求企业从原料、人员、设施设备、生产过程、包装运输、质量控制等方面按国家有关法规要求，形成一套可操作的作业规范以帮助企业改善生产环境，及时发现生产过程中存在的产品质量与食品安全问题并加以改善。GMP 的工作重点是确认食品生产过程的安全性，防止异物、毒物、微生物污染食品；双重检验制度，防止出现人为的损失；标签管理；人员培训；生产记录、报告的存档以及建立完善的管理制度（席兴军等，2005）。GMP 贯穿于食品原料生产、运输、加工、包装、储存、销售及使用的全过程，对人员、建筑物和设施、加工设备、生产和加工控制、仓储与销售等要素及环节，加工过程的控制管理，都提出了具体要求。

二、卫生标准操作程序（SSOP）

卫生标准操作程序（SSOP）是食品加工企业为了达到 GMP 所规定的要求，保证在生产和加工过程中消除不良人为因素，为使其所生产和加工的食品符合卫生要求而制定，在食品生产和加工过程中进行规范操作行为的卫生性控制的作业指导文件。SSOP 具体列出了卫生控制的各项指标，包括了食品加工过程中的卫生、工厂环境的卫生和为达到 GMP 的要求所采取的行动。

SSOP 的主要内容为：确保接触食品（包括原料、半成品、成品）或与食品有接触的物品的水和冰符合安全、卫生要求；保证与肉类接触的员工的身体健康和卫生；

确保接触食品的器具、手套和内外包装材料等清洁、卫生和安全；保证操作人员手部的清洗消毒，保持卫生间设施的清洁；确保食品免受交叉污染；防止润滑剂、燃料、清洗消毒用品、冷凝水及其他化学、物理和生物等污染物对食品造成安全危害；正确标注、存放和使用各类有毒化学物质；预防和消除鼠害、虫害（贾红玲，2012）。

三、危害分析和关键控制点（HACCP）

危害分析和关键控制点（HACCP）是一种控制食品安全危害的预防体系。HACCP原理的特点是通过识别和评价食品在生产、加工、流通、消费等过程中存在的（包括实际存在和潜在的）危害，找出对食品安全有重要影响的关键控制点，采取必要的措施进行预防和纠正，降低危害发生的可能性，达到保障食品安全的目的。一般来说，HACCP包括七个基本原理（郑火国，2012）。

原理一：进行危害分析并确定控制措施（hazard analysis）

食品安全危害：是指引起人类在食用食品过程中不安全的任何生物的、化学的、物理的特性和因素。

危害分析：一个必须被控制的显著的危害，如果其有可能发生，将对消费者造成不可接受的风险。

食品安全危害主要来自两个方面：与原料自身有关的危害和加工过程有关的危害。这些危害分为生物危害、化学危害和物理危害三大类。

原理二：确定关键控制点（critical control points）

关键控制点：能对食品安全危害实施控制，并能预防、消除或把食品安全危害降低到可接受水平的操作单元、步骤或工序。

原理三：建立关键控制点极限值（critical limits）

关键限值：是用来保证安全产品的界限，每个关键控制点极限值对显著危害因素必须有一个或几个关键控制界限。一旦偏离了关键限就必须采取纠正措施来确保食品的安全。

原理四：对关键控制点进行监控（monitor）

监控：执行计划好的一系列观察和测量措施，从而评价一个关键控制点是否受到控制，并做出准确的记录以备将来验证时使用。

原理五：建立纠偏措施（corrective actions）

当关键限值发生偏离时，应当采取预先制定好的文件性的纠正程序。这些措施应列出恢复控制的程序和对受到影响的产品的处理方式。

纠正措施应考虑以下两个方面：更正和消除产生问题的原因，以便关键控制点能重新恢复控制；隔离、评价以及确定有问题产品的处理方法。

原理六：建立验证程序（verification procedures）以确认HACCP体系运行的有效性

验证提高了置信水平。

原理七：建立有效的信息保存系统（record－keeping and documentation procedures）

所有与HACCP体系相关的文件和活动都必须保存下来。

芒果干生产工艺中的危害分析如表11－3所示。

表11－3　芒果干生产工艺中的危害分析表

加工工序	潜在的危害	控制措施	是否CCP
芒果采购、运输、贮藏	农药残留（有机磷类）、重金属（砷、铅、汞）超标及泥沙等异物	加强农药使用指导，适时采收，加强加工过程中清洗；调查原料产地是否有严重环境污染，通过洗涤、沉降或过滤去除	是
挑选	物理的	加强工人操作规范	否
清洗	清洗水不符合生活饮用水卫生标准	定期检查水中余氯含量	是
消毒	化学的	严格控制消毒剂的浓度、温度及时间	是
去皮、削片	物理的	加强工人操作规范	否
烫漂	物理的	控制烫漂用水的温度、时间	否
真空渗糖	生物的、物理的、化学的	严格控制糖液、酸度调节剂、防腐剂、漂白剂的浓度，渗糖罐的压力、温度、时间	是
常温常压渗糖	生物的、物理的、化学的	控制糖液、酸度调节剂、防腐剂、漂白剂的浓度，浸泡温度、时间	否
烘干	物理的	确定烘干的设备、时间及温度	是
包装	物理的	加强工人操作规范，加强包装间卫生工作	否

资料来源：刘功德等，2009。

四、质量管理和质量保证体系（ISO 9000 和 ISO 22000）

（一）ISO 9000 质量管理体系

ISO 9000 族标准是国际标准化组织（ISO）于 1994 年提出制定和通过的指导各类组织建立质量管理和质量保证体系的系列标准的统称。ISO 9000 的核心是 ISO 9001 质量保证标准和 ISO 9004 质量管理标准。ISO 9000 标准系列已被全世界 80 多个国家和地区的组织所采用，为广大组织提供了质量管理和质量保证体系方面的要素。ISO 9000 族标准有两个重要的理念：一是对产品生产全过程进行控制的思想，从产品原材料采购、加工制造，直至终产品销售，都应在受控的情况下进行，要想最终产品的质量有保证，必须对产品形成的全过程进行控制使其达到过程质量要求；二是预防的思想，在产品生产全过程，始终建立预防机制，以促进生产的有效运行和自我完善，从根本上减少或消除不合格品（郑火国，2012）。

（二）ISO 22000 安全管理体系

随着经济全球化的快速发展，食品贸易国际化不断加快，为了保障本国消费者的食品安全，各食品进口国纷纷制定了一系列食品安全法律、法规和标准来提高进口食品的安全性。然而，每个国家的法律法规各不相同，致使食品生产商不能进行出厂商品统一标准化，食品企业难以应付，也阻碍了食品国际贸易的顺利进行。为了解决这一难题，2001 年国际标准化组织（ISO）开发出一套合适的食品安全管理体系标准，即《ISO 22000——食品安全管理体系要求》，简称 ISO 22000。

ISO 22000 标准开发要达到的一个主要目标是：符合食品法典委员会（CAC）的 HACCP 原理；协调自愿性的国家标准；提供一个用于审核的标准；构架与 ISO 9001：2000（质量体系管理要求）和 ISO 14001：1996（环境管理体系）相一致；提供一个关于 HACCP 概念的国际交流平台。ISO 22000 体系把体系管理、相互沟通、前提方案以及 HACCP 原理作为组织建立和实施食品安全管理体系的四项关键性要素，系统地规定了食品安全管理体系的要求（张四银，2017）。对于食品生产加工企业，ISO 22000 标准体系整合了 HACCP、GMP 和 SSOP 的相关内容，使得食品安全管理体系更加完善。在 ISO 22000 标准体系发布后，欧洲首先重视并实施，我国也进行了等同转换采用。作为全球统一的国际食品安全管理体系标准和认证认可准则，该标准体系对促进世界经济贸易、突破技术壁垒等发挥了重要作用。

五、 HACCP 与 GMP、SSOP、ISO 9000、ISO 22000 的相互关系

（一） GMP 和 HACCP 体系的关系

GMP 所规定的内容是食品生产企业必须达到的最基本条件，是覆盖全行业的全局性规范。各工厂和生产线的情况都各不相同，涉及许多具体的独特的问题，这时，国家为了更好地执行 GMP 规范，允许食品生产企业结合本企业的加工品种和工艺特点，在 GMP 基础上制定自己的良好加工的指导文件，HACCP 就是食品生产企业在 GMP 的指导下采用的自主的过程管理体系，针对每一种食品从原料到成品，从加工场所到加工设备，从加工人员到消费方式等各方面的个性问题而建立的食品安全体系，企业生产中任何因素发生变化，HACCP 体系就会相应调整更改，真正做到具体问题具体分析。GMP 与 HACCP 构成了一般与个别的关系，GMP 为 HACCP 明确了总的规范和要求，具有良好的指导作用（张登沥等，2004）。

（二） SSOP 和 HACCP 体系的关系

食品出现的安全危害主要来源于两个方面，一方面是用于食品加工的原料带入的危害，另一方面是食品加工环境和加工过程中的污染或食品加工工艺流程不合理、控制不良所造成的食品不安全，只有对两个方面都实施了有效的控制，才能使最终产品卫生安全。SSOP 是企业根据法规和自身需要建立起来的文件化的管理方法，SSOP 的正确制定和有效实施消除了加工过程中的不良因素，按产品工艺流程进行危害分析而实施的关键控制点就能集中到对工艺过程中的食品危害的控制方面，就可以减少关键控制点的数量，可以更好地把重点集中在与食品或加工有关的危害上，而不是在生产卫生环节上；SSOP 的规定不明确，或者没有严格执行 SSOP 的规定，HACCP 就要在生产卫生方面增加关键点，难免顾此失彼，发挥不了应有的效能，发展和执行 SSOP 是实施 HACCP 的主要前提。实际上，危害是通过 SSOP 和 HACCP 共同予以控制的，有了 SSOP，HACCP 就能更好地执行，就会更加有效，SSOP 对 HACCP 具有促进 HACCP 与 GMP、SSOP 的相互关系作用（张登沥等，2004）。

（三） ISO 9000 和 HACCP 体系的关系

ISO 9000 质量管理体系要求适用于所有组织，无论其类型、规模和提供的产品如

何，该标准的所有要求都是适用的，而 HACCP 食品管理体系要求仅适用于食品工业领域。ISO 9000 族标准所关注的是使顾客和其他相关方受益，而 HACCP 体系所关注的对象主要是顾客和消费者（高淑英等，2004）。

ISO 9000 族标准考虑的均为预期产品；HACCP 体系中为了最大限度保证消费者的安全，经产品非预期处置和用途也纳入考虑范围。ISO 9000 族标准体系强调对影响顾客和相关方满意度的过程加以识别和控制；HACCP 则强调食品中所含有的对人体健康有不良影响的因素和条件进行分析，从而识别显著危害，再对显著危害进行控制。由此可见，ISO 9000 族标准能促使组织提高顾客或相关方的满意度，而 HACCP 体系是针对食品的安全进行管理，以确保产品的安全性（高淑英等，2004）。

（四） ISO 22000 和 HACCP 体系的关系

ISO 22000 是一个食品安全管理体系国际标准，涵盖了系统化管理体系的全部特征；它可以指导食品链中的各类组织，按照最基本的管理要素要求建立以 HACCP 为原理的食品安全管理体系（卢炳环，2014），ISO 22000 在某种意义上就是一个国际 HACCP 体系标准（表 11－4）。

表 11－4 HACCP 与 ISO 22000 对应关系

HACCP 原理	HACCP 实施步骤		ISO 22000 实施步骤
原理一：进行危害分析	组成 HACCP 小组	步骤 1	食品安全小组
	产品描述	步骤 2	产品特性描述
	识别预期用途	步骤 3	最终用户和消费者的使用预期
	制定流程图	步骤 4	操作步骤流程图
	流程图的现场确认	步骤 5	按流程图确认加工过程
	列出所有潜在危害，进行危害分析，考虑控制措施	步骤 6	危害分析 危害识别和可接受水平的确定
原理二：确定关键控制点（CCP）	确定关键控制点	步骤 7	关键控制点的确定
原理三：确定关键限值	确定每个关键控制点的关键限值	步骤 8	关键控制点的关键限值的确定
原理四：建立关键控制点的监控系统	确定每个关键控制点的监控系统	步骤 9	关键控制点的监控系统

续表

HACCP 原理	HACCP 实施步骤		ISO 22000 实施步骤
原理五：建立纠偏行为	采取纠偏措施	步骤 10	监视结果超出关键限值时采取的措施
原理六：建立验证程序	设置验证程序	步骤 11	验证策划，以确认 HACCP 有效运行
原理七：建立文件和记录保持系统	记录和文件存档	步骤 12	HACCP 应文件化

第三节　芒果制品标准体系与法规

一、食品法典委员会

国际食品法典委员会（CAC）是由联合国粮食及农业组织（FAO）和世界卫生组织（WHO）共同建立，以保障消费者的健康和确保食品贸易公平为宗旨的一个制定国际食品标准的政府间组织。自 1961 年第十一届联合国粮食及农业组织大会和 1963 年第十六届世界卫生大会分别通过了创建 CAC 的决议以来，已有 173 个成员国和 1 个成员国组织（欧盟）加入该组织，覆盖全球 99% 的人口。CAC 下设秘书处、执行委员会、6 个地区协调委员会，21 个专业委员会（包括 10 个综合主题委员会、11 个商品委员会）和 1 个政府间特别工作组（赵丹宇，1996）。

《食品法典》是为了在国际食品和农产品贸易中给消费者更高水平的保护，并促进更公平的交易活动而制定的一系列食品标准和相关的规定。《食品法典》以统一的形式提出并汇集了国际上已采用的全部食品标准，包括所有向消费者销售的加工、半加工食品或食品原料的标准（李凯非，2003）。

二、国际标准化组织

国际标准化组织（ISO）是标准化领域中的一个国际性非政府组织。ISO 成立于 1947 年，是全球最大最权威的国际标准化组织，全体大会是 ISO 最高权力机构，理事会是 ISO 重要决策机构，我国是 ISO 常任理事国。ISO 系统的食品标准主要是由农产品、食品技术委员会（TC34）其下的 14 个标准化技术委员会和 4 个相关的技术委员会，以及若干个与食品实验室相关的标准分委员会组成。ISO 系统的食品标准主要包括食品的术语、取样方法、分析方法、产量和分级、操作、运输和贮藏等方面的要求。其中，与水果相关的绝大部分标准是由 ISO/TC34 制定的。

三、 我国与芒果制品相关的法律法规

（一） 法律

《中华人民共和国食品安全法》（2021 年修正）

《中华人民共和国农产品质量安全法》（2022 年修订）

《中华人民共和国产品质量法》（2018 年修正）

《中华人民共和国进出口商品检验法》（2021 年修正）

《中华人民共和国国境卫生检疫法》（2018 年修正）

《中华人民共和国进出境动植物检疫法》（2009 年修正）

《中华人民共和国农业法》（2012 年修正）

（二） 法规

《中华人民共和国食品安全法实施条例》（国务院令第 721 号）（2019 年修订）

《中华人民共和国进出口商品检验法实施条例》（国务院令第 447 号）（2022 年修正）

《中华人民共和国出入境动植物检疫法实施条例》（国务院令第 206 号）（1997 年）

（三） 标准

1. 强制性国家标准

《食品安全国家标准　发酵酒及其配制酒》（GB 2758—2012）

《食品安全国家标准　食品添加剂使用标准》（GB 2760—2014）

《食品安全国家标准　食品中真菌毒素限量》（GB 2761—2017）

《食品安全国家标准　食品中污染物限量》（GB 2762—2022）

《食品安全国家标准　食品微生物学检验　大肠菌群计数》（GB 4789. 3—2016）

《食品安全国家标准　食品微生物学检验　菌落总数测定》（GB 4789. 2—2022）

《食品安全国家标准　食品微生物学检验　霉菌和酵母计数》（GB 4789. 15—2016）

《食品安全国家标准　食品微生物学检验　总则》（GB 4789. 1—2016）

《食品安全国家标准　食品微生物学检验　沙门氏菌检验》（GB 4789. 4—2016）

《食品安全国家标准　食品微生物学检验　金黄色葡萄球菌检验》（GB 4789.10—2016）

《食品安全国家标准　食品微生物学检验　志贺氏菌检验》（GB 4789.5—2012）

《食品机械安全卫生》（GB 16798—1997）

《食品安全国家标准　饮料》（GB 7101—2022）

《食品安全国家标准　罐头食品》（GB 7098—2015）

《食品安全国家标准　预包装食品标签通则》（GB 7718—2011）

《食品安全国家标准　预包装食品营养标签通则》（GB 28050—2011）

《食品安全国家标准　预包装特殊膳食用食品标签》（GB 13432—2013）

《食品安全国家标准　食品营养强化剂使用标准》（GB 14880—2012）

《食品安全国家标准　食品生产通用卫生规范》（GB 14881—2013）

《食品安全国家标准　蜜饯》（GB 14884—2016）

《食品安全国家标准　食品安全性毒理学评价程序》（GB 15193.1—2014）

《干果食品卫生标准》（GB 16325—2005）

《保健食品良好生产规范》（GB 17405—1998）

《食品安全国家标准　果冻》（GB 19299—2015）

《食品安全国家标准　航空食品卫生规范》（GB 31641—2016）

2. 推荐性国家标准

《固体饮料》（GB/T 29602—2013）

《果酱》（GB/T 22474—2008）

《果冻》（GB/T 19883—2018）

《质量管理体系　要求》（GB/T 19001—2016）

《质量管理体系　基础和术语》（GB/T 19000—2016）

《质量管理体系文件指南》（GB/T 19023—2003）

《质量管理体系　GB/T 19001—2016 应用指南》（GB/T 19002—2018）

《质量管理体系咨询师的选择及其服务使用的指南》（GB/T 19029—2009）

《食品安全管理体系　食品链中各类组织的要求》（GB/T 22000—2006）

《食品安全管理体系　GB/T 22000—2006 的应用指南》（GB/T 22004—2007）

《食品安全管理体系　罐头食品生产企业要求》（GB/T 27303—2008）

《食品安全管理体系　果汁和蔬菜汁类生产企业要求》（GB/T 27305—2008）

《食品安全管理体系　速冻果蔬生产企业要求》（GB/T 27307—2008）

《非油炸水果、蔬菜脆片》（GB/T 23787—2009）

《果蔬汁类及其饮料》（GB/T 31121—2014）

《速冻水果和速冻蔬菜生产管理规范》（GB/T 31273—2014）

《植物饮料》（GB/T 31326—2014）

《芒果　贮藏导则》（GB/T 15034—2009）

3. 行业标准

《芒果等级规格》（NY/T 3011—2016）

《芒果采收及采后处理技术规程》（NY/T 3333—2018）

《出口芒果蒸热处理操作技术规程》（SN/T 4987—2017）

（四） 管理办法

《绿色食品标志管理办法》（农业农村部，2022 年修正）

《有机产品认证管理办法》《国家市场监督管理总局，2022 年修正》

《有机产品认证实施规则》（国家认证认可监督管理委员会，2010 年）

《出口食品生产企业备案管理规定》（国家质量监督检验检疫总局，2018 年）

参考文献

[1] 陈合兴. 碧螺春茶特征香气成分研究 [D]. 上海应用技术学院，2016.

[2] 崔丽伟，胡平，刘俊桃. 生物传感器在农药残留快速测定中的应用 [J]. 现代牧业，2021，5 (2)：36 - 39.

[3] 高淑英，张云影. HACCP 食品安全质量保证体系与 ISO 9000 族标准体系的异同 [J]. 吉林畜牧兽医，2004 (10)：28 - 35.

[4] 郝明明，寇雷，米晓丽. 食品检验检测的质量控制 [J]. 食品安全导刊，2020 (18)：65.

[5] 何全光，黄梅华，张娥珍，等. 芒果 TPA 质构测定优化及不同成熟度芒果质构特性分析 [J]. 食品工业科技，2016，37 (18)：122 - 126.

[6] 赫荣强. 豆腐乳特征香气成分鉴定及其对滋味的影响研究 [D]. 南宁：广西大学，2019.

[7] 贾红玲. 食品安全卫生控制体系在冷冻羊肉生产企业中的建立和应用初探 [D]. 乌鲁木齐：新疆农业大学，2012.

［8］贾艳茹，魏建梅，高海生．质构仪在果实品质测定方面的研究与应用［J］．食品科学，2011，32（S1）：184－186.
［9］李凯非．食品法典是什么［J］．中国标准化，2003（1）：65－66.
［10］李瑞利．普洱茶活性香气化合物研究［D］．重庆：西南大学，2012.
［11］刘凤沓，苏海涛，贾军燕，等．酶联免疫法在农药残留检测中的应用［J］．农业工程技术（农产品加工业），2013（6）：38－42.
［12］刘功德，黎新荣，苏艳兰，等．HACCP 质量控制体系在芒果干生产中的应用［J］．广西热带农业，2009，120（1）：51－52.
［13］卢炳环．食品安全管理体系浅析［J］．肉类工业，2014，393（1）：36－37.
［14］马冀恒，李雯，陈明敏，等．不同处理对采后芒果质构的影响［J］．保鲜与加工，2021，21（12）：10－15.
［15］秦臻．基于生物味觉的仿生电子舌及其在味觉检测与识别中的应用［D］．杭州：浙江大学，2018.
［16］宋泽．炖煮牛肉风味研究及其形成机理初探［D］．上海：上海应用技术大学，2019.
［17］王贵平，王金政．基于电子鼻技术的不同采收期“嘎拉”苹果气味变化分析［J］．中国园艺文摘，2015，31（8）：12－14.
［18］王贤，华震宇，何伟忠．红外光谱技术在红枣农药残留检测中的研究进展［J］．食品安全质量检测学报，2020，11（13）：4394－4400.
［19］魏永义，常陆林．食醋滋味的五中取二检验研究［J］．中国调味品，2017，42（1）：139－141.
［20］魏永义，胡凯．三角试验法在绿茶饮料差别检验中的应用［J］．饮料工业，2014，17（12）：23－24.
［21］魏永义，李超敏．食醋差别检验研究［J］．中国调味品，2012，37（10）：84－85.
［22］魏永义，王琼波．“A”－“非 A”试验法在食醋感官评价中的应用［J］．中国调味品，2016，41（10）：117－118.
［23］吴昕如，赵武奇，蓝海芳，等．近红外光谱技术检测猕猴桃中氯吡脲的方法研究［J］．农产品质量与安全，2019（5）：25－29.
［24］席兴军，刘俊华．国内外良好操作规范（GMP）现状及比较［J］．世界标准信息，2005（12）：85－92.

[25] 杨清华，李跑，丁胜华，等．果蔬中多农药残留检测技术研究进展［J］．中国果菜，2019，39（11）：38－42.
[26] 岳盈肖，闫子茹，赵江丽，等．利用电子鼻解析采后深州蜜桃品质变化［J］．保鲜与加工，2021，21（8）：101－108.
[27] 张登沥，沙德银．HACCP 与 GMP、SSOP 的相互关系［J］．上海水产大学学报，2004，13（3）：261－265.
[28] 张四银．ISO22000 在酱卤肉制品加工企业中的应用［D］．南京：南京农业大学，2017.
[29] 赵丹宇．食品法典及食品法典委员会简介（一）［J］．中国食品卫生杂志，1996（3）：42－43.
[30] 郑火国．食品安全可追溯系统研究［D］．北京：中国农业科学院，2012.
[31] 郑杨．芝麻香型白酒关键香气成分研究［D］．广州：华南理工大学，2017.
[32] 钟森．单热源同时蒸馏萃取器在烟叶挥发成分提取和分析中的应用研究［D］．成都：四川农业大学，2015.
[33] 朱凯杰．脐橙果皮色泽变异及番茄红素 β－环化酶的调控研究［D］．武汉：华中农业大学，2020.

第十二章

芒果贮藏与加工工厂设计

在芒果贮藏与加工产业发展过程中，工厂设计将发挥重要的作用。无论是新工厂的建设、老工厂的改造和扩建，还是进行新工艺、新技术、新设备的研究，都离不开工厂设计与建设。芒果贮藏与加工工厂设计必须符合国民经济发展的需要，符合科学技术发展的新方向，为人民提供更多、更好、更优质、安全卫生、营养丰富的食品。工厂设计在基本建设程序中，是在建设施工前完成的。一个好的工厂设计应该是：经济上合理，技术上先进，通过施工投产后，在芒果产品的产量和质量上均达到规定标准，各项经济指标应达到国内同类工厂的先进水平或国际先进水平。同时在"三废"治理和环境保护方面，必须符合国家有关规范。因此，工厂设计是芒果贮藏与加工产业发展过程中的一个重要环节（高海燕等，2021）。

第一节 工厂建设法规

芒果贮藏与加工工厂建设法规应遵循工厂基本建设程序。基本建设是指固定资产的建筑、添置和安装。按经济学内容可分为生产性建设与非生产性建设，按建设性质可分为新建、改建和扩建。其内容包括4个方面：①建筑工程，如各种建筑物和构筑物的建筑工程、设备的基础、支柱的建筑工程等；②设备安装工程，如生产、动力等各种需要安装的机械设备的装配、装置工程；③设备、工具、器具、办公家具的购置；④其他与固定资产相联系的勘察、设计等其他工作。

一、项目建议书

根据国民经济发展长远规划和工业布局的要求，进行初步调查研究，而后提出项目建议书。芒果加工工厂的项目建议书，一般具有如下内容：

（1）建设项目提出的必要性和依据。

（2）市场预测　重点是市场调查和产品的需求现状、发展趋势预测、销售预测。

（3）拟建规模、产品方案的设想。

（4）主要工艺技术设想，包括引进技术和进口设备情况。

（5）建设条件分析　包括建设地点和自然条件、社会条件、资源情况（原料、燃料、水源等条件)。

(6) 估算和资金筹措设想，重点是资金筹集方式和还贷能力。

(7) 项目进度安排。

(8) 企业经济效益和社会效益的初步估计。

二、 可行性研究报告

项目可行性报告是项目前期准备阶段的核心工作内容。所谓可行性研究就是对拟建项目在工程技术、经济及社会等方面的可行性和合理性进行的研究。可行性研究以大量数据作为基础，根据各项调查研究材料进行分析、比较后得出可行性研究结论。在进行可行性研究时，必须搜集大量的资料和数据。

(一) 可行性研究的步骤

可行性研究的内容涉及面很广，既有工程技术问题，又有经济财务问题，在进行可行性研究时，一般应有工业经济、市场分析、工业管理、工艺、设备、土建和财务等方面的人员参加。此外，还需要工业经济、市场分析、财务、土建等有关工程技术人员参加，协同进行工作，才能完成编制报告的任务。可行性研究可分为以下 6 个步骤（纵伟等，2017）。

1. 筹划准备

了解项目背景及可行性研究的主要依据和内容要求，明确研究范围，制定研究大纲。其主要依据一般包括：①批准的项目建议书及有关批准文件和协议；②相关的国家产业政策和行业发展规划、地区发展规划；③项目现有的技术条件；④拟建地点的市场条件、资源条件、自然条件、建厂条件（环境条件、社会条件、协作条件）；⑤资金来源。完成可行性研究的方式有两种：一是由项目单位组织公开招标，以签订委托合同的方式，将可行性研究交付给有能力和资质的专门咨询设计单位完成；二是由项目单位组织相关专家形成可行性研究工作小组，完成此项工作。

2. 调查研究

收集相关的国家经济建设方针、政策和长远规划；收集工程技术方面的标准、规范指标等；收集国内外的工程技术资料；了解市场对该产品的需求情况、价格同行业的竞争能力；了解所在地及周围资源情况；了解厂址所在地的自然、地理、气象、地质、能源、环保、运输、配套工程的情况。在收集资料和各种数据的基础上，应按照项目可行性研究所要求的内容进行科学的分类整理、计算加工、分析研究，结合项目的具体情况，对项目建设涉及的技术方案、产品方案、组织管理、社会条件、市场条件、实施进度、资金测算、财务效益、经济效益、社会生态效益等各方面进行可行性论证。

3. 优化和选择方案

这是可行性研究的一个主要步骤，要对调查研究的各个不同方面的内容进行组合，设计出各种可选择方案，对重要技术方案如产品方案、建设规模、厂址、工艺流程、主要设备选型、总平面布置、配套设施等应进行多方案比较，推荐出最佳方案。还需要对选出的最佳方案进行更详细的分析研究，复查和核定各项分析资料，明确建设项目的范围、投资经营的范围和收入等数据，并对建设项目的经济和财务特性作出评价。经过分析研究，要说明所选方案在设计和施工方面是可以顺利实现的，在财务、经济上是有利的，是令人满意的一个方案。为检验建设项目的效果和风险，还要进行敏感性分析，表明成本、价格、销售量、建设工期等不确定因素对企业收益率所产生的影响。

4. 详细研究

对选出的最佳方案进行详细的财务经济分析，包括投资估算、资金筹措、成本测算、经济效益预测、风险分析。

5. 编写报告书

按可行性研究报告规定的内容用文字、图表完成报告，得出可行或不可行的结论。

6. 资金筹措

筹措资金的可能性，在可行性研究之前就应有一个初步的估计，这也是财务经济分析的基本条件。如果资金来源得不到保证，可行性研究也就失去意义。在这一步骤中，应对建设项目资金来源的不同方案进行比较分析，最后对拟建项目的实施计划作出决定。

（二）可行性研究报告的内容

可行性研究的内容，随行业不同有所差异，侧重点各有不同，但基本内容是相同的。工业项目的可行性研究一般应具备以下主要内容：

1. 总论

（1）项目背景、概况

①项目名称及主办单位、可行性研究报告编制单位。

②可行性研究报告编制依据、项目提出的理由与过程。

③拟建地点、建设规模与目标。

④主要建设条件：市场条件、资源条件、技术条件、环境条件、社会条件、施工条件、外部协作配套条件、法律条件。

（2）研究工作概述　概况及重点研究问题。

（3）研究结论

①推荐方案主要内容的论证结论：包括市场预测、建设规模和产品方案、厂址选择、技术方案、设备方案和工程方案、劳动安全和消防、环境影响评价、投入资金和资金筹措、经济效益和社会效益、方案实施的基本条件、主要风险分析、主要技术经济指标。

②论述项目是否可行：包括项目在技术上是否可行、经济效益是否显著、是否有社会意义。

（4）问题与建议。

2. 市场需求预测

（1）市场分析　包括产品国内外市场供需现状、产品目标市场分析、市场竞争力分析、营销策略分析。

（2）市场预测　包括产品市场供需预测、价格现状与预测、市场风险预测。

3. 建设规模与产品方案

（1）建设规模　确定建设规模应考虑的因素、建设规模方案比选推荐的建设规模方案及理由。

（2）产品方案　确定产品方案考虑的因素、产品方案比选、推荐的产品方案及理由。

4. 建设厂址选择

（1）地点与地理位置　厂址地点、位置及周边环境，土地权属类别及占地面积，土地利用现状。技术改造项目现有场地利用情况。

（2）厂址建设条件　地形、地貌、地震、洪涝等自然灾害资料，工程地质、水文地质及气象条件，社会环境条件，交通运输条件，公用设施社会依托条件，环境保护条件，法律支持条件，施工条件。

（3）厂址方案比选　工程条件比选内容、经济性条件比选内容、推荐的厂址方案。

5. 技术方案、设备方案和工程方案

（1）技术方案　生产方法的比选内容、工艺流程的比选内容、推荐的技术方案

（主要工艺流程简图、主要工艺布置示意图、物料平衡表、车间组成表等）。

（2）主要设备方案　主要设备方案比选内容、推荐的主要设备方案、编制的主要设备表。

（3）工程方案　包括项目组成、工厂总平面图、土建工程、给水排水工程、供电工程、工厂自动化和信息化、供热设施、空压设施、采暖、通风、空调和制冷设施等。

6. 原材料与燃料供应

（1）原料品种、质量、年需求量及供应方案。

（2）成品年需求量及供应方案。

（3）废渣利用率及供应方案。

（4）副产物供应方案。

（5）燃料品种、质量、年需要量及供应方案。

7. 项目总体布置方案

（1）总体布置。

（2）厂内外运输。

（3）公用工程。

（4）辅助工程。

8. 节水、节能措施

项目可行性研究报告中应包括节能措施、节水措施。

9. 环境影响评价

（1）环境现状调查　自然环境、生态环境、社会环境、特殊环境。

（2）项目建设和生产对环境的影响　废水、废气、固体废弃物、噪声、粉尘等。

（3）环境保护设施与投资　治理方案。

（4）环境影响评价。

10. 组织机构与人力资源配置

（1）企业组织定员及工作制度。

（2）劳动定员。

（3）人员培训。

（4）劳动力来源。

11. 项目实施进度

（1）项目建设工期。

（2）项目实施进度安排。

（3）项目实施进度表。

12. 投资估算与资金筹措

（1）投资估算依据。

（2）投资估算　建筑资金估算、流动资金估算。

（3）资金筹措与使用计划。

13. 财务评价

（1）评价方法的选择及依据　财务价格、生产负荷等。

（2）产品成本费用估算。

（3）销售收入估算。

（4）销售税金及附加费。

（5）利润估算。

（6）财务盈利能力分析。

（7）清偿能力分析。

（8）不确定性分析　敏感性分析、盈亏平衡分析。

（9）财务评价结论。

14. 社会评价

（1）项目对社会的影响分析。

（2）社会评价结论。

15. 风险分析

（1）项目主要风险因素识别。

（2）风险程度分析。

（3）防范和降低风险对策。

16. 结论与建议

（1）项目总体描述。

（2）结论与建议。

17. 可行性研究报告的附图与附件（本书未收录图与附件）

（1）附图　A1 工厂总平面图；A2 车间布置方案简图；A3 库房布置方案简图。

（2）附件　B1 国家发展和改革委员会关于实施农产品深加工食品工业专项工程项目立项的批复；B2 当地银行对项目建设贷款的承诺意见；B3 环保部门对项目环境评价的批文；B4 项目技术合作协议；B5 项目内外销产品的销售意向书或协议；B6 科技型企业证书；B7 土地使用证书及用地协议；B8 本地区资源情况说明。

（3）项目产品生产工艺流程图。

三、 初步设计

初步设计是建设工程前期工作的重要组成部分，是工程建设的重要程序。它是项目决策以后，根据已批准或核准、备案的可行性研究报告和有关的设计基础资料所做出的具体实施方案。所有新建、扩建、改建的项目都必须编制初步设计。对技术要求和建设条件简单的小型项目，经主管部门同意，可简化初步设计，只进行一定程度的设计方案工作。初步设计文件由说明书、图纸和总概算书组成，通过初步设计文件大致确认拟建设的芒果贮藏与加工工厂全貌包括产品品种、规格生产能力、厂址总平面布置、建筑结构形式、工艺生产流程和设备、公司配套设施特性和设备、投资总数等。初步设计必须按照已批准或核准、备案的可行性研究报告中的规模、产品、厂址、工艺技术等内容进行编制，并应遵照国家有关的设计规范、工程建设的强制性标准进行。如果在编制初步设计时，建设规模、主要产品、厂址等有变动，或总投资超过允许额度时，必须经原审批部门批准。

第二节 厂址选择和总平面设计

食品工业的布局，涉及一个地区的长远规划。一个芒果贮藏加工工厂的建设，与当地资源、交通运输、农业发展都有密切关系。工厂的厂址选择是否得当，将直接影响到工农关系、城乡关系，有时甚至还影响到基建进度、投资费用以及建成投产后的生产条件和经济效果。同时，与产品质量、卫生条件以及职工的劳动环境等，都有着密切关系。因此，厂址选择是项目前期工作的重要组成部分。对于芒果贮藏加工厂来说，厂址的选择往往视原料和产品的销售来考虑，如芒果采后商品化处理厂、浓缩果汁厂等，由于原料运输量大或运输比较困难，厂址宜接近原料产地，或待选项目所在地附近有建立基地的良好条件。饮料罐装厂、冷饮厂等产品运输量大，厂址宜靠近主要消费地（岳田利等，2019）。

一、 厂址选择

（一） 厂址选择的准则

厂址选择工作应当在当地城建部门的统筹安排下，由筹建单位负责，会同主管部门、建筑部门、城市规划部门和区、乡（镇）等有关单位，经过充分讨论和比较，选择优点最多的地址为建厂的地址。在选择厂址时，设计单位也应参加。厂址选择应遵循的原则有下述几方面。

（1）厂址的地区布局应符合区域经济发展规划、国土开发及管理的有关规定。芒果贮藏加工工厂的厂址应设在当地的规划区内，以适应当地发展规划的统一布局，并尽量不占或少占良田，做到节约用地。所需土地可按基建要求分期、分批征用。工厂应设在环境洁净，绿化条件好，水源清洁的区域。

（2）厂址选择应按照指向原理，根据原料、市场、能源、技术、劳动力等生产要素的限度区位来综合分析确定。工厂一般建在原料产地附近的大中城市郊区，个别产品为有利于销售也可设在市区。这不仅可获得足够数量和质量新鲜的原料，也有利于加强企业对农村原料基地生产的指导和联系，而且还便于辅助材料和包装材料的获得，利于产品的销售，同时还可以减少运输费用。

（3）厂区的自然条件要符合建设要求。厂区应通风、日照良好、空气清新、地势高且干燥、排水方便。所选厂址附近应有良好的卫生环境，没有有害气体、放射源、粉尘和其他扩散性的污染源（包括污水、传染病医院等），特别是在上风向地区的工矿企业，更要注意它们对食品厂生产有无危害。厂址不应选在受污染河流的下游，要远离可能或者潜在污染的加工厂。还应尽量避免在古坟、文物、风景区和机场附近建厂，并避免高压线、国防专用线穿越厂区。

（4）所选厂址要有可靠的地质条件，应避开地震断层和基本烈度高于九度的地震区。应避免将工厂设在流沙、淤泥、土崩断裂层上，在矿藏地表处不应建厂。厂址应有一定的地耐力，一般要求不低于 $2\times10^5 N/m^2$。建筑冷库的地方，地下水位不能过高。

（5）厂区的标高应高于当地历史最高洪水位，特别是主厂房及仓库的标高更应高出当地历史最高洪水位。厂区自然排水坡度最好在（4～8）/1000。

（6）所选厂址面积的大小，应能尽量满足生产要求，并有发展余地和留有适当的空余场地。

（7）所选厂址应有较方便的运输条件（高速公路、铁路及水路）。若需要新建公路或专用铁路时，应选最短距离为好，以减少投资。

（8）有一定的供电条件。在供电距离和容量上应得到供电部门的保证。所选厂址附近不仅要有充足的水源，而且水质要好［水质必须符合《生活饮用水卫生标准》（GB 5749—2022）］。城市采用自来水，即符合饮用水标准。若采用江、河、湖水，则需加以处理。若要采用地下水，则需向当地了解，是否允许开凿深井。同时，还得注意其水质是否符合饮用水要求。

（9）水源水质是工厂选择厂址的重要条件，特别是饮料厂和酿造厂，对水质要求更高。厂内排除废渣，应就近处理。废水经处理后排放。要尽可能对废渣、废水做综合利用。

（10）便于利用现有的生活福利设施、卫生医疗设施、文化教育和商业网点等设施。厂址最好选择在居民区附近，这样可以减少宿舍、商店、学校等职工的生活福利设施。

（11）要考虑各种资源供应情况，如电、煤、汽、热等能源的资源情况，以及供水、排水、排污和“三废”处理等情况。在供电距离和容量上应得到供电部门的保证。

（二）厂址选择原则举例

1. 罐头加工厂厂址的选择原则

（1）厂址要靠近原料基地，原料的数量和质量要满足建厂要求。关于“靠近”的尺度，厂址离加工原料收购地的距离宜控制在汽车运输2h路程之内。

（2）厂区周围应具有良好的卫生环境。厂区附近不得有有害气体、粉尘和其他扩散性的污染源，厂址不应设在受污染河流的下游和传染病医院附近。

（3）地势应基本平坦，厂区标高应高出通常最高洪水水位，且能保障排水顺利。

（4）季节产品的生产需要大量的季节工，厂址应靠近城镇或居民集中点。

2. 饮料加工厂址选择原则

（1）符合国家方针政策、行业布局、地方规划等。

（2）要有充足可靠的水源，水质应符合《生活饮用水卫生标准》（GB 5749—2022）。天然矿泉水应设置于水源地或由水源地以管路接引原料水之地点，其水源应符合《食品安全国家标准　饮用天然矿泉水》，并得到权威检测机构的检测报告。

（3）要有良好的卫生环境，厂区周围不得有害气体、粉尘和其他扩散性污染源，不受其他烟型影响（包括传染病源区、污染严重的河流下游）。

（4）要有良好的工程地质、地形和水文条件，地下避免流沙、断层、溶洞；要高于最高洪水位；地势宜平坦或略带倾斜，排水通畅。

（5）要有方便的交通运输条件。

（6）注意节约投资及各种费用，提高项目综合效益。

（7）除了浓缩果汁厂处于原料基地，一般饮料厂由于成品量及容器用量大，占据的体积大，均宜建在城市或城市近郊。

（三）厂址选择报告

厂址必须多场地比较，尽可能多看一些场地，以供选择。根据芒果贮藏加工工厂厂址选择的原则，对每个场地的情况进行细致的评估，从中选择其最适宜者作为定点并写出评估报告。厂址选择报告的深度应能满足项目可行性研究及论证审批的要求，并为场地征购和开展项目初步设计提供依据。

厂址选择报告的内容大致如下：

（1）厂址的坐落地点，四周的环境情况。

（2）地质及有关自然条件资料。

（3）厂区范围、征地面积、发展计划、施工时有关的土方工程及拆迁民房情况，并绘制 1∶1000 的地形图。

（4）原材料供应情况。

（5）水、电、燃料、交通运输及职工福利设施的供应和处理方式。

（6）废水排放情况。

（7）经济分析　对厂区一次性投资估算及生产中经济成本等综合分析。

（8）选择意见　通过选择比较、经济分析，认为哪一个厂址是符合条件的。

二、总平面设计

总平面设计是芒果贮藏加工工厂设计的重要组成部分，它是将全厂不同使用功能的建筑物、构筑物按整个生产工艺流程，结合用地条件进行合理的布置，将建筑群组成一个有机整体，充分利用地形，节约场地，使所建工厂布局合理、协调一致，这样既便于组织生产，又便于企业管理。

（一）总平面设计的内容

现代芒果贮藏加工工厂，不论其生产规模、产品结构及工艺技术等差异如何，总平面设计一般包括平面布置设计、竖向布置设计、运输设计、管线综合设计、绿化布置和环保设计等 5 项程序。

1. 平面布置设计

平面布置设计就是在用地范围内对规划的建筑物、构筑物及其他工程设施就其水平方向的相对位置和相互关系进行合理的布置。其中工程设施包括运输设计（合理组织用地范围内的交通运输线路的布置）、管线综合设计（厂内外的给排水管道、电线、电话线及蒸汽管道等的设计必须布置得合理整齐）、绿化布置和环保设计。通过合理确定全厂建筑厂房、构筑物、道路、堆场、管路管线及绿化美化设施等在厂区平面上的相互位置，使其适应生产工艺流程的要求，方便生产管理的需要。

2. 竖向布置设计

竖向布置设计就是与平面设计相垂直方向的设计，也就是厂区部分地形标高的设计。其任务确定厂区建筑物、构筑物、道路、沟渠、管网的设计标高，使之相互协调并充分利用厂区自然地势地形，减少土石方挖填量，使运输方便和地面排水顺利。竖向设计虽然是总平面的组成部分，在地形比较平坦的情况下，一般都不作竖向设计。

3. 运输设计

工厂运输设计，首先要确定厂内外货物周转量，制订运输方案，选择适当的运输方式和货物的最佳搬运方法，统计出各种运输方式的运输量，计算出运输设备数量，选定和配备装卸机具，相应地确定为运输装卸机具服务的保养修理设施和建筑物、构筑物（如库房）等。对于同时有铁路、水路运输的工厂，还应分别按铁路、公路、水运等不同系统，制订运输组织调度系统。确定所需运输装卸人员，制定运输线路的平面布置和规划。分析厂内外输送量及厂内人流、物流组织管理问题，据此进行厂内输送系统的设计。

4. 管线综合设计

管线综合布置是根据工艺、水、气（汽）、电等各类工程线的专业特点，综合规定其地上或地下敷设的位置、占地宽度、标高及间距，使厂区管线之间，以及管线与建筑物、构筑物、铁路、道路及绿化设施之间，在平面和竖向上相互协调，既要满足施工、检修、安全等要求，又要贯彻经济和节约用地的原则。

5. 绿化布置和环保设计

绿化布置可以美化厂区、净化空气、调节气温、阻挡风沙、降低噪声、保护环境等，从而改善工人的劳动卫生条件。但绿化面积增大会增加建厂投资，所以绿化面积应该适当。绿化布置主要是绿化方式（包括美化）选择、绿化区布置等。食品工厂的四周，特别是在靠马路的一侧，应有一定宽度的树木组成防护林带，起阻挡风沙、净化空气、降低噪声的作用。种植的绿化树木花草，要经过严格选择，厂内不栽产生花絮、散发种子和特殊异味的树木花草，以免影响食品质量，一般来说选用常绿树较为适宜。环境保护是关系到国计民生的大事，工业“三废”和噪声，会使环境受到污染，直接危害到人民的身体健康，所以，在食品工厂总平面设计时，在布局上要充分考虑环境保护的问题。

（二）总平面设计的基本原则

总平面布置是一项政策性、系统性、综合性很强的设计工作。涉及的知识范围很广，遇到的矛盾也错综复杂，影响总平面布置的因素很多，见表 12-1。因此，总平面设计必须从全局出发，结合实际情况，进行系统的综合分析，经多方案的技术经济比较，择优选取，以便创造良好的工作和生产环境，提高投资经济效益和降低生产能耗。

表 12-1　影响总平面布置的因素

方针政策	企业生产及使用功能	建设场地条件
（1）节约用地； （2）环境保护； （3）降低能耗； （4）综合利用	（1）生产工艺流程和使用功能要求； （2）企业预留发展和扩建要求； （3）生产管理和生活方便要求； （4）安全、卫生要求； （5）建筑艺术要求； （6）环境保护要求	（1）地形、地质、水文、气象等自然条件； （2）交通运输条件； （3）动力供应和给排水条件； （4）施工建设条件； （5）厂际协作条件； （6）城镇或工业区、居住区规划条件

芒果贮藏加工工厂的总平面设计，无论原料种类、产品性质、规模大小以及建设条件如何不同，都是按照设计的基本原则结合具体情况进行的。食品工厂总平面设计的基本原则有下列几点。

（1）工厂总平面设计应按任务书要求进行布置　做到紧凑合理、节约用地，分期建设的工程应一次布置、分期建设，还必须为长期发展留有余地。

（2）总平面设计应符合工厂生产工艺的要求。

①主车间、仓库等应按生产流程布置，并尽量缩短距离。

②全厂的货流、人流、原料、管道等的运输应有各自路线，力求避免交叉。

③避免物料往返运输。动力设施应靠近负荷中心，如变电站应靠近高压线网输入

本厂的一边，同时，变电站又应靠近工厂负荷中心。制冷机房应接近变电站，紧靠冷库。

（3）总平面设计必须满足食品工厂卫生要求和食品安全要求。

①生产区（各种车间和仓库等）和生活区（宿舍、托儿所、食堂、浴室、商店和学校等）、厂前区（传达室、医务室、化验室、办公室、俱乐部、停车场等）和生产区分开。为了使食品工厂的主车间有较好的卫生条件，尽量在厂区内不建饲养场和屠宰场。如一定要建，应远离主车间。

②生产车间应注意朝向，一般采用南北向，保证阳光充足，通风良好。我国大部分地区车间最佳朝向为南偏东或西30°角的范围内。

③生产车间与城市公路须有一定的隔离区，一般宽为30～50m，中间最好有绿化地带，阻挡尘埃。

④相互间有影响的车间，尽量不要放在同一建筑物里，但相似车间应尽量放在一起，提高场地利用率。

⑤根据生产性质不同，动力供应、货运周转和卫生防火等应分区布置。同时，主车间应与食品卫生有影响的综合车间、废品仓库、煤堆及有大量烟尘或有害气体排出的车间间隔一定距离。主车间应设在锅炉房的上风向。

⑥公用卫生间要与主车间、食品原料仓库或堆场及成品库保持一定距离，并采用水冲式卫生间，以保持卫生间的清洁卫生。

⑦总平面中要有一定的绿化面积，但不宜过大。

（4）厂区道路应按运输量及运输工具的情况决定其宽度，厂区道路应采用水泥或沥青路面，以保持清洁。运输货物道路应与车间保持一定距离，特别是运煤和煤渣容易产生污染。一般道路应设计成环形，以免在倒车时造成堵塞现象。厂区道路之外，应从实际出发考虑是否需有铁路专用线和码头等设施。

（5）厂区建筑物间距（指两幢建筑物外墙面相距的距离）应按有关规范设计。从防火、卫生、防震、噪声、日照、通风等方面来考虑，在符合有关规范的前提下，使建筑物间的距离最小。

（6）厂区各建筑物布置也应符合规划要求，同时合理利用地质、地形和水文等自然条件。

①合理确定建筑物、道路的标高，保证不受洪水的影响，使排水畅通。

②在坡地、山地建设工厂，可采用不同标高安排道路及建筑物，进行合理的竖向布置。但必须注意设置护坡及防洪渠，以防山洪灾害。

（7）总平面设计必须符合国家有关规范和规定　如《工业企业总平面设计规范》《工业企业设计卫生标准》《建筑设计防火规范》《厂矿道路设计规范》《工业建筑供暖通风与空气调节设计规范》《工业锅炉房设计规范》《工业与民用通用设备电力装置设计规范》《洁净厂房设计规范》等，以及厂址所在地区的发展规划，保证工业企业协作条件。

（三）工厂平面布置

工厂的平面布置需要最好的规划，使占地面积费用最小，但有进行高效工作的充足空间。一般设计工厂时应用直线原理——物料从一端进入，最终产品出口在另一端（图 12－1）。计算机基础设计系统可用来进行工厂操作模拟和在提交任何费用之前的平面布置检查。检测一个最优平面设计的最佳方法之一是调查物流和工厂内的人流，用这些流动来说明哪里有交叉、潜在的交叉污染危险和大量调动等问题。检查了影响生产过程的因素后，重新审查新的平面布置方案和设计，并对其进行评估从而找出最优方案。

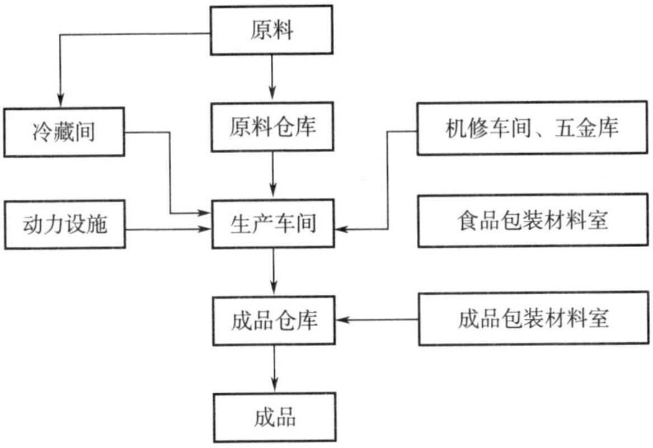

图 12－1　主要使用功能的建筑物、构筑物在总平面布置中的关系示意图

资料来源：岳田利等，2019。

工厂内的某些区域需要划分开，并且与主要的生产区分离（图 12－2）。分离的必要性应从食品安全观点及危险性分析进行推断。在生产区内有不同级别的危险。一些典型的危险级别见表 12－2。

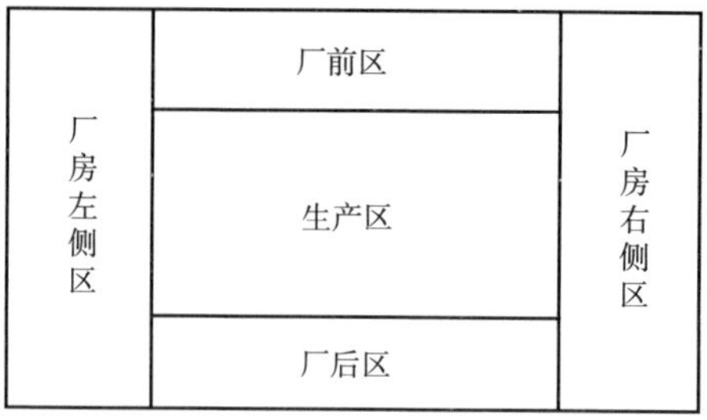

图 12－2　工厂典型厂区划分示意图

表 12－2　典型的危险级

区域	危险	区域	危险
某些新鲜原料的储存	高度危险	第二级和第三级包装	低度危险
新鲜原料的预处理	高度危险	冷冻和外界食品储存	低度危险
食品填充到初始包装	高度危险		

划分高度危险区与低度危险的明显点在产品充填和封口初步包装之后。初步包装之后污染的危险明显减小。在冷藏和冻藏食品生产厂内，区域的划分一般在刚刚冷却之后，在这种情况下，冷冻机和冷却机可作为划分的区段。对于某些食品的前期和后期干燥，可作为天然的分界线。一旦产品的水分活度降低就会变得安全，不易受微生物污染。在有些食品的生产中有被分离标记的“高度危险”区域，这通常是食品被热处理和处在包装过程的区域，由于食品对污染和可能的微生物污染是无遮挡的，因此它构成了“高度危险”。

（四）道路与绿化

1. 道路

（1）厂区道路应通畅，便于机动车通行，有条件的应该修环行路，便于消防车辆到达各车间。

（2）厂区道路应采用便于清洗的混凝土、沥青及其他硬质材料铺设，防止积水及尘土飞扬。

2. 绿化

（1）厂房之间，厂房与外缘公路或道路应保持一定距离，中间设绿化带（图 12－3）。

（2）厂区内各车间的裸露地面应进行绿化。

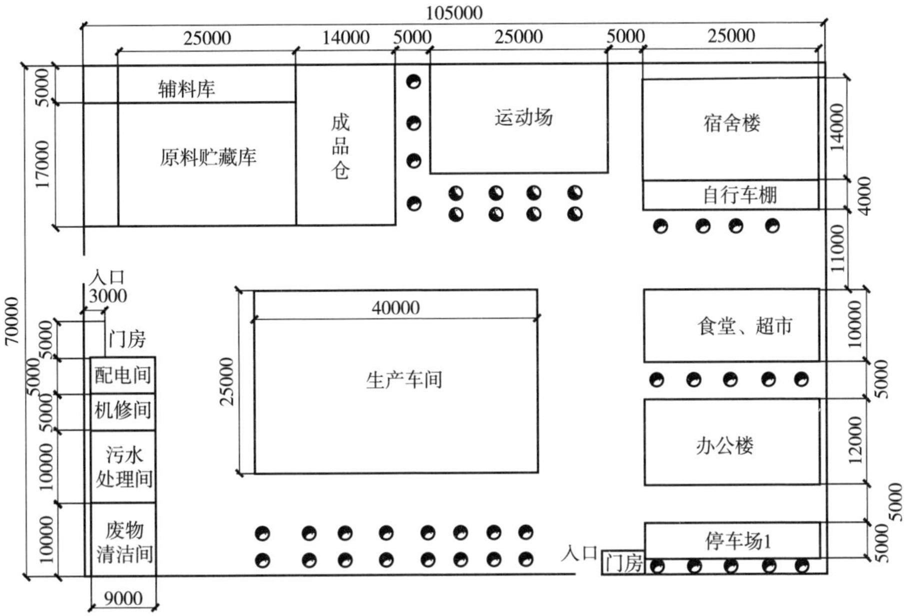

图 12－3　果汁饮料工厂总平面设计图

资料来源：杨洪烨，2018。

第三节　工厂工艺设计

芒果贮藏与加工工厂工艺设计在整个工程设计中占主要地位，是其他非工艺设计（土建、公用设计）所需基础资料的依据。由于工艺设计是以工厂生产的产品及工厂生产能力为基础进行生产流程及生产方法的选择，并对物料平衡、设备选型以及工艺、水、电、汽用量进行估算，工艺设计的好坏，直接影响到全厂生产和技术的合理性、科学性，与建厂的经费投产后产品的质量、成本、劳动强度、市场营销、市场竞争等均有密切关系。工厂工艺设计是以生产车间为主，其余车间和辅助部门等围绕生产车间进行设计（张有林，2006）。

一、 工艺设计依据与内容

（一） 依据

芒果贮藏与加工工厂的工艺设计应以批准的可行性研究报告所规定的建厂规模、

产品品种及质量要求为依据，结合建厂地点的原料、动力供应、水源水质、环境卫生等具体情况，因地制宜地确定各类产品的工艺流程、设备选型和生产车间布置。工艺设计力求技术先进、成熟可靠、经济合理。

（二）内容

芒果贮藏加工工厂工艺设计主要包括下列项目：

（1）产品方案、规格及班生产量的确定。

（2）主要产品和综合利用产品的工艺流程的确定及操作说明。

（3）物料计算。

（4）生产车间设备的生产能力计算、选型及配套。

（5）生产车间平面布置。

（6）劳动力平衡及劳动组织。

（7）生产车间水、电、气、制冷用量的估算。

（8）生产车间管路计算和设计。

（三）劳动力计算

劳动力计算主要用于工厂定员编制、生活设施（如更衣室、食堂、卫生间、办公室、托儿所等）的面积计算、生活用水、用气量的计算。劳动力的计算主要根据单位质量产品生产所需的劳动工日来计算，对于各生产车间来说：

$$每班所需工人数（人/班）=劳动生产率（工人数/t 产品）\times 班产量（t） \tag{12-1}$$

全厂工人数则为各车间所需工人之总和。

芒果贮藏加工工厂劳动生产率的高低，主要取决于原料新鲜度、成熟度、工人操作的熟练程度以及设备的机械化程度等，制定产品方案时就应注意到这些方面。所以，在设计中确定每一个产品的劳动生产率指标时，一般参照相仿生产条件的老厂。另外，在编排产品方案时，尽可能地用班产量来调节劳动力，使每班所需工人数基本相同。对于季节性强的产品，在高峰期允许使用临时工，为保证高峰期的正常生产，生产骨干应为基本工。在平时正常生产时，基本工应该是平衡的。

在芒果贮藏加工工厂设计中，定员过少，会造成生活设施不够使用，工人整天处于超负荷生产中，从而影响正常生产。定员过多，会造成基建投资费的增大和投产后人浮于事。工艺设计中除按产品的劳动生产率计算外，还得按各工段、各工种的劳动生产定额计算工人数，以便于车间及更衣室的布置。芒果贮藏加工工厂生产车间男工和女工的比例约为男：女 =3：7。

二、工艺流程的选择

芒果贮藏与加工工厂的种类繁多，由于原料不同和生产的目标产品等差异，导致工艺流程各不相同。但是部分食品采用的单元操作相同，设备原理相似，所选用设备也有近似之处。如饮料、果汁厂料液杀菌常采用高温杀菌，设备一般用管式和板式高温杀菌设备。而部分产品采用相同的原料，对原料的预处理是相同的。比如无论果汁、罐头还是脆片生产工艺都要对芒果原料进行清洗和分选等工艺。

（一）选择原则

芒果贮藏加工工厂应选定先进的、科学的工艺流程，选择时应遵循下列原则：

（1）根据产品规格要求和国家标准、行业标准或企业标准或客户特殊规格标准拟订。

（2）尽量选用先进、成熟、高效率、低能耗的新设备，生产过程尽可能做到连续化，提高机械化和自动化生产能力，以保证产品的质量和产量。工艺流程应尽可能按流水线排布，使成品或半成品在生产过程中停留的时间最短，以避免半成品的变色、变味、变质。假如是需要进行杀菌的食品，为保证其产品质量，最好采用连续杀菌或高温短时杀菌的工艺。

（3）注意经济效益，选择投资少、原料及能源单耗低、产品品质高、经济效益好的生产方法。

（4）要充分考虑环保。尽可能做到原料的综合利用，降低成本，减少“废渣”处理量。生产工艺选择达到国家规定的“三废”排放标准。

（5）有利于多个品种共用或部分品种可以共用的生产工艺。

（6）对特产或名优产品不得随意更改其工艺过程；若需改动必须要经过反复试验、专家鉴定后，方可作为新技术用到设计中来；非定型产品或科研成果，要待技术成熟后，方可用到设计中；对科研成果，必须经过中试放大后，才能应用到设计中。生产工艺流程设计工作是一项重要而复杂的工作，所涉及的范围广，直接影响建厂的效益。工艺流程设计指的是确定生产过程的具体内容、顺序和组合方式，并最后以工艺流程图的形式表现出整个生产过程的全貌。

（二） 工艺流程设计的依据

1. 加工原料的性质

依据加工原料品种和性质的不同，选用和设计不同的工艺流程。如经常需要改变原料品种，就应选择适应多种原料生产的工艺，但这种工艺和设备配置通常较复杂。如加工原料品种单一，应选择单纯的生产工艺，以简化工艺和节省设备投资。

2. 产品质量和品种

依据产品用途和质量等级要求的不同，设计不同的工艺流程。

3. 生产能力

生产能力取决于：原料的来源和数量；配套设备的生产能力；生产的实际情况预测；加工品种的搭配；市场的需求情况。一般生产能力大的工厂，有条件选择较复杂的工艺流程和较先进的设备；生产能力小的工厂，根据条件可选择较简单的工艺流程和设备。

4. 地方条件

在设计工艺流程时，还应考虑当地的工业基础、技术力量、设备制造能力、原材料供应情况及投产后的操作水平等。确定适合当前情况的工艺流程，并对今后的发展做出规划。

5. 辅助材料

如水、电、汽、燃料的预计消耗量和供应量。

（三） 工艺流程图的绘制

经论证后确定的工艺流程用工艺流程图来表示。设计中的工艺流程图有两种，即生产工艺流程方框图和生产工艺设备流程图。生产工艺流程方框图对工艺流程的描绘直观、醒目、易于理解，常作为报批材料上报，待工艺流程方案批准后，再绘制生产工艺设备流程图。设备流程图为生产车间的设备布置提供了直观的指导。两种图的画法和要求如下所述。

1. 生产工艺流程方框图

生产工艺流程方框图的内容包括工序名称、完成该工序的工艺操作手段（手工或机械设备名称）、物料流向、工艺条件等。在方框图中，以箭头表示物料流动方向。生产工艺流程方框图如图 12－4～图 12－6 所示。

芒果 → 去皮、去核 → 切分 → 预干燥 → 均湿 → 变温压差膨化干燥 → 冷却 → 分级 → 包装 → 成品

图 12 -4　芒果变温压差膨化干燥工艺流程

资料来源：赖必辉等，2011。

原料验收 → 去皮 → 去核 → 切块 → 硬化护色 → 渗糖 → 烘干整形 → 包装 → 成品

图 12 -5　芒果果脯加工工艺流程

资料来源：袁芳等，2019。

芒果 → 挑选清洗 → 去皮去核 → 打浆 → SO_2杀菌护色 → 果胶酶处理 → 成分调整 → 接种酵母 → 发酵 → 倒罐 → 后发酵 → 陈酿

图 12 -6　芒果酒加工工艺流程

资料来源：钟焱等，2019。

2. 生产工艺设备流程图

生产工艺设备流程图的内容包括设备的基本外形（标有设备名称或编号）、工序名称、物料流向以及各种介质（水、压缩空气、冷却水、蒸汽、热水等）管线的管径和走向，必要时还要标出控制点，设备外形以简单、直观为准。生产工艺设备流程图如图 12 -7 所示。

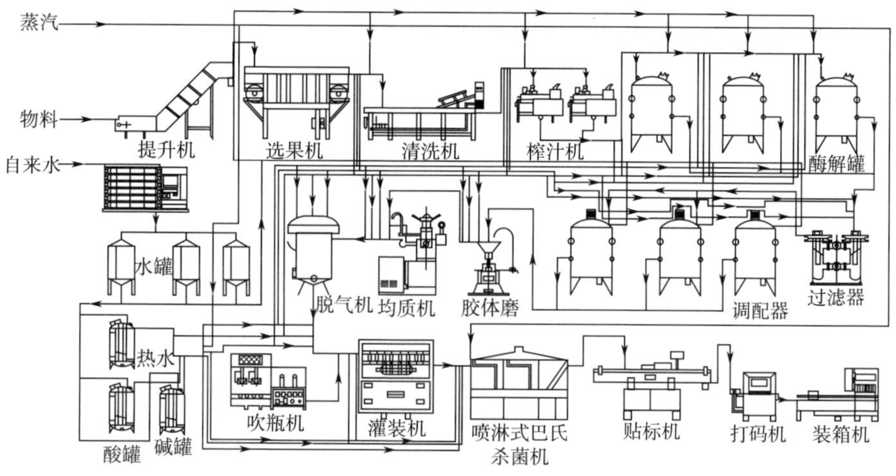

图 12 -7　果汁饮料工厂生产设备流程图

资料来源：杨洪烨，2018。

三、 物料衡算

通过物料衡算，可以计算出原料和辅助材料的用量，各种中间产品、副产品、成品的产量和组成及“三废”的排放量。依此确定主要物料的采购运输量和仓库储存量，并对生产过程中所需的设备和劳动力定员及包装材料等的需要量提供依据。除此之外，实际设计中，物料衡算的意义还针对已有的生产线或生产设备进行标定，即利用实际测定的数据计算某些难以直接测定计量的参变量，进而对该生产线或生产设备的生产情况进行分析，确定生产能力，衡量操作水平，提高成品产率，降低投入和消耗，从而提高企业经济效益。物料衡算是工艺计算的基础，在整个工艺计算工作中开始得最早，并且是最先完成的项目。当生产方法确定并完成了工艺流程示意图设计后，即可进行物料衡算。

（一） 物料衡算的一般方法

物料衡算所依据的是质量守恒定律，即对于一定的衡算生产线，在不考虑损耗的情况下，它的进出物料的总量不变，用公式表示为 $G_{进} = G_{出}$；而考虑损耗的情况下，$G_{进} = G_{出} + G_{损}$，即进料量等于出料量和损耗量的和。计算物料时，必须使原、辅料的质量与经过加工处理后所得成品及损耗量相平衡（张有林，2006）。

绘制物料平衡图时，在加工过程中投入的原辅料按正值计算，而物料损耗以负值表示，并为下一步设备计算、热量计算、管路设计、劳动定员、生产班次、成本核算提供计算依据。因此，物料衡算在工艺设计中是一项既细致又重要的工作。

在工艺设计时以班产量作为标准，同样在物料衡算时也以班产量作为计算基准，其计算公式如下：

每班原料耗用量（kg/班）= 单位产品原料耗用量（kg/t）× 班产量（t/班） （12－2）

每班各种辅助材料耗用量（kg/班）= 单位产品各种辅助材料耗用量（kg/t）× 班产量（t/班） （12－3）

每班包装容器耗用量（只/班）= 单位产品包装材料耗用量（只/t）× 班产量（t/班）×[（1+0.1%）损耗] （12－4）

每班外包装材料耗用量（只或张/班）= 单位产品外包装材料耗用量（只或张/t）× 班产量（t/班） （12－5）

以上衡算计算公式只针对一种原料生产一种产品的计算方法，如一种原料用于两种以上产品时，则需分别求出各产品的用量，再汇总求总量。

物料衡算应根据设计的范围和需求来具体确定衡算范围，通常是从原料进入到成品出产的全过程，也适用于任一组分或任一元素的物料衡算。

在物料衡算时恰当的选择计算基准可使整个计算过程得到简化。一般来说，生产过程中应选取物料不变化的一个物理量作为计算基准，如常以单位时间物料量（通常用班产量）作基准；间歇操作过程以每批处理的物料量为计算基准，即以单位质量、体积和摩尔数的产品或原料为基准，例如饮料工厂物料衡算，可以100kg原料进行计算，或以100L饮料进行计算。而在实际中也会根据单元操作的特点选取计算基准，如在干燥过程计算中，常以干物料的质量为基准。

在物料衡算时得到原辅料消耗量，是在正常生产条件下所耗用原辅料的平均值。在生产实践中因具体食品工厂的地域差异、气候不同、工人熟练度、设备状态、原料品种、新鲜度及操作条件等的不同会出现波动和变化，在实际运行时要根据具体情况进行调整（部海燕等，2020）。

（二）物料衡算的基本步骤

物料衡算的基本依据是质量守恒定律，即引入系统（或设备）操作的全部物料质量必等于操作后离开该系统（或设备）的全部物料质量和物料损失之和。

工厂设计中，由于工艺的差异，其物料衡算各有特点，基本依据是物料质量守恒定律，通常按下列步骤进行。

（1）了解生产要求，确定具体项目对物料衡算的要求。

（2）绘出物料衡算流程示意图　对规定物料衡算的系统应绘出物料流程示意图，并用箭头标示各股物料的进出方向、数量、组成，以及温度和操作条件。

（3）整理有关设计中涉及物料的基础数据和理化常数　一般包括生产规模，年生产天数，原料、辅料和产品的规格、组成及质量，以及密度、比热容等。

（4）确定工艺指标及消耗量等　原材料消耗量及其他经验数据，可根据所用的生产方法、工艺流程和设备，对照同类型生产工厂的实际水平来确定。

（5）选定计算基准　计算基准是工艺计算的出发点，芒果贮藏加工工厂设计中常以班产量为计算基准。

（6）衡算计算　由已知数据进行物料衡算。根据物料衡算式和待求项的数目列出数学关系式。关系式数目应等于未知项数目。当关联式数目小于未知项数时，可用试差法求解。

(7) 校核与整理计算结果，列出物料衡算表　见表 12－3，包括进入和离开设备的各物料名称、各物料的组成成分、物料量（即干物料量）、密度和体积等。

表 12－3　物料衡算表

进入物料量						产出物料					
物料序号	物料名称	组成/%	物料量/kg	密度/(kg/m³)	体积/m³	物料序号	物料名称	组成/%	物料量/kg	密度/(kg/m³)	体积/m³
1						1					
2						2					
3						3					
……						……					
合计						合计					

资料来源：高海燕等，2021。

根据计算结果绘制物料流程图。物料流程图能直观地表明各物料在生产工艺过程的位置和相互关系，是一种简单、清楚的表示方法。物料流程图要作为正式设计成果，编入设计文件，以便于审核和设计施工。得出原料消耗综合表（表 12－4）和产出物综合表（表 12－5）。

表 12－4　原料消耗综合表

序号	原料名称	单位	纯度/%	每吨产品消耗/t	每天或每小时消耗量/t	年消耗量/t	备注

表 12－5　产出物综合表

序号	名称	特性成分	单位	每吨原料产出量/t	每小时产出量/t	每年产出量/t	备注

四、设备选型

设备选型是在物料衡算的基础上，通过设备的计算确定生产线上每个单元操作的设备的具体型号、台数、尺寸等参数，并为后续的车间设备布置设计，以及车间和厂区平面图设计提供条件。若有几种产品都需在不同时间使用共同的设备时，应按处理量最大的品种所需台数来确定。一般后道工序设备的生产能力要略大于前道，以防物料积压（许学勤等，2021）。

（一）设备选型原则

从设备的计算与选型情况，可以影响整个工厂生产安全性和可靠性，同时影响生产成本。质量优良的设备可以提高生产效率，也可以减少能耗，为企业创造更大的利润空间（杨洁，2020）。在设备的选型时应考虑以下原则。

（1）安全性　设备要安全可靠、操作稳定、无安全隐患，对安装所在厂房等无苛刻要求，如质量负载、抗震程度等。工人在操作时劳动强度低，尽量避免露天、高温、高压、高空、高粉尘等作业环境。

（2）合理性　设备必须满足生产工艺要求，设备与工艺流程、生产规模、工艺操作条件、工艺控制水平相适应。

（3）先进性　要求设备的自动化水平、生产效率、节能程度要尽可能达到先进水平。

（4）经济性　设备结构紧凑，易于维修，需维护周期间隔长，运行费用低。能够一机多用，备品、备件供应方便。考虑生产淡旺季的生产波动，设备要有一定可调整空间余量。

（5）考虑设备故障及检修需要的备用设备。

（二）设备选择必须遵循的行业性法规

根据《中华人民共和国食品安全法》以及《食品安全国家标准　食品企业通用卫生规范》（GB 14881—2013）中对食品工厂设备选型的规定，是设备选型必须遵循的行业性法规。

（1）直接与食品接触的设备和容器（不是指一次性容器和包装）的设计与制作应保证在需要时可以进行充分的清理、消毒及养护，以使食品免遭污染。设备和容器应根据其用途，用无毒的材料制成，必要时还应是耐用的和可移动的或者是可拆装的，以满足养护、清洁、消毒、监控的需要，例如方便虫害检查等。

（2）除上述总体要求外，在选择用来烹煮、加热处理、冷却、贮藏和冷冻食品的设备时，应从食品的安全性和适宜性出发，使这类设备能够在必要时尽可能迅速达到所要求的温度，并有效地保持这种状态。在选择这类设备时还应使其能对温度进行监控，必要时还需要对温度、空气流动性及其他可能对食品的安全性和适宜性有重要影响的特性进行监控。

（3）凡接触食品物料的设备、工具和管道的材质，必须用无毒、无味、抗腐蚀、不吸水、不变形的材料。

（4）设备的设置应根据工艺要求，布局合理。上下工序衔接要紧凑。各种管道、管线尽可能集中走向。冷水管不宜在生产线和设备包装台的上方通过，防止冷凝水滴入食品。其他管线和阀门也不应设计在暴露原料和成品的上方。

（5）安装应符合工艺卫生要求，与屋顶（天花板、墙壁）等应有足够的距离。设备一般应用脚架固定，与地面应有一定的距离。部分应有防水、防尘罩，以便于清洗和消毒。

（6）各类液体输送管道应避免死角或盲端，设排污阀或排污口，便于清洗、消毒，防止堵塞。

五、 工艺管路设计

管路系统是芒果贮藏与加工工厂生产装置的重要组成部分。水、蒸汽、冷媒、压缩空气、真空、煤气等公用介质都离不开管道输送；食品加工的主料、辅料或半成品，有大量呈流体形态，都需用密闭管道系统来完成工序与工序之间、设备与设备之间的物料输送（有的还利用管路来完成某些工艺过程），并通过管路的连接，组成连续化、自动化的生产线。因此，工艺管路设计是芒果贮藏加工工厂工艺设计的一个重要组成部分。

工艺管路主要是指在生产车间单元内与所有工艺设备紧密连接的、与生产工艺直接相关的管路系统。其中既包括全部工艺专用介质管路（通常称为物料管路），也包括局部（区域性）公用介质管路。按设计工作的专业分工，公用介质管路的设计一般以车间外墙为界，内部由工艺专业负责，外部由公用各专业承担。此外，室内的消防给水和建筑排水管路，也由公用专业负责。

工艺管路设计的宗旨是要达到三个满足和一个经济合理：满足生产要求、满足安全要求、满足卫生要求，选材用料经济合理。

六、 生产车间工艺布置

生产车间工艺布置设计是芒果贮藏加工工厂设计中的一个重要的环节，是对厂房的配置和设备的排列做出合理的安排，并决定车间的长度、宽度、高度和建筑物结构的形式，以及生产车间与工段之间的相互关系。

芒果贮藏加工工厂生产车间布置是工艺设计的重要部分，不仅对建成投产后的生产实践（产品种类、产品质量、各产品产量的调节、新产品的开发、原料综合利用、市场销售、经济效益等）有很大关系，而且影响到工厂整体。车间布置一经施工就不易改变，所以，在设计过程中必须全面考虑。同时，生产车间工艺设计必须与土建、给排水、供电、供汽、通风采暖、制冷、安全卫生、原料综合利用以及“三废”治理等方面保持统一和协调。

生产车间平面设计，主要是把车间的全部设备（包括工作台等）在一定的建筑面积内做出合理安排。平面布置图是按俯视方向画出设备的外形轮廓图。在平面图中，必须表示清楚各种设备的安装位置和下水道、门窗、各工序及各车间生产设施的位置，进出口及防蝇、防虫措施等。除平面图外，有时还必须画出生产车间剖面图（又称立剖面图），以解决平面图中不能反映的重要设备与建筑物立面之间的关系，画出设备高度、门窗高度等在平面中无法反映的尺寸（在管路设计中另有管路平面图、管路立面图及管路透视图）。

生产车间的工艺布置设计与建筑设计之间关系比较密切。因此，生产车间工艺布置设计需要在工艺流程示意图和工艺流程草图的基础上进行，并相互影响，相互协调。

（一）生产车间布置的要求

（1）生产设备要按工艺流程的顺序配置，在保证生产要求安全及环境卫生的前提下，尽量节省厂房面积与空间，减少各种管道的长度。

（2）保证车间尽可能充分利用自然采光与通风条件，使各个工作地点有良好的劳动条件。

（3）保证车间内交通运输及管理方便，万一发生事故，人员能迅速安全地疏散。

（4）厂房结构要紧凑简单，并为生产发展及技术革新等创造有利条件。

（二）生产车间布置的原则

（1）满足总体设计要求　首先满足生产要求，同时充分考虑车间在总平面中的位置以及与其他车间或部门间的关系，以及有关发展前景等方面的要求。

（2）设备布置要尽量按工艺流水线安排，但有些特殊的设备可按相同类型适当集中，使生产过程中占地最少、生产周期最短、操作最方便。

（3）要考虑到多种生产的可能，以便灵活调动设备，并留有适当余地便于更换设备。同时，还应注意设备相互的间距及设备与建筑物间的安全维修距离，保证操作方便，便于维修装卸及清洁卫生。

（4）生产车间与其他车间的各工序要相互配合，保证各物料运输通畅，避免重复往返。要尽可能利用生产车间的空间运输，合理安排生产车间各种废料排出，人员进出要和物料进出分开。

（5）充分考虑生产卫生与劳动保护，如采取卫生消毒、防鼠防虫、车间排水、电器防潮、安全防火等措施。应注意车间的采光通风、采暖降温等设施。

（6）对散发热量、气味和有腐蚀性的介质要单独集中安排。对空压机房、空调机房、真空泵等既要分开，又要尽量接近使用地点，以减少输送管路及能量损失。

（7）可放在室外的设备尽可能设在室外，并加盖简易棚进行保护；要对生产辅助用房留有充分的面积，如更衣间、消毒间、工具房、辅料间等。要使各个辅助部门在生产过程中对生产的控制做到方便、及时、准确。

（三） 生产车间布置的依据

（1）厂区中平面布置图。

（2）掌握本车间与其他各生产车间、辅助生产车间、生活设施以及本车间与车间内外的道路、铁路、码头、输电、消防等的关系，了解有关防火、防雷、防爆、防毒和卫生等国家标准与设计规范。

（3）熟悉本车间的生产工艺并绘出管道及仪表流程图；熟悉有关物性数据、原材料和主副产品的贮藏、运输方式和特殊要求。

（4）熟悉本车间各种设备、设备的特点、要求及日后的安装、维修、操作所需空间、位置，如根据设备的操作情况和工艺要求，决定设备装置是否露天布置，是否需要检修场地，是否经常更换等。

（5）了解与本车间工艺有关的配电、控制仪表及其他办公、生活设施方面的要求。

（6）具有车间设备一览表和车间定员表。

（四） 生产工艺车间布置的步骤与方法

生产车间平面设计一般有两种情况：一种是新设计的车间平面布置；另一种是对原有厂房进行平面布置设计。后一种比前一种设计更加困难，但两种情况的设计方法相同。现将生产车间平面布置的设计步骤介绍如下：

（1）整理好设备清单。将固定的、移动的、公共的、专用的设备以及质量等进行说明。其中笨重的、固定的、专用的设备尽量安排在四周；质量轻的、可移动的、简单的设备可安排在车间中央，以方便更换设备。

（2）车间辅助部分（工作生活室等）的面积及要求。

（3）按照总平面图确定生产流水线方向。确定厂房建筑结构形式、朝向、跨度，绘出宽度和承重柱、墙的位置。生产车间一般布置在厂区主导风向的上风向，远离污水处理厂和垃圾堆放地。辅助车间（维修车间、洗衣房）一般围绕在生产车间的周围进行布置，可以和车间在一个建筑内，也可以与车间不在一个建筑内，但在总平面布置上要尽量靠近生产车间。

车间内的工艺分隔（不同的生产区域）要按照工艺流程进行布置，食品车间的非洁净区和洁净区要分开，生加工间要和熟加工间分开。

车间内设备的布置要按照工艺流程进行，一机多用的设备布置的位置要合理，尽量减少物料的运输距离，减少物料在设备之间的交叉运输。

更衣室的布置要根据生产需要的工人数量和男女工人的比例进行，更衣室包括卫生间、一次更衣室、淋浴室、二次更衣室、洗手消毒间和风淋室，呈“丰”字形布置在车间内的适当位置，要布置参观走廊。

（4）从不同重点出发，安排生产、设备、运输、人员流动及辅助部分，设计多种方案，画出草图。

（5）多种方案进行分析、比较、讨论、修改，确定最佳方案，对不同方案可以从以下几个方面进行比较：车间区域分隔，生产操作条件；车间运输、人员流动合理；车间卫生条件；车间多品种生产及全厂多部门配合；通风采光、管道安装及建筑造价。

（6）细化最佳方案，画出车间设计，写出设计说明。

第四节　生产性辅助设施

芒果贮藏与加工工厂的辅助设施是指与生产有密切关系的一些技术和生活设施。辅助设施的设计是全厂设计的一部分，主要内容包括原料接收站、实验室、仓库、运输设施、机修车间等的设计。

一、 原料接收站

芒果贮藏与加工过程中，原料接收是生产过程的第一环节。芒果贮藏与加工企业的原料接收，大多数是在厂内设置接收站，也有在厂外设置接收站的情况。无论在厂内还是厂外设置接收站，都需要一个适宜的卸货验收、计量、及时处理、车辆回转和容器堆放的场地，并配备相应的原料检验、计量（如地磅、电子秤）、容器和及时处理附属设备（如制冷系统、清理系统）等。由于原料品种繁多，性状各异，这就要求接收站根据原料要求进行设置。但无论哪一类原料，对原料的基本要求是一致的，即原料应新鲜、清洁、符合加工工艺的规格要求；应未受微生物、化学药物和放射性物质的污染（如无农残污染等）；定点种植、管理、采收，建立经权威部门认证验收的生产基地（无公害食品、有机食品、绿色食品原料基地），以保证加工原料的安全性，这是现代化食品加工厂必须配套的基础设施。

芒果原料接收站大部分设在原料基地或原料比较集中采收的地点。接收站检查原料质量，然后拣选分级，整理过秤，装入专用塑料桶或塑料箱，由厢式汽车运至工厂加工。

芒果原料进厂后一般经过不同程度的后熟，以改善其质构和风味。因此，芒果原料进厂后，或进常温仓库暂时贮藏，或进冷库进行较长期贮藏。在进库之前，要进行适当的挑选和分级，也要考虑有足够的场地。

二、 实验室

实验室是工厂生产技术的研究、检测机构，它能够根据工厂的实际情况向工厂提供新产品、新技术，对工厂的产品进行严格的质量控制和卫生检测，使工厂具有较强的竞争能力，获得较好的经济效益。食品工厂实验室主要有中心实验室、化验室和过程检验室。

（一） 中心实验室

1. 中心实验室的任务

（1）原料优选　同一名称的果蔬原料，不一定所有的品种都能进行加工，它们有的品种只宜鲜食，不宜加工；有的虽然可以加工，但品质不符合要求；有的品种虽佳，但经种植多年后，品质退化，这都需要对原有品种进行定向改良或培育出新型品种。定向改良和培育新品种的工作，要与农业部门协作进行，厂方着重进行产品加工性状的研究，如成分的分析测定和加工性能的实验等，目的在于鉴别改良后的效果，并指出改良的方向。

（2）开发新产品　近年来，新的食品门类不断涌现，如婴儿食品、老年食品、运动员食品、功能食品、疗效食品、保健食品等，这些新兴的食品门类，现在还不够充实，需要做大量艰苦的开发工作。此外，顾客对现有产品的改进建议，以及消费者的新需求和企业未来发展目标，均需要研发人员开发新产品，以满足企业持续发展的需要。

（3）优化产品制作工艺　食品生产过程是一个多工序组合的复杂过程。每一个工序又各涉及若干工艺参与。为要找到一条最适合于本厂实际的工艺路线，往往要进行反复的试验摸索。凡本厂未批量投产和制定定型工艺的产品，在投入车间生产之前，都需经过小样试制，而不能完全照搬外厂的工艺直接投产。这是因为同一种原料，产地不同，季节不同，其性质和加工特性往往差异较大。再者，各厂的设备条件、工人的熟练程度、操作习惯等也不尽相同。

（4）其他　中心实验室的任务还包括原辅材料综合利用的研究、新型包装材料的试用研究、某些辅助材料的自制、“三废”治理工艺的研究等。此外，中心实验室还应随时掌握国内外的技术发展动态，搜集整理先进的技术资料，并综合本厂的实际加以推广应用。

2. 中心实验室的装备

中心实验室一般由精密仪器室、工作室、理化分析室、保温室、微生物检验室、样品间、资料室及试制工场等组成。如罐头厂的中心实验室在仪器方面，除配备一定数量的常用仪器外，最好能配备一套罐头中心温度测定仪和自动模拟杀菌装置。在设备方面，可配备一些小型设备，如小型夹层锅、手动封罐机、小型压力杀菌锅以及电冰箱、真空泵、空压机等，动力装接容量大体为 DN50 的水管、DN40 的蒸汽管、20kW 左右的电源，并需事先留有若干电源插座。中心实验室在厂区中的位置，原则上应在生产区内，单独或毗邻生产车间，或合并在由楼房组成的群体建筑内均可。总之，要与生产联系密切，并确保水、电、汽供应方便。

（二）化验室

化验室的职能是通过内部检验，对产品和有关原材料进行卫生监督和质量检查，确保这些原辅材料和最终产品符合《中华人民共和国食品安全法》和有关部门发布的质量标准或要求。

1. 化验室的任务

化验室的任务可按检验对象和项目来划分。其检验对象以罐头食品工厂为例一般有原料检验、半成品检验、成品检验、镀锡薄板及涂料的检验、其他包装材料检验、各种添加剂检验、水质检验及环境监测等；其检验项目一般有感官检验、物理检验、化学检验及微生物检验等。

2. 化验室的组成

化验室的组成一般是按检验项目来划分，分为感官检验室（可兼作日常办公室）、物理检验室、化学检验室、空罐检验室、精密仪器室、微生物检验室及贮藏室等。

3. 化验室的装备

化验室配备的大型设施主要有双面化验台、单面化验台、药品柜、支承台、通风橱、冰箱、烘箱等。

（三）过程检验室

1. 过程检验室的任务

过程检验室是对产品质量进行控制的重要部门，主要职责是对生产的原辅材料，中间产品和成品等进行感官检验、物理检验、化学分析和微生物检验，及时提供各项分析数据，为正常生产运作及管理决策提供依据，以确保产品质量。

2. 过程检验室组成

一般包括物理感官检验间、化学检验室、精密仪器间、微生物检验间（包括无菌室、细菌培养间、准备间）、样品间、资料间。

三、仓库

芒果贮藏与加工企业是物流量较高的企业，其仓库在全厂建筑面积中占有相当大的比例，一般包括原料库、辅助库、成品库、包装材料库、五金材料库、劳动保护用品库以及危险品仓库等。在芒果贮藏加工工厂设计中，仓库的容量和位置一般由工艺人员考虑，然后提供给土建专业人员。

（一）仓库的特点

（1）空间需求波动大　芒果贮藏与加工中由于产品的季节性强，旺季时各种物料高度集中，仓库出现超负荷；淡季时，仓库又显得空余，其负荷曲线呈剧烈起伏状态。

（2）贮藏条件要求高　总体而言要确保食品卫生，要求防蝇、防鼠、防尘、防潮，部分贮藏库要求低温、恒温、调湿及气调装置，同时还需要能进行机械化作业。

（3）库存期受市场影响大　特别是生产出口产品为主的工厂，成品库存期长短常常不取决于生产部门的愿望，而取决于市场上的销售渠道是否畅通。芒果进行加工的目的之一就是调整市场的季节差，所以产品在原料旺季加工，淡季销售甚至于全年销售应是一种正常的调节行为，这也是造成需较大容量成品库的一个重要原因。

（二）仓库类别

芒果贮藏与加工工厂仓库的名目繁多，根据其存放物品种类区分，通常有原料仓库（包括常温库、冷风库、高温库、气调保鲜库、冻藏库等）、辅助材料库（存放糖、油、盐及其他辅料）、保温库（包括常温库和37℃恒温库）、成品库（包括常温库和冷风库）、马口铁仓库（存放马口铁）、空罐仓库（存放空罐成品和底盖）、包装材料库（存放纸箱、纸板、塑料袋、商标纸等）、五金库（存放金属材料及五金器件）、设备工具库（存放某些工具及器具）。此外，还有玻璃瓶及箱、框堆场、危险品仓库等。

四、工厂运输

芒果贮藏与加工工厂一般运输量均比较大，其运进的物品为原料、配料、辅助材料、包装材料、燃料等，运出的为成品及废弃品（生产废料、煤渣等），尤其对于有生产旺季或高峰销售季节的食品工厂，每天的物流运输量很大，如日产300t果酱（28～30°Bx），其原料日需量就达1800t，所以畅通的运输系统对工厂至关重要。

（一）厂外运输

进出厂的货物，大多通过公路或水路（除特殊情况外，现已很少用水路）。公路运输视物料情况，一般采用载重汽车，而对冷冻食品要采用保温车或冻藏车（带制冷机的保温车），鲜乳原料最好使用罐车。运输工具现在大部分工厂仍是自己组织安排，但已逐步向委托运输方式转变，即芒果贮藏加工工厂委托由有实力的物流公司来承担。

（二） 厂内运输

厂内运输主要是指车间外厂区的各种运输，由于厂区道路较窄小，转弯多，许多货物有时还直接进出车间，这就要求运输设备轻巧灵活、装卸方便。常用的有电瓶叉车、电瓶平板车、内燃叉车以及各类平板手推车、升降式手推车等。有些机械化程度较高的食品工厂，通过采用传送带方式，实现厂区间物料的运输。

（三） 车间内运输

车间内运输与生产流程往往融为一体，工艺性很强，如输送设备选择得当，将有助于生产流程更加完美。一般垂直输送设备有斗式提升机、真空提升装置等，水平输送设备有带式输送机等，车间内的起重设备常用的有电动葫芦、手拉葫芦、手动或电动单梁起重机等。

五、 机修车间

机修车间的任务是维修保养所有设备。芒果贮藏与加工的设备类型主要有定型专业设备、非标准专业设备和通用设备。维修工作量很大的是专业设备和非标准设备的制造与维修保养。由于非标准设备制造比较粗糙，工作环境潮湿，腐蚀性大，故每年都需要彻底维修。此外，罐头工厂的空罐及有关模具的制造，通用设备易损件的加工等，工作量也很大。所以，芒果贮藏加工工厂一般都配备相当的机修力量。

中小型工厂一般只设厂一级机修，负责全厂的维修业务。大型工厂可设厂部机修和车间保全两级机构。厂部机修负责非标准设备的制造和较复杂的设备的维修，车间保全则负责本车间设备的日常维护。机修车间一般由机械加工、冷作及模具锻打等几部分组成。铸件等不能现场制作的零部件，一般通过外协作解决，作为附属部分，机修车间还包括木工间和五金仓库等。

第五节 公用系统

所谓公用系统，是指与全厂各部门、车间、工段有密切关系的，为这些部门所共有的一类动力辅助设施的总称。就芒果贮藏与加工而言，这类设施一般包括给排水、供电及仪表、供气、制冷、采暖、通风六项工程。工厂设计中，这 6 项工程分别由 6

个专业工种的设计人员承担。

一、公用系统区域划分

（一）厂外工程

给排水、供电等工程中水源、电源的落实和外管线的敷设，牵涉的外界因素很多，如供电局、城乡建设局、市政工程局、城市自然资源和规划局、环保局、自来水公司、应急管理局等。厂外工程属于市政工程性质，一般由当地市政工程设计院设计，专业设计院通常不承担厂外工程的设计。

（二）厂区工程

厂区工程是指厂区范围、生产车间以外的公用设施，包括：给排水系统中的水池、水泵房、冷却塔、外管线、消防设施；供电系统中的变配电所、厂区外线及路灯照明；供热系统的锅炉房、烟囱、煤场及蒸汽外管线；制冷系统的冷冻机房及外管线；污水处理站及外管线。

（三）车间内工程

车间内工程是指有关设备及管线的安装工程，如风机、水泵、空调机组、电气设备及制冷设备的安装，包括水管、汽管、冷冻水管、风管、电线、照明等。其中水管和汽管由于与生产设备关系十分密切，它们的设计一般由工艺设计人员担任，其他仍归属公用工程各专业承担。

二、对公用系统的要求

公用系统由于直接与芒果生产密切相关，所以必须符合以下设计要求。

（一）满足生产需求

芒果生产的一大特点就是季节性较强，导致公用设施的负荷变化非常明显，因此要求公用设施的容量对生产负荷变化要有足够的适应性。对于不同的公用设施要采取不同的原则，如供水系统，须按高峰季节各产品生产的小时需水总量来确定它的设计能力，才能具备足够的适应性。供电和供汽设施一般采用组合式结构，即设置两台或两台以上变压器或锅炉，以适应负荷的变化。还应根据全年的季节变换画出负荷曲线，以求得最佳组合。

（二）符合卫生条件

在芒果生产中，生产用水的水质必须符合《生活饮用水卫生标准》（GB 5749—2022），直接用于食品生产的蒸汽不含危害健康或污染食品的物质。制冷系统中氨制冷剂对食品卫生有不利影响，应严防泄漏。公用设施在厂区的位置是影响工厂环境的主要因素，环境因素的好坏会直接影响食品的卫生，如锅炉房位置、锅炉型号、烟囱高度、运煤出灰通道、污水处理站位置、污水处理工艺等是否选择正确，与工厂环境卫生有密切关系，因此设计必须合理。

（三）运行可靠、费用经济

进行设计时，要考虑到经济的合理性，应根据工厂实际和生产需要，正确收集和整理设计原始资料，进行多方案比较，处理好近期的一次性投资和短期经常性费用的关系，从而选择投资最少、经济收效最高的设计。在保证经济合理的同时，还要保证给水、配电、供汽、供暖及制冷等系统供应的数量和质量都能达到可靠而稳定的技术参数要求，以保证生产正常安全的运营。

三、给排水

（一）对水质的要求

在芒果贮藏与加工工厂中，水是重要的原料之一，水质的优劣直接影响产品的质量。不同的用途，有不同的水质要求。食品厂水的用途可分为：一般生产用水、特殊生产用水、冷却用水、生活用水和消防用水等。表 12－6 为各类用水水质标准。

表 12－6　各类用水水质标准

项目	生活饮用水	清水类罐头用水	饮料用水	锅炉用水
pH	6.5～8.5	—	—	＞7
总硬度（以 $CaCO_3$ 计）	＜450mg/L	＜100mg/L	＜50mg/L	＜0.1mg/L
总碱度	—	—	＜50mg/L	—
铁	＜0.3mg/L	＜0.1mg/L	＜0.1mg/L	—

续表

项目	生活饮用水	清水类罐头用水	饮料用水	锅炉用水
酚类	< 0.05mg/L	无	无	—
氯化物	< 250mg/L	—	< 80mg/L	—
余氯	< 0.05mg/L	无	—	—

资料来源：高海燕等，2021。

（二）对水源要求

水源的选择，应根据当地的具体情况进行技术经济比较后确定。在有自来水的地方，一般优先考虑采用自来水。如果工厂自制水，则尽可能首先考虑地面水。水源的选用应通过技术经济比较后综合考虑确定，并应符合水量充足可靠、原水质符合要求，取水、输水、净化设施安全、经济和维护方便具有施工条件的要求。各种水源的优缺点比较见表 12－7。

表 12－7　各种水源的优缺点比较

水源类别	优点	缺点
自来水	技术简单，次性投资省，水质可靠	水价较高，经常性费用大
地下水	可就地直接取水，水质稳定，不易受外部污染，水温低，且基本恒定，一次性投资不大，经常使用费用小	水中矿物质和硬度可能过高，甚至有某种有害物质，抽取地下水会引起地面下沉
地面水	水中溶解物少，经常性使用费用低	净水系统管理复杂，构筑物多，一次性投资较大，水质、水温随季节变化较大

工厂用地下水作为供水水源时，应有确切的水文地质资料，取水量必须小于最小开采量，并应以枯水季节的出水量作为地下取水构筑物的设计出水量，设计方案应取得当地有关管理部门的同意。水下构筑物的型式一般有以下几部分。

（1）管井　适用于含水层厚度大于 5m，其底板埋藏深度大于 15m。

（2）大口井　适用于含水层厚度约 5m，其底板埋藏深度小于 15m。

（3）渗渠　仅适用于含水层厚度小于 5m，渠底埋藏深度小于 6rn。

（4）泉室　适用于有泉水露头，且覆盖厚度小于 5m。

用地表水作为供水水源时，其设计枯水流量的保证率一般可采用90% ~97%。

工厂地表水构筑物必须在各种季节都能按规范要求取足相应保证率的设计水量。取水水质应符合有关水质标准要求，其位置应位于水质较好的地带，靠近主流，其布置应符合城市近期及远期总体规划的要求，不妨碍航运和排洪，并应位于城镇和其他工业企业上游的清洁河段。在各方面条件比较接近的情况下，应尽可能选择近点取水，以便管理和节省投资，凡有条件的情况下，应尽量设计成节能型（如重力流输水）。

（三） 水处理系统

给水处理的任务是根据原水水质和处理后水质要求，采用最适合的处理方法，使之符合生产和生活所要求的水质标准。芒果贮藏加工工厂水质净化系统分为原水净化系统和水质深度处理系统。如果使用自来水为水源，一般不需要进行原水处理。采用其他水源时常用的处理方法有混凝、沉淀、澄清、过滤、软化和除盐等。芒果贮藏加工工厂工艺用水处理要根据原水水质的生产要求，采用不同的处理方法。产品用水、生活用水除澄清过滤处理外，还需经消毒处理，锅炉用水还需软化处理。

四、 供电及供气

（一） 供电工程设计内容

芒果贮藏与加工工厂供电工程设计包括全厂变电、配电所、动力、照明、防雷接地等设施的设计。

（二） 供电要求及相应措施

（1）有些工厂生产季节性强，用电负荷变化大，因此，大中型厂宜设两台变电器，以适应负荷的剧烈变化。

（2）芒果贮藏加工工厂的变配电设施的容量或面积要留有一定的余地。

（3）供电不稳定的地区如有条件，可采用双电源供电。

（4）为减少电能损耗和改善供电质量，厂内变电所应接近或毗邻负荷高度集中的部门。如厂区范围较大，必要时可设置主变电所及分变电所。

（5）食品生产车间供电管线及电器应考虑防潮。

（三） 用气要求

芒果贮藏与加工工厂的用气部门主要有生产车间（包括原料处理、配料热加工、成品杀菌等）和辅助生产车间（如综合利用、罐头保温库、洗衣房、浴室、食堂等)。其中罐头保温库要求连续供气。

用气压力，除了以蒸汽作为热源的热风干燥、高温油炸、真空熬糖等要求较高的压力［（8×10^5 ~ 10×10^5）Pa］，其他用气压力大都在 7×10^5Pa 以下，有的只要求（2×10^5 ~ 3×10^5）Pa。因此，在使用时需经过减压，以确保用气安全。

由于芒果贮藏加工工厂的季节性较强，用气负荷波动较大，为适应这种情况，芒果贮藏加工工厂的锅炉不宜少于两台，并尽可能采用相同型号的锅炉。

（四）锅炉的选择

锅炉型式的选择，要根据全厂用气负荷的大小、负荷随季节变化的曲线、所要求的蒸汽压力以及当地供应燃料的品质，结合锅炉的特性，按照高效、节能、操作和维修方便等原则加以确定。

芒果贮藏加工工厂应避免采用沸腾炉和煤粉炉，因为这两种类型的锅炉容易造成煤屑和粉尘的大量飞扬，影响环境卫生。按我们现行能源政策，用气负荷曲线不平稳的食品厂搞余热发电是不可取的。食品厂的锅炉燃烧方式应优先考虑链条式炉排。

五、加热、通风与空调系统

所有的芒果贮藏与加工工厂都需要一定程度的加热、通风和空调系统。加热根据设施的大小、被加热气体的体积和被处理原料的性质或区域内的加工过程而变化。小区域加热可直接使用煤气加热器。如果使用来自中央系统的热空气对敏感的区域进行加热，空气是否需要过滤和杀菌，取决于被加工产品对微生物的敏感性。应定期清洁和检查通向室内的风管，注意加热系统由于装修和裂缝造成潜在的卫生问题。

通风在大多数工厂里是必须的，通过选择系统的参数进行控制，使加工区域内形成正压，让用过的废气排放到外面。在大多数情况下废气可排向大气，对有毒气体或异味需适当过滤或处理。是否需要空调将依据工厂内需要的温度和所需制冷机组的大小而定。

六、制冷

制冷工程的建立和设置主要用于原辅材料及成品贮藏保鲜。

（一）制冷内容

1. 生产加工工艺用冷

对物料而言，这部分用冷用于生产物料的直接降温、冷却；芒果加工设备用冷，如低温冷却水的制备和循环、储乳缸、冷热缸、发酵大罐、板式或管式换热器以及速冻机的用冷。

2. 车间环境用冷

可分为车间操作人员的空调用冷和车间生产物料需要的环境条件用冷，如通过为空调设备提供冰水和为腌制间、解冻间建立低温环境，来保证物料处于冷链环节。

3. 冷库及配送用冷

主要用于原辅材料的暂存，半成品的暂存，成品的贮藏和冷藏配送，如原料冷库、排酸间、高温冷藏间和低温冷藏间、配送间等。

（二）制冷系统

制冷系统就供氨方式而言，分为重力循环系统和强制循环氨泵系统。重力系统只用于较小的制冷装置及小型冷库。在氨泵系统中，由储液器来的高压氨液经调节阀流至低压循环筒，氨液由氨泵从循环筒输送至蒸发排管，在排管内吸热蒸发，再回流至循环筒。氨泵的流量以 5 倍蒸发量计，或以耗冷量计：每 4000kJ/h 配氨泵流量 25～30L/h。氨泵进出液管的流速分别为 0.375m/s 和 0.75m/s，以此决定所配管径的大小。

（三）冷库的平面设计原则

（1）冷库的平面形状最好接近正方形，以减少外部维护结构。

（2）高温库房与低温库房应分区布置（包括上下左右），把库温相同的布置在一起，以减少绝缘层厚度和保持库房温湿度相对稳定。

（3）采用常温穿堂，可防止滴水，但不宜设室内穿堂。

（4）高温库因货物进出较频繁，宜布置在底层。

第六节　卫生及生活设施

工厂卫生关乎食品安全，是关系到工厂经济效益的重大问题。为防止食品在加工过程中的污染，在工厂设计时，一定要在厂址选择、总平面布局车间布置及相应的辅助设施等方面，严格按照卫生标准和有关规定的要求，进行周密的考虑。

一、工厂卫生

芒果贮藏与加工厂的工厂卫生主要包括厂区、库房环境卫生，厂区、库房设施卫生，加工卫生。

为了防止微生物和其他腐败菌的生长，工厂需要保持清洁。工厂的设计要有利于使工厂既清洁又容易进行清洁。墙、地面及天花板的设计应有利于工厂清洁卫生。

清洁工厂可以使用多种技术，如泡沫、喷雾、擦刷和清洗。所用的清洁液一般以酸性或碱性为主。大多数情况下，清洁后要杀菌，卫生消毒剂以过氧化氢为主。泡沫清洁剂是由具有清洁性的化学试剂充气而形成，这种方法通常能使表面接触发生改变，有利于去除更多的灰尘。喷雾是将清洁剂喷成很细小的雾状，除了喷到被清洁的设备和表面，还可以喷到任何暴露在空气中的固体上。喷雾可与其他清洁方法结合使用。干法清洁效果很好，但要注意应用真空系统进行干废物的收集，某些干粉有潜在爆炸危险，收集必须十分小心。

在利用上述清洁方法的同时要配以一定的消毒手段。常用的卫生消毒方法有：漂白粉溶液（适用于无油垢的工作台操作台、墙壁、地面、车辆、胶鞋等）、氢氧化钠溶液［适用于有油垢及糖液污垢的工具、墙壁、地面、车辆等，使用浓度1% ~2%（质量分数）］、过氧乙酸［这是一种高效消毒剂，适用于各种器具、物品和环境的消毒，使用浓度0.04% ~0.2%（质量分数）］、蒸汽和热水（适用于棉织物、空罐及质量小的工具消毒，热水温度82℃以上）以及紫外灯。

二、生活设施

芒果贮藏与加工工厂生活设施主要包括办公楼、食堂等，需要指出的是不包括单身宿舍、职工家属宿舍及其他社会性福利设施。

（一）办公楼

办公楼应布置在靠近人流出入口处，其面积与管理人员数及机构的设置情况有关。行政及技术管理机构按工厂的规模，根据需要设置。

（二）办公楼建筑面积估算

办公楼建筑面积估算可采用式（12 -6）：

$$F = (G \times K_1 \times A) / K_2 + B \tag{12-6}$$

式中 F——办公楼建筑面积，m^2；

G——全厂职工总人数（人）；

K_1——全厂办公人数比，一般取8%～12%；

K_2——建筑系数，65%～69%；

A——每个办公人员使用面积，5～7m^2/人；

B——其他辅助用房面积，根据需要设计。

（三）食堂

食堂在厂区中的位置，应靠近工人出入口或人流集中处，服务距离以不超过600m为宜。在食品工厂生活设施中，还应包括更衣室、浴室、卫生间、托儿所、医务室等设施。

第七节 工厂的环境保护

芒果贮藏与加工工厂除了决定场地是否满足需要，还需要评价工厂对周围地区的影响。评估工厂对周围影响的一般方法是专门完成一项环境影响评定，可见环境保护对芒果贮藏加工工厂是十分重要的。

一、环境保护的内容

芒果贮藏与加工工厂的环境污染主要有生产废弃物、生产废水、生活污水、废气、锅炉烟尘、煤灰渣及机械噪声等，生产废弃物来源于农副产品原料加工中的皮、渣及包装材料的废弃物等。生产废水来源于果蔬等原料的清洗，加工过程中预煮、冷却、浸酸、淋碱等产生的废水，容器、设备及管道的清洗以及地坪冲洗等废水。生活污水主要是指食堂餐厅、卫生设备产生的污水。废气来源于镀锡薄板内、外涂料和印刷的有机溶剂挥发气，油炸烹饪时产生的油烟、废热气以及油脂浸出溶剂的逸出物。锅炉烟尘及煤灰渣产生于燃煤锅炉。机械噪声来源于空气压缩机、真空泵、水泵、制冷压缩机、风机等公用设施中的装备和生产设备，如空罐制造用的冲床等。综上所述，芒果贮藏与加工工厂所造成的环境污染多种多样，但工厂的环境保护主要进行“三废”治理，即废水、废渣、废气。此外环境保护还涉及工厂的环境卫生及绿化等。

二、 污水处理

芒果贮藏与加工工业排出的废水归纳起来有3种存在方式：①混合在水中的固体物质，如果皮、果渣等；②悬浮在水中的脂肪、蛋白质、淀粉、胶体等；③溶解在水中的糖、盐、酸、碱等。总之，这些废水的共性是有机物含量高，且容易腐败，造成水质迅速恶化。

（一） 国家污水排放标准

我国《污水综合排放标准》（GB 8978—1996）中规定，1998年1月1日以后建设的单位，其一般的食品工厂污水排放的浓度要求见表12－8。

表12－8 第二类污染物最高允许排放浓度

污染物	使用范围	一级标准/（mg/L）	二级标准/（mg/L）	三级标准/（mg/L）
五日生化需氧量（BOD_3）	其他排污单位	30	60	300
化学需氧量（COD）	其他排污单位	100	150	500

（二） 污水处理中的重要参数

工业废水的排放一定要严格遵守国家标准，不可将未经处理或处理不当的废水直接排放。在污水处理中主要有以下几个参数：

1. pH

即废水中氢离子浓度。大多数水生生物生存的pH范围为5～9，超出这个范围，就会导致大量水生生物死亡，也会影响人体代谢，导致消化系统失调。因此，pH是衡量水质的重要指标。

2. 生物化学需氧量（BOD）

许多有机物在水体中成为微生物的营养源，而被消化分解，分解过程要大量消耗水中的溶解氧，溶解氧由此而显著降低，给需氧的鱼类等水生生物带来危害，甚至发生缺氧死亡。同时水中氧量不足，将引起有机物厌氧发酵，散发恶臭，污染大气，并毒害水生生物，因此，测定这些能发生生物降解的有机污染物含量是很重要的。它可用生物化学需氧量（废水中的有机污染物在微生物作用下氧化所消耗的氧量）作为衡量指标。

3. 化学需氧量（COD）

除去有机物外，废水中的硫化物、亚硫酸盐、亚硝酸盐等还原性无机物也会同水中的溶解氧发生反应，消耗掉水中溶解的氧。因而，仅用 BOD 这个指标是不够全面的，还须采用化学需氧这个指标，以表示由于水中的污染物进行化学氧化而需要消耗的氧量。一般说 BOD/COD 的比值高，表明许多可溶性有机物能被生物降解，比值低表明有抗生物氧化的有机物存在。

4. 总有机碳（TOC）

总有机碳是表示废水中所含有的全部有机碳的数量，这个指标补充测定了废水中既不易被生物降解，又不易发生化学氧化的那部分有机污染物。

5. 总需氧量（TOD）

水中污染杂质在催化氧化时所消耗氧的总量。

6. 有毒物质及其含量

以 1L 废水中含有多少毫克相应的污染物计。

（三） 污水处理的方法

污水处理的基本方法主要有物理方法、化学方法、生物方法等。

1. 物理方法

沉淀、浮选、过滤、热处理、离心分离、机械絮凝沉淀及反渗透等方法。

2. 化学方法

化学处理法分一般化学法和物理化学法。一般化学法包括中和、氧化、还原、络合、化学絮凝等方法，物理化学法主要包括吸附、置换、电解、萃取、离子交换和电渗析等多种方法。在工厂污水处理中常用中和法和化学絮凝法。

3. 生物方法

生物处理污水技术，就是利用水域中的生物对水中有机物的分解作用来净化污水的技术。净化污水的主要方法有氧化塘法、生物膜法活性污泥法、厌氧流化床、上流式厌氧污泥床反应器等。此外，酸化池兼氧处理是近年来发展起来的生物处理技术。

三、 废弃物处理

芒果贮藏与加工工厂废弃物处理的要求如下：

（1）按照工厂卫生要求，车间产生的废弃物应及时运送至设在车间内的垃圾间或专用清洁桶内，定时清出，垃圾间要有清洗装置及畅通的排水沟。

（2）对于连续生产线上排出的废弃物，应用输送带或泵送至综合利用车间或排至室外储罐及时清理。

（3）厂区要有集中固定的垃圾房，集中全厂废弃物并进行分类储存，及时清理。垃圾房要有清洗装置及畅通的排水沟。

四、 废气、粉尘治理措施

废气、粉尘的治理措施如下：

（1）对可产生油烟气的夹层锅、油灶、炒锅宜集中布置，上面用防风罩或挂板集中排气，并经除油烟装置去净油污后再排入大气。

（2）对于涂料溶剂，如超标时需采用“触媒燃烧”或“直接加热燃烧”，使其自然分解后再排入大气。

（3）对于芒果加工过程中使用盐酸等逸出的气雾，宜通过管道集中排入水槽，待水将其充分吸收后再排入大气。

（4）发酵过程中产生的 CO_2 气体，通过回收装置而获得精制的 CO_2，仍可用于啤酒生产。

（5）锅炉烟尘须采用高效率的消烟除尘装置，要求其烟囱高度不得低于规定值。

（6）对于易产生粉尘的物料，在生产和输送、储堆过程中，要采用密闭的生产设备，装置通风、吸尘和净化、回收设备，防止粉尘飞扬。

第八节 基本建设概算

基本建设概算书（又称初步设计概算书）是基本建设项目初步设计文件中 3 个重要组成部分之一。在基建项目可行性研究报告或计划任务书中，一定要有投资额这一要素，投资额通常根据“产品和规模”的客观需要经过估算而确定，采取这种方法估算出来的投资额是否符合或接近实际，需要有一个汇总各项开支内容的、以货币指标来衡量的尺度，这种尺度就是初步设计概算书。初步设计概算是确定建设项目投资额、编制基本建设实施计划、考核工程成本、进行项目技术经济分析和工程结算的依据，也是国家对基本建设进行监督和管理的重要方法之一。

一、 概算编制说明

概算编制说明的内容包括：

（一）工程概况及编制范围

说明项目的性质、生产规模、产品品种、主要单项工程、工程总投资和总建筑面积。

（二）编制依据

（1）国家有关建设和造价管理的法律、法规和方针政策。

（2）批准或核准、备案的建设项目的设计任务书和主管部门的有关规定。

（3）能满足编制设计概算的各专业经过校审并签字的设计图纸、文字说明和主要设备表。

（4）当地和主管部门的现行建筑工程和专业安装工程的概算定额（或预算定额、综合预算定额）、单位估价表、材料和构配件预算价格、工程费用定额和有关费用规定的文件等资料。

（5）现行的有关设备原价、运杂费率和安装费率。

（6）现行的有关其他费用定额、指标和价格。

（7）建设场地的自然条件和施工条件。

（8）类似工程的概算、预算及技术经济指标。

（9）建设单位提供的有关工程造价的其他资料。

（三）投资构成及分析

按工程费用性质划分并列出投资构成分析表，见表12－9。将概算投资构成与批准或核准、备案的估算投资进行比较，对差异较大的部分应进行原因分析。

表12－9 ×××芒果加工厂概算投资构成分析表

<table>
<tr><th rowspan="2">序号</th><th rowspan="2">工程和费用名称</th><th colspan="3">投资额/万元</th><th rowspan="2">占总投资/%</th><th rowspan="2">备注</th></tr>
<tr><th>人民币</th><th>外币/美元</th><th>小计</th></tr>
<tr><td>1</td><td>建筑工程</td><td></td><td></td><td></td><td></td><td rowspan="6">包括土建、给排水、照明</td></tr>
<tr><td>2</td><td>设备价值</td><td></td><td></td><td></td><td></td></tr>
<tr><td>3</td><td>安装工程</td><td></td><td></td><td></td><td></td></tr>
<tr><td>4</td><td>工器具购置</td><td></td><td></td><td></td><td></td></tr>
<tr><td>5</td><td>其他工程和费用</td><td></td><td></td><td></td><td></td></tr>
<tr><td colspan="2">总计</td><td></td><td></td><td></td><td></td></tr>
</table>

（四） 建筑工程主要材料定额用量

列出建筑工程主要材料定额用量汇总表，见表 12-10。

表 12-10 建筑工程主要材料定额用量汇总表

序号	材料名称	单位	数量	备注
1	水泥	t		
2	钢材	t		
3	木材	m^3		

（五） 其他必要的说明

如建筑总投资内未包括某些项目的投资费用，则应作以说明，以便建设方统筹考虑。

二、 总概括书

总概算书包括三部分：单位工程概算表、单项工程综合概算书、建设项目总概算书。先由各单位工程概算表汇总成每个单项工程综合概算书，再由各个单项工程综合概算书汇总成项目总概算书。

总概算书由承担建设项目总体设计的单位负责编制。只承担单项工程设计而不承担总体设计的单位，只编制单项工程综合概算书。

建设项目若为一个独立单项工程，则建设项目总概算书与单项工程综合概算书可合并编制。

第九节 技术经济分析

技术经济分析就是对不同技术方案的经济效果进行计算、分析、评价，并在多种方案的比较中选择最优方案（包括计划方案、设计方案、技术措施和技术政策）的预测效果进行分析，作为选择方案和进行决策的依据。

一、 技术经济分析的主要内容

就工程项目来说，技术经济分析的主要内容一般有以下 5 个方面：

（1）认真做好对市场和用户的调查、预测工作，为确定项目提供决策依据。

（2）认真做好项目布局、厂址选择的研究工作。

（3）认真做好工艺流程的确定和设备的选择工作。

（4）认真做好项目专业化协作的落实工作。

（5）认真做好项目的经济核算工作。

为了确定一个建设项目，除了要做好以上各项分析工作，还要对每个项目所需的总投资，逐年分期投资数，投产后的产品成本、利润率、投资回收年限，项目建设期间和生产过程消耗的主要物质指标等进行精确的定量计算，这也是一项十分重要的工作。

二、技术经济分析的步骤

对一个项目，在全面深入地分析上述5个方面的内容之后，就可进行具体的技术经济方案比较。方案的比较大致如下：

（1）根据项目要求，列出各种可能的技术方案。

（2）收集各种方案的技术经济指标。在技术经济指标中，要着重收集各个项目实际所需的投资、经营费用或生产成本等主要指标，供方案比较时使用。

（3）对各种方案进行具体计算，对于列出的各种方案，需根据收集到的各种技术经济指标，按照技术经济比较的方法，计算出各项目的经济效果。

（4）对各种方案进行综合评价，作出最终结论。根据方案比较计算出的数据，可以看出哪个方案在经济上最佳，这是选择方案的主要标准，但不是唯一标准，与此同时还必须对每个方案的优缺点进行综合评价。在评价时除考虑产品的产量、质量、企业的劳动生产率等经济指标外，还必须对每个方案所涉及的其他方面，如拆迁房屋、占用农田和环境保护等方面进行详尽分析，权衡各方面的利弊得失，才能作出最终结论。

三、技术经济分析的主要指标

在技术经济分析中，为了计算和评价每个方案的优劣，需要利用一系列的技术经济指标，没有这些指标就无法进行计算，就无法对各个方案进行比较。指标不科学、不准确，对方案的评价也不可能正确。因此，在进行项目的技术经济分析时，收集和计算各种指标是必不可少的环节。

（一）投资指标

投资是指花费在企业建设上的全部活劳动和物化劳动的总和，投资指标主要包括下列内容：

（1）用于建筑工程的各项费用　如建筑厂房、处理设备基础和平整场地等。

（2）用于安装工程的各项费用　如装置各种所需设备和工作台等。

（3）用于购置各种设备、工具和器具等的费用。

（4）其他建设费用　如人员培训费、土地征购费等。

投资指标，是技术经济指标中的主要指标之一，每个方案都要千方百计地降低各项投资和项目的总投资。降低方案投资的主要途径是合理选择厂址，正确选择设备和备用设备，尽可能用扩建代替新建，加强专业化协作，完善施工组织和力争缩短工期等。

（二）生产成本指标

在技术经济分析中，生产成本的高低是影响项目所生产产品的市场竞争能力，是能否取得更多的盈利以及能否尽快地回收建设投资等评价指标的重要因素。生产成本指标主要有：

（1）折旧费和大修费　折旧费的计算一般采用使用年限法计算，固定资产的原值和预计使用年限是两个主要因素。大修费用应采用按月提存大修基金的办法，以便把固定资产的预计全部大修费用，按照固定资产的预计使用年限均衡地计入整个使用期的成本中。

（2）原材料、燃料消耗费　这一部分生产费用，各个工业部门的差别很大，如交通运输和电力部门约占经营费用的50%，而轻工业、食品工业占70%以上。

（3）职工工资　包括附加工资、奖金等，一般占的比重不大，多数低于10%。

（4）管理费和其他费用　包括车间经费、企业管理费、废品损失费等。

（三）实物指标

在方案比较中，一般使用货币指标，最常用的就是投资指标和成本指标，许多实物指标也已经通过货币指标概括进去（如主要燃料和原材料消耗，用元/t、元/m^3、万元/km 等表示）。

实物消耗的计算比较简单，在建设阶段，一般仅计算钢材、木材和水泥等几种主要物资的消耗指标。方案本身的实物消耗是各个部分消耗的实物指标之和。

（四）劳动生产率指标

劳动生产率指标计算方法如下：

$$R_L = P/L \tag{12-7}$$

式中　R_L——劳动生产率指标，t/（年·人）；

P——年产品总量，t/年；

L——方案的生产人员数，人。

（五）其他指标

以上4项指标是在实际工作中经常计算和使用的指标，为了从各个侧面反映方案的特点，还必须计算一些反映投资经济效果和生产经济效果的指标。在反映投资的经济效果方面，有投资产品率、投资利润率、投资回收期和投资效果系数等。在反映生产的经济效果方面有成本利润率、资金利润率等。

四、技术经济分析方法

技术经济分析的具体方法很多，但基本方法有两类：方案比较法和数学分析法。方案比较法，也称对比分析法，它是通过一组能从各方面说明方案技术经济效果的指标体系，对实现同一目标的几个不同技术方案，进行计算、分析和比较，然后选出最优方案的方法。数学分析法，也称函数分析法，它是运用数学方法来进行方案的技术经济分析。但计算十分复杂，目前实际工作中应用还不多。方案比较法简单明确，考虑的指标和因素比较全面，既有定量分析又有定性分析，而且这种方法已有一套较为完整和成熟的程序，是目前进行技术经济分析、选择最佳方案时应用最基本、最普遍的一种计算方法。

参考文献

[1] 高海燕，尚宏丽，张鋆，等．食品工厂设计与环境保护［M］．北京：化学工业出版社，2021.

[2] 郜海燕，孙健，陈杭君，等．浆果保鲜加工原理与技术［M］．北京：科学出版社，2020.

[3] 赖必辉，毕金峰，丁媛媛，等．变温压差膨化干燥对芒果品质的影响［J］．现代食品科技，2011，27（7）：751－755.

[4] 许学勤．食品工厂机械与设备［M］．2版．北京：中国轻工业出版社，2021.

[5] 杨洪烨．年产4200吨百香果果汁饮料配方优化及工厂设计［D］．南昌：江西农

业大学，2018.
[6] 杨洁. 大蒜原汁产品工艺优化及班产6吨产品的工厂设计 [D]. 南昌：南昌大学，2020.
[7] 袁芳，李丽，黄秋婵，等. 正交试验优化芒果果脯微波渗糖工艺 [J]. 中国酿造，2019，38（9）：172-176.
[8] 岳田利，王云阳，夏杨毅，等. 食品工厂设计 [M]. 北京：中国农业大学出版社，2019.
[9] 张有林. 食品科学概论 [M]. 北京：科学出版社，2006.
[10] 钟焱. 芒果酒关键酿造技术的研究 [D]. 成都：四川农业大学，2019.
[11] 纵伟，任广跃，李素云，等. 食品工厂设计 [M]. 2版. 郑州：郑州大学出版社，2017.

图 1-3　不同品种的芒果形态

图 1-3　不同品种的芒果形态（续）

图 1-3　不同品种的芒果形态（续）

图 1-3　不同品种的芒果形态（续）

图 1–3　不同品种的芒果形态（续）

图 1-3　不同品种的芒果形态（续）

图 1-3　不同品种的芒果形态（续）

图 1-3　不同品种的芒果形态（续）

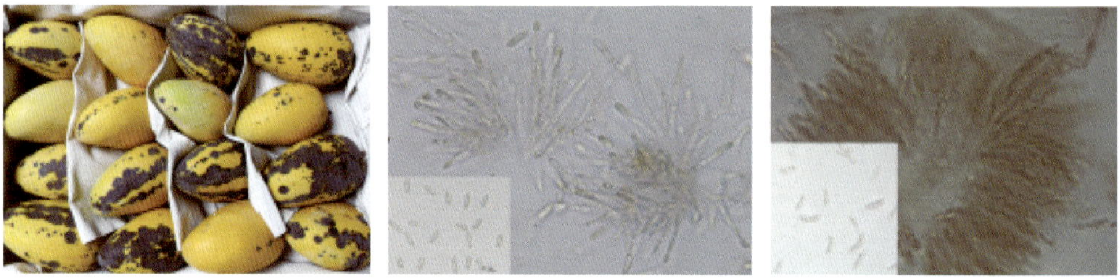

（1）病害症状

（2）胶孢炭疽菌
(*Colletotrichum gloesoporioides*)

（3）围小丛壳菌
(*Glomerella cingulata*)

图 2-2　芒果炭疽病

（1）病害症状

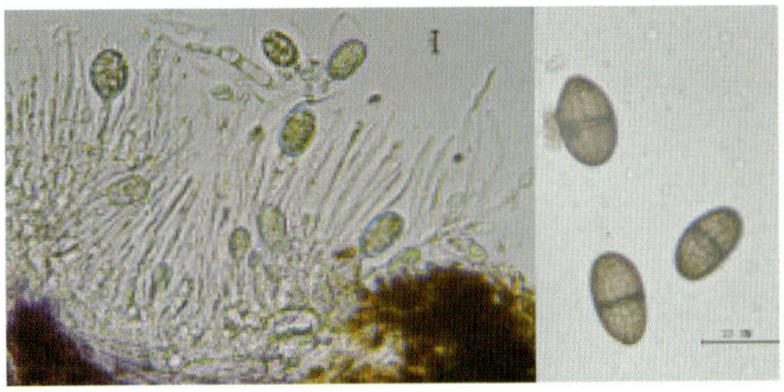

（2）病原菌特征

图 2-3　芒果蒂腐病

（1）病害症状

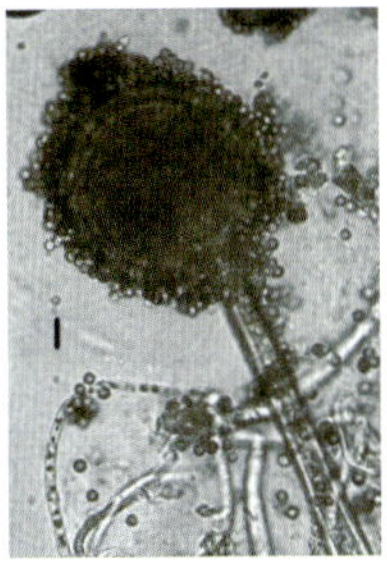

（2）黑曲霉菌
(*Aspergillus niger*)

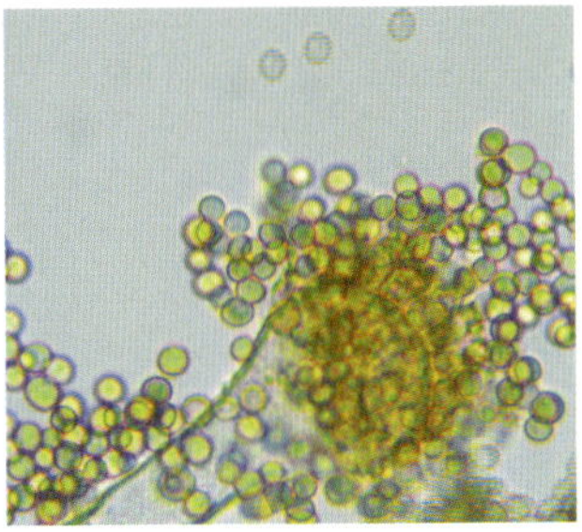

（3）黄曲霉菌
(*Aspergillus flavus*)

图 2-4　芒果曲霉病

图 2-5　芒果冷害症状

（1）成熟度不够　（2）成熟度正常　（3）成熟度不够催熟后

（4）正常成熟度催熟后　（5）成熟度过高　（6）成熟度过高不耐存

图 3-1　芒果成熟度

（1）整体症状　（2）温度显示

图 3-6　芒果热伤害

图 3-10　1-MCP 处理芒果在贮藏期间果实变化状况
资料来源：Li 等，2020。

图 3-11　浸水（CK）和草酸处理（OA）芒果贮藏期间果实表皮着色和病情状况
资料来源：郑小林等，2007。